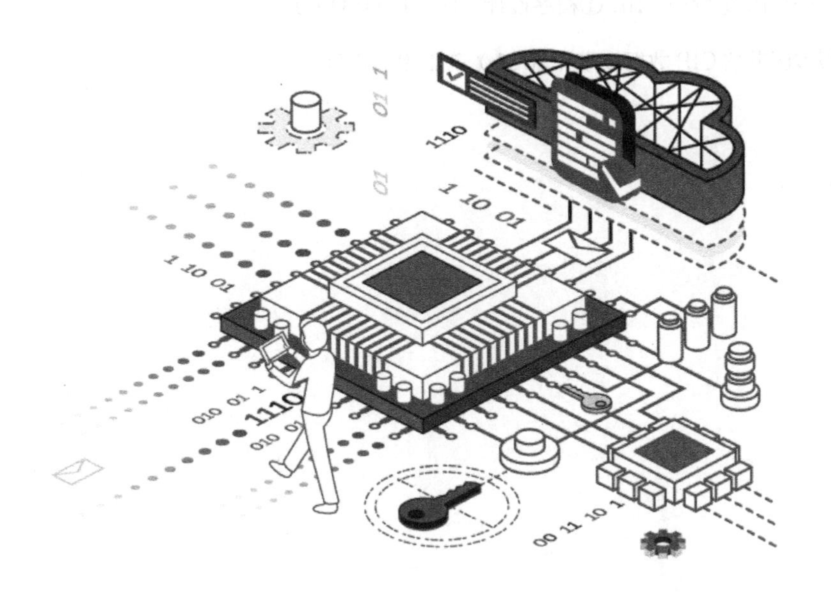

UEFI编程实践

罗冰 ◎著

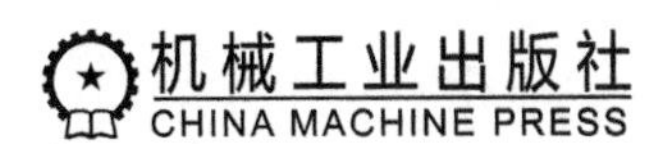
机械工业出版社
CHINA MACHINE PRESS

图书在版编目（CIP）数据

UEFI 编程实践 / 罗冰著 . -- 北京：机械工业出版社，2021.8（2025.1 重印）
ISBN 978-7-111-68885-3

I. ① U… II. ①罗… III. ①程序设计 IV. ① TP311.1

中国版本图书馆 CIP 数据核字（2021）第 159356 号

UEFI 编程实践

出版发行：机械工业出版社（北京市西城区百万庄大街 22 号 邮政编码：100037）
责任编辑：孙海亮
责任校对：殷 虹
印 刷：固安县铭成印刷有限公司
版 次：2025 年 1 月第 1 版第 5 次印刷
开 本：186mm×240mm 1/16
印 张：24.5
书 号：ISBN 978-7-111-68885-3
定 价：119.00 元

客服电话：（010）88361066 68326294

Foreword 序　一

要想深刻理解今天的计算机系统，理解固件是一道绕不过的关口。回顾现代计算机的发展历史会发现，固件并非一开始就有，它是计算机系统和IT产业发展到一定阶段之后的产物。

在大型机时代，一家公司往往包揽整个系统的硬件和软件。到了小型机时代，情况也大体如此，比如著名的DEC公司，既研发硬件，又研发操作系统，自己的操作系统直接与自己的硬件配合，不需要固件。

20世纪80年代之后，PC（个人计算机）以排山倒海之势快速发展，现代计算机进入PC时代。PC的流行，让计算机走遍天下，这对整个人类的历史产生了深远的影响。如果没有PC，计算机至今可能还只是一小部分人在使用。

PC能在短短的十几二十年间红遍全球，是多方面的因素导致的。其中一个因素便是明确的社会化分工。与以前一个公司包揽所有软硬件不同，在PC时代，每个公司只负责PC中的一个部分。以英特尔和微软为首的Wintel联盟虽然是PC时代的主要领导者，但它们也不能包揽PC的所有部件。以我在20世纪90年代初买的PC为例，它的CPU来自英特尔，DOS操作系统来自微软，显卡来自泰鼎。除此之外，它还有很多其他部件分别来自不同的厂商，比如显示器、内存条、硬盘、键盘、鼠标、声卡、超卡、主板等。

简单来说，PC的生产不是靠一家公司完成的，而是靠一个生态系统。在这个生态系统中，每一个参与者只负责其中的一部分。大家各司其职，每家公司只需要把自己的部分做到最好，性价比做到最高，这样整个PC的成本就会不断下降，从而能有更多的人买得起PC。当每个人都买得起PC时，这个生态系统就会生机盎然、和谐繁荣，其中的每个参与者都是赢家。正所谓“一花独放不是春，百花齐放春满园”。

PC市场的繁荣是整个PC产业联合推动的结果，这股浪潮把PC时代推向顶峰。回想上海最早卖PC的场所在福州路的科技图书馆，每到周末各个楼层都人山人海。后来科技图书馆实在放不下了，就搬到了徐家汇的百脑汇，后来百脑汇旁又建了一个太平洋电脑商城。PC市场的繁荣造就了很多公司。直到今天，这些公司中的大部分仍然是IT产业的中坚力量。

在PC产业辉煌的背后，有一个关键的技术因素，这就是固件。纵观PC系统的架构，下面是五花八门的硬件，上面是操作系统和纷繁复杂的应用软件。如何能让纷繁复杂的软件运行在五花八门的硬件之上呢？稍微有点计算机常识的人脑海中都会立刻浮现出一大堆这样或那样的兼容问题。如果不解决兼容问题，用户就不敢自己组装PC，那么PC就仍然只是少数巨头才有的产品。若真的是这样，那么就没有所谓的PC生态系统了。

说到这里，不得不提一下PC时代的两个关键人物：比尔·盖茨和安迪·葛洛夫。安迪出生于1936年，是匈牙利籍犹太人，1968年加入英特尔，1979年成为英特尔的总裁，1987年成为英特尔的CEO，而1987年正是PC大爆发的前夜。如此说其实有点不妥当，因为安迪成为CEO和PC大爆发可谓互为因果。如果没有安迪，也许PC时代不会来得那么快。比尔·盖茨出生于1955年，比安迪小19岁。虽然两人年龄相差近20岁，但是他们配合默契，在PC历史上结成了一个非常伟大的联盟，这个伟大的联盟成就了英特尔和X86，也成就了微软和Windows，当然还成就了一大堆PC时代崛起的IT公司。当然，他们的成功不是偶然的，他们不仅定义了PC生态系统的宏伟格局，还解决了其中的关键问题。

要让PC产业百花齐放，就必须解决兼容性问题。解决兼容性问题的一种方法是制定标准，但是仅制定标准是不够的，还要有一种好的方法来固化标准，有一种经济的方式来实现标准，这样才能保证PC的高性价比。

解决这些问题的最好方案就是固件，也就是在软件和硬件之间加一个固件层，让这个固件层来管理硬件差异。这样就可以大大减轻操作系统的负担，让操作系统可以以一种统一的方式来掌控五花八门的硬件。

1996年，英特尔与微软联合推出了APM标准。1999年2月，以英特尔为代表的芯片厂商、以微软为代表的操作系统厂商和以东芝为代表的整机厂商，联合推出了ACPI标准。ACPI标准的制定者中加入了以东芝为代表的OEM厂商，这是具有特殊意义的。这代表着固件层的标准化进入一个新的时代。直到今天，ACPI仍广泛应用于各种计算机系统，从工控小盒子到大型服务器。

ACPI不是简单的条文定义，从软件的角度看，它是一门面向对象的编程语言。它以对象化的方式描述计算机系统的硬件，报告给操作系统，在软件和硬件之间架起一座桥梁。这座桥梁具有高度的灵活性，不但是充分可扩展的，而且是可编程的。

2013年，ACPI委员会把ACPI标准及其资产移交给UEFI论坛。UEFI论坛是一个更大的联盟，ARM也在其中。这标志着固件技术的发展进入一个更加开放和包容的新时代。

以UEFI为代表的固件技术在计算机系统中的地位极其重要，但是要学习这个技术却有着非常高的技术门槛。因为这方面的从业者较少，可以查找的技术书籍和资料也相对有限。罗冰是我认识多年的好朋友，曾一起翻译《现代X86汇编语言程序设计》一书，也曾一起参加在庐山举行的“软件调试研习班”，一起在古老的白鹿洞书院畅谈技术和人生，一起爬庐山的秀峰。我也多次到罗冰的工作单位，参观他们研制的安全 PC，听罗冰介绍他们设计的网络隔离产品，特别是针对 UEFI 所做的固件扩展。

2021 年春节前的一个晚上，罗冰通过微信给我发来一堆文档，告诉我那是他写的《UEFI 编程实践》的书稿。翻阅这些书稿后，我深深为他十几年如一日痴心于固件技术所感动。写书很难，写这样一本关于 UEFI 编程的书更是不容易。我曾劝他不要写这么冷门的书，但是罗冰没有想那么多，默默地把几百页的书稿完成了，足见他对固件技术的热爱。撰写这样的书对于作者而言是件苦差事，但对于喜爱固件技术的读者来说却是件喜事。“君子谋道不谋食”，希望所有想深入理解计算机系统的人都读一读这本书。

张银奎

格蠹科技（Xedge.ai）创始人

微软全球最有价值技术专家（MVP）

序　二 *Foreword*

很久之前就注意到罗冰的“UEFI 开发探索”系列博客文章。这些文章详细记录了他在 UEFI 开发中遇到的问题、解决思路以及解决方案，对 UEFI 开发者帮助很大。3 个月前高婧雅编辑告诉我罗冰正在撰写一本关于 UEFI 编程的书并邀请我作序，我很是高兴。从《UEFI 原理与编程》出版至今已有 6 年，6 年里世界发生了巨大变化。6 年前 UEFI 与 BIOS 尚处于新旧交替之中，今天 BIOS 已难觅踪迹。然而 BIOS 的名字被非正式地保留了下来，SPEC 和官方文档中会严格区分 UEFI 与 BIOS，日常交流中经常用“Legacy BIOS”指代 BIOS，用“UEFI BIOS”指代 UEFI，这是题外话。总体来说，底层开发已无法避开 UEFI。现在 UEFI SPEC 已从 2.4 更新到 2.8，《UEFI 原理与编程》采用的 UDK 2014 已显陈旧，芯片行业也遇到了前所未有的机遇与挑战，现在急需一本切合技术最新需求的作品。因为工作的关系，我近几年主要从事显卡渲染核心和计算核心的验证工作，很久未进行 UEFI 一线开发，对更新《UEFI 原理与编程》心有余而力不足。所幸看到罗冰将其在近几年 UEFI 开发中积累的知识和经验整理成册。

罗冰的新书以实践为主。对新手而言，通过这本书，可以遵循实例与讲解，一步步进入 UEFI 世界，学习如何调试 UEFI 程序、如何访问各种外设和如何编写设备驱动；对有经验的开发者而言，可以直接使用书中的库和代码，例如 GuiLite 库，做出生动有趣的 UEFI 应用。最难能可贵的是，书中给出了在龙芯和飞腾平台上的实践。UEFI 是构建芯片软硬件生态系统的重要支撑，让更多的固件开发者熟悉这些平台，对加速生态系统发展有重要意义。

希望有越来越多的开发资料面世，让程序员学习 UEFI 可以更简单、更深入，也希望有更多的库可以移植到 UEFI 中来，让固件开发变得容易且有趣。

好了，现在加电自检，扬帆起航吧！

戴正华

AMD SMTS 开发工程师

Preface 前　言

2011年9月，笔者第一次接触UEFI的项目。

当时，我们正与国内某PC大厂合作，开发一款安全计算机。这款产品包含一个嵌入BIOS中的软件模块，此模块是用汇编语言编写的Option ROM。由于合作方计划将BIOS架构全部转为UEFI，因此要求我们将软件模块移植到UEFI架构下。

在对UEFI的理解还非常初级的情况下，笔者忐忑地接下了任务。用了三周时间，在AMI的集成工具上，笔者使用C语言将原有的软件模块重写为了UEFI驱动，总算是圆满完成了任务。

这之后，笔者花了不少时间去研究UEFI的公开文档，尝试着做了很多实验。在此期间，UEFI规范从2.3升级到2.8；身边的计算机运行Legacy BIOS的越来越少，运行UEFI BIOS的越来越多。UEFI的开发效率高、可扩展性好，而且系统性能和安全性都很高，支持X86、ARM和RISC-V等多种指令集架构。时至今日，UEFI已经成为事实上的BIOS标准，所有有志于底层开发的工程师都有必要深入了解UEFI架构及其编程方法。

本书的写作初衷

因十年前的项目机缘，笔者开始学习UEFI的相关知识，并利用业余时间，以“UEFI开发探索”为名，撰写了UEFI开发的系列博客。在此期间，认识了不少业界的朋友，在产品开发、市场推广方面，我们有过相当多的探讨。

也是因为如此，当国产自主计算机从前几年开始大批量出货，而大部分BIOS采用了UEFI架构时，笔者一点都不感到奇怪。基于此认识，公司的产品针对国产自主计算机的软件架构进行了较大改造，如果没有UEFI架构的支持，这是做不到的。

在产品开发的过程中，能够参考的资料，除去UEFI规范等公开资料外，英文资料有Intel Press出版的*Beyond BIOS*和*Harnessing the UEFI Shell*。中文资料，则只有戴正华老师的《UEFI原理与编程》。作为主流的BIOS架构，可供参考的书籍实在太少。

笔者长期进行 Legacy BIOS 和 UEFI BIOS 的 ROM 开发，对于底层编程有丰富的项目经验。因此，萌生了将日常的实践经验记录下来并集结成册的想法。希望能为 UEFI 的推广，特别是国产化计算机的发展，贡献自己的一份力量。

本书特点及读者对象

本书以实践为主，主要特点如下。

- 是为数不多的介绍国产计算机 UEFI 开发的书籍。
- 针对每个主题，都准备了相应的示例和代码，目的是以实例讲解知识点。
- 偏重于解决实际项目中遇到的问题，包括汉字显示、构建 GUI 界面、访问 PCIE 设备和 USB 设备等。

书中详细地介绍了如何在 Windows/Linux 主机上搭建 UEFI 开发和调试环境，以及构建和编译 UEFI 程序，非常适合 UEFI 开发初学者阅读，可以帮助他们循序渐进地进入 UEFI 世界。

本书也很适合 UEFI 的专业开发者，包括云终端、显卡、还原卡等领域的开发者使用。书中提供的丰富的源代码能为项目开发提供很好的参考。

本书如何阅读

开发 UEFI 程序，要求程序员有 C/C++ 语言的背景。如果了解对应架构（比如 X86、ARM、RISC -V 等）的汇编语言和 Python 语言，对于调试和理解编译过程会更有帮助，当然这不是必需的。

本书的代码仓库为 https://gitee.com/luobing4365/uefi-practical-programming.git 或者 https://github.com/luobing/uefi-practical-programming.git。读者可以使用 GIT 工具，将代码下载到本地阅读。

按照本书介绍的示例进行操作，需要用到各种参考手册，特别是 UEFI 规范参考手册（目前版本为 V2.8）、库函数参考手册等。这些文档可以在 www.uefi.org 和 GitHub 的仓库 tianocore/tianocore.github.io 中找到。

另外，在调试 UEFI 程序的过程中，会用到各种调试工具，包括 WINDBG 或 DBG 等，读者可以根据自己的知识背景选择熟悉的工具。本书没有详细介绍调试工具的用法，建议读者参考张银奎老师的《软件调试》，这也是笔者常备的参考书籍。

本书共分 12 章，具体内容如下。

第 1 章 概览了 Legacy BIOS 和 UEFI BIOS 的组成部分，并分析、比较了 Legacy BIOS 和 UEFI BIOS 的优缺点，介绍了 UEFI BIOS 的组成部分和启动过程，以及它在国产计算机发展中所起的作用。

第 2 章 介绍了如何在 Windows 和 Linux 主机上搭建 UEFI 的开发环境和调试环境。为方便测试和调试 UEFI 程序，还介绍了如何制作 Legacy BIOS 和 UEFI BIOS 下的 UEFI 启动盘。

第 3 章 介绍了 UEFI 中各种工程文件的规范，包括 DSC 文件、INF 文件和 DEC 文件等。详细描述了构建 UEFI 应用和 UEFI 包的方法，以及如何使用 C++ 语言编写 UEFI 程序。

第 4 章 介绍了 UEFI 图形显示的原理，实现了各种基本图形的显示，并基于图形函数，使用点阵显示的方式，在 UEFI 环境下显示汉字。另外介绍了 UEFI 提供的 HII（人机接口基础架构），以及使用 HII 实现汉字和字符串显示的方法。

第 5 章 介绍了如何在 UEFI 环境下显示 BMP 格式、PCX 格式和 JPEG 格式的图像，以及如何使用 HII 方式进行图像的显示。还介绍并实现了各类图像特效，其相关方法可直接应用于各类项目中。

第 6 章 介绍了 UEFI 下 GUI 的基本组成和实现，构建了初级的 UEFI GUI 框架，并将开源 GUI 框架 GuiLite 移植到了 UEFI 环境下。

第 7 章 介绍了如何使用 UEFI 提供的 API 访问各类外设，包括 PCI/PCIE 设备、SMBus 设备和串口设备。

第 8 章 详细介绍了 UEFI 驱动，包括服务型驱动和 UEFI 驱动模型。以笔者自制的开发板 YIE001 为例，介绍了如何编写一种特殊的 UEFI 驱动——Option ROM，它在显卡、网卡等板卡设备上应用比较广泛。

第 9 章 介绍了 USB 规范，以及 UEFI 下对 USB 访问的支持。使用开发板 YIE002，实现了自制的 USB HID 设备，并使用它演示如何在 UEFI 下访问 USB HID 设备。

第 10 章 介绍了如何在实际的 UEFI 环境下，以及各种虚拟机中，搭建 UEFI 的网络测试环境。还介绍了 UEFI 对网络的支持，以及如何编写 UEFI 下的 TCP4 和 TCP6 的网络程序。

第 11 章 介绍了龙芯的发展历史，以及目前的产品线。以龙芯主打的桌面级产品 3A4000 为例，介绍了龙芯 CPU 架构和指令集，以及如何使用 Linux Lab 学习龙芯的指令集和汇编语言。另外介绍了如何使用厂商提供的代码和工具，配合开源的 EDK2 代码，搭建龙芯平台的 UEFI 开发环境。

第 12 章 介绍了飞腾平台的系列产品，以桌面级产品 FT-2000/4 为例，对飞腾 CPU 架构和指令集进行了概括性描述，并使用 ARM 提供的开源工具，配合 EDK2 代码，搭建了支持包括飞腾在内的 ARM64 的 UEFI 开发环境。为方便没有实际飞腾硬件平台的开发人员使用和实验，还介绍了如何使用 QEMU 搭建飞腾平台的 UEFI 测试环境。

对读者而言，如果是为 X86 平台开发 UEFI 项目，建议先熟悉第 1 ～ 3 章的内容，然后根据自己的需要选择相应的章节进行阅读；如果是为国产计算机平台开发项目，则建议熟悉了第 1 ～ 3 章和第 11 ～ 12 章后，再去选择相应的章节进行学习。

勘误与免责声明

在撰写本书的过程中，笔者尽量做到每句话都言之有据。但是笔者学识有限，书中难免会出现错误和不准确的地方，恳请读者批评指正。如果发现本书的任何错误，或者对本书有任何的建议，请发邮件至 uefi_explorer@163.com。

本书介绍的内容完全是笔者本人观点，不代表任何公司和单位。读者可以自由使用本书介绍的示例代码和工具，但笔者不对因使用本书内容和附带资料而导致的任何直接或间接结果承担任何责任。

致谢

感谢好友张佩，在他的鼓励和帮助下，才有了笔者系列博客“ UEFI 开发探索”的诞生，以及之后本书的出版。

感谢机械工业出版社的高婧雅和孙海亮，他们耐心地指点笔者行文并细致地审阅、修订了书稿。

感谢张银奎老师十年前对笔者安全计算机项目的指点，从那时开始，笔者开启了 UEFI 探索的旅程。

感谢《 UEFI 原理与编程》一书的作者戴正华老师，他允许笔者使用他书中的代码构建程序，读者在示例工程 CppMain 中能看到这部分内容。

感谢 GuiLite 的作者 idea4good，他很支持笔者将 GuiLite 移植到 UEFI 环境下，并在移植过程中非常耐心地解答笔者遇到的各种问题。

感谢龙芯中科的李超和李强，他们解决了笔者在编写和调试龙芯平台 UEFI 代码中遇到的不少奇怪问题，并始终关心着本书的出版进度。

感谢我的家人，亲爱的妻子和可爱的女儿。在写作本书的漫长日子里，她们始终支持着我，这本书是送给她们的礼物。

最后，感谢阅读本书的你，希望本书能帮助你进入 UEFI 的世界。

Contents 目　　录

第1章 Chapter 1

UEFI的世界

作为信息时代的一员，很多人每天坐在办公桌前，开始一天工作时，都会按下计算机的开机键。每个人的计算机都会从形形色色的启动界面开始，进入到Windows、Mac OS或者Linux系统。相比于这些鼎鼎大名的操作系统，隐藏在启动界面之后的世界却鲜为人知。这是一个被称为BIOS（Basic Input and Output System，基本输入输出系统）的世界，它是连接每台计算设备和操作系统的纽带。可以这么说，没有它的工作，这些计算设备和砖头没有什么区别——只是更贵些罢了。

与计算机领域的其他软件一样，BIOS也经历了长期的发展。在个人计算机出现的近40年间，各个厂商互相博弈，在市场上拼杀，有些BIOS技术留下来了，而更多的消失在残酷的竞争之中。在这个过程中，大致可以将其分为两个时期：Legacy BIOS时期和UEFI BIOS时期。

1.1 Legacy BIOS

1981年，蓝色巨人IBM在开发其第一代个人计算机IBM PC时，工程师把硬件检测代码、最基本的外围I/O处理程序（如屏幕显示、键盘控制、磁盘控制等），以及操作系统的前导程序代码，都挤入了一块32KB大小的PROM（Programmable ROM，可编程只读存储器）中。这些程序代码的集合被称为BIOS。

IBM没有预料到未来PC市场的巨大，开放了芯片规范，并寻找其他公司为其开发操作系统。IBM的慷慨，让Intel和微软得以崛起，这已是程序员们耳熟能详的故事了。但有很多人不大清楚的是，当时为了快速地推广并普及，除了CPU与操作系统，IBM也将BIOS

系统调用等接口规格都予以公开，以协助其他厂商开发 PC 的相关软件、硬件产品。这一举动，带动了康柏等厂商对 BIOS 的研发。随着计算机的发展，美国的凤凰科技、安迈公司、惟尔科技等陆续加入竞争的行列，BIOS 的研发逐渐成为一个专门、有技术门槛的软件行业。

1.1.1 Legacy BIOS 的启动过程

Legacy BIOS 发展初期，各家除了遵循 IBM 的接口规格外，都按照自己的理解进行 BIOS 开发。在 20 世纪 90 年代前后，Intel 联合康柏、凤凰科技，制定了 *BIOS Boot Specification*（BIOS 启动规范）和 *Plug and Play BIOS Specification*（即插即用 BIOS 规范），这两个规范成为业界事实上的标准。笔者早期开发 BIOS 相关的软件，比如 PCI 的 Option ROM，所能参考的就是这些文档。

很多依赖于 BIOS 接口进行软件开发的厂商，都是通过了解这些规范以及其他相关的规范进行软件开发的。比如还原卡厂商、隔离卡厂商等，都需要直接调用 BIOS 提供的中断接口运行程序。不过，这些规范只是起着指导性的作用，并没有一个组织或者社区来推行这些规范。各厂商在实现 BIOS 的过程中，软件的架构并不统一，相互之间的接口代码也不兼容。下面以 Award 的 BIOS 为例，对 Legacy BIOS 的启动过程进行简单介绍。

图 1-1 展示了 2Mb[⊖] Award BIOS 的镜像结构，这是 BIOS 生成文件存储在 Flash ROM 中的结构描述。需要注意的是，不同容量的 Flash ROM（比如 2Mb、3Mb），存储的 BIOS 文件结构也不相同。

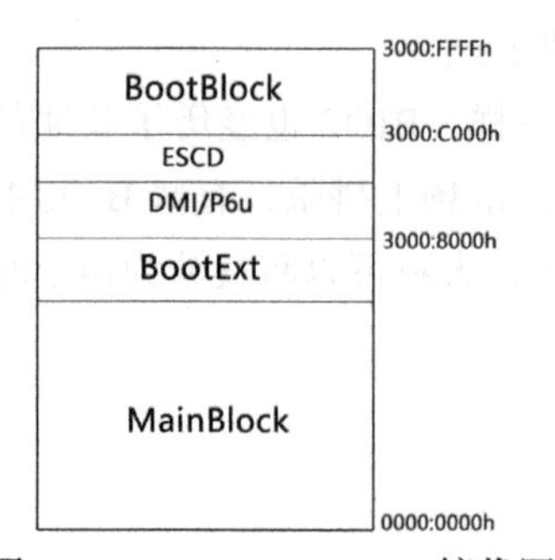

图 1-1　2Mb Award BIOS 镜像图

> **注意** 图 1-1 中所示的内存地址（比如 3000:8000h），使用后缀 h 表示十六进制数，这是汇编语言的表示方法，这里之所以也这样用，主要是因为 Legacy BIOS 是用汇编语言编写的。在后面章节中，UEFI 代码都是 C 语言编写的，所以后面使用 0x 前缀表示十六进制数。

⊖ 1MB = 8Mb，在阅读本书时请注意单位的不同。

图1-1中所示的各模块的功能简介如下。

- BootBlock：相对比较独立的模块，初始化硬件并加载其他模块。同时，它也是刷写BIOS的支撑模块。用户在使用工具刷写BIOS时，此模块不会更新。
- ESCD、DMI/P6u：用来存储BIOS配置的数据区，包含系统硬件配置信息、BIOS Setup选项等，BIOS有时也会用其做少量数据的缓存。
- BootExt：主要用来解压模块到指定的内存区。
- MainBlock：主体模块，由很多子模块构成，实现各类BIOS规范，包括APM规范、VESA规范、硬盘访问规范等，并对外提供BIOS的访问接口。

存放在ROM中的BIOS文件，最终也必须从ROM中加载到内存中运行。每个厂家，甚至同一厂家不同版本的BIOS，其加载流程也并不相同。我们以上述2Mb的Award BIOS为例，讲解BIOS文件加载流程，一窥Legacy BIOS的启动流程。

1. BootROM（从ROM中启动）阶段

主板开机启动或者重启之后，处理器会跳到系统BIOS并开始执行代码。在8088上，该地址为F000:FFF0h，80286及后续的CPU上，该地址位于可寻址内存顶部。比如对32位总线的80486来说，其地址为0FFFFFFF0h。

BIOS ROM一般会映射到内存可寻址范围的高端地址，比如2Mb的BIOS，占用内存范围为0FFFC0000h～0FFFFFFFFh。主板通常会对系统BIOS进行双重映射，使得访问F000:FFF0h实际上就是访问物理地址0FFFFFFF0h。

非常有意思的是，在这个BIOS执行的早期，内存是不能使用的，代码只能在ROM上直接执行。这个阶段能做的事情比较有限，主要是做一些早期的硬件初始化、判断系统是否从S3（电源管理中的待机）返回等工作。

2. Memory Sizing（内存处理）阶段

在此阶段，主要进行内存的初始化和对其他模块的校验和验证。

内存初始化一般会分4步进行——设置内存时序、检测内存状态、设置内存大小和设置内存的其他特性。初始化完成之后，程序就可以使用内存堆栈了，代码也就不用在ROM上执行了。

这个阶段会对MainBlock模块进行解压，主要使用BootExt模块中的函数，边解压边进行校验和验证。这个阶段也会对CMOS（一般用来存储BIOS设置选项的非易失性存储芯片）进行校验和验证，根据校验情况进行不同的流程处理。

3. BootBlock POST（启动模块处理）阶段

这一阶段相当重要，在BIOS镜像因为操作失误或者病毒攻击被破坏后，在此阶段可以让终端用户覆写ROM中的BIOS文件。

为了实现覆写功能，BIOS将在此阶段初始化键盘，并提供访问软盘的中断、显示的中断、访问键盘的中断以及 PCI 访问函数等接口。如需覆写 BIOS，BootBlock 会自动检测软驱，通过 int 19h（启动引导程序的中断）加载软盘上的 DOS，用户可通过命令行输入覆写命令。

4. MainBios POST（主模块处理）阶段

这是 BIOS 启动流程最主要的部分，在此阶段，用户能通过启动过程中输出在屏幕上的信息，了解启动情况。Award BIOS 通过向调试卡（使用 80h 端口输出信息）发送的数字来表示目前所处的启动阶段。所发送的数字为 1 至 150 的十六进制数，这些数字一般被称为 Debug Code（调试码）。

每一个调试码都代表 BIOS 内部处理的一段工作。比如调试码 02Bh，表示 BIOS 正在进行显示模块的初始化工作。有时候为了方便调试，工程师会把这些调试码在屏幕上打印出来，售后工程师可以根据这些信息判断产品出现的问题，并快速进行维护。

如果在启动过程中没有出现任何问题，则 BIOS 会进行一个长跳转，调用中断 19h，加载操作系统。

至此，就完成了所有与 BIOS 相关的工作。

1.1.2 Legacy BIOS 的不足之处

在 1.1.1 节中，我们以 Award BIOS 为例，简单介绍了 Legacy BIOS 的启动流程。从中可以看出，BIOS 的开发实际上是围绕一系列的规范在进行的，各家的做法都不一样。而随着计算机的发展，各种新的硬件规范出现，Legacy BIOS 也逐渐显露出不足之处，具体表现如下。

1. 沉重的历史负担

Legacy BIOS 主要运行在实模式下，可寻址空间限制在 1MB 以内。深入了解后会知道，为了在有限空间内做更多的事情，Legacy BIOS 会尽可能地利用每一段内存空间。现在正处在哪个阶段，某一段空间是用来干什么的，是 BIOS 工程师必须了解的事情。虽然 Legacy BIOS 也会进入保护模式做一些工作，但是大部分时候还是在实模式下运行的。在有限的内存空间中完成所有的工作，这是 Legacy BIOS 的历史负担之一。

另一个历史负担是，Legacy BIOS 为了保证向后的兼容性，为大量的遗留硬件提供了相应的驱动程序，这占用了非常多的代码空间。而且，由于 Legacy BIOS 并没有统一的 BIOS 规范，各家做法不一，这就导致模块化非常糟糕。即便是同一家公司，由于没有可遵守的规则，所以程序员可自由发挥的空间很大，随着人员的更替，代码维护的工程量变得非常大。

2. 开发效率低

一直以来，Legacy BIOS 主要使用的都是汇编语言。除了历史原因外，吸引各 BIOS 厂商采用汇编语言的原因还有：汇编编译的可执行代码效率最高，生成文件最小，可以有效节省 ROM 芯片的空间。不过，汇编语言所编写的 BIOS 代码可移植性、可读性和可维护性都比较差，对工程师的技术素养要求也高，这严重阻碍了相关产品的开发和后期的市场维护。

另外，Legacy BIOS 最常用的除错机制是使用调试卡，通过端口 80h 发送字节数据来实现除错；或者使用芯片厂商提供的 JTAG 调试工具，进行芯片级别的除错。软件调试技术发展到现在，大量的调试手段已经出现，通过这些手段可极大地加快产品的开发进度。比如，对于 Windows 下常用的调试工具 WINDBG，程序员可灵活配置，实现源码级的代码除错。而 Legacy BIOS 由于架构原因，仅为了支持各种硬件的驱动程序就已经占用大量空间，更别说引入模块化的调试支持机制了。

3. 扩展性差，对新硬件、新规范支持很慢

Legacy BIOS 中的代码一般都属于静态链接，所增加的硬件的驱动是由固定内存区间存放的，它并没有提供动态加载设备驱动的方案。笔者曾经为公司产品中的底层软件添加鼠标功能，并特意为产品写了完整的鼠标驱动，主要用于调用 BIOS 提供的鼠标中断以控制硬件。测试发现，大部分的 Award BIOS 可以工作，而一大半的 AMI BIOS 则工作不了。公司内一直都在各种主板上测试这个驱动，一直到 Legacy BIOS 将近消失，这种情况都没有任何好转。

计算机行业发展很快，新的硬件规范层出不穷。比如硬盘的容量，2020 年出货的产品，1TB 的机械盘已经非常普遍了，安保行业使用 10TB 硬盘也很常见。而 Legacy BIOS 提供的硬盘访问接口，其寻址方式最大只能访问到 2TB，很明显已无法满足应用需求。

4. 安全性差

1999 年 4 月 26 日，CIH 病毒大范围爆发，全球超过 6000 万台计算机死机，而当时中国只有 146 万台联网的电脑。这款病毒发作时，会调用 CPU 的最高权限，尝试将垃圾信息写入硬盘和 BIOS。一旦成功，BIOS 就完全无法工作，只能更换 BIOS 芯片或者主板。

由于 Legacy BIOS 本身的限制，若采用认证或者杀毒软件的机制来限制这种病毒的发作，需要厂商付出巨大的代价，技术上也不容易实现。当时出现了各种防治 CIH 病毒的方法，比如为了防止病毒向 BIOS 写入数据，提前把 BIOS ROM 的写引脚切掉，这样 CIH 病毒就没法写入任何数据了。当然，这样做的话，BIOS 也就无法升级了。

Legacy BIOS 在开发之时，并没有对执行代码的安全性进行考虑。当然，这还是因为其空间有限，以及开发难度太大导致。但是，仅在 2016 年，全球个人计算机出货量就达到了 2.645 亿台，在使用的个人计算机更是天文数字。这么巨大的使用量，如果仍旧使用安全性如此脆弱的 Legacy BIOS，其带来的风险不言而喻。

5. 对第三方开发者不友好

这里所说的第三方开发者，是指依赖于 BIOS 提供的接口，实现各类产品和服务的厂商，比如还原卡厂商、隔离卡厂商、无盘工作站的厂商等。Legacy BIOS 的接口，都是使用软件中断的方式提供的。各家 BIOS 的实现方法不尽相同，提供的接口也不一定完全按照业界的规范，厂家调试产品的过程非常辛苦。

以笔者当年开发的 PCI 卡为例，每次开发完，市面上能找到的不同厂家的主板，都要拿来测试一下，以防止所调用的 BIOS 中断出现问题。在没有权威资料可以参考的时候，只能采用撒网式的测试方法，以保证产品的稳定性和兼容性。这对计算机产业的发展是非常不利的。因此，从现实角度来说，迫切需要一种新的 BIOS 架构，以解决上述问题。

1.2 UEFI BIOS

UEFI（Unified Extensible Firmware Interface，统一可扩展固件接口）定义了连接操作系统和硬件体系之间的标准接口。从实现目标上来说，其与 Legacy BIOS 相同，不过它针对 Legacy BIOS 的缺点全面地进行了设计，以适应飞速发展的计算机行业。

Intel 于 1998 年发起了 Intel Boot Initiative 项目，后来改名为 EFI（Extensible Firmware Interface）。这个项目原来仅是针对 IA-64 处理器设计的，到 2003 年才被推上舞台。同一年，凤凰科技为了竞争，联合微软在 10 月宣布推出新一代 BIOS，并命名为 Core System Software（核心系统软件，通称 CSS）。多年波澜不惊的 BIOS 架构，在计算机进入 64 位时代时，引发了新的碰撞和变革！

当然，后面的故事我们都知道了。2005 年，Intel 联合微软、AMD 等 11 家公司，成立了 Unified EFI Forum，负责制定统一的 EFI 标准，即 UEFI 标准。UEFI 标准逐渐成为整个业界事实上的 BIOS 标准。AMI、Insyde、百敖等 BIOS 厂家，都基于 UEFI 构建了自己的产品。凤凰科技也基于 UEFI 构建了自己的项目，名称为 SecureCore Tiano，自家的 CSS 虽然一直在更新，影响力却远远不如 UEFI。

UEFI 只是提供约定规范，并没有提供实现，其实现由其他公司或开源组织提供。比如在后续章节中，我们常用到的 TianoCore 就是由 Intel 提供的。截至目前（2020 年 5 月），其版本已经更新到了 2.8，可以在 UEFI 的官网上下载，下载地址为：https://uefi.org/specifications。

1.2.1 UEFI 标准概述

在 UEFI 构建的软件世界中，有一些基本概念必须熟悉，它们是理解 UEFI 的基础。

- **启动管理器**。操作系统或 UEFI Shell 等可以在任何符合规范的设备中加载，而决定加载顺序的就是启动管理器（Boot Manager）。启动管理器通过全局的 NVRAM 变量来管理加载，可以对它进行配置，以增加启动选项或者从启动列表中删除无效的选项。

- UEFI Images。UEFI Images（UEFI 镜像）是 UEFI 规范定义的包含可执行代码的二进制程序文件。它分为 UEFI 应用程序和 UEFI 驱动，采用了 PE32 的文件结构。
- UEFI Services。UEFI Service（UEFI 服务）是平台调用接口的集合，允许 UEFI 程序和操作系统调用。这些接口是由 UEFI 应用程序、驱动和 UEFI OS Loader（操作系统加载器）提供，主要涉及运行时服务（Runtime Services,RS）和启动服务（Boot Services，BS）。
- UEFI Protocol ⊖。UEFI Protocol 本质上是一种数据结构，它包含全局唯一标识符（Global Unique Identification，GUID）、接口数据结构和服务 3 个部分。UEFI 规范大部分内容就是在规定协议，声明接口。
- **UEFI 系统表**。要编写 UEFI 应用程序和 UEFI 驱动，必须使用 UEFI Protocol，在程序中如何定位这些 UEFI Protocol 呢？是通过 UEFI 系统表来实现的。UEFI 规范设计的架构中，所有 UEFI 镜像都会接到一个指向 UEFI 系统表（UEFI System Table）的指针，通过此系统表可以访问固件提供的 UEFI Protocol。

站在一个比较宏观的视角，在 UEFI 的世界中，整个软件架构如图 1-2 所示。

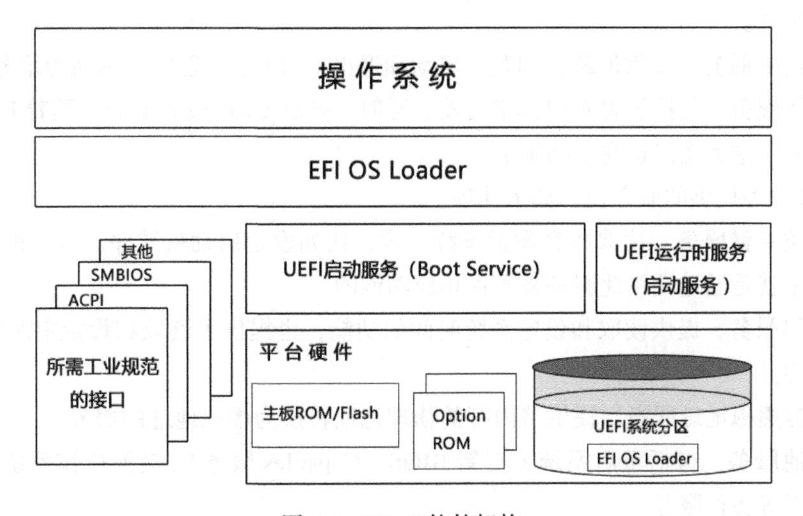

图 1-2 UEFI 软件架构

UEFI 为操作系统启动和启动前的运行状态提供了一个标准的环境，规范中详细规定了系统的控制权如何从启动前环境传递到操作系统。它所规定的与平台信息相关的启动服务

⊖ 这里的 Protocol 代表一种接口，并非泛指的协议。为了便于读者理解和区分，本书中泛指协议的部分，我们直接用中文“协议”指代，而代表接口的部分，保留英文状态。

（BS）和运行时服务（RT），都是与平台架构相分离的，即独立于平台上的抽象接口。这就是为什么发展到现在，UEFI 可以支持 X86、ARM、MIPS 等各种 CPU 架构的原因。

程序员在阅读 UEFI 规范的时候，最需要关注的是启动服务和运行时服务提供的各类 Protocol。启动服务和运行时服务是以表的形式存在，在传给镜像的系统表中，可以找到这两个表的指针。

对 Option ROM 开发者来说，Option ROM 运行于操作系统加载器执行前，启动服务和运行时服务都可以使用。从操作系统加载器被加载，到操作系统加载器执行 ExitBootServices() 前的这段时间，是从 UEFI 环境向操作系统过渡的阶段，启动服务和运行时服务也同样可以使用。而在操作系统加载器执行 ExitBootServices() 之后，启动服务就完成了使命，其占用的资源会被回收，计算机系统进入 UEFI Runtime 阶段。此后，就只能使用运行时服务了，启动服务已经从系统中销毁。

启动服务提供的服务包括如下几项。

- **Event（事件）服务**。允许程序进行异步操作，这是 UEFI 得以执行并发操作的基础。
- **Timer（定时器）服务**。配合 Event 提供定时器功能。
- **内存管理**。提供内存的分配和释放服务，管理系统的内存映射。
- **Protocol 服务**。提供安装和卸载 Protocol 的服务，以及查找、打开和关闭 Protocol 的服务。
- **Image 服务**。提供加载、卸载、启动和退出 UEFI 应用程序和驱动的服务。
- **其他服务**。包括设置看门狗定时器、延时、计算 CRC 校验值等，随着 UEFI 标准的发展，这类功能也在不断增加。

运行时服务提供的服务包括如下几项。

- **系统变量服务**。读取或者设置系统变量，比如设定启动项顺序。常用的 efibootmgr 程序就是通过调用此服务来实现相应功能的。
- **时间服务**。提供读取和设定系统时间的功能，也提供了读取和设定定时唤醒系统的功能。
- **内存虚拟地址服务**。提供将内存的物理地址转换为虚拟地址的服务。
- **其他服务**：包括重启系统、更新 BIOS（Capsules 服务）、交换操作系统与 BIOS 的数据等各种服务。

UEFI 的标准仍在不断发展中，比如在 UEFI 的网络部分，HTTP(s) 的 Protocol 是在 2015 年添加到 UEFI V2.5 中的。建议读者把 UEFI 标准作为日常的参考，这对编写程序会很有帮助。

1.2.2 UEFI BIOS 的优点

UEFI 在发展过程中，打败其他新的 BIOS 架构，尤其是取代 Legacy BIOS，得益于以下几大优势。

- **开发效率高**。相比于 Legacy BIOS 采用汇编语言开发，UEFI 采用了 C 语言、Python 语言加少量汇编语言的混合模式编写，其中以 C 语言为主。实际上，UEFI 的应用程序和驱动可以使用 C++ 编写。它屏蔽了大量的底层硬件细节，为程序员提供了非常统一的调用接口，能很方便地在多种 CPU 架构间编写代码。这就意味着很多代码可以重复使用，也可以直接使用大量的 C 语言库，比如 libjpeg 等，极大地提高了编程效率。
- **突破了 ROM 的容量限制**。UEFI 可以解析文件系统，可以将硬盘的某个区域变为自己的存储空间。这样不但保证了充足的容量，而且可以直接执行一些常用的程序，比如操作系统的多引导、系统备份和恢复等。同时，由于不受限于容量，UEFI 可以吸取现代操作系统的设计理念，将功能分层化，不断添加各类新的功能，以满足未来计算机的发展。
- **可扩展性好**。UEFI 采用模块化的设计，驱动可以动态加载，可以非常方便地添加对新硬件的支持。而 UEFI 的每个驱动，均有唯一的 GUID 标识，使得 UEFI 系统的升级变得安全而简单。我们熟悉的各种备份和诊断功能，都可以在 UEFI 下实现。配合 UEFI 提供的网络功能，可以远程对主板进行故障诊断，或者进行 BIOS 更新。
- **系统性能高**。Legacy BIOS 运行于 16 位实模式，而 UEFI 是直接运行于保护模式下的，可以充分利用 CPU 和内存。另外，UEFI 提供了异步操作机制，这类似于操作系统下的多进程模式，可充分提高 CPU 的利用率，减少等待时间。
- **安全性高**。UEFI 建立了完整的可信链机制，主板出厂时，可以内置一些可靠的公钥。这些公钥一般由比较权威的 CA 机构发布，比如 VeriSign 等。这样，当系统的安全启动功能打开后，UEFI 在执行应用程序和驱动前，会检测应用程序和驱动的证书，只有证书被内置公钥认证通过，应用程序和驱动才能被执行。UEFI 的安全机制提高了操作系统启动过程的安全性，能有效阻止恶意软件。
- **易用性好**。从 UEFI 的设计可以看出，它实际上是一个简化了的操作系统。它支持高分辨率的彩色显示，可以运行 GUI（图形用户界面），支持鼠标的使用。这使得开发人员可以构建非常友好的用户交互界面，用户能更容易、更方便地调节各种参数。

1.2.3　UEFI BIOS 的启动过程

1.1.1 节介绍的 Legacy BIOS 的启动过程，各厂商的实现都不相同，本书介绍的 Award BIOS 的启动过程，是其中一个比较典型的实例。与 Legacy BIOS 不同，UEFI BIOS 的启动过程非常标准，它遵循 UEFI 平台初始化（Platform Initialization）标准⊖，共经历 7 个阶段，如图 1-3 所示。

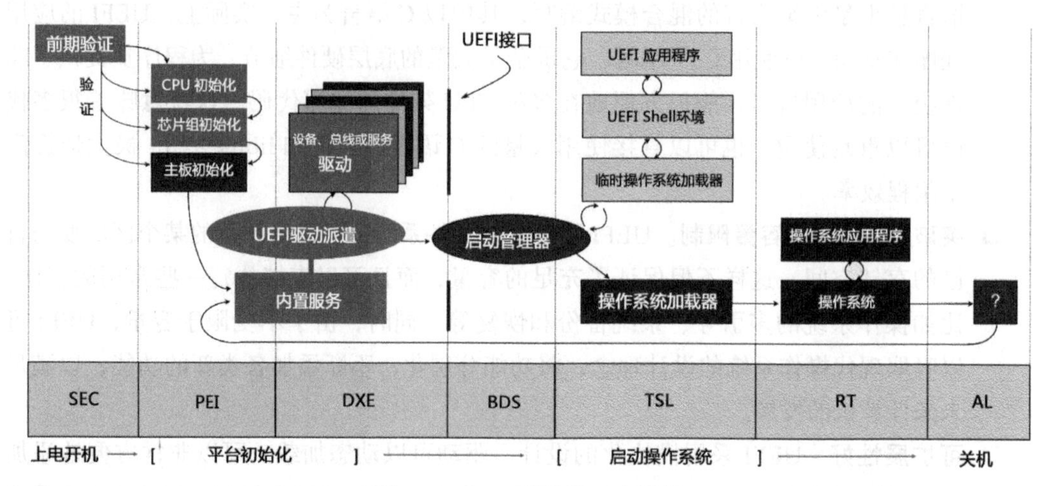

图 1-3 UEFI 启动的 7 个阶段

7 个阶段分别为 SEC（安全验证）、PEI（EFI 前期初始化）、DXE（驱动执行环境）、BDS（启动设备选择）、TSL（操作系统加载）、RT（运行时）和 AL（灾难恢复）。其中，前 3 个阶段是 UEFI 初始化阶段，DXE 阶段加载了大量的硬件驱动，此后 UEFI 环境就准备好了。

BDS 阶段负责选择启动设备，TSL 阶段主要负责运行操作系统加载器，这是控制权限向操作系统转移的一个阶段。

操作系统加载器调用 ExitBootServices()，回收启动服务的资源，进入 RT 阶段。此时，操作系统已经被加载和运行，仅有运行时服务可以被访问。

AL 阶段的行为没有定义，这项工作是由系统供应商自行完成的，可用来做错误修复或者其他自定义的功能。

1. SEC 阶段

SEC（Security）阶段是 UEFI 启动的第一阶段，计算机上电启动后将进入此阶段。这一阶段运行在内存初始化之前，仅 CPU 的寄存器和 CPU 内部资源可以使用。一般来说，系统会使用临时 RAM 来进行代码的运行和数据的存取，常用的临时 RAM 为 Cache。

SEC 阶段主要完成的任务如下。

- **处理系统上电或重启**。当系统上电、重启或者运行过程出现异常信号导致重启，将跳转到 Reset Vector（重启向量）处开始运行。
- **创建临时内存**。一般使用 Cache 作为临时内存，虽然程序还是在 ROM 上执行，但

⊖ 参见 https://uefi.org/specifications。

是可以使用依赖于栈的C语言函数，这种技术称为CAR（Cache As Ram）。CAR能有效加快程序的运行，关键是可以直接使用C语言函数，便于程序员开发。

- **提供安全信任链的根**。SEC阶段是整个可信系统的根基，为保证执行代码是可信的，通常会在该阶段对PEI加载映像进行HASH校验。
- **传送系统参数给下一阶段（即PEI阶段）**。传递的信息包括平台的状态、BFV（Boot Firmware Volume，可启动固件）、临时RAM的地址和大小、栈的地址和大小。

在X86平台上，从80286开始，系统重启后会跳转到内存顶端的位置开始执行BIOS。UEFI中是同样的机制，这个位置被称为Reset Vector，比如在32位的80486上，它是0xFFFFFFF0。UEFI最开始执行的是SEC阶段，其执行流程如下。

1）刷新Cache，进入固件入口。

2）从实模式进入保护模式，此处使用的是不分页的平坦模式。

3）初始化MTRR（Memory Type Range Registers），让处理器可使用不同类型的内存。

4）执行微码升级，以解决某些时候CPU的缺陷。

5）使用CAR技术，之后就可以使用依赖栈的语言了，比如C语言。

6）处理一些多处理器的工作。

7）传递参数给下一阶段（PEI）。

对于ARM、MIPS等其他平台，上述处理流程会有不同，但执行的过程大致相同，其提供的功能是一样的。

2. PEI阶段

在PEI（Pre-EFI Initialization）阶段，程序从ROM执行转向内存执行。此阶段会对内存进行完全的初始化，它主要为后面的DXE阶段准备执行环境。在PEI阶段后期，也会对S3（ACPI电源管理中挂起到内存）返回事件进行处理。

从功能上来说，PEI可以分为PEI内核（PEI Foundation）和PEI模块（PEI Module）派遣器。PEI内核负责PEI阶段的服务和流程；PEI模块派遣器则是按照系统中PEI模块的依赖关系，依次执行PEI模块。PEI阶段操作执行流程如下。

1）接收从SEC传递过来的参数，使用Cache作为内存。

2）PEI模块派遣器执行循环，依次执行各PEI模块，包括CPU PEI模块、平台相关的PEI模块、内存初始化PEI模块。其中，平台相关的PEI模块对一系列硬件进行早期的初始化，包括内存控制器、I/O控制器；初始化各种平台接口，比如Stall（延时）、重启等。

3）检查是否处于S3启动模式，如果是，则执行S3返回流程；如果不是，则准备HOB（Hand-Off Block）列表，进入DXE入口。

PEI内核存在于BFV中，它在SEC阶段被验证过，以确定是否受到破坏。它会建立一个系统表，即PEI服务表（PEI Services Table），所有的PEI模块都可以访问它。

PEI模块是一些可执行的二进制代码，封装了关于处理器、芯片组、设备或者平台相关的功能，并由PEI内核负责派遣。各个PEI模块之间的沟通，是通过PPI（PEIM to PEIM Interfaces）来实现的。以下为PPI的数据结构，它由一个GUID和一个指针组成。

```
typedef struct {
    UINTN     Flags;
    EFI_GUID  *Guid;
    VOID      *Ppi;
} EFI_PEI_PPI_DESCRIPTOR;
```

PEI模块可通过PEI服务InstallPPI()和ReinstallPPI()来发布一个有效的PPI，而其他的PEI模块可使用PEI服务LocatePPI()来找到需要的PPI。

3. DXE阶段

DXE（Driver Execution Environment）阶段执行大部分的系统初始化工作，为后续的UEFI和操作系统提供了UEFI的系统表、启动服务和运行时服务。在这个阶段，内存可以正常使用了，大量复杂的工作，比如为硬件提供驱动程序，都可以实现了。

DXE阶段的几个组成部分如下。

- DXE内核：它抽象于系统硬件，负责DXE的基础服务和执行流程，产生UEFI启动服务、运行时服务和DXE服务。
- DXE派遣器：负责初始化系统设备，发现并以正确的顺序执行DXE驱动。
- DXE驱动：负责初始化处理器、芯片组、系统组件，所有的DXE驱动都可以使用UEFI启动服务、运行时服务或者DXE服务实现需要的功能，比如产生Protocol。

这几部分协同工作，完成平台的初始化，并提供启动操作系统所需要的服务。

DXE阶段的执行流程与PEI阶段很类似，具体如下。

1）进入DXE入口。

2）根据HOB列表初始化系统服务。

3）DXE派遣器调度遍历系统中的驱动，直到所有满足条件的驱动都被加载。

4）进入BDS阶段。

在此阶段运行的驱动有两种类型：一种是早期DXE驱动，另一种为符合UEFI驱动模型的驱动。两者的区别在于，前者通常包含基础服务、处理器初始化代码、芯片组初始化代码和平台初始化代码，它会主动寻找设备并初始化它；而后者是系统服务根据设备来寻找驱动，找到合适的驱动然后再执行初始化操作。

4. BDS阶段

BDS（Boot Device Selection）阶段负责发现每个启动设备，并执行启动策略。它会初始化控制台设备、加载必要的设备驱动，并根据系统设置去加载和执行启动项。在DXE阶段加载的各个驱动，将在此阶段与系统中的硬件进行匹配连接，使得各个启动设备可以进行读写。

BDS 策略通过全局 NVRAM 变量配置。操作系统安装完后操作系统加载器的路径将存储在 NVRAM 变量中，UEFI 可以根据该路径使用操作系统加载器来加载执行操作系统。

如果 BDS 阶段启动失败，系统将重新调用 DXE 派遣器，再次进入寻找启动设备的流程。

5. TSL 阶段

TSL（Transient System Load）阶段被称为临时系统，它是 UEFI 将系统控制权转移给操作系统前的一个中间时段。这一阶段的操作系统加载器是作为 UEFI 应用程序在执行的，当启动服务的 ExitBootServices() 被调用后，系统进入运行时阶段。

在此阶段，UEFI 还提供了人机交互界面，也就是我们常用的 UEFI Shell。此时已经运行到了 UEFI 的后半部分，所提供的功能已经比较完备，具备了操作系统的雏形。许多的系统诊断、自动测试等工具，都可以在此阶段运行。

6. RT 阶段

在 RT（Runtime）阶段，操作系统加载器获得系统的控制权，UEFI 的各种系统资源也被转移，启动服务不能再使用，仅保留运行时服务供操作系统加载器和操作系统使用。

7. AL 阶段

AL（After Life）阶段，在图 1-3 中没有定义其功能。这个阶段的功能一般由厂商自定义，大多数情况下，可用来进行错误处理和灾难恢复。

操作系统在关机、待机、休眠或者重启处理器后，会进入此阶段。在服务器和工作站上，异步事件（比如 SMI 中断或者 NMI 中断）的触发也可以进入 AL 阶段。

1.2.4　国产计算机与 UEFI

2015 年，我国发布《中国制造 2025》，提出创新驱动、智能转型，更多地强调自主创新，将制造业从“规模大”变为“实力强”，实现制造业升级。在计算机领域，众所周知，我国一直在各个层面上努力，从芯片、服务器、操作系统到各个支撑软件和应用软件，都在不断发展。尽管如此，Wintel 联盟的产品还是占据了绝对地位。

自 2018 年起我国开始大力发展国产计算机。而计算机最核心的部件毫无疑问是 CPU，它确定了整个软硬件架构的设计框架。我国在自主 CPU 研发方面，投入了巨大的人力和物力。从架构上来说，CPU 可以分为 5 种。

1）MIPS 架构。MIPS（Microprocessor without Interlocked Piped Stages）最早由斯坦福大学的 Hennessy 教授带领的团队设计，是经典的 RISC 架构。在 20 世纪 80 年代，它被广泛应用于嵌入式和消费类产品上，比如 SONY、Nintendo 的游戏机，Cisco 的路由器和 SGI 超级计算机也曾使用 MIPS。

国内使用MIPS最著名的公司有龙芯和君正，前者隶属于中国科学院计算技术所，在嵌入式、个人计算机、服务器方面都有涉及；后者主要专注于嵌入式领域，包括可穿戴设备、物联网等。龙芯已经永久买断MIPS指令的使用授权，从自主可控上来说，是国内做得较好的。

2）**ARM架构**。ARM（Advanced RISC Machine）架构非常有名，我们每天携带的智能手机，特别是Android阵营的手机，基本上使用的都是ARM架构。其设计公司为ARM公司，该公司已经于2016年被日本软银收购。

ARM公司并不直接生产处理器芯片，而是作为知识产权供应商，授权给其合作伙伴。从日常使用的电视、手机，到个人计算机、服务器和超级计算机，以及汽车电子、航空电子等，到处都有ARM的身影。从数量和覆盖度来说，ARM是我们这个时代最成功的CPU架构。

我国目前采用ARM进行国产计算机开发的企业主要有飞腾和华为。从性能和软件生态上来说，ARM体系的竞争优势非常大。而依托于ARM多年的发展，加之我国有大量熟悉ARM体系的软硬件人才，其未来的发展值得期待。

3）**X86架构**。国产计算机中也有X86架构的身影。虽然X86的知识产权和核心技术为Intel和AMD所掌握，美国政府也严格进行了控制，但Intel曾经授权给兆芯，AMD曾授权给北大众志，这两家公司一直在这个领域进行耕耘。

X86的软硬件生态不必说了，它能很好地支持Windows系统及其软件生态。唯一值得担心的是，X86体系并不是完全自主可控的，其授权一旦停止，后续的研究和生产将受制于人。

4）**Power架构**。Power架构是IBM开发的一种RISC架构指令集，于1980年推出第一台原型机。它在服务器系统的可靠性、可用性和可维护性方面都表现出色。因此，Power架构在超算、银行金融、大型企业的高端服务器方面应用得非常成功。目前国内的浪潮和中昊宏芯采用的是Power架构，主要面对的是服务器市场。

5）**Alpha架构**。Alpha又称Alpha AXP，是一种64位的RISC指令集架构，由DEC公司设计开发，主要用于工作站和服务器。Alpha服务器的用户量很少，据称其价格高昂、安装复杂、部署难度大，很难直接用于普通商用环境。我国使用Alpha架构的公司为申威，其在超算领域比较有名。

很明显，国产计算机如果面对个人办公，所能选择的CPU主要是龙芯、飞腾和X86架构。而驱动个人计算机硬件的灵魂——BIOS，在面对国产自主可控的需求时，也遇到不少问题。各个体系的BIOS，在早期都有自己的Legacy BIOS架构，缺点也很明显：开发难，维护难，对新硬件的支持慢，安全性也差。

所以，在各CPU厂家的发展过程中，都无一例外地选择了UEFI作为新BIOS的架构。笔者曾因工作原因，多次拜访龙芯和飞腾的厂家，兆芯也有所接触，这些厂商所采用的

BIOS 基本上都转向了 UEFI 架构。而在商用 BIOS 方面，国内最著名的是南京百敖和北京昆仑，目前市场上所销售的国产计算机的商用 BIOS，基本上也都采用了 UEFI 架构。

国产计算机平台进行 UEFI BIOS 的研究和开发，在当前的技术环境下是比较好的选择，这对提高计算机系统的安全性、易用性，以及降低关联行业的技术难度，加快产品的商用化，都有十分重要的意义。笔者认为，随着国产计算机的发展，UEFI 的影响力会持续升高。

而与 BIOS 联系比较紧密的行业，比如系统还原、物理隔离、虚拟化等，也面临着这一行业变革带来的影响。如何在国产计算机上快速实现所处行业需要的功能，是每个厂家都需要考虑并解决的问题。

1.3　本章小结

Legacy BIOS 存在近 40 年，由于其本身的局限性，一直无法跟上硬件的发展，并且在可编程性、可维护性、安全性方面表现很差。UEFI 推出之后，上述的问题都被很好地解决了，并且因为其对 64 位良好的适应性（UEFI 最初就是针对 64 位安腾平台设计的），迅速取代了 Legacy BIOS。

本章对比了 Legacy BIOS 和 UEFI BIOS 的组成部分、启动流程，分析比较了为什么 UEFI BIOS 能取代 Legacy BIOS 成为当代主流的 BIOS 架构。着重介绍了 UEFI 的启动服务和运行时服务，并对 UEFI 的 7 个阶段的启动流程进行了详细分析。

得益于 UEFI 良好的设计，在目前国产计算机中，普遍采用它作为 BIOS 的架构。这将对我国的国产计算机发展产生良好的促进作用。相信随着国产计算机的推进，能反过来促进 UEFI 生态链的发展。笔者将分别在第 11 章、第 12 章，基于龙芯、飞腾架构介绍在国产 CPU 架构下的 UEFI 编程方法。

通过对本章的学习，读者对 UEFI 应该有了初步的了解，下一章主要介绍如何搭建 UEFI 的开发环境。

Chapter 2 第2章

UEFI开发和调试环境搭建

从第1章的介绍中可以知道，UEFI标准提供了比较完备的BIOS规范框架，非常好地解决了Legacy BIOS中的各种问题。UEFI项目的目标比较远大，希望支持所有类型的CPU，并成为事实上的BIOS标准。为此，Intel成立了开源组织TianoCore，其目标就是提供UEFI标准的实现，以及各类工具和开源代码，促进UEFI的健康发展。

TianoCore的代码之前都是在Sourceforge.net上发布的，后来逐渐转移到GitHub[1]网站上了。以“tianocore”为关键字，可以在GitHub上搜到许多相关的项目。其中，最核心的项目是开发所需要的EDK2。它是为实现UEFI标准和UEFI平台初始化标准而开发的，支持跨平台固件编译的开发环境。EDK2本身可以在多种操作系统下编译，比如Windows、Linux、MacOS等，也支持生成多种CPU架构的固件和程序，比如X86、ARM和RISC-V等。下面介绍在Windows和Linux下如何使用EDK2进行开发和调试。

注意 UEFI可以在Windows和Linux下编译，这两种平台表示目录的方式是不同的。在Windows平台中使用反斜杠“\”表示目录，而在Linux中使用正斜杠“/”表示目录，在UEFI的程序中沿用了Linux的用法。在后续调试和测试中，要注意这些区别。

[1] https://github.com/tianocore。

2.1　搭建 Windows 下的 UEFI 开发环境

每过一段时间，EDK2 都会发布稳定版本的源码[1]，这些代码都经过了测试，比较适合初学者直接使用。而且，早期发布的稳定版本中，会提供 UEFI 包（UEFI Package）和 UEFI Protocol 的帮助文档，以及如何使用编译、使用 EDK2 的 wiki 链接。比如 UDK2018[2]发布于 2018 年 3 月 31 日，其提供的资料很全，笔者在 Windows 系统上的 UEFI 开发环境就是使用这个版本搭建的。

不过，随着 UEFI 的发展，新的特性会不断加进来。既然是以学习实践为主，我们还是应该以最新的版本来做实验。EDK2 支持 Windows 7、Windows 8/8.1、Windows 10，考虑到目前 Windows 10 为主流，故我们以 Windows 10 为例，讲述如何搭建 UEFI 开发环境。主要步骤如下。

步骤 1　安装编译 EDK2 所需的开发工具，包括 Visual Studio（VS2008 或更新版本，目前支持到 VS2019）、Python、NASM 和 IASL 编译器。要想下载 EDK2 开发包，可直接下载压缩包或者通过 GIT 工具下载。

步骤 2　配置开发环境。设置 EDK2 开发工具的路径，通过源码包和工具开发 UEFI 程序。

步骤 3　编译 UEFI 提供的模拟器和示例程序。

步骤 4　启动模拟器，运行编译好的程序。

下面详细讲述这些步骤的操作过程。

2.1.1　安装开发工具

首先需要安装编译所需的工具和下载 EDK2 源码包，编译的工具包含 C 语言编译器和其他辅助编译器，具体步骤如下。

步骤 1　安装 C/C++ 编译器。

在 Windows 10 下编译 UEFI 的 C 语言编译器，可以使用 Visual Studio 系列的产品，或者 Cygwin 的 GCC 编译器。笔者使用的是 VS2015，后续章节的例子也都是使用它来编译的，其下载地址为 https://docs.microsoft.com/en-us/visualstudio/releasenotes/vs2015-version-history。

步骤 2　安装 Python 及其他辅助工具。

安装 Python 2.7 或者更高版本的 Python 编译器（下载地址为 https://www.python.org/），安装 IASL 编译器（下载地址为 https://acpica.org/downloads/binary-tools），安装 NASM 编译器（下载地址为 https://www.nasm.us/）。将这些软件安装到默认目录下（一般位于 C 盘）就

[1] https://github.com/tianocore/edk2/releases。

[2] https://github.com/tianocore/edk2/releases/tag/vUDK2018。

可以了。安装完之后，需要将这些软件的路径添加到环境变量（系统的 Path 路径）中。

打开“控制面板”，依次选择“系统和安全”→“系统”→“高级系统设置”选项，在打开的对话框中，选择“高级”→“环境变量”选项，在弹出的“环境变量设置”对话框中，修改系统变量下的 Path 变量，将“C:\Python27\”“C:\ASL”“C:\nasm”添加进去。另外，新建一个系统变量：PYTHON_HOME=C:\Python27。

提示 笔者所安装的 Python 为 2.7 版本，读者应该根据自己所安装的版本修改上述变量。另外，路径和系统变量设置也可通过批处理实现，可以参考笔者所写的系列博客[⊖]。

步骤 3 下载 EDK2 开发包和其他必要开发包。

我们可使用 GIT 工具将需要的开发包同步下载到本地，GIT 软件可以在其官网下载，下载地址为 https://git-scm.com/download/gui/win。在日常的开发中，笔者常用的 UEFI 开发包如下。

- EDK2：开发 UEFI 应用、驱动和固件所需的主要开发包，由 TianoCore 官方发布。
- EDK2-LIBC：提供 StdLib 库，允许程序员使用 C 标准库开发 UEFI 程序。

在 C 盘根目录下建立工作目录的文件夹，比如 C:\UEFIWorkspace，在此目录下打开 GIT 命令行，下载需要的开发包，命令如下。

```
$ git clone https://github.com/tianocore/edk2.git
$ git clone https://github.com/tianocore/edk2-libc.git
```

完成之后，在 UEFIWorkspace 文件夹下新增了两个目录——\edk2 和 \edk2-libc，其中包含了我们开发需要的各种源文件。

提示 由于 GitHub 的服务器在国外，通过 GitHub 下载源码比较慢，并且失败率很高，建议读者使用国内的 Gitee 来下载源码。可以通过导入仓库的方式，将 GitHub 的仓库导入 Gitee，具体方法可以参考笔者博客[⊜]中的说明。

2.1.2 配置开发环境

在编译 UEFI 程序前，开发环境还需要做一些调整，步骤如下。

步骤 1 更新 Submodule（子模块）。

有些必要的库文件和编译所需的源文件，在 EDK2 中通过 Submodule 的方式提供了，

⊖ https://blog.csdn.net/luobing4365/article/details/101018455。

⊜ https://blog.csdn.net/luobing4365/article/details/106151078。

可以使用 GIT 工具对 Submodule 进行初始化和更新。进入 UEFIWorkspac\edk2 目录，打开 GIT 命令行，输入以下命令。

```
$ git submodule update --init
```

执行完这次操作之后，以后再更新时，就不用加“ --init”参数了。这些文件都是通过 GitHub 下载的，子模块下载源的控制文件为 edk2\.gitmodules。如需要通过其他源来下载源码（比如将 GitHub 的仓库导入 Gitee，通过 Gitee 仓库下载可以加快下载速度），可以直接修改此文件中的相关项实现。

步骤 2　编译 BaseTools。

VS2015 提供了几个使用命令行进行编译的快捷方式，在菜单中选择 VS2015 x86 Native Tools Command Prompt，点击“运行”按钮，进入工作目录 UEFIWorkspace，执行如下命令。

```
C:\UEFIWorkspace> cd edk2
C:\UEFIWorkspace\edk2> edksetup.bat Rebuild
```

编译好的工具在 UEFIWorkspace\edk2\BaseTools 中。

步骤 3　设置开发工具的路径。

为了方便后续添加新的开发包，我们需要编写一个设置开发工具路径的批处理文件。这个步骤是非必要的，可以直接在 EDK2 中编译需要编译的代码。比如，在 UDK2018 的源码包中，就把 EDK2-LIBC 的文件和 EDK2 的文件放在了同一目录下。

考虑到后续可能还要跨平台编译，需要使用新的开发包和新的跨平台编译器，笔者认为最好还是设置好路径，这样可方便后续开发。在 UEFIWorkspace 目录下，新建名为 mybuild.bat 的批处理文件，将以下内容添加进去。

```
set WORKSPACE=%CD%
set EDK_TOOLS_PATH=%CD%\edk2\BaseTools
set CONF_PATH=%CD%\edk2\Conf
set PACKAGES_PATH=%CD%\edk2;%CD%\edk2-libc
```

使用此批处理文件，配合 EDK2 中的批处理工具 edksetup.bat，就可以对 UEFI 程序进行编译了。

步骤 4　检查 edk2/Conf 下的配置文件。

UEFI 的程序编译依赖于 Conf 下的两个文件——target.txt 和 tools_def.txt。前者给出了编译时的默认参数，后者则规定了所使用的编译工具链。

UEFI 程序使用 BUILD 命令编译，它会使用 target.txt 中的内容作为默认参数来运行。示例 2-1 所示是将编译工具链（TOOL_CHAIN_TAG）设置为 VS2015x86 的 target.txt 文件。

【示例 2-1】 edk2\Conf\target.txt 配置文件。

```
ACTIVE_PLATFORM          = EmulatorPkg/EmulatorPkg.dsc
```

```
TARGET                  = DEBUG
TARGET_ARCH             = IA32
TOOL_CHAIN_CONF         = Conf/tools_def.txt
TOOL_CHAIN_TAG          = VS2015x86
BUILD_RULE_CONF         = Conf/build_rule.txt
```

在示例 2-1 中，ACTIVE_PLATFORM 指明目前在编译的包；TARGET 为编译的目标类型，可以为 DEBUG、RELEASE 或者 NOOPT；TARGET_ARCH 为程序运行的目标架构，包括 IA32、IPF、X64、EBC、ARM 和 AARCH64；TOOL_CHAIN_CONF 指明编译链工具的配置文件位置；TOOL_CHAIN_TAG 给出所用的编译工具链，所指定的值必须是编译工具配置文件中定义了的；BUILD_RULE_CONF 指明编译规则的文件所在位置。

在 tools_def.txt 中，定义了大量可以使用的编译器。文件中给出所需要的编译工具的路径，并针对各种情况给出编译的参数，通过定义的参数宏，就能看出相关的编译参数，比如针对目标架构为 X64、编译目标类型为 DEBUG，所使用的 C 编译器参数宏为 DEBUG_VS2015x86_X64_CC_FLAGS、汇编编译器参数宏为 DEBUG_VS2015x86_X64_ASM_FLAGS 等。当然，对于链接器的参数宏、NASM 的参数宏等，tools_def.txt 中都有详细定义。

tools_def.txt 文件值得花时间仔细研究，特别是关于编译器的开关参数的内容。笔者在实际项目中曾遇到过一些问题，需要通过查看汇编代码来定位，就是通过修改编译器的开关参数来得到汇编代码。

2.1.3 编译 UEFI 模拟器和 UEFI 程序

本节讲解如何使用 EDK2 的编译工具链进行编译，包括 UEFI 模拟器和 UEFI 程序的编译过程，并对 BUILD 命令的参数详细进行解释。

1. 编译 UEFI 模拟器

在 Windows 平台上，以前所用的 UEFI 模拟器是通过 Nt32Pkg 编译出来的。在后续的版本中已经取消了 Nt32Pkg，取而代之的是 EmulatorPkg。EmulatorPkg 提供的模拟器在 Windows 操作系统和 Linux 操作系统上都运行得很好，并提供了 32 位和 64 位两个版本。

编译前需要设置环境变量，可以使用 2.1.2 节介绍的 mybuild.bat，配合 edk2\edksetup.bat 来完成。选择 VS2015 开始菜单下的 VS2015 x86 Native Tools Command Prompt，打开 VS2015x86 的命令行，输入以下命令。

```
C:\UEFIWorkspace> mybuild.bat
C:\UEFIWorkspace> edk2\edksetup.bat
```

设置好环境变量之后就可以编译 UEFI 模拟器了。在命令行中执行 BUILD 命令，指定需要编译的目标即可，具体如下所示。

```
C:\UEFIWorkspace>build -p edk2\EmulatorPkg\EmulatorPkg.dsc -t VS2015x86 - a IA32
```

BUILD命令会分析UEFI的工程文件，根据分析的结果自动执行相应的编译和链接命令。它后面所跟的命令行参数，会覆盖Conf\target.txt中对应的参数，继续后面的编译工作。也就是说，如果BUILD命令后面有些参数不指定的话，将会使用Conf\target.txt中的相应参数进行编译工作。比如，ACTIVE_PLATFORM对应-p参数，TOOL_CHAIN_TAG对应-t参数。

2. 编译UEFI程序

要编译UEFI程序，同样需要先设置环境变量，相关步骤与编译UEFI模拟器类似，即打开VS2015x86的命令行，依次执行mybuild.bat和edk2\edksetup.bat。如果是编译UEFI包，可以使用如下命令（以edk2-libc中的AppPkg为例，编译32位的UEFI程序）。

```
C:\UEFIWorkspace>build -p edk2-libc\AppPkg\AppPkg.dsc -t VS2015x86 -a IA32
```

如果是编译包下的程序，比如MdeModulePkg中的HelloWorld，可使用-p参数指定编译的包，用-m指定需要编译的模块。具体命令如下。

```
C:\UEFIWorkspace>build -p edk2\MdeModulePkg\MdeModulePkg.dsc -m
    edk2\MdeModulePkg\Application\HelloWorld\HelloWorld.inf -a IA32 -t VS2015x86
```

所编译出来的目标程序均位于UEFIWorkspace\Build的子目录下。

3. BUILD命令详解

在编译UEFI程序的步骤中，我们已经使用了BUILD的带参数编译。在日常的编译中，最常用的参数有-a、-m、-p和-t。

- -a用来指定程序运行的目标架构，包括IA32（32位X86）、IPF（安腾处理器系列）、X64（64位X86）、EBC（EFI byte code）、ARM和AARCH64。对应Conf\target.txt中的TARGET_ARCH。
- -p用来指定要编译的包或者平台，通过给出.dsc的文件位置来编译。对应Conf\target.txt中的ACTIVE_PLATFORM。
- -m用来指定要编译的模块。如果不指定，在编译的时候，BUILD命令将编译.dsc中指定的所有模块。
- -t用来指定编译时所用的编译工具链，对应Conf\target.txt中的TOOL_CHAIN_TAG。

编译完成后，BUILD命令会创建Build目录，并根据指定的参数创建相应的文件夹。比如上面提到的HelloWorld，其源码位于MdeModulePkg\Application\HelloWorld中，使用的目标类型为DEBUG，编译工具链为VS2015x86，那么所生成的文件会存放于\Build\MdeModule\DEBUG_VS2015x86\IA32\MdeModulePkg\Application\HelloWorld\HelloWorld\OUTPUT下。

表2-1所示为BUILD命令常用参数及其描述。

表 2-1 BUILD 常用参数

命令参数缩写	命令参数全称	描 述
-h	--help	显示 BULID 参数的帮助信息
-a TARGETARCH	--arch=TARGETARCH	指定程序运行的目标架构，可指定为 IA32、X64、ARM、AARCH64 或 EBC
-p PLATFORMFILE	--platform=PLATFORMFILE	通过 DSC 文件指定需要编译的包
-m MODULEFILE	--module=MODULEFILE	通过 INF 文件指定需要编译的模块
-b BUILDTARGET	--buildtarget=BUILDTARGET	指定目标类型，可为 DEBUG、RELEASE 或 NOOPT
-t TOOLCHAIN	--tagname=TOOLCHAIN	指定编译工具链
-n THREADNUMBER		编译时编译器使用的线程数目
-u	--skip-autogen	跳过 AutoGen 步骤
-c	--case-insensitive	文件名大小写不敏感，即不区分大小写
-w	--warning-as-error	把警告当作错误处理
-j LOGFILE	--log=LOGFILE	把日志信息输出到指定的文件中
-s	--silent	使用静默模式执行 (n)make
-q	--quiet	除了致命错误外，其他信息都不显示
-D MACROS	--define=MACROS	定义宏

2.1.4 使用模拟器运行 UEFI 程序

Windows 平台的模拟器分为 32 位和 64 位两个版本。在 2.1.3 节中，给出了 32 位模拟器的编译方法，64 位模拟器的编译方法与之类似，只是需要把目标架构设定为 X64，具体命令如下。

```
C:\UEFIWorkspace>build -p edk2\EmulatorPkg\EmulatorPkg.dsc -t VS2015x86 -a X64
```

以 32 位模拟器为例，执行 UEFI 模拟器的命令如下。

```
C:\UEFIWorkspace> cd Build\EmulatorIA32\DEBUG_VS2015x86\IA32\ && WinHost.exe
```

也可以直接运行 Build\EmulatorIA32\DEBUG_VS2015x86\IA32\ 目录下的模拟器 WinHost.exe。其启动界面如图 2-1 所示。

WinHost.exe 的启动过程和 BIOS 启动过程类似，启动完成后，将进入 UEFI Shell 界面，如图 2-2 所示。

在图 2-2 中，显示了 Shell 下所挂载的设备，其中，UEFI Shell 下目录 FS0 对应的是主机目录 Build\EmulatorIA32\DEBUG_VS2015x86\IA32\。可以使用如下命令进入 FS0 目录，并运行编译好的示例程序。

```
Shell>fs0:
FS0:\>HelloWorld.efi
```

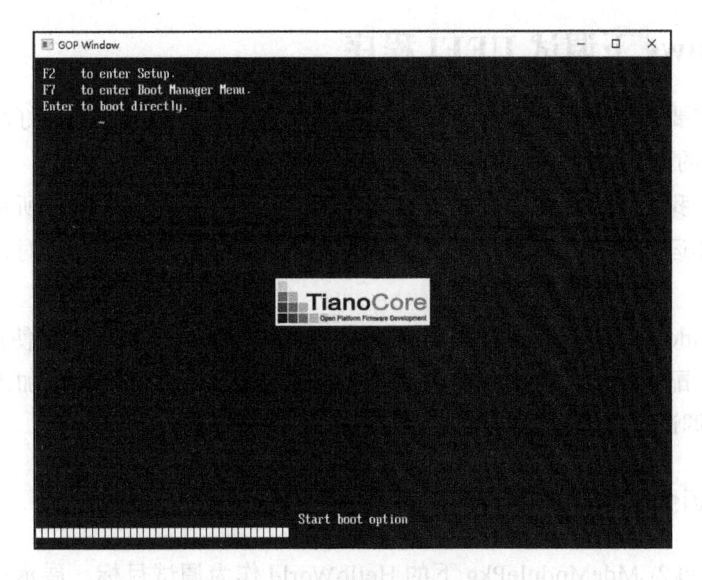

图 2-1 UEFI 模拟器启动界面

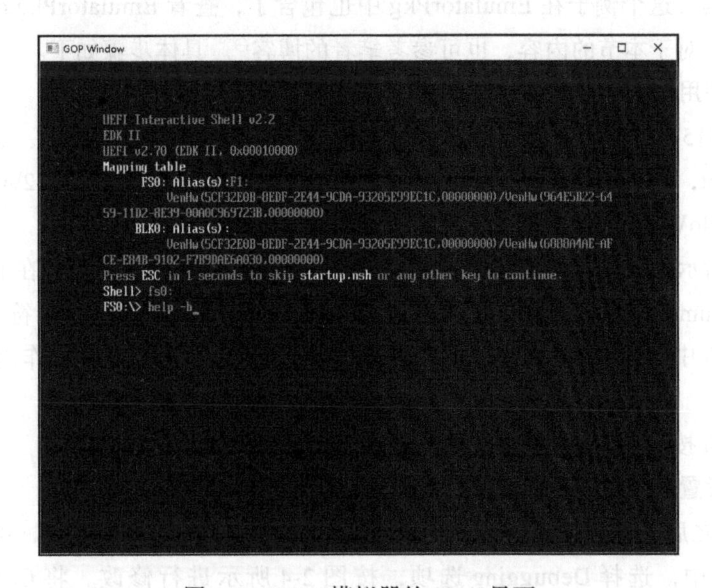

图 2-2 UEFI 模拟器的 Shell 界面

在 UEFI Shell 中提供了非常丰富的 Shell 命令，可以用来管理 Shell 环境，以及测试 UEFI 程序。一般的 DOS 命令或者 Linux 的 Shell 命令在这里都能找到对应的版本。比如用来显示文件夹内容的 ls 或 dir、列举 PCI 设备的 pci 等，可以通过运行 help -b 查看这些命令的功能（-b 参数表示分屏显示信息）。

2.2 Windows 下调试 UEFI 程序

编写软件需要很多时间，其中很大一部分时间是用来调试的。拥有好的调试手段，对理解 UEFI 架构的内部原理、加快项目开发，都有很重要的意义。

一般来说，我们可以通过在程序内部打印出需要的信息来判断问题所在。但在需要直接观察程序内部运行状态，比如找到内存泄漏的位置、查看栈的状况等时，这种方式就无法满足要求了。

笔者在 Windows 下开发 UEFI 程序时，常使用两种调试方法：一是使用 Visual Studio 的内置调试器，配合 UEFI 模拟器进行调试；二是使用 WINDBG，配合加入了调试支持的 BIOS 固件进行调试。下面分别介绍这两种调试方法。

2.2.1 使用 Visual Studio 调试 UEFI 程序

本节使用 edk2\ MdeModulePkg 下的 HelloWorld 作为调试目标，展示如何使用 Visual Studio 调试代码。这个例子在 EmulatorPkg 中也包含了，查看 EmulatorPkg.dsc 可以看到相应的声明语句。对于本节的内容，也可参考笔者的博客[⊖]。具体步骤如下。

步骤 1 使用 VS2015 建立 Makefile 工程。

打开 VS2015，选择 File → New → Project...，在 Visual C++ 选项中，选择 General → Makefile Project，建立 Makefile 工程。注意，工程的位置建立在 edk2\MdeModulePkg\Application\HelloWorld 文件夹下。

如图 2-3 所示，在填写工程的内容时，填入一些好找的字符串。笔者在 Build command line、Clean commands 和 Rebuild command line 的文本框中，都填写了字符串“1111”。这是为了在步骤 3 中，方便定位到需要修改的位置，这些字符串没有什么作用，因为马上会被改掉。

点击 Finish 按钮，完成工程的创建。

步骤 2 设置调试目标和调试文件夹。

工程建好之后，点击工程名，打开其右键菜单栏，选择 Properties，准备修改属性。在属性配置页中，选择 Debugging 选项，按图 2-4 所示进行修改。将 Command 栏改为 WinHost.exe，将 Working Directory 栏改为 C:\UEFIWorkspace\Build\EmulatorX64\DEBUG_VS2015x86\X64\。

提示 在填写 Working Directory 栏时，注意其最后的反斜杠“\”。“\X64\”和“\X64”的含义完全不同，使用后一种是无法通过调试器启动 WinHost.exe 的。

⊖ https://blog.csdn.net/luobing4365/article/details/105333501。

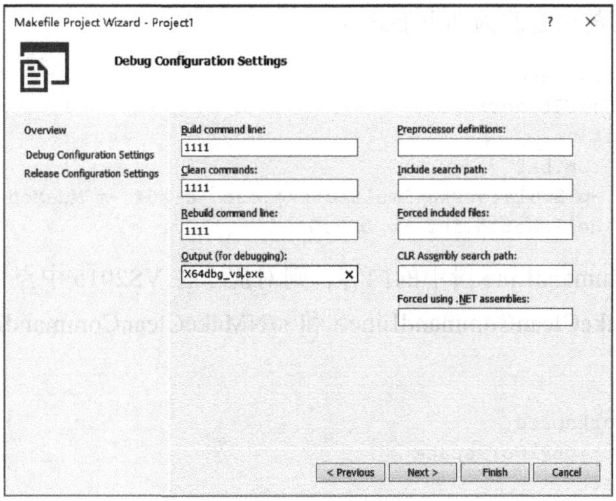

图 2-3　建立 Makefile 工程

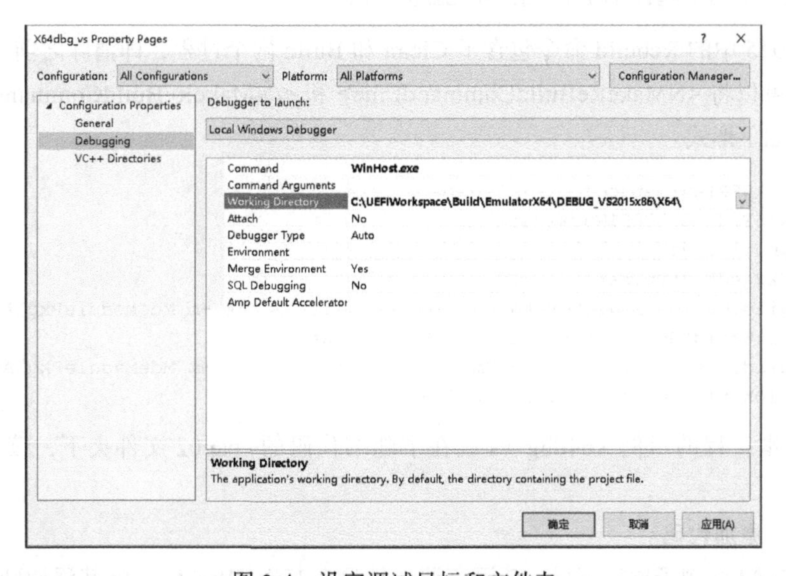

图 2-4　设定调试目标和文件夹

步骤 3　修改工程文件。

笔者准备在 X64 的 UEFI 模拟器中调试 HelloWorld 程序，所建立的工程名为 X64dbg_vs。进入工程目录，使用 VSCODE 或者其他编辑器打开 X64dbg_vs.vcxproj。找到之前填入的字符串“1111”，会发现该字符串分别位于 Debug 的 NmakeBuildCommandLine、NmakeCleanCommandLine 和 NmakeReBuildCommandLine 段中。

NmakeBuildCommandLine 段对应的是在 VS2015 中点击 Build 按钮后执行的命令。这里需要编译的是示例工程 HelloWorld，可将 <NMakeBuildCommandLine> 和 </NMakeBuild-

CommandLine> 之间的内容改为如下形式。

```
cd /D C:\UEFIWorkspace
set WORKSPACE=C:\UEFIWorkspace
call mybuild.bat
call edk2\edksetup.bat
call build.bat -p EmulatorPkg\EmulatorPkg.dsc -a X64 -m MdeModulePkg\Application\
    HelloWorld\HelloWorld.inf -b DEBUG
```

NmakeCleanCommandLine 段中的内容，则对应于在 VS2015 中点击 Clean 按钮后执行的命令，可将 <NMakeCleanCommandLine> 和 </NMakeCleanCommandLine> 之间的内容改为如下形式。

```
cd /D C:\UEFIWorkspace
set WORKSPACE=C:\UEFIWorkspace
call mybuild.bat
call edk2\edksetup.bat
call build.bat -p EmulatorPkg\EmulatorPkg.dsc -a X64 -m MdeModulePkg\Application\
    HelloWorld\HelloWorld.inf -b DEBUG  clean
```

而 VS2015 中的 Rebuild 命令包含了 Clean 和 Build 两个过程，即清除之前生成的文件，重新编译。可以将 <NMakeReBuildCommandLine> 和 </NMakeReBuildCommandLine> 之间的内容改为如下形式。

```
cd /D C:\UEFIWorkspace
set WORKSPACE=C:\UEFIWorkspace
call mybuild.bat
call edk2\edksetup.bat
call build.bat -p EmulatorPkg\EmulatorPkg.dsc -a X64 -m MdeModulePkg\Application\
    HelloWorld\HelloWorld.inf -b DEBUG  clean
call build.bat -p EmulatorPkg\EmulatorPkg.dsc -a X64 -m MdeModulePkg\Application\
    HelloWorld\HelloWorld.inf -b DEBUG
```

笔者将本工程的示例 X64dbg_vs 放在了随书代码的 chap02 文件夹下，读者可以对照参考。

步骤 4　添加代码。

HelloWorld 的例子比较简单，C 语言源文件只有 HelloWorld.c。将其添加到工程文件的 Source Files 中，方便后面调试时查看代码。

步骤 5　编译代码并调试。

工程文件的右键菜单中提供了 Build、Rebuild 和 Clean 选项，分别对应步骤 3 中所修改的内容。选择 Build 命令编译代码，在 Output 窗口输出的编译信息中，会发现其编译过程和 2.1.3 节 UEFI 程序的编译过程是一样的。

在 HelloWorld.c 需要调试的代码行上右击，然后在弹出的菜单中依次选择 BreakPoint → Insert BreakPoint 命令，添加断点。按 F5 键启动调试过程，调试器将调用 WinHost.exe 进入 UEFI Shell。由于 HelloWorld 例子包含在 EmulatorPkg 中，其编译好的程序和 WinHost.

exe 位于同一目录，即在 UEFI Shell 的根目录 FS0 下。

在 UEFI Shell 下进入 FS0，运行 HelloWorld.efi，调试器将中断到之前设定的断点处，如图 2-5 所示。

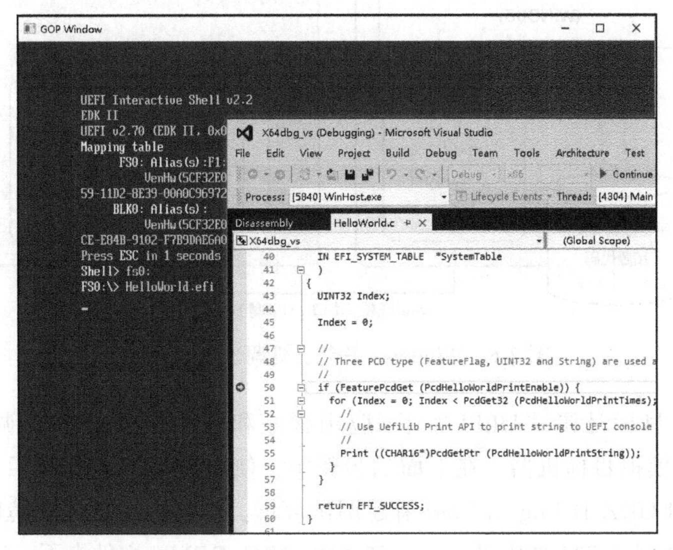

图 2-5　调试代码

然后就可以按照 Visual Studio 调试程序的方法对 UEFI 代码进行调试了。调试器的使用方法可以参考微软网站的相关内容：https://docs.microsoft.com/en-us/visualstudio/debugger/debugger-feature-tour?view=vs-2019。

2.2.2　使用 WINDBG 调试 UEFI 程序

WINDBG 是微软官方提供的调试工具，说它是 Windows 操作系统下最重要的调试工具也不为过。相比于 Visual Studio，其安装文件更小，功能却比 Visual Studio 强大得多。它提供了丰富的调试功能，可以调试应用态和内核态的软件，支持双机调试。

为了借用 WINDBG 强大的调试功能来调试 UEFI 程序，英特尔提供了 UDK Debugger Tool ⊖，以支持 WINDBG 解析 UEFI 的调试符号。UDK Debugger Tool 分为 Windows 版和 Linux 版，目前（本书完稿时）最新的 Windows 版本是 V1.5，于 2015 年发布。

在 Windows 平台，双机调试的基本架构如图 2-6 所示。

从图 2-6 中可以看出，被调试的目标机需要在固件中添加支持调试的源码级调试机制，即对 SEC、PEI、DXE 阶段添加调试支持。如果在实际的机器上调试，需要修改 BIOS 源码，一般来说，不开发 BIOS 的公司是没有这个资源的。

⊖ https://software.intel.com/content/www/us/en/develop/articles/unified-extensible-firmware-interface.html。

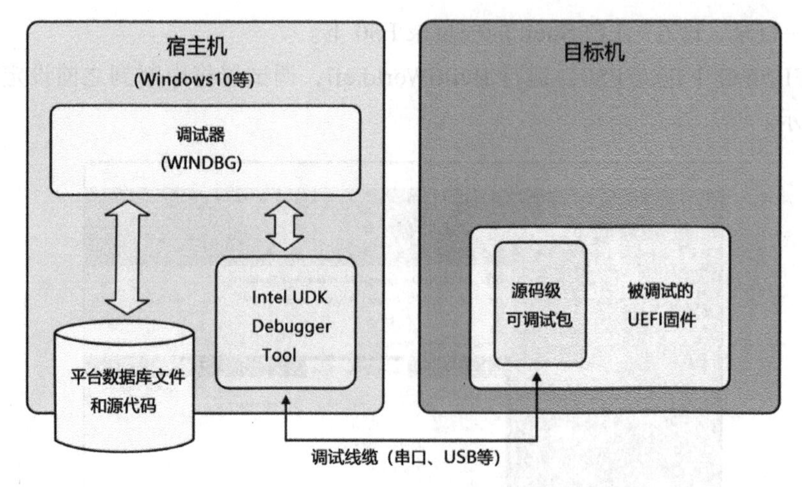

图 2-6 Windows 平台双机调试基本架构

我们的主要目标是调试 UEFI 程序（应用程序和驱动程序），并非调试 BIOS，故可以使用虚拟机来模拟目标机器。在下面的步骤中，使用 QEMU 来构建目标机器，并配合 WINDBG 和 Intel UDK Debugger Tool 搭建调试环境。本节介绍搭建环境时所用的批处理文件和使用的 FD 固件在随书代码的 chap02\WINDBG_QEMU 文件夹下，读者可对照参考。调试环境的具体搭建步骤如下。

步骤 1 安装 WINDBG 和 QEMU。

WINDBG 是微软提供的免费调试工具，可以到微软的网站下载。QEMU 可以到其官网下载，地址为 https://qemu.weilnetz.de/w64/。这两个软件的安装都比较简单，就不再介绍了。记得将 QEMU 的目录添加到系统的 Path 路径中，可以参考 2.2.1 节的步骤 2 中介绍的操作方法进行设置。

注意 笔者使用的是 QEMU 0.13.0+WINDBG 6.11.0001.404，有兴趣的读者可以尝试其他的软件搭配。

步骤 2 安装 Intel UDK Debugger Tool。

下载 Windows 版本的 Intel UDK Debugger Tool，按照默认设置进行安装。需要注意的是，在设置 Debug Port Channel 的时候，选择 Pipe 类型，在 Port 中填入 qemu_pipe_dbg。这个步骤的作用是，设定 Intel UDK Debugger Tool 通过命名管道（PIPE）与 QEMU 通信，命名管道的名称为 qemu_pipe_dbg。

注意，这个命名管道由 QEMU 在启动的时候创建，Intel UDK Debugger Tool 会始终等待此管道的建立。在微软提供的 Sysinternals 工具集中，有一个名称为 pipelist 的工具，大家可以使用这个工具来观察管道的创建情况。

步骤 3　创建 QEMU 虚拟硬盘。

QEMU 支持多种格式的虚拟硬盘，比如 IMG 格式、VMDK 格式、VHD 格式等。我们选择使用 VHD 格式。因为在 Windows 10 下，可以直接使用系统自带的磁盘管理工具创建 VHD 文件，同时操作系统支持将这种文件作为虚拟硬盘加载，复制数据也很方便。

依次选择“控制面板”→“系统和安全”→“管理工具”，找到“计算机管理”的快捷方式，点击打开。选中“存储”下的“磁盘管理”项，并选中某个磁盘，此时菜单栏的“操作 (A)”选项下会多出“创建 VHD”和“附加 VHD”选项。使用“创建 VHD”功能，创建一个约 200MB 的磁盘文件，并将其命名为 lbdbg.vhd，然后将其设定为动态增长模式。

此文件在创建的时候已经作为磁盘加载了。按照磁盘正常格式化的方式，将其格式化为 FAT32 分区。操作完成后，选中此磁盘被分配的分区（一般是最后一个分区），右击调出右键菜单，选择“弹出”命令，即可从系统中将我们创建的磁盘分离。如需复制数据，可右击并选择 VHD 文件，在右键菜单中选择“加载”，此文件将作为分区加载，这样就可以将需要的文件复制进去了。

步骤 4　编译 OVMF 镜像。

为了支持源码级调试，我们需要一个支持源码级调试的 BIOS 镜像，可以使用 OvmfPkg 来制作。UEFI 程序分为 32 位和 64 位，为此 OVMF 镜像也需要准备对应的两个版本。

编译 32 位 OVMF 镜像（支持源码级调试）的命令如下。

```
C:\UEFIWorkspace>build -a IA32 -p edk2\OvmfPkg\OvmfPkgIa32.dsc -b NOOPT -D
    SOURCE_DEBUG_ENABLE
```

编译 64 位 OVMF 镜像（支持源码级调试）的命令如下。

```
C:\UEFIWorkspace>build -a X64 -p edk2\OvmfPkg\OvmfPkgX64.dsc -b NOOPT -D
    SOURCE_DEBUG_ENABLE
```

编译出来的文件 OVMF.fd 分别位于 C:\UEFIWorkspace\Build\OvmfIa32\NOOPT_VS2015x86\FV 和 C:\UEFIWorkspace\Build\OvmfX64\NOOPT_VS2015x86\FV 下。

步骤 5　进行调试。

我们以 64 位的 HelloWorld 为例，演示如何调试程序。

可参考 2.1.3 节介绍的编译过程，编译目标类型为 DEBUG 的 HelloWorld 程序（一般 Conf\target.txt 中默认指定为 DEBUG，也可以在编译时以参数 -b DEBUG 指定）。按照步骤 3 的介绍，加载 lbdbg.vhd 为磁盘分区，并将编译好的 HelloWorld.efi 复制到分区中。注意在复制完后，弹出此分区。

建立文件夹，取名为 dbgOvmfX64，把 lbdbg.vhd 和 64 位的 OVMF.fd 复制到此目录夹下。

点击系统菜单中的 Start Windbg With Intel UDK Debugger Tool，启动调试工具，等待 QEMU 创建命名管道。打开 Windows 的命令行，进入文件目录 dbgOvmfX64，输入如下命令。

```
c:\qemu\qemu-system-x86_64.exe -L . -bios OVMF.fd -hdd lbdbg.vhd -serial
    pipe:qemu_pipe_dbg
```

按回车键运行命令，将进入调试启动流程。

在 WINDBG 命令窗口中输入 bu HelloWorld!UefiMain，为需要调试的程序下断点，然后输入 g 让调试过程继续。

QEMU 将继续启动，直到进入 UEFI Shell。在 UEFI Shell 下进入 FS0 分区，这个分区就是挂载的 lbdbg.vhd。运行分区下的 HelloWorld.efi，程序命中断点，故会回到 WINDBG 控制界面，同时所调试程序的源码也会自动调出，如图 2-7 所示。

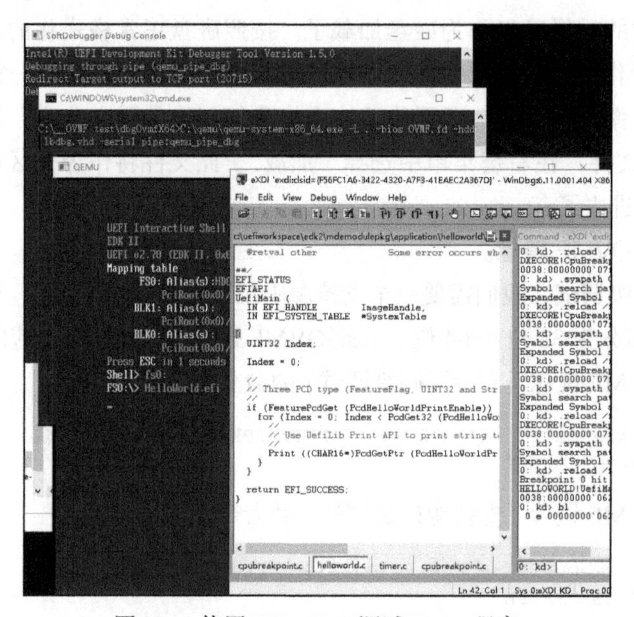

图 2-7 使用 WINDBG 调试 UEFI 程序

接下来就可以使用 WINDBG 调试程序了。WINDBG 的调试功能确实强大，学习难度也比较大，具体的使用方法超出了本书的讨论范围。由软件专家张银奎先生所著《软件调试》对 WINDBG 讲得比较深入，是笔者常用的参考书。

本节搭建的调试环境，相比 2.2.1 节介绍的使用 Visual Studio 进行调试的过程要复杂很多。大多数时候，笔者也只使用 Visual Studio 进行调试。不过，使用 WINDBG+QEMU 搭建的调试环境可以对 BIOS 镜像直接进行调试（OVMF.fd），很适合用来学习 UEFI 启动过程和内部原理。

2.3 搭建 Linux 下的 UEFI 开发环境

EDK2 可以在很多 Linux 发行版上编译，包括 Arch Linux、Fedora、openSUSE、Ubuntu

等。笔者常用的 Linux 环境为 Ubuntu16.04 和 Windows 10 的 WSL（Ubuntu18.04），这里我们选择 Ubuntu16.04 来进行实验。其搭建步骤和 Windows 下的搭建步骤很类似，具体如下。

步骤 1 安装开发工具，包括 GCC、MAKE、Python、NASM 和 IASL 编译器等，并通过 GIT 下载所需的开发包。

步骤 2 配置 Linux 下的 UEFI 开发环境。

步骤 3 编译 UEFI 模拟器和示例程序。

步骤 4 启动模拟器，运行编译好的程序。

下面详细介绍这些步骤的执行过程。

2.3.1 安装开发工具

从 UEFI 的相关文档中可以知道，UEFI 代码支持用 GCC 4.8、GCC 4.9 和 GCC 5 进行编译。而在 Ubuntu16.04 平台上，使用 apt 源安装的 GCC 版本为 5，这是我们选择 Ubuntu16.04 作为实验平台的主要原因。下面将使用 apt 源安装所有开发工具，并下载所需的开发包，具体步骤如下。

1）安装 GIT，并用其从 GitHub 上下载开发包。

```
$sudo apt install git
$ git --version
git version 2.7.4
```

安装 Python 3 或者 Python 2.7，笔者使用的是 Python 3。

```
$sudo apt install python3 python3-distutils
$ python3 --version
Python 3.5.2
```

安装 UUID-DEV、NASM、BISON 和 FLEX，其中，UUID-DEV 中包含编译时所需要的源文件，NASM 用来编译 X86 汇编代码，BISON 和 FLEX 在编译 ACPICA 工具时需要用到。

```
$sudo apt install uuid-dev nasm bison flex
```

安装 GCC、MAKE 等编译工具。

```
$sudo apt install build-essential
$ gcc --version
gcc (Ubuntu 5.4.0-6ubuntu1~16.04.12) 5.4.0 20160609
$ make --version
GNU Make 4.1
```

2）创建 UEFI 工作目录，下载 EDK2 和其他必要的开发包。此步骤与 2.1.1 节介绍的步骤 3 类似，可参考进行实验。

```
$mkdir ~/UEFIWorkspace
$cd ~/UEFIWorkspace
~/UEFIWorkspace$ git clone https://github.com/tianocore/edk2.git
```

```
~/UEFIWorkspace$ git clone https://github.com/tianocore/edk2-libc.git
~/UEFIWorkspace$git clone https://github.com/acpica/acpica.git
```

下载完成后，在工作目录 UEFIWorkspace 中新增了 3 个目录——edk2、edk2-libc 和 acpica，前两个为开发 UEFI 程序所需的开发包，第三个为编译 ACPI 工具的开发包。

2.3.2 配置开发环境

配置 Linux 下的 UEFI 开发环境的步骤如下。

步骤 1 更新 Submodule。

这个步骤和 2.1.2 节介绍的步骤 1 相同，执行如下命令即可。

```
~/UEFIWorkspace/edk2$ git submodule update --init
```

步骤 2 编译 ACPICA。

编译 ACPICA 就相当于生成 IASL 编译器的开发包。

```
~/UEFIWorkspace$ make -C ./acpica/
```

步骤 3 编译 BaseTools。

进入 ~/UEFIWorkspace/edk2 目录，输入如下命令进行编译。

```
~/UEFIWorkspace/edk2$ make -C BaseTools
```

步骤 4 开发工具路径。

在 UEFIWorkspace 目录下新建 myexport.sh 脚本文件，其内容如下。

```
export WORKSPACE=$PWD
export PACKAGES_PATH=$PWD/edk2:$PWD/edk2-libc
export IASL_PREFIX=$PWD/acpica/generate/unix/bin/
export PYTHON_COMMAND=/usr/bin/python3
```

至此，开发环境配置完成，接下来就可以进行 UEFI 包和程序的编译了。

2.3.3 编译 UEFI 模拟器和 UEFI 程序

在 Linux 平台上编译 UEFI 模拟器和 UEFI 程序的过程与 2.1.3 节介绍的在 Windows 下编译的过程很类似，具体如下。

步骤 1 编译 UEFI 模拟器。

与 Windows 平台相同，EDK2 针对 Linux 平台也提供了 32 位和 64 位两种模拟器，这也是由 EmulatorPkg 实现的。编译命令如下。

编译前需要准备好编译环境，指定各编译工具的目录，具体命令如下。

```
~$ cd UEFIWorkspace/
~/UEFIWorkspace$ source ./myexport.sh
```

```
~/UEFIWorkspace$ source edk2/edksetup.sh
```

编译 32 位模拟器的方法如下。

```
~/UEFIWorkspace$ build -p edk2/EmulatorPkg/EmulatorPkg.dsc -t GCC5 -a IA32
```

编译 64 位模拟器的方法如下。

```
~/UEFIWorkspace$ build -p edk2/EmulatorPkg/EmulatorPkg.dsc -t GCC5 -a X64
```

步骤 2　编译 UEFI 程序。

编译 UEFI 包，仍旧以 edk2/AppPkg 为例。最新的 AppPkg 仍旧不能编译 32 位的目标程序，具体原因可参考笔者的博客⊖。这里我们编译 64 位的程序，具体命令如下。

```
~/UEFIWorkspace$ build -p edk2-libc/AppPkg/AppPkg.dsc -t GCC5 -a X64
```

编译包下的程序，方法与在 Windows 下的编译类似，以 MdeModulePkg 中的 HelloWorld 为例，具体命令如下。

```
~/UEFIWorkspace$ build -p edk2/MdeModulePkg/MdeModulePkg.dsc -m
    edk2/MdeModulePkg/Application/HelloWorld/HelloWorld.inf -a IA32 -t GCC5
```

2.3.4　使用模拟器运行 UEFI 程序

运行 Linux 下的 UEFI 模拟器，可以直接进入编译好的目录并执行模拟器程序，具体命令如下。

运行 32 位模拟器：

```
~/UEFIWorkspace$ cd Build/EmulatorIA32/DEBUG_GCC5/IA32/ && ./Host
```

运行 64 位模拟器：

```
~/UEFIWorkspace$ cd Build/EmulatorX64/DEBUG_GCC5/X64/ && ./Host
```

图 2-8 所示是 Linux 下的 UEFI 模拟器，可参照 2.1.4 节介绍的方法使用该模拟器。

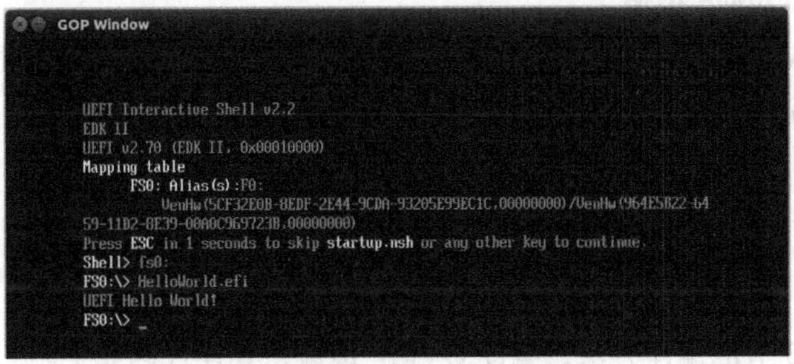

图 2-8　Linux 下的 UEFI 模拟器

⊖ https://blog.csdn.net/luobing4365/article/details/102635311。

2.4 Linux 下调试 UEFI 程序

Linux 下主要的调试工具是 GDB，相比于 Windows 平台上高集成度的调试工具，GDB 在配置方面更自由，当然也更复杂。本节介绍两种调试方法：

- 使用 QEMU 和 OVMF 镜像，配合 GDB 直接调试 UEFI 程序。
- 仍旧使用 QEMU 和 OVMF 镜像，配合 GDB 和 Intel UDK Debugger Tool 调试 UEFI 程序。

两种方法的区别在于，第二种方法的适用范围更广，稍做修改，可以直接调试 BIOS 启动阶段的代码。做实验之前，需要准备好 QEMU，直接使用 apt 安装即可，具体命令如下。

```
$sudo apt install qemu
```

2.4.1 使用 GDB 调试 UEFI 程序

相比使用 Visual Studio，使用 GDB 调试 UEFI 程序的步骤相对复杂一些，其中包含了计算代码段和数据段位置的过程。本节以 MdeModulePkg 的 HelloWorld 为目标调试程序，使用 GDB+QEMU 进行调试，具体步骤如下。

步骤 1 在 HelloWorld.c 中添加调试代码。

添加的代码主要是用来辅助调试的，比如确定符号是否正确加载、程序是否正确执行等。这里需要增加两部分代码。

首先，添加头文件的包含声明，相关代码如下。

```
#include <Library/DebugLib.h>
```

接着，在主程序 UefiMain 中添加获取程序入口地址的代码，具体如下。

```
DEBUG ((EFI_D_INFO, "HelloWorld:My Entry point is 0x%08x\n", (CHAR16*)UefiMain ) );
```

步骤 2 编译 OVMF 镜像。

首先将 HelloWorld 模块添加到 OvmfPkg 中，以方便一起编译。打开 OvmfPkgIa32.dsc，在 [Components] 的最后面添加如下代码。

```
MdeModulePkg/Application/HelloWorld/HelloWorld.inf{
<LibraryClasses>
DebugLib|MdePkg/Library/UefiDebugLibConOut/UefiDebugLibConOut.inf
}
```

然后参考 2.3.3 节的编译方法，编译 OVMF 镜像，具体代码如下。

```
~/UEFIWorkspace$ build -p edk2/OvmfPkg/OvmfPkgIa32.dsc -t GCC5 -a IA32 -b DEBUG
```

编译出来的包在文件夹 ~/UEFIWorkspace/Build/OvmfIa32/DEBUG_GCC5 中。而 OVMF

镜像和 HelloWorld 程序分别位于此文件夹的子目录 FV 和 IA32 下。

步骤 3　准备调试文件夹。

新建文件夹，取名为 _ovmf_dbg，将 OVMF 镜像复制到其中，并建立子目录 hda-contents，将 HelloWorld.efi 和 HelloWorld.debug 复制进去。相关命令如下。

```
~/UEFIWorkspace$mkdir _ovmf_dbg
~/UEFIWorkspace$cd _ovmf_dbg
~/UEFIWorkspace/_ovmf_dbg$cp ..Build/OvmfIa32/DEBUG_GCC5/FV/OVMF.fd ./
~/UEFIWorkspace/_ovmf_dbg$mkdir hda-contents
~/UEFIWorkspace/_ovmf_dbg$ cp ../Build/OvmfIa32/DEBUG_GCC5/IA32/HelloWorld.*
    ./hda-contents/
```

步骤 4　启动 QEMU，运行 UEFI Shell。

打开命令行终端，进入调试文件夹，运行如下命令启动 QEMU。

```
$qemu-system-x86_64 -s -pflash OVMF.fd -hda fat:rw:hda-contents/ -net none
-debugcon file:debug.log -global isa-debugcon.iobase=0x402
```

进入 UEFI Shell，执行 HelloWorld.efi 程序。如图 2-9 所示，之前添加的调试代码把 UefiMain 的入口地址打印出来了。

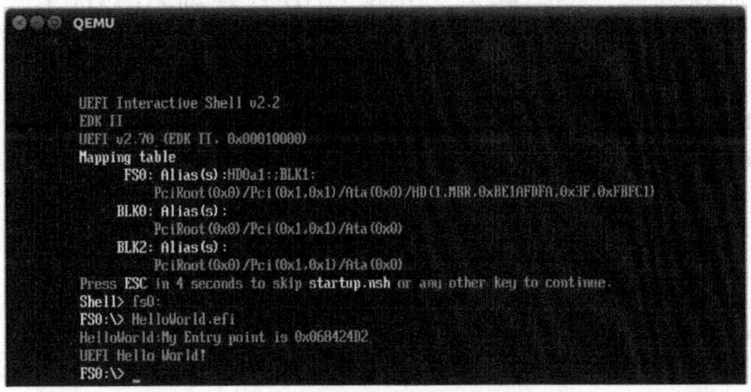

图 2-9　运行调试的目标程序

同时，在执行的过程中，调试信息将输出到日志文件 debug.log 中。打开此日志文件，用关键字 HelloWorld.efi 进行查询，将看到如下内容。

```
InstallProtocolInterface: 5B1B31A1-9562-11D2-8E3F-00A0C969723B 6B6B8A8
Loading driver at 0x00006841000 EntryPoint=0x00006842507 HelloWorld.efi
```

记住加载驱动的指针地址（Loading driver point）0x6841000，在下面的步骤中，需要用它来计算代码段和数据段的加载位置。

步骤 5　启动 GDB，挂载调试程序。

再打开一个命令行终端，进入调试文件夹的子目录 hda-contents，启动 GDB。使用 GDB 查看需要调试程序的信息，相关代码如下。

```
~/UEFIWorkspace/_ovmf_dbg/hda-contents$ gdb
(gdb) file HelloWorld.efi
Reading symbols from HelloWorld.efi...(no debugging symbols found)...done.
(gdb) info files
    file type pei-i386.
        Entry point: 0x1507
        0x00000240 - 0x000021c0 is .text
        0x000021c0 - 0x000022c0 is .data
        0x000022c0 - 0x00002480 is .rsrc
        0x00002480 - 0x000025c0 is .reloc
```

根据步骤 4 得到的加载驱动指针的地址，以及代码段、数据段的重定向地址，计算代码段和数据段的偏移地址：

```
text = 0x6841000 + 0x0000240 = 0x6841240
data = 0x6841000 + 0x0000240 + 0x00021c0 = 0x6843400
```

计算完后，可以卸载 GDB 加载的 efi 文件：

```
(gdb) file
No executable file now.
No symbol file now.
```

接下来，可以加载符号，设定断点，并将 GDB 挂载到 QEMU 上，然后准备调试。具体代码如下。

```
(gdb) add-symbol-file HelloWorld.debug 0x6841240 -s .data 0x6843400
add symbol table from file "HelloWorld.debug" at
    .text_addr = 0x6841240
    .data_addr = 0x6843400
(y or n) y
Reading symbols from HelloWorld.debug...done.
(gdb) break UefiMain
Breakpoint 1 at 0x68424d2: file /home/robin/UEFIWorkspace/edk2/MdeModulePkg/
    Application/HelloWorld/HelloWorld.c, line 42.
(gdb) target remote localhost:1234
Remote debugging using localhost:1234
0x07b74383 in ?? ()
(gdb) c
Continuing.
```

至此，就完成了所有的调试准备工作，程序断点设在了 HelloWorld 的入口函数处。

步骤 6　调试代码。

调试环境准备好之后，回到 UEFI Shell 下，再次运行 HelloWorld.efi。之前设置的断点很快就被命中，之后就可以使用 GDB 进行 UEFI 程序的源码级调试了。

GDB 的具体使用方法超出了本书的讨论范围，故这里不再展开，读者可以自行在网上搜寻文档，相关的资料还是比较丰富的。

2.4.2　使用 Intel UDK Debugger Tool 和 GDB 调试 UEFI 程序

在 Linux 平台上，使用 Intel UDK Debugger Tool 和 GDB 进行双机调试，其架构如图 2-10 所示，这种架构与 Windows 平台的架构很类似。

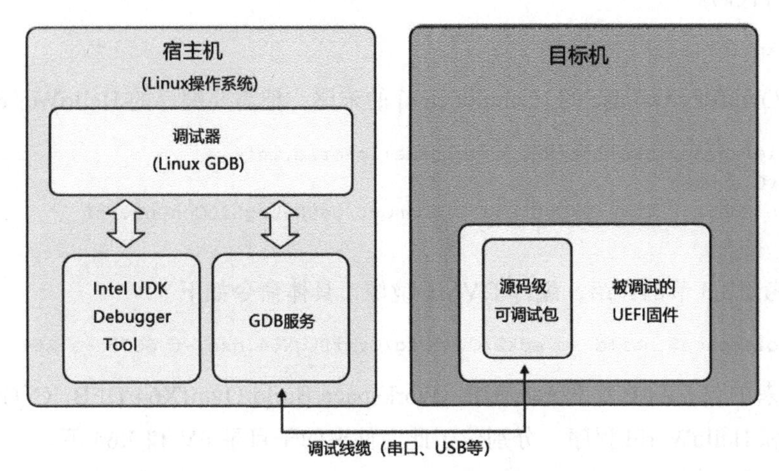

图 2-10　Linux 平台双机调试基本架构

双机调试环境的具体搭建步骤如下。

步骤 1　重新编译 GDB。

打开命令行终端并输入以下命令，以检查 GDB 是否支持 with-expat。

```
$gdb -configuration
```

在打印出来的配置表中应该含有 --with-expat，如果没有，则需要重新编译 GDB。下载 GDB 的源码（下载地址为 https://ftp.gnu.org/gnu/gdb/）并重新进行编译。在 GDB 源码的目录下，输入以下命令。

```
$sudo apt-get install expat
$./configure --target=x86_64-w64-mingw32 --with-expat
$make
$ gdb --version
GNU gdb (Ubuntu 7.11.1-0ubuntu1~16.5) 7.11.1
```

步骤 2　安装 Intel UDK Debugger Tool。

在 Intel 网站上下载名称为 Intel UDK Debugger Tool Ver 1.5.1 for Linux 的工具。将下载后的压缩包 UDK_Debugger_Tool_v1_5_1_Linux.zip 解压，按照如下方式安装。

```
$sudo chmod +x UDK_Debugger_Tool_v1_5_1.bin
$sudo ./ UDK_Debugger_Tool_v1_5_1.bin
```

注意，在设置 Debug Port Channel 的时候，选择 Pipe 类型，在 Port 中填入 /tmp/serial，其他按照默认设置即可。安装完成后，执行文件位于文件夹 /opt/intel/udkdebugger/bin 下。

步骤 3　准备调试程序和 OVMF 镜像。

本节的实验准备在 64 位平台上进行，使用的代码仍为 MdeModulePkg 下的 HelloWorld。首先修改源文件 HelloWorld.c，增加触发中断的代码。在入口函数 UefiMain 的开始处添加下面这行代码。

```
CpuBreakpoint();
```

然后在 OvmfPkgX64.dsc 的 [Components] 的末尾，把需要编译的 HelloWorld 模块加入。

```
MdeModulePkg/Application/HelloWorld/HelloWorld.inf{
<LibraryClasses>
DebugLib|MdePkg/Library/UefiDebugLibConOut/UefiDebugLibConOut.inf
}
```

接着参考 2.3.3 节的介绍，编译 OVMF 镜像，具体命令如下。

```
~/UEFIWorkspace$ build -p edk2/OvmfPkg/OvmfPkgX64.dsc -t GCC5 -a X64 -b DEBUG
```

编译出来的包存放在文件夹 ~/UEFIWorkspace/Build/OvmfX64/DEBUG_GCC5 中。而 OVMF 镜像和 HelloWorld 程序，分别位于此文件夹的子目录 FV 和 X64 下。

步骤 4　准备调试文件夹。

新建文件夹 _ovmf_dbg，将 OVMF 镜像复制到其中，并建立子文件夹 hda-contents，将 HelloWorld.efi 和 HelloWorld.debug 复制到此文件夹下。

```
~/UEFIWorkspace$mkdir _UDK_gdb
~/UEFIWorkspace$cd _UDK_gdb
~/UEFIWorkspace/_UDK_gdb$cp Build/OvmfX64/DEBUG_GCC5/FV/OVMF.fd ./
~/UEFIWorkspace/_UDK_gdb$mkdir hda-contents
~/UEFIWorkspace/_UDK_gdb$ cp ../Build/OvmfIa32/DEBUG_GCC5/X64/HelloWorld.*
    ./hda-contents/
```

另外，在 _UDK_gdb 文件夹下，新建脚本文件 StartQEMU.sh，其内容如下。

```
qemu-system-x86_64  -pflash OVMF.fd -hda fat:rw:hda-contents -net none
-debugcon file:debug.log -global isa-debugcon.iobase=0x402
-serial pipe:/tmp/serial
```

让脚本文件具有执行功能，实现代码如下：

```
~/UEFIWorkspace/_UDK_gdb$sudo chmod +x StartQEMU.sh
```

步骤 5　创建 PIPE，启动 Intel UDK Debugger Tool。

所创建的 PIPE 用来建立 QEMU 和 UDK Debugger Tool 之间的通道，创建命令如下：

```
$mkfifo /tmp/serial.in
$mkfifo /tmp/serial.out
```

启动 Intel UDK Debugger Tool：

```
$sudo /opt/intel/udkdebugger/bin/udk-gdb-server
```

我们把启动了 Intel UDK Debugger Tool 的命令行终端命名为终端 1，后面的步骤中还需要它。

步骤 6　启动 GDB 和 QEMU。

打开新的命令行终端，启动 GDB，此终端取名为终端 2。

```
$gdb
```

运行 StartQEMU.sh，启动 QEMU。

```
~/UEFIWorkspace/_UDK_gdb$ . StartQEMU.sh
```

启动之后，QEMU 的模拟器会马上被中断，同时在终端 1 上会显示 Intel UDK Debugger Tool 连接上 QEMU 的模拟器，比如 Connect with 'target remote robin-virtual-machine:1234'。

在终端 2（GDB 的调试终端）上输入如下命令。

```
(gdb) target remote robin-virtual-machine:1234'
(gdb) source /opt/intel/udkdebugger/script/udk_gdb_script
(udb) c
Continuing.
```

之后 QEMU 的模拟器将继续运行，进入 UEFI Shell。

步骤 7　调试程序。

进入 UEFI Shell 后，执行 HelloWorld.efi，程序将被中断，回到终端 2 的操作界面。在操作界面上执行以下命令，打开源代码显示功能。

```
(udb) layout src
```

图 2-11 为程序中断后的示意图。

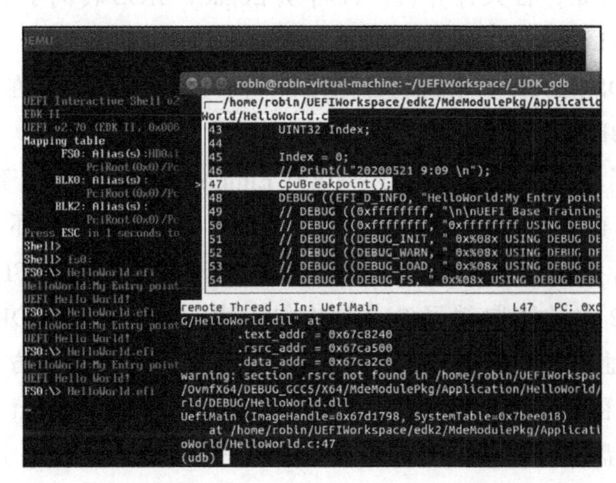

图 2-11　使用 GDB 和 UDK Debugger Tool 调试 UEFI 程序

UDB 比 GDB 多了不少扩展的命令，比如可以使用 info modules 来查看加载的模块。在 Intel UDK Debugger Tool 的说明文档中有详细说明，请读者自行研究。

2.5 制作 UEFI 启动盘

大部分 UEFI 实验都可以在 EDK2 提供的模拟器中进行。不过，若涉及直接与硬件卡通信，就只能把程序复制到 UEFI 启动盘中，在实际的机器上测试了。

制作的 UEFI 启动盘分为两类，一类是针对 UEFI BIOS 制作的启动盘，另一类是针对 Legacy BIOS 制作的启动盘。两类启动盘的制作方法如下。

1. 制作 UEFI BIOS 下的启动盘

启动文件可以通过编译 ShellPkg 得到。设置好编译环境，执行如下命令编译 Shell。

```
build -a IA32 -a X64 -p ShellPkg\ShellPkg.dsc -t VS2015x86 -b RELEASE
```

在工作目录的 Build\Shell\RELEASE_VS2015x86 目录下，会生成 32 位和 64 位的完整 Shell 执行文件。

执行完上述命令后执行以下步骤：

1）将 U 盘格式化为 FAT32（FAT、FAT16 也可以，但现在很少使用了）格式。

2）在 U 盘的根目录下建立 efi\boot 文件夹。

3）将刚才生成的两个 32 位和 64 位 Shell 执行文件（名称都是 Shell.efi）分别改名为 bootx32.efi 和 bootx64.efi，并复制到 U 盘的 efi\boot 目录下。

将做好的 U 盘插到计算机上，开机的时候选择从 U 盘启动（不同的 BIOS 可能方式不一样，常见的方式是按 F11 选择启动项，或者进入 Bios 设置从 U 盘启动），即可进入 UEFI Shell 了。

2. 制作 Legacy BIOS 下的 UEFI 启动盘

大概从 2011 年开始，各大计算机厂商都从 Legacy BIOS 转向了 UEFI BIOS，现在市面上很难找到只支持 Legacy BIOS 的机器了。不过也有一些特殊情况，比如笔者所在公司，还有不少 Legacy BIOS 的机器用来测试出货的卡，而且测试程序也有在 UEFI 下开发的，此时就需要在 Legacy BIOS 下运行 UEFI 执行环境了。

EDK2 中提供了 DUET（Developer's UEFI Emulation），这是基于 Legacy BIOS 系统的 UEFI 模拟器，旨在提供可在 Legacy BIOS 上运行的 UEFI 运行环境。它支持以 MBR（Master Boot Record，位于第一个扇区的启动区）的启动方式进入 UEFI 执行环境。

在最新的 EDK2 中已经取消了 DUET 的包，读者可以下载 UDK2018 来进行实验。UDK2018 的下载地址在本章的开头已经提供，可按照 2.1 节介绍的方法搭建好开发环境。另外，详细的制作过程可以参考 UDK2018 下 DuetPkg 中的 ReadMe.txt 文件。

制作 UEFI 启动盘的过程中会对 U 盘的 MBR 进行改造，并添加引导文件，具体步骤如下。

1）**编译 DuetPkg**。打开 VS 命令行，进入 UDK2018 工作目录。以笔者的工作环境为例，可输入以下命令。

```
C:\UDK2018>edksetup.bat
C:\UDK2018>build -p DuetPkg\DuetPkgIa32.dsc -a IA32 -t VS2015x86
```

编译 64 位的环境，命令如下。

```
C:\UDK2018> build -p DuetPkg\DuetPkgX64.dsc -a X64 -t VS2015x86
```

在执行上述命令后，DuetPkg 下的 PostBuild.bat 会自动执行。

2）**创建启动盘**。注意，此步骤会将 U 盘数据抹去，操作前注意将 U 盘中的数据保存好。将 U 盘插到计算机上，进入 EDK 工作目录下的 DuetPkg 目录，运行 edksetup.bat，执行如下命令以写入 MBR（笔者的工作电脑上，U 盘被识别为了 E 盘，请读者根据实际情况更换命令中的盘符）。

```
C:\UDK2018\DuetPkg> CreateBootDisk.bat usb e: FAT32 IA32
```

执行如下命令也可实现上述目标。

```
C:\UDK2018\DuetPkg> CreateBootDisk.bat usb e: FAT32 X64
```

弹出 U 盘，拔出后重新插入，通过以下命令向 U 盘复制 UEFI 文件。

```
C:\UDK2018\DuetPkg> CreateBootDisk.bat usb e: FAT32 IA32 step2
```

执行如下命令也可实现上述目标。

```
C:\UDK2018\DuetPkg> CreateBootDisk.bat usb e: FAT32 X64 step2
```

执行上述命令后，查看 U 盘中的内容，会发现 U 盘的根目录中多了文件 efildr20，该文件用来引导系统进入 UEFI 环境。另外，还增加了目录 efi\boot 以及目录下的 bootia32.efi（或者 bootx64.efi）。

2.6　本章小结

本章主要为后面章节开发 UEFI 程序准备了开发和调试的环境。本章主要包括如下内容。

- 介绍了如何使用最新的 EDK2 搭建 Windows 和 Linux 开发环境，同时详细介绍了 BUILD 命令的用法；
- 介绍了如何搭建 Windows 和 Linux 的调试环境，本章为每种平台提供了两种调试方法。Windows 平台使用 Visual Studio 的调试器和 WINDBG+Intel UDK Debugger Tool 进行调试，Linux 平台使用 QEMU+GDB 或者 QEMU+GDB+Intel UDK Debugger Tool 进行调试；
- 介绍了如何制作 UEFI BIOS 和 Legacy BIOS 的启动盘。

第 3 章将介绍如何构建 UEFI 程序，包括 UEFI 程序的 3 种入口函数、制作 UEFI 包以及使用 C++ 编写 UEFI 应用。

Chapter 3 第3章

构建UEFI应用

经过对第2章的学习，我们已经建立了关于EDK2和UEFI程序的基本概念。UEFI程序可以使用Visual Studio或者GCC编译，这与平常开发Windows程序和Linux程序所使用的编译器一致。虽然使用的编译器相同，但是UEFI程序的编译过程与Windows程序、Linux程序的编译过程完全不同，它依赖各种UEFI的描述文件和声明文件来控制编译的过程。

3.1 模块和包概述

UEFI规范中提出了两个重要概念——模块（Module）和包（Package）。模块是UEFI上最小的可单独编译的代码单元，或是预编译的二进制文件，比如efi执行文件。它包含INF文件、源代码和二进制文件，其中，INF文件用来描述模块的行为，比如产生库、产生Protocol（UEFI协议接口）、使用库、指明唯一标识符等。

包由模块、平台描述文件（DSC文件）和包声明文件（DEC文件）组成。它可以不包含模块，也可以包含多个模块。打开EDK2的目录文件夹，可以看到很多准备好的包，比如在第2章用来做实验的MdeModulePkg和EmulatorPkg。

与Windows程序的Visual Studio工程文件相比，DSC文件相当于SLN文件，用来描述多个工程的信息；INF文件相当于PROJ文件，描述工程本身所使用的库、源代码的位置等信息。模块和包都有相应的规格文档[⊖]，建议读者下载后通读。

EDK2中定义了很多类型的模块，如表3-1所示。

⊖ https://github.com/tianocore/tianocore.github.io/wiki/EDK-II-Specifications。

表 3-1 UEFI 模块

模块类型	说 明
BASE	所开发的代码不与特定执行环境关联，可运行在任何执行环境下，常用于库模块的编写
SEC	SEC 阶段执行的模块，为 PEI 阶段准备相应数据，所产生的服务符合 PI 规范（平台初始化规范）
PEI_CORE	由 PEI Core 执行的模块，符合 PI 规范
PEIM	PEI 阶段执行的模块
DXE_CORE	由 DXE Core 执行的模块，符合 PI 规范
DXE_DRIVER	由 DXE 驱动使用的模块，符合 PI 规范。只在 BS 环境（启动服务环境）下执行，调用 ExitBootServices() 时被回收
DXE_RUNTIME_DRIVER	进入 RT 环境（运行时环境）下仍可以运行的 DXE 驱动模块
DXE_SAL_DRIVER	仅对 IPF CPU（安腾 CPU）有效
DXE_SMM_DRIVER	系统管理模式的 DXE 驱动模块，模块被加载到系统管理内存区，进入运行时环境仍可运行
UEFI_DRIVER	UEFI 驱动模块，符合 UEFI 规范，只在启动服务环境下有效
UEFI_APPLICATION	UEFI 应用模块，符合 UEFI 规范

提示 限于篇幅，无法把所有的模块类型列出，如需要了解所有模块类型，可以在如下网页查阅：https://edk2-docs.gitbook.io/edk-ii-inf-specification/appendix_f_module_types。

本书以实践为主，书中提供的例子使用的主要是 UEFI 应用模块和 UEFI 驱动模块，至于其他类型的模块，因为非 BIOS 工程师很难准备好相应的实验环境，而且大多数读者都不会用到，所以本书不会具体介绍。另外，本书大多数读者在工作中都不会涉及如何编写模块，所以本书对这方面的内容也不会展开介绍，有兴趣的话可以参考模块的编写手册——*EDKII Module Writer's Guide*[⊖]。

需要特别说明的是表 3-1 中所示的 UEFI_APPLICATION，也就是 UEFI 应用模块，其有 3 个类型：UefiMain 入口的应用（可运行于 DXE 阶段和 UEFI Shell 环境）、ShellAppMain 入口的应用（可运行于 UEFI Shell 环境）、main 入口的应用（使用 C 标准库 StdLib 编写的应用，可运行于 UEFI Shell 环境下）。

下面介绍如何构建 UEFI 应用，包括搭建 UEFI 工程模块、搭建 UEFI 包和使用 C++ 编写 UEFI 应用，并着重介绍如何使用 UEFI Protocol。

⊖ https://github.com/tianocore/tianocore.github.io/wiki/EDK-II-User-Documentation。

3.2 搭建 UEFI 工程模块

UEFI 规范中规定了 UEFI 工程的框架结构，以及相应的编译流程。每个工程模块由两部分组成——工程文件和源代码，工程文件规定了编译中用到的库、资源、编译参数等；而源代码则由程序员按照某个项目的目的，使用 UEFI 的 API 函数编写。

图 3-1 描述了 UEFI 模块的编译过程。系统通过分析 DSC 文件、INF 文件、DEC 文件等工程文件，生成编译所需要的 Makfile 文件和 AutoGen 文件。再配合源代码，使用 MAKE 工具，会生成 UEFI 驱动或 UEFI 应用。

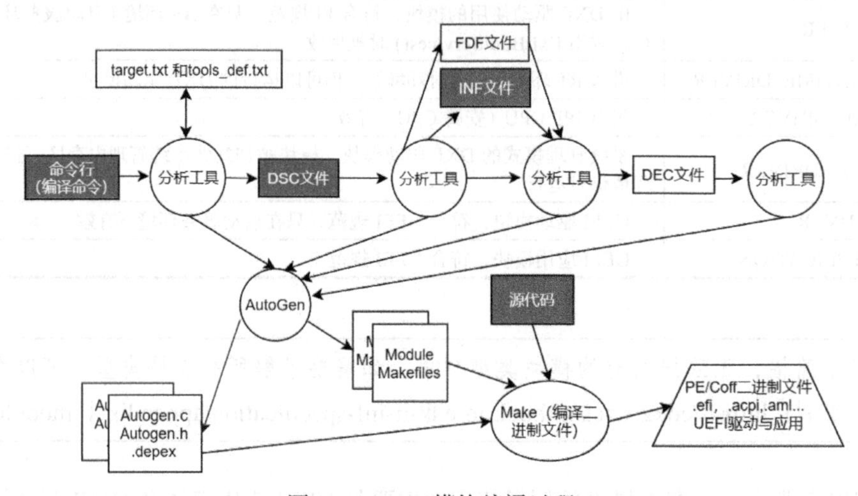

图 3-1　UEFI 模块编译过程

图 3-1 中带灰色底纹的项，是开发 UEFI 应用和驱动需要熟练掌握的部分，包括编译命令行（即 2.1.3 节详细介绍过的 BUILD 命令）、DSC 文件、INF 文件和源代码。

3.2.1　DSC 文件

DSC（EDK2 Platform Description）文件是 EDK2 平台的描述文件，其后缀名为 .dsc。DSC 文件用来描述和编译包。DSC 文件描述了模块、库和组件如何编译，其中还包含了很多的节（Section）标志，包括必要的 [Defines]、[Components] 和可选的 [LibraryClasses]、[Libraries]、[SkuIds]、[BuildOptions]、[PCD]、[UserExtensions]、[DefaultStores]。所有节的标志，都内置于中括号中，而且是大小写敏感的。

> 提示　为了支持在 UNIX 类的操作系统（比如 Ubuntu）下进行编译，工程文件中的路径和文件名一般都是大小写敏感的，包括宏名和 C 变量。不过，节标志名和十六进制数不是大小写敏感的。
>
> 另外，形如“..”“../”和“./”之类的符号，不能用作路径和文件名。

同一中括号中，可以包含复数的节标志字符串，它们之间使用逗号（,）隔开，比如下面的情况。

```
[LibraryClasses.X64, LibraryClasses.IPF]
```

上述这种指定了CPU架构的节，比通常的节（如[LibraryClasses]）有更高的优先级，在针对此CPU架构进行编译的时候，会优先使用此节中的配置。

在DSC文件中，经常使用!include来包含其他的文件，!include可以在任何节中出现，比如在AppPkg.dsc中，具体如下。

```
[Components]
……
!include StdLib/StdLib.inc #包含StdLib库
!include AppPkg/Applications/Sockets/Sockets.inc
```

DSC文件和其他工程文件中，一般使用"#"表示注释，其类似于C语言中的"//"。

每种节都会有相应的定义和要求，!include所包含的文件必须符合所在节的要求，并且所包含文件中应该有完整的一个或者多个节。下面对必备的节和几个常用的节进行详细介绍。

1. [Defines]

此节定义了各种变量，以供后续编译使用，它是DSC文件中必须第一个定义的节。[Defines]中定义的变量，可以按照任意顺序排放，不会影响分析工具的运作。其语法格式如下。

```
[Defines]
Name = Value
DEFINE MACRO=Value
```

通过DEFINE定义的宏是全局的，在FDF文件和通过!include包含的文件中，都可以使用$(MACRO)来访问。代码清单3-1中给出了[Defines]的示例，这个示例来自AppPkg的DSC文件。

代码清单3-1 AppPkg.dsc的[Defines]

```
[Defines]
    PLATFORM_NAME                     = AppPkg
    PLATFORM_GUID                     = 0458dade-8b6e-4e45-b773-1b27cbda3e06
    ……
    BUILD_TARGETS                     = DEBUG|RELEASE|NOOPT
    DEFINE DEBUG_ENABLE_OUTPUT        = FALSE
    DEFINE DEBUG_PRINT_ERROR_LEVEL    = 0x80000040
    DEFINE DEBUG_PROPERTY_MASK        = 0
```

在 DSC 文件的 [Defines] 中可以定义非常多的变量，有些是必备的，有些是可选的，具体可参考表 3-2。

表 3-2 DSC 文件的 [Defines] 中可定义的变量

变量名	必须 / 可选	值说明	变量说明
DSC_SPECIFICATION	必须	数值	可用十六进制或十进制数表明支持的规格数，常用数值为 0x00010006
PLATFORM_GUID	必须	GUID	平台唯一 ID 码
PLATFORM_VERSION	必须	数值	控制 DSC 文件版本
PLATFORM_NAME	必须	标识符	只能使用英文字符、数值、横线和下划线
SKUID_IDENTIFIER	必须	标识符	一般为 DEFAULT，否则必须是 [SkuIds] 中的其他值
SUPPORT_ARCHITECTURES	必须	列表	所支持的 CPU 体系架构
BUILD_TARGETS	必须	列表	所支持的编译目标，比如 DEBUG
OUTPUT_DIRECTORY	可选	路径	生成的目标文件目录
FLASH_DEFINITION	可选	文件名	FDF 文件名，文件名中允许带有路径
BUILD_NUMBER	可选	最多 4 个数字	用于 Makefile
FIX_LOAD_TOP_MEMORY_ADDRESS	可选	地址	驱动和应用在内存中的起始地址
TIME_STAMP_FILE	可选	文件名	时间戳文件，供编译中生成的文件使用
DEFINE	可选	MACRO = PATH |Value	宏定义
EDK_GLOBAL	可选	MACRO = PATH |Value	用于 EDK，若 EDK2 中使用了 DEFINE，则自动忽略此值
RFC_LANGUAGES	可选	RFC4646 语言代码列表	用于 AutoGen 阶段处理 UNICODE 字符串
ISO_LANGUAGES	可选	ISO-639-2 语言代码列表	用于 AutoGen 阶段处理 UNICODE 字符串
VPD_TOOL_GUID	可选	GUID	AutoGen 阶段调用对应的 VPD 程序
PCD_INFO_GENERATION	可选	布尔值	生成 PCD 变量的开关
PCD_VAR_CHECK_GENERATION	可选	布尔值	生成变量表二进制文件的开关
PREBUILD	可选	脚本	供编译工具调用
POSTBUILD	可选	脚本	供编译工具调用

提示 [Defines] 中可配置 PCD 信息。PCD 全名为 Platform Configfruration Database，它是一种数据库，用于存放 UEFI 下可访问的数据，类似于 Windows 上的注册表。PCD 中的数据，除了 SEC 早期阶段、PEI 阶段和 DXE 早期阶段外，都可以访问。

2. [BuildOptions]

[BuildOptions] 中给出编译器和相关的编译参数，它会覆盖为编译模块准备的默认参数。如果是为了替换编译参数，则可以使用“==”；如果是为了增加编译参数，则可以使用“=”。其典型的语法格式如下。

```
[BuildOptions]
${FAMILY}:${TARGET}_${TAGNAME}_${ARCH}_${TOOLCODE}_FLAGS[=|==] 编译参数
```

举个例子，在 EmulatorPkg 中，给出编译参数的方法如下。

```
[BuildOptions]
    *_*_*_CC_FLAGS = -D DISABLE_NEW_DEPRECATED_INTERFACES
    MSFT:DEBUG_*_*_CC_FLAGS = /Od /Oy-
    ......
```

上述示例中的第一个编译参数定义了宏 DISABLE_NEW_DEPRECATED_INTERFACES，作为源代码中的编译开关，可排除某些不推荐使用的函数；第二个编译参数中，针对微软的编译器，增加了新的参数。这两个参数的功能分别为禁用优化和启用框架指针省略功能。

表 3-3 给出了 [BuildOptions] 中的各种语法格式。

表 3-3 [BuildOptions] 的语法格式

语　法	说　明
${FAMILY}:${TARGET}_${TAGNAME}_${ARCH}_${TOOLCODE}_FLAGS	指定模块的编译工具和编译选项
${FAMILY}:${TARGET}_${TAGNAME}_${ARCH}_${TOOLCODE}_PATH	指定执行文件的路径，替代原来的命令。比如将 ASL 替换为 iasl
${FAMILY}:${TARGET}_${TAGNAME}_${ARCH}_${TOOLCODE}_DPATH	在执行命令前，将路径添加到系统环境变量 PATH 中
${FAMILY}:${TARGET}_${TAGNAME}_${ARCH}_${TOOLCODE}_${ATTRIBUTE}	替换属性值

表 3-3 给出的语法格式中的 FAMILY，是指编译时使用的编译器。对表 3-3 中所示语法格式中各字段的解释如表 3-4 所示。

表 3-4 [BuildOptions] 语法格式的字段解释

字　段	通配符	说　明
FAMILY	没有	在 Conf/tools_def.txt 中定义的，为 MSFT、INTEL、GCC 和 RVCT 中的一个。如果没有指定这个字段，则表示适用于所有编译工具
TARGET	*	Conf/tools_def.txt 中定义了 DEBUG 和 RELEASE 两个值，开发人员也可以定义其他值
TAGNAME	*	Conf/tools_def.txt 中定义了若干不同的工具链名字，比如默认的名字 MYTOOLS，以及第 2 章中使用的 VS2015x86
ARCH	*	Conf/tools_def.txt 中定义了 6 个架构：ARM，AARCH64、IA32、X64、IPF 和 EBC，后续可能会继续添加，注意都是大写字母

（续）

字 段	通配符	说 明
TOOLCODE	没有	必须是 Conf/tools_def.txt 中定义的工具代码，比如 CC（编译选项）和 DLINK（链接选项）
ATTRIBUTE	没有	必须是有效的属性值，有效的规则包含于 build_rule.txt 中

接下来提供几个例子，以加深大家对语法格式的理解。

为 GCC 编译器添加两个编译选项，相关实现如下。

```
GCC:*_*_*_DLINK_FLAGS = -z common-page-size=0x1000
```

如下给出了 MSFT 编译器（即微软的 Visual Studio 编译器）的编译宏定义，可以用来编译 X64、DEBUG 版本的生成文件。

```
MSFT:DEBUG_VS2015x86_X64_CC_FLAGS == /nologo /c /WX /GS- /W4 /Gs32768 /D UNICODE
    /O1b2s /GL /Gy /FIAutoGen.h /EHs-c- /GR- /GF /Z7 /Gw
```

提示 在本书中，为了行文方便，无法在一行显示的内容，会使用连接符“\”来表示。工程文件中是不能使用这种表示方法的，声明的语句必须在一行内完成。

3. [LibraryClasses]

[LibraryClasses] 用来提供模块所使用的库入口，而且它允许将模块编译成库，这些库可以被 [Components] 中的模块使用。当 DSC 文件中的模块不需要使用库时，这个节可以不设置，也就是说它是可选的。

[LibraryClasses] 语法格式如下。

```
[LibraryClasses.$(Arch).$(MODULE_TYPE),LibraryClasses.$(Arch).$(MODULE_TYPE)]
    LibraryName | Path/LibraryName.inf
```

其中，$(Arch) 和 $(MODULE_TYPE) 是可选项，节内的库对指定的架构和模块都有效。实际上，[LibraryClasses] 有 6 种表示方法，依据模块优先搜索的顺序，从前到后（优先级从高到低）分别如下。

- <LibraryClasses>，在 DSC 文件中的 [Components] 下定义，与 INF 文件联系在一起的。
- [LibraryClasses.$(Arch).$(MODULE_TYPE), LibraryClasses.$(Arch).$(MODULE_TYPE)]。
- [LibraryClasses.$(Arch).$(MODULE_TYPE)]。
- [LibraryClasses.common.$(MODULE_TYPE)]。
- [LibraryClasses.$(Arch)]。

- [LibraryClasses.common]。

第一种表示方法与其他表示方法略有不同，它其实是定义在 [Components] 中的，比如：

```
MdeModulePkg/Universal/PCD/Pei/Pcd.inf  {
    <LibraryClasses>
        PcdLib|MdePkg/Library/BasePcdLibNull/BasePcdLibNull.inf
    }
```

这相当于是直接指定了目前编译的模块需要用到的库，这种表示方法是所有方法中优先级最高的。

[Components] 中的模块在寻找所需要的库时，将按照上述 6 种表示方法的优先级，依次寻找。找到的话，继续编译；如果没找到，则会报库无法找到的错误。

另外，!include 也可以在这个节中使用，它所包含的文件必须有完整的 [LibraryClasses]。

在 EmulatorPkg.dsc 中，有这样的例子，具体如下。

```
[LibraryClasses.common.USER_DEFINED, LibraryClasses.common.BASE]
    DebugLib|MdePkg/Library/BaseDebugLibNull/BaseDebugLibNull.inf
```

ShellPkg.dsc 中，也提供了这样的示例，具体如下。

```
[LibraryClasses.ARM,LibraryClasses.AARCH64]
    NULL|MdePkg/Library/BaseStackCheckLib/BaseStackCheckLib.inf
```

模块使用哪些库，是在其 INF 文件中的 [LibraryClasses] 中给出的，具体可以参考 3.2.2 节中对 INF 文件的说明。

4. [Components]

[Components] 是用来定义模块编译的节，通过指定模块的 INF 文件所在的位置，Build 工具可以编译生成 .efi 文件。其语法格式如下。

```
[Components.$(Arch)]
    Path/and/Filename.inf
```

其语法格式还可以为如下形式。

```
[Components.$(Arch)]
    Path/and/Filename.inf{
<LibraryClasses> #嵌套节
    LibraryName | Path/LibraryName.inf
#还可以嵌套<Defines>、<PCDs*>和<BuildOptions>的节
}
```

第二种语法格式中，大括号所包含的内容只对当前的 INF 文件有效。两种语法格式中的字段 Path，是指文件路径。如果没有包含绝对路径，则是起始于 $(WORKSPACE) 的相对路径，$(WORKSPACE) 可以由程序员自己指定，或者在运行 edksetup.bat(Linux 下为 edksetup.sh) 时指定。另外，也可以使用 DEFINE 宏来给出 INF 文件的路径，比如：

```
[Components]
DEFINE ABC_DIRECTORY=C:/UEFIWorkspace/edk2
$( ABC_DIRECTORY)/ABC_Sample.inf
```

如果想对同一个模块（也就是使用同一 INF 文件）进行多次编译，比如分别针对 IA32 和 X64 进行编译，可以使用 <Defines> 的嵌套节，如代码清单 3-2 所示。

代码清单 3-2　多次编译同一模块

```
UefiCpuPkg/Universal/Acpi/S3Resume2Pei/S3Resume2Pei.inf {
    <PcdsFeatureFlag>
        gEfiMdeModulePkgTokenSpaceGuid.PcdDxeIplToLongMode|FALSE
    <LibraryClasses>
        NULL|BDModulePkg/Library/ToLongMode/ToLongModeDisabledLib.inf
}
UefiCpuPkg/Universal/Acpi/S3Resume2Pei/S3Resume2Pei.inf {
    <Defines>
        FILE_GUID = 35B57EA0-4A41-4a12-B1F5-5F7B79095301
    <PcdsFeatureFlag>
        gEfiMdeModulePkgTokenSpaceGuid.PcdDxeIplToLongMode|TRUE
    <LibraryClasses>
        NULL|BDModulePkg/Library/ToLongMode/ToLongModeEnabledLib.inf
}
```

代码清单 3-2 中，S3Resume2Pei 使用了不同的库和 PCD 值（一个为 TRUE，另一个为 FALSE），它将会被 Build 工具编译两次。第一个模块直接使用 INF 文件中的 GUID 值进行编译；第二个模块指定了新的 GUID，Build 工具将使用新的 GUID 进行编译。

在这个节中，可以使用 !include，但是不推荐使用。

3.2.2　INF 文件

INF 文件是模块的工程文件，其后缀名为 .inf，描述了模块的属性，包括模块由哪些代码组成、提供了什么、依赖的什么库、支持什么 CPU 架构等信息。对 ODM 厂商（第三方开发者）而言，可以针对自家设备发布二进制形式的模块，不必提供源代码。笔者所在公司开发的 Option ROM，就是一种 UEFI 驱动类型的模块，直接把二进制文件烧录在 PCIE 卡上的 ROM 中就可以运行了。

EDK2 的模块一般位于包的子目录下。一般来说，如果是提供库的模块，则其位于包的 Library 子目录下，并且会针对不同的架构再创建子目录区分；如果是 UEFI_APPLICATION 的例子，一般位于子目录 Applications 下。这不是强制要求，但建议读者在日常开发中也这么做。

INF 文件中包含很多节标志，包括 [Defines]、[BuildOptions]、[Sources] 等，这些标志用来定义相关模块的各种属性，如表 3-5 所示。

表 3-5　INF 文件的节标志

节标志	说　明
[Defines]	必要的。定义本模块的属性变量及其他变量
[Sources]	可选的。列出本模块的源代码和资源文件
[BuildOptions]	可选的。指定编译和链接的选项
[Binaries]	如果是二进制模块，则此项是必要的。指定生成二进制文件
[Protocols]	可选的。列出本模块用到的 Protocol（接口函数）
[Ppis]	可选的。列出本模块用到的全局 PPI（PEIM 之间的桥梁，见 1.2.3 节）
[Guids]	可选的。列出本模块用到的 GUID
[LibraryClasses]	可选的。列出本模块用到的库
[Packages]	可选的。列出本模块用到的包声明文件 (一般是 DEC 文件)
[PCD]	可选的。列出本模块用到的 PCD 变量
[Depex]	可选的。指定 Depex 表达式，一般用来设定驱动运行顺序
[UserExtensions]	可选的。用户自定义的扩展节，可定制用户的命令

下面详细介绍编写 UEFI 应用时常见的几种节的用法。

1. [Defines]

与 DSC 文件中 [Defines] 的功能类似，该节定义了各种变量，后续的编译步骤中需要使用这些变量。可以定义的变量如表 3-6 所示。

表 3-6　INF 文件 [Defines] 中可定义的变量

变量名	必须 / 可选	值说明	变量说明
INF_VERSION	必须	数值	INF 标准版本号，一般设置为 0x00010006
BASE_NAME	必须	字符串	编译输出文件的名字
PI_SPECIFICATION_VERSION	可选	数值	PI（平台初始化）库最小版本
UEFI_SPECIFICATION_VERSION	可选	数值	UEFI 规范的最小版本，如 0x00020014
FILE_GUID	必须	GUID 值	工程文件的 GUID 值
MODULE_TYPE	必须	类型	定义模块的类型
VERSION_STRING	可选	字符串	模块版本的字符串形式
MODULE_UNI_FILE	可选	字符串	UCS-2 型字符串，文件地址相对于 INF 文件所在目录
LIBRARY_CLASS	可选	列表	库模块生成。可以指定允许哪些类型的模块调用
PCD_IS_DRIVER	可选	类型	PCD 驱动使用，为 PEI_PCD_DRIVER 或 DXE_PCD_DRIVER
ENTRY_POINT	可选	字符串	模块的入口函数

（续）

变量名	必须 / 可选	值说明	变量说明
PCI_DEVICE_ID	可选	数值（UINT16）	PCI 设备的信息，一般开发 PCI Option ROM 时使用
PCI_VENDOR_ID	可选	数值（UINT16）	
PCI_CLASS_CODE	可选	数值（UINT8）	
PCI_COMPRESS	可选	布尔值	
UEFI_HII_RESOURCE_SECTION	可选	布尔值	表明模块使用 HII 资源

虽然在表 3-6 中列出了大量的可定义变量，但是在实际工作中并不需要使用这么多，特别是在 UEFI 应用中，需要的变量就更少了。以 AppPkg 的 HelloWorld 为例，其 [Defines] 的定义如下。

```
[Defines]
    INF_VERSION                    = 0x00010006
    BASE_NAME                      = Hello
    FILE_GUID                      = a912f198-7f0e-4803-b908-b757b806ec83
    MODULE_TYPE                    = UEFI_APPLICATION
    VERSION_STRING                 = 0.1
    ENTRY_POINT                    = ShellCEntryLib
```

如果编译的模块为库模块，则 LIBRARY_CLASS 变量必须指定。生成的库模块在指定运行哪些类型的模块时使用，比如：

```
LIBRARY_CLASS = FOO | PEI_CORE PEIM
LIBRARY_CLASS = BAR | DXE_CORE DXE_DRIVER DXE_SMM_DRIVER
```

如果只想让 UEFI 应用使用，则可以按照如下方式设置。

```
LIBRARY_CLASS = FOO | UEFI_APPLICATION
```

2. [Sources]

[Sources] 用于列出模块中所有的源文件和资源文件，这些文件应该位于 INF 文件所在的目录或者子目录中。这个节可以针对不同的架构指定文件，语法格式如下。

```
[Sources.$(Arch)]
    SourceCode.c
```

其中，$(Arch) 可以是 COMMON、IA32、X64、IPF、EBC、ARM 或 AARCH64 中的一个。如果需要对所有架构适用，可以使用 COMMON 或者不指定任何架构。需要注意的是，同一个源文件，不能同时置于 COMMON 架构和指定架构。示例如下。

```
[Sources.common]
    CpuDxe.c
    Exception.c
[Sources.ARM]
    Arm/Mmu.c
```

```
[Sources.AARCH64]
    AArch64/Mmu.c
```

另外，还可以对源文件指定编译的工具链，即只有在使用指定的工具链时，此源文件才会被编译，比如：

```
[Sources.ARM]
    GicV3/Arm/ArmGicV3.S       | GCC
    GicV3/Arm/ArmGicV3.asm     | RVCT
```

上述代码表示 ArmGicV3.S 在使用 GCC 编译器时有效，ArmGicV3.asm 在使用 RVCT 编译器时有效。编译工具链在 Conf/tools_def.txt 中定义，目前常用的 4 种工具链分别是 MSFT（微软 Visual Studio 编译器）、GCC（GNU GCC 编译器）、INTEL（Intel C 编译器和 Intel EFI 字节码编译器）和 RVCT（ARM RealView 工具链）。

3. [BuildOptions]

INF 文件中的 [BuildOptions] 与 DSC 文件中的 [BuildOptions] 的语法格式基本相同，区别在于 INF 文件只对本模块有效，而 DSC 文件对其包下的所有模块有效。其语法格式如下。

```
[BuildOptions]
${FAMILY}:${TARGET}_${TAGNAME}_${ARCH}_${TOOLCODE}_FLAGS[=|==] #编译参数
```

具体的参数解释可以参考表 3-3 和表 3-4，这里就不重复介绍了。

在日常开发中，通过 INF 文件修改编译选项以解决一些特别问题，这是比较常用的方法。比如笔者在解决汉字字符串显示问题的时候，强制要求编译器把源文件按 UTF-8 编码进行识别⊖：

```
[BuildOptions]
    MSFT:*_*_*_CC_FLAGS = /utf-8
```

上述命令添加的编译选项的作用是让编译器把源文件作为 UTF-8 编码，同时要求执行的时候也使用 UTF-8 编码。

Conf/tools_def.txt 中定义了大量的编译选项，大部分的选项都可在此节中重新修改。另外，[BuildOptions] 中也支持宏定义，读者可以根据自己的需要，修改相关的选项，比如：

```
[BuildOptions.common]
DEFINE MACRO = /wd4244
*_WINDDK3790x1830_*_CC_FLAGS = /Qwd1418,810
*_MYTOOLS_*_CC_FLAGS = /Qwd1418,810
*_VS2003_*_CC_FLAGS = $(MACRO)
*_WINDDK3790x1830_*_CC_FLAGS = $(MACRO)
*_MYTOOLS_*_CC_FLAGS = $(MACRO)
```

⊖ https://blog.csdn.net/luobing4365/article/details/106297965。

4. [Protocols]

[Protocols] 中列出了模块使用的协议。在 INF 文件中列出的是协议的 GUID，通过 EDK2 的分析工具，GUID 被输出到模块的 AutoGen.c 中，以便后续进行编译工作。如果模块没有使用任何协议，则这个节为空。

[Protocols] 的语法格式如下：

```
[Protocols.$(Arch)]#COMMON、IA32、X64、IPF、EBC或者不指定
    gEfiProtocolGuid [ | FeatureFlagExpression]
```

当 FeatureFlagExpression 设置为 TRUE 时，所添加的 Protocol Guid 是有效的；当 FeatureFlagExpression 设置为 FALSE 时，EDK2 编译工具将忽略此行 Protocol GUID。

在程序中使用了某个 Protocol，就必须在这个节中列出其 GUID，否则编译器是无法链接到相应的接口函数的。比如 ShellPkg 中的示例工程 Shell，使用了各种协议，其中包括键盘控制的协议，对应的 GUID 为 gEfiSimpleTextInputExProtocolGuid 和 gEfiSimpleTextInProtocolGuid，则相应的设置如下。

```
[Protocols]
    gEfiSimpleTextInputExProtocolGuid
    gEfiSimpleTextInProtocolGuid
```

5. [LibraryClasses]

[LibraryClasses] 列出本模块需要链接的库。其语法格式如下。

```
[LibraryClasses.$(Arch)] #COMMON、IA32、X64、IPF、EBC或者不指定
    LibraryClassName1 [ | FeatureFlagExpression ]
```

如果 FeatureFlagExpression 为 TRUE，则必须确保相应的库已经存在，库的编译一般在 DSC 文件中指定；如果 FeatureFlagExpression 为 FALSE，则编译工具会忽略这行添加的库。

在日常开发中，模块如果要添加库，一般需要进行两个步骤：一是在 INF 文件下的 [LibraryClasses] 中添加库名；二是在 DSC 文件的 [LibraryClasses] 中寻找这个库，如果没有，则需要添加编译此库的 INF 文件。

常用的库包括 UefiApplicationEntryPoint 和 UefiLib，添加方式如下。

```
[LibraryClasses]
    UefiApplicationEntryPoint
    UefiLib
```

6. [Packages]

[Packages] 列出本模块引用的所有包的 DEC 文件。其语法如下。

```
[Packages.$(Arch)] #COMMON、IA32、X64、IPF、EBC或者不指定
MdePkg/MdePkg.dec
```

上述代码指定的 DEC 文件的目录使用的是相对路径，其根位置为 $(WORKSPACE)（通过 edksetup.bat 或者 edksetup.sh 指定的工作目录）。注意，DEC 文件的指定是有顺序的，比如 MdePkg/MdePkg.dec 必须在 MdeModulePkg/MdeModulePkg.dec 之前。

与其他的节类似，指定每个 DEC 文件的命令必须占据一行。而针对平台架构（比如 IA32）指定的 DEC 文件，不能再次在 COMMON 架构的节被指定。示例如下。

```
[Packages]
MdePkg/MdePkg.dec
MdeModulePkg/MdeModulePkg.dec
[Packages.IA32]
DEFINE CPUS = IA32FamilyCpuPkg
$(CPUS)/DualCore/DualCore.dec
```

3.2.3　3 种入口函数的 UEFI 应用

介绍完 DSC 文件和 INF 文件，接下来详细介绍如何编写 UEFI 应用。

对于像笔者这样的第三方开发者来说，UEFI 应用是最常用的模块，本书的大部分例程也是 UEFI 应用。一个简单的 UEFI 应用工程，一般至少包含一个 C 程序源文件和一个 INF 文件。具体功能由源程序实现，INF 文件用来编译代码。在更复杂的应用中，源文件可能有很多种类，包括 C/C++ 源代码、.asm 汇编文件（.s 汇编文件）、.uin 资源文件（字符串资源文件）和 .vfr 资源文件等。

本节准备了 3 个简单的例子，用来介绍 3 种入口函数的 UEFI 应用的编写方法。这 3 个例子分别为 Uefi_Main、ShellApp_Main 和 Stdlib_Main，对应的入口函数分别为 UefiMain、ShellAppMain 和 main 的 UEFI 应用。这些例程可以在 EDK2 的 AppPkg 下编译，当然也可以直接使用 RobinPkg 进行编译。如果使用 AppPkg 编译，则编译步骤如下。

1）参照 2.1.2 节介绍的内容准备好开发环境。

2）将附书代码的 chap03 下的 3 个 UEFI 应用工程——Uefi_Main、ShellApp_Main 和 Stdlib_Main 复制到 edk2-lib\AppPkg\Applications 目录下。

3）打开 edk2-lib\AppPkg\AppPkg.dsc，在 [Components] 中添加如下语句。

```
AppPkg/Applications/Uefi_Main/Uefi_Main.inf
AppPkg/Applications/ShellApp_Main/ShellApp_Main.inf
AppPkg/Applications/Stdlib_Main/Stdlib_Main.inf
```

4）参照 2.1.3 介绍的内容编译 UEFI 程序。

下面详细介绍这 3 种 UEFI 应用的编写过程。

1. 入口函数为 UefiMain 的 UEFI 应用

UEFI 应用程序需要调用各种库函数，一般来说，需要用到哪些库，就应该包含相应的头文件。下面是几个常用的头文件。

- <Uefi.h>：定义了UEFI中的基本数据类型和核心数据结构。
- <Library/UefiLib.h>：提供通用的库函数，包括时间、简单锁、任务优先级、驱动管理和字符、图形显示输出等功能函数。
- <Library/BaseLib.h>：提供字符串处理、数学、文件路径处理等相关库函数。
- <Library/BaseMemoryLib.h>：处理内存的库函数，包括内存拷贝、内存填充、内存清空等库函数。
- <Library/DebugLib.h>：提供调试输出功能的库函数。

EDK2中提供了大量的库函数，而且新的库函数也在不断添加进来。如何学习这些库函数并建立自己对UEFI世界的认知，对于开发人员来说非常重要。以笔者的经验来看，应该熟读UEFI标准，同时多参考官方提供的帮助文档[⊖]，加深对各方面知识点的理解。

示例3-1给出了入口函数为UefiMain的源程序（完整代码见随书代码chap03\Uefi_Main），它演示了如何使用BS服务和RT服务，以及相关的打印函数。此示例中用到的库函数较少，故只包含了Uefi.h和UefiLib.h两个头文件。

【示例3-1】入口为UefiMain的UEFI应用示例。

```
#include <Uefi.h>
#include <Library/UefiLib.h>
EFI_STATUS
EFIAPI UefiMain ( IN EFI_HANDLE ImageHandle, \
                  IN EFI_SYSTEM_TABLE   *SystemTable)
{
    EFI_TIME curTime;
    Print(L"Hello,this is Entry of UefiMain!\n");

    //使用BootServices和RuntimeServices
    SystemTable->BootServices->Stall(2000);  //延时2s
    SystemTable->RuntimeServices->GetTime(&curTime,NULL);
    Print(L"CurrentTime: %d-%d-%d %02d:%02d:%02d\n",\
        curTime.Year,curTime.Month,curTime.Day,\
        curTime.Hour,curTime.Minute,curTime.Second);
    //使用SystemTable
    SystemTable->ConOut->OutputString(SystemTable->ConOut,\
        L"Test SystemTable...\n\r");

    return EFI_SUCCESS;
}
```

示例3-1中的主函数UefiMain的入口参数为ImageHandle和SystemTable。ImageHandle指向模块自身加载到内存的Image对象，也就是Image对象的句柄。SystemTable是UEFI应用与UEFI内核交互的桥梁，通过它可以获得UEFI提供的各种服务，包括BS服务

⊖ https://github.com/tianocore/tianocore.github.io/wiki/EDK-II-Libraries-and-Helper-files。

和 RT 服务，相关的内容在 1.2.1 节中已经详细介绍过。

SystemTable 的数据类型为 EFI_SYSTEM_TABLE，其结构体如代码清单 3-3 所示。

代码清单 3-3　EFI_SYSTEM_TABLE 结构体

```
typedef struct {
    EFI_TABLE_HEADER                Hdr;
    CHAR16                          *FirmwareVendor;
    UINT32                          FirmwareRevision;
    EFI_HANDLE                      ConsoleInHandle;
    EFI_SIMPLE_TEXT_INPUT_PROTOCOL  *ConIn; //ConsoleIn设备输入指针（一般是键盘）
    EFI_HANDLE                      ConsoleOutHandle;
    EFI_SIMPLE_TEXT_OUTPUT_PROTOCOL *ConOut; //ConsoleOut设备输出指针
    EFI_HANDLE                      StandardErrorHandle;
    EFI_SIMPLE_TEXT_OUTPUT_PROTOCOL *StdErr;
    EFI_RUNTIME_SERVICES            *RuntimeServices; //RT服务的入口指针
    EFI_BOOT_SERVICES               *BootServices;    //BS服务的入口指针
    UINTN                           NumberOfTableEntries;
    EFI_CONFIGURATION_TABLE         *ConfigurationTable;
} EFI_SYSTEM_TABLE;
```

EFI_SYSTEM_TABLE 的结构体中，提供了访问 BS 服务和 RT 服务的指针。另外，针对一些常用的 Protocol 的接口，比如 ConsoleIn 设备（一般是键盘）和 ConsoleOut 设备（一般是字符模式的屏幕）也提供了访问指针。

示例 3-1 给出的代码，就是使用了这些指针来实现所需功能的。示例中使用了 BS 服务提供的 Stall() 函数，以及 RT 服务提供的 GetTime() 函数，而打印字符串则使用了 SystemTable 中 ConOut 的接口函数。

除了源代码之外，还必须准备 UEFI 应用的工程文件，即 INF 文件。本节准备的例程所需要的工程文件比较简单，注意将 [Defines] 中的 ENTRY_POINT 设置为 UefiMain，其余项可以参考 3.2.2 节的介绍。对照例程的工程文件，相信读者很容易理解。

准备好源代码和工程文件后，可参照本节开始处介绍的编译过程进行编译，运行结果如图 3-2 所示（不同时间运行的结果不同）。

图 3-2　Uefi_Main 工程运行结果

2. 入口函数为 ShellAppMain 的 UEFI 应用

虽然 UEFI 应用很容易使用 BS 服务和 RT 服务，但是在处理命令行参数的时候很不方便。为了解决这个问题，可以使用入口参数为 ShellAppMain 的 UEFI 应用。它提供了形如 INTN EFIAPI ShellAppMain (IN UINTN Argc，IN CHAR16 **Argv) 的入口函数，可直接将命令行参数作为函数的入口参数提供出来。

但是，由于入口参数的改变，原本可以通过 SystemTable 获取的系统表，此时使用 BS 服务和 RT 服务已经没法获取了。解决的方法是，直接使用全局变量 gST 获取系统表，它位于头文件 UefiBootServicesTableLib.h 中。另外，BS 服务和 RT 服务也提供了全局变量 gBS 和 gRT，分别位于头文件 UefiBootServicesTableLib.h 和 UefiRuntimeServicesTableLib.h 中。

具体如示例 3-2 所示（注意新添加的头文件）。

【示例 3-2】 入口为 ShellAppMain 的 UEFI 应用示例。

```
#include  <Uefi.h>
#include  <Library/UefiLib.h>
#include  <Library/ShellCEntryLib.h>
#include <Library/UefiBootServicesTableLib.h>     //gST,gBS
#include <Library/UefiRuntimeServicesTableLib.h>  //gRT
INTN EFIAPI ShellAppMain ( IN UINTN Argc, IN CHAR16 **Argv )
{
    EFI_TIME curTime;
    Print(L"Hello,this is Entry of ShellAppMain!\n");

    //使用BootService和RuntimeService
    gBS->Stall(2000);
    gRT->GetTime(&curTime,NULL);
    Print(L"CurrentTime: %d-%d-%d %02d:%02d:%02d\n",\
        curTime.Year,curTime.Month,curTime.Day,\
        curTime.Hour,curTime.Minute,curTime.Second);
    //使用SystemTable
    gST->ConOut->OutputString(gST->ConOut,L"Test SystemTable...\n\r");
    return(0);
}
```

示例 3-2 中直接使用了全局变量 gBS、gRT、gST 实现所需的功能。实际上，这里只是将示例 3-1 中的 SystemTable 替换了而已，所调用的函数还是一样的。

工程文件中，需要修改的部分如下。

- 处理 [Defines]。将 MODULE_TYPE 设为 UEFI_APPLICATION，这与 Uefi_Main 工程中设置的方法是一样的。将 ENTRY_POINT 修改为 ShellCEntryLib。在 ShellPkg\UefiShellCEntryLib\UefiShellCentryLib.c 中，可以找到函数 ShellCEntryLib()，它是处理 Shell 程序的核心函数。在 ShellCEntryLib() 函数的最后会调用 ShellAppMain()，这就是示例 3-2 中入口函数名称的由来。
- 处理 [Packages]。列出 MdePkg/MdePkg.dec 和 ShellPkg/ShellPkg.dec。
- 处理 [LibraryClasses]。必须列出 ShellCEntryLib，本例中还列出了 UefiLib。

完整的工程文件如下。

```
[Defines]
    INF_VERSION                    = 0x00010006
    BASE_NAME                      = ShellApp_Main
    FILE_GUID                      = a912f198-7f0e-4813-b918-b757b106ec83
    MODULE_TYPE                    = UEFI_APPLICATION
    VERSION_STRING                 = 0.1
    ENTRY_POINT                    = ShellCEntryLib
[Sources]
    ShellApp_Main.c
[Packages]
    MdePkg/MdePkg.dec
    ShellPkg/ShellPkg.dec
[LibraryClasses]
    UefiLib
    ShellCEntryLib
```

将工程 ShellApp_Main 添加到 AppPkg 下，编译运行，运行结果如图 3-3 所示。

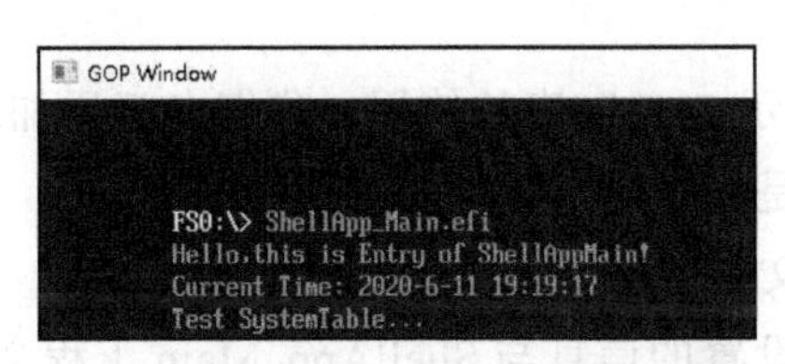

图 3-3　ShellApp_Main 工程运行结果

3. 入口函数为 main 的 UEFI 应用

软件复用是任何一位程序员都不能忽视的问题，它能对软件的开发效率产生极大影响。UEFI 规范中，提供了非常丰富的 API 函数。但对于很多常用的应用，比如解析各种类型的图片（JPEG、PCX 等）、加密解密等，业界已经有大量开源的稳定代码，重新使用 UEFI 的 API 再开发一遍，是非常不明智的事情。

EDK2-LIBC 项目就是为此而创建的，它允许 UEFI 程序直接使用传统的 main 函数，并提供对 C 标准库（StdLib）的支持。在 2.1.2 节介绍的配置开发环境中，曾经简单介绍过这个项目，如果读者是根据第 2 章搭建的开发环境，应该已经做好了使用 main 函数开发 UEFI 应用的准备。

有了 StdLib 库的支持，开发人员可以很方便地将一些开源的库移植过来，比如笔者就移植了 ffjpeg 的 jpeg 库、开源 GUI 库 GuiLite，以及在 Linux 和 Windows 下写好的网络程序，后续的章节会陆续介绍这些内容。

示例 3-3 给出了入口函数为 main 的 UEFI 应用示例（注意新添加了 C 标准库的头文件 stdio.h 和 stdlib.h）。

【示例 3-3】入口为 main 的 UEFI 应用示例。

```
#include  <Uefi.h>
```

```
#include  <Library/UefiLib.h>
#include  <Library/ShellCEntryLib.h>
#include <Library/UefiBootServicesTableLib.h>  //gST,gBs
#include <Library/UefiRuntimeServicesTableLib.h> //gRT
#include  <stdio.h>
#include  <stdlib.h>
int main ( IN int Argc, IN char **Argv )
{
    EFI_TIME curTime;
    printf("Hello,this is Entry of main!\n");
    gBS->Stall(2000);
    gRT->GetTime(&curTime,NULL);
    printf("Current Time: %d-%d-%d %02d:%02d:%02d\n",\
        curTime.Year,curTime.Month,curTime.Day,\
        curTime.Hour,curTime.Minute,curTime.Second);
    gST->ConOut->OutputString(gST->ConOut,L"Test SystemTable...\n\r");
    return 0;
}
```

在示例 3-3 中，为了演示 StdLib 库的使用，我们专门添加了 printf 函数，其他部分与 ShellApp_Main 工程的代码是一样的。

而在 Stdlib_Main 工程文件中，需要进行如下设置。

- 处理 [Defines]。所设置的信息与 ShellApp_Main 工程文件一致，主要是把 BASE_NAME 修改为 Stdlib_Main。
- 处理 [Packages]。必须添加 StdLib/StdLib.dec。
- 处理 [LibraryClasses]。列出 LibC 和 LibStdio。

完整的工程文件如下所示：

```
[Defines]
    INF_VERSION                    = 0x00010006
    BASE_NAME                      = Stdlib_Main
    FILE_GUID                      = 4ea97c46-1491-4dfd-b412-747010f31e5f
    MODULE_TYPE                    = UEFI_APPLICATION
    VERSION_STRING                 = 0.1
    ENTRY_POINT                    = ShellCEntryLib
[Sources]
    Stdlib_Main.c
[Packages]
    StdLib/StdLib.dec
    MdePkg/MdePkg.dec
    ShellPkg/ShellPkg.dec
[LibraryClasses]
    LibC
    LibStdio
```

将工程 Stdlib_Main 添加到 AppPkg 下，编译运行，运行结果如图 3-4 所示。

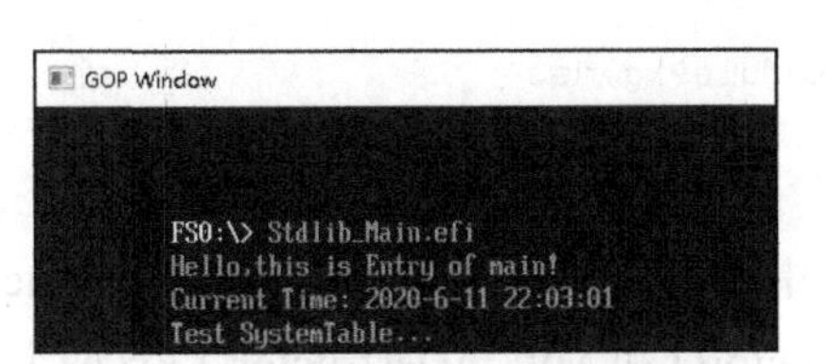

图 3-4　Stdlib_Main 工程运行结果

3.2.4　库模块的编写

在编写稍微大些的工程时，使用库模块是个很好的选择。比如 3.2.3 节用到的 C 标准库 StdLib，它所提供的库函数让开发人员能够很方便地移植以前经过验证的 C 语言代码，快速开发 UEFI 下的软件。

库模块的编写过程，与 3.2.3 节介绍的 UEFI 应用的编写过程有些区别。笔者准备了相应的示例程序，位于随书代码的 chap03\LibSample 中，它包含两个工程——UEFI 库模块工程 MyLibrary 和 UEFI 应用工程 MyLibApp，这两个工程的编写过程如下。

1. 库模块工程文件编写

库模块工程文件与 UEFI 应用的工程文件的主要差别在于 [Defines] 部分。需要修改的部分如下。

- 将 MODULE_TYPE 修改为 BASE。
- 设置 LIBRARY_CLASS 为库文件名，如果只想让 UEFI 应用调用库，可以在此处设定，具体可参考 3.2.2 节的说明。
- 取消 ENTRY_POINT。
- 如需初始化和回收资源，可设置 CONSTRUCTOR 和 DESTRUCTOR 变量。

示例 3-4 为库模块工程 MyLibrary 的 INF 文件内容。

【示例 3-4】MyLibrary 的工程文件。

```
[Defines]
    INF_VERSION                    = 0x00010005
    BASE_NAME                      = MyLibraryLib
    FILE_GUID                      = 6937936E-ED24-443b-AEe7-1FA5E7ED21A6
    MODULE_TYPE                    = BASE
    VERSION_STRING                 = 1.0
    LIBRARY_CLASS                  = MyLibraryLib
    CONSTRUCTOR                    = MyLibConstructor
    DESTRUCTOR                     = MyLibDestructor
[Sources]
    MyLibrary.c
    MyLibrary.h
[Packages]
    MdePkg/MdePkg.dec
```

```
    MdeModulePkg/MdeModulePkg.dec
[LibraryClasses]
    UefiLib
```

在源文件 MyLibrary.c 中，添加了用来演示的函数 LibFunction，还实现了初始化和资源回收的函数 MyLibConstructor() 和 MyLibDestructor()（这两个函数在使用的时候，不必显式调用，它们在 MyLibrary 库被调用的时候和程序结束之前会自动被调用）。

源文件中 3 个函数的实现，见示例 3-5 所示。

【示例 3-5】MyLibrary 的库函数。

```
VOID LibFunction(VOID) //测试用库函数
{
    Print(L"LibFunction() is called!\n");
}
RETURN_STATUS EFIAPI MyLibConstructor (VOID )//初始化用库函数
{
    Print(L"MyLibConstructor() is called!\n");
}
RETURN_STATUS EFIAPI MyLibDestructor (VOID)//回收资源用库函数
{
    Print(L"MyLibDestructor() is called!\n");
}
```

2. 测试用 UEFI 应用工程

测试用的 UEFI 应用工程 MyLibApp，是基于 3.2.3 节介绍的工程 Stdlib_Main 改造而来的。其工程文件中，需要修改的内容如下。

- 将 BASE_NAME 修改为 MyLibApp。
- 将 FILE_GUID 改为新的 GUID 值。
- 将 [Sources] 下的文件修改为 MyLibApp.c。
- 在 [LibraryClasses] 中添加自建的库 MyLibraryLib。

在 LibSample 的源文件中添加库函数 MyLibrary.h，其中包含了 MyLibraryLib 测试用库函数的声明。在主程序中运行测试用库函数，源文件内容如下。

```
#include  <Uefi.h>
#include  <Library/UefiLib.h>
#include  <Library/ShellCEntryLib.h>
#include  <../MyLibrary/MyLibrary.h>
int main (  IN int Argc,  IN char **Argv  )
{
    LibFunction();
    return 0;
}
```

3. 编译运行

本节的示例程序仍旧在 AppPkg 下进行测试。将 LibSample 下的两个工程复制到 AppPkg\

Applications 下，同时在 AppPkg.dsc 的 [Components] 中添加如下语句。

```
AppPkg/Applications/LibSample/MyLibApp/MyLibApp.inf{
    <LibraryClasses>
    MyLibraryLib|AppPkg/Applications/LibSample/MyLibrary/MyLibrary.inf
  }
```

参照 2.1.3 节编译 UEFI 程序的方法，设置环境变量，并运行如下命令，编译示例程序。

```
C:\UEFIWorkspace\edk2>build -p AppPkg\AppPkg.dsc \
-m AppPkg\Applications\LibSample\MyLibApp\MyLibApp.inf -a IA32
```

MyLibrary 工程所编写的 3 个函数中，LibFunction 被 MyLibApp 显式调用了，其余两个函数在加载库和程序结束前自动被调用，运行结果如图 3-5 所示。

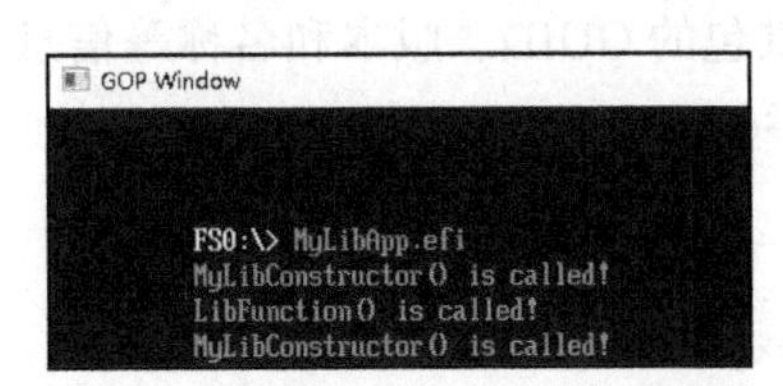

图 3-5　MyLibApp 工程运行结果

3.2.5　其他工程文件

在图 3-1 所示的 UEFI Module 的编译过程中，除了 DSC 文件和 INF 文件外，仍需要用到其他的工程文件。常用的工程文件包括 DEC 文件、FDF 文件、IDF 文件、UNI 文件和 VFR 文件。图 3-6 所示为各种文件与编译工具链的关系。

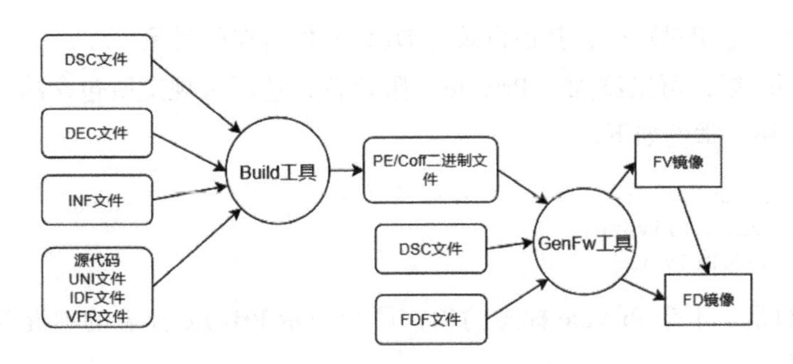

图 3-6　EDK2 文件与 EDK2 工具链

图 3-6 所示 DEC 文件用来配合 DSC 文件，描述包的公开数据和接口；IDF 文件、UNI 文件及 VFR 文件可算作资源文件，用于提供图像、文字和框架等资源；DSC 文件、DEC 文件、INF 文件配合源代码和资源文件，在 Build 工具的协助下，生成二进制文件（如 .efi

文件、.lib 文件等)。

而 FDF 文件用于生成 Option ROM 镜像、固件镜像和可启动镜像，它与 DSC 文件和二进制文件配合，在 GenFw 工具的协助下生成镜像。比如 2.4.1 节介绍的 OVMF 镜像，就是一种专门用于虚拟机的 BIOS 固件镜像。

下面对这几种工程文件的功能进行介绍。

1. DEC 文件

DEC 文件的后缀名为 .dec，每个包只有一个 DEC 文件，一般和 DSC 文件成对出现。DEC 文件主要声明包的公共数据和接口，文件中各个节的语法，与 DSC 文件中对应的节基本相同，具体描述如下。

(1) [Defines]

这是必要的节，用来提供包的 GUID、版本和名称等信息。其语法格式与 DSC 文件下 [Defines] 的语法格式相同，举例如下。

```
[Defines]
    DEC_SPECIFICATION = 0x0001001B  #规范的版本号
    PACKAGE_NAME = MdePkg  #包名称
    PACKAGE_GUID = 1E73767F-8F52-4603-AEB4-F29B510B6766 #包GUID
    PACKAGE_VERSION = 1.02 #包版本号
    PACKAGE_UNI_FILE = MdePkg.uni #包使用的字符串资源文件
```

(2) [Includes]

这个节用于列出本包提供的头文件所在的目录，这个节在 DSC 文件中没有对应的节，其语法格式如下。

```
[Includes.$(Arch)] #COMMON、IA32、X64、IPF、EBC或者不指定，可添加Private
    Path
```

头文件的路径是相对路径，其根目录为 DEC 文件所在的目录。

指定架构的时候，可以添加“ Private”限定符，它用来规定所包含的头文件只能在本包中的模块中使用。举例如下。

```
[Includes.common]
[Includes.common.Private]
[Includes.IA32.Private]
```

需要注意的是，不带 Private 标志的项，严禁与带 Private 标志的项混合。比如，下面的定义是错误的。

```
[Includes.common, Includes.IA32.Private]
```

同一文件目录，不能同时指定带 Private 标志的项和不带 Private 标志的项。比如，以下情况是被禁止的。

```
[Includes]
    MyPrivateIncludePath
[Includes.common.Private]
    MyPrivateIncludePath
```

（3）[LibraryClasses]

对外提供的库中都会提供头文件，这些头文件位于包下的Include\Library目录下。这个节用来明确库和头文件的对应关系，语法格式如下。

```
[LibraryClasses.$(Arch)] #COMMON、IA32、X64、IPF、EBC或者不指定
    LibraryClassesName | Path/LibraryHeader.h
```

举例如下。

```
[LibraryClasses]
    UefiUsbLib|Include/Library/UefiUsbLib.h
```

（4）[Guids]

这个节用于定义Guid常量，其语法格式如下。

```
[Guids.$(Arch)] #COMMON、IA32、X64、IPF、EBC或者不指定，可添加Private
GUIDName = GUID
```

对于Private标志的要求，与[Includes]相同，举例如下。

```
[Guids]
    MyGuid = {0x1e96808b,0xfa93,0x4230,{0xb5,0x6b,0x96,0xc5,0x95,\
0x9b,0xd1,0xd2 }}
[Guids.common.Private]
    MyPrivateGuid = {0x1e96808b,0xfa93,0x4230,{0xb5,0x6b,0x96,0xc5, \
0x95, 0x9b,0xd1, 0xd2 }}
```

（5）[Protocols]

定义Protocol的GUID，其规则与[Guids]是一样的，语法格式如下。

```
[Protocols.$(Arch)] #common、IA32、X64、IPF、EBC或者不指定，可添加Private
 ProtocolName = GUID
```

举例如下。

```
[Protocols]
    MyPrivateProtocol = {0xc7c4a20f,0xd1d1, 0x427a, { 0xb0, 0x82, 0xa8,\
0xb6, 0x24, 0xf7, 0x69, 0x4f }}
[Protocols.common.Private]
    MyPrivateProtocol = {0xc7c4a20f,0xd1d1,0x427a,{ 0xb0, 0x82, 0xa8,0xb6,\
0x24, 0xf7, 0x69, 0x4f }}
```

其余节的说明如下：

- [Ppis]用于源文件中用到的PPI（参照1.2.3节的说明），语法与[Guids]类似。
- [PCD]是对DSC文件[PCD]的补充。

- [UserExtensions] 可以定制用户的命令。

2. FDF 文件

FDF（Flash Description File）文件用于描述固件在 Flash 中的布局和位置，这些固件是与 UEFI/PI 兼容的二进制镜像。一般来说，生成固件的源码中只有一个 FDF 文件，其作用是规定把哪些包编入 Flash 中，并确定编入的位置。FDF 文件由 [Defines]、[FD]、[FV]、[Capsule]、[VTF]、[Rule]、[OptionRom] 等几个节组成。

（1）[Defines]

可选的节，用来跟踪 FDF 文件的版本、定义全局宏以及设定 PCD 的值，其语法格式如下。

```
[Defines]
    Name=Value
    DEFINE MACRO=Value
```

示例如下。

```
[Defines]
    FDF_SPECIFICATION = 0x0001001B
    DEFINE BIG_STUFF = False
    SET gEfiMyPlatformTokenSpaceGuid.MyUsbFlag = True
```

其中，SET 语句是专门用来对 PCD 变量进行赋值的。

（2）[FD]

FD（Firmware Device）即固件设备，我们常用的 BIOS ROM 就是一个 FD。这个节在开发平台 Flash 时是必须的，开发 Option ROM 时不需要此项。它由各类声明和 FD 区域布局组成，它可以构成一个完整的 Flash 设备镜像。Flash 设备镜像可以是移动式可启动镜像（比如可启动的 U 盘）、系统 Flash 镜像（如 BIOS ROM）或更新镜像（在 UEFI 中，这被称为胶囊式（Capsule）镜像，用来升级系统 Flash）。

[FD] 中的声明包括如下几个。

1）**令牌声明**（TOKEN Statements）。其语法格式如下。

```
Token = Value [| PcdName]
```

其中，Token 可以为如下几种变量。

- BaseAddress：FD 的基址，设备开机后 BIOS 被加载到系统中的位置。
- Size：FD 的大小，单位为字节。
- BlockSize：Flash 中一个 Block 的大小。
- ErasePolarity：表示用 1 或者 0 擦除 Flash，一般为 1。
- NumBlocks：Flash 中 Block 的个数。

2）**定义声明**（DEFINE Statements）。其语法格式如下。

```
DEFINE MACRO = PATH
```

这是用来定义宏的声明，所定义的宏在整个 FDF 文件中都有效。使用的时候，可以通过 $(MACRO) 来引用。典型的定义示例如下。

```
DEFINE FV_DIR = $(OUT_DIR)/$(TARGET)_$(TOOL_CHAIN_TAG)/$(ARCH)
DEFINE MDE_MOD_TSPG = gEfiMdeModulePkgTokenSpaceGuid
DEFINE NV_STOR_VAR_SIZE = PcdFlashNvStorageVariableSize
DEFINE FV_HDR_SIZE = 0x48
```

3）**设置声明**（SET Statements）。其语法格式如下

```
SET PcdName = VALUE
```

设置声明可以用来设置 PCD 变量的值，比如：

```
SET gFlashDevicePkgTokenSpaceGuid.PcdEfiMemoryMapped = TRUE
```

除了各类声明，[FD] 的另外一个组成部分是区域布局（Region Layout），它用来指明各种区域类型的数据在 FD 中的布局，其语法格式如下。

```
Offset|Size
[TokenSpaceGuidCName.PcdOffsetCName | TokenSpaceGuidCName.PcdSizeCName] ?
    [RegionType] ?
```

上述代码的含义为在 FD 中开辟一段空间，用来放置区域类型（RegionType）所指明的内容。其中，Offset 和 Size 表示其后的内容处于 FD 中的偏移和内容的大小；RegionType 可以是 FV(Firmware Volume，固件区块）、DATA（数据）、FILE（文件）、INF（INF 文件）和 CAPSULE（更新固件的镜像），也可以不指定。

示例如下。

```
0x000000|0x0C0000
    gEfiSpaceGuid.PcdFvMainBaseAddress | gEfiSpaceGuid.PcdFvMainSize
    FV = FvMain
0x0CC000|0x002000
    gEfiCpuGuid.PcdMicrocodeAddress | gEfiCpuGuid.PcdCpuMicroPatchSize
    FILE = $(OUTPUT_DIRECTORY)/$(TARGET)_$(TOOL_CHAIN_TAG)/X64/Microcode.bin
```

（3）[FV]

FV（Firmware Volume）是固件的逻辑区块，相当于 FD 上的分区。这个节定义了镜像包含的组件和模块，对于平台镜像来说它是必要的，但 Option ROM 镜像不需要这个节。

[FV] 定义的格式如下。

```
[FV.UiFvName]
```

UiFvName 是由用户自定义的名称，在 [FD] 设定 FV 的区域类型时，会用到此名称。因此，它在 FDF 文件中必须是唯一的，以防止产生二义性。[FV] 也支持各种声明，包括定义声明、块声明、INF 声明、文件声明和设置声明，具体用法与 [FD] 下的声明类似，这里

就不一一介绍了，读者可以参考官方提供的文档[⊖]。

除去各类声明外，[FV] 还支持关联规则设定（ARRIORI Scoping），并用来指定 INF 的执行顺序。一般来说，可以使用 INF 声明来指定 INF 文件。以下的示例摘自 OvmfPkg\OvmfPkgX64.fdf。

```
APRIORI DXE {
    INF  MdeModulePkg/Universal/DevicePathDxe/DevicePathDxe.inf
    INF  MdeModulePkg/Universal/PCD/Dxe/Pcd.inf
    INF  OvmfPkg/AmdSevDxe/AmdSevDxe.inf
!if $(SMM_REQUIRE) == FALSE
    INF  OvmfPkg/QEMUFlashFvbServicesRuntimeDxe/FvbServicesRuntimeDxe.inf
!endif
}
```

（4）[OptionRom]

这个节可用来编译独立的 Legacy PCI Option ROM 或者 UEFI PCI Option ROM。如果用户只想生成 Option ROM 镜像，那么在 FDF 文件中，是不能含有 [FV] 和 [FD] 的。Option ROM 在 UEFI 的环境下，可以看作 UEFI Driver，其详细的编写方法将在第 8 章讲述。

实际上，使用 INF 文件也是可以生成 Option ROM 镜像的。在表 3-6 中，INF 文件的 [Defines] 提供了用于开发 Option ROM 的变量。不过，INF 文件只用来生成单个的 Option ROM 镜像，而 FDF 文件可以用来生成多个 Option ROM 镜像，比 INF 文件更为灵活。

这个节的语法格式如下。

```
[OptionRom.ROMName]
```

如果想对不同的架构进行编译（比如对 IA32 和 X64），可以使用“USE”指令指定相应的架构来实现。举例如下。

```
[OptionRom.AbcDriverIAa32]
    INF
    USE = IA32 AbcDriver/Abc.inf {
    PCI_VENDOR_ID = 0xABCD
    PCI_DEVICE_ID = 0x1234
    PCI_CLASS_CODE = 0x56789A
    PCI_REVISION = 0x0003
    PCI_COMPRESS = TRUE
}
[OptionRom.AbcDriverX64]
    INF
    USE = X64 AbcDriver/Abc.inf {
    PCI_VENDOR_ID = 0xABCD
    PCI_DEVICE_ID = 0x1234
```

⊖ https://edk2-docs.gitbook.io/edk-ii-fdf-specification/。

```
    PCI_CLASS_CODE = 0x56789A
    PCI_REVISION = 0x0003
    PCI_COMPRESS = TRUE
}
```

3. IDF 文件、UNI 文件与 VFR 文件

IDF（Image Description File，图像描述文件）、UNI（Unicode String File，宽字节字符串文件）和 VFR（Visual Forms Representation，可视化窗体描述）都是资源文件，同属于用户接口组件，如图 3-7 所示。

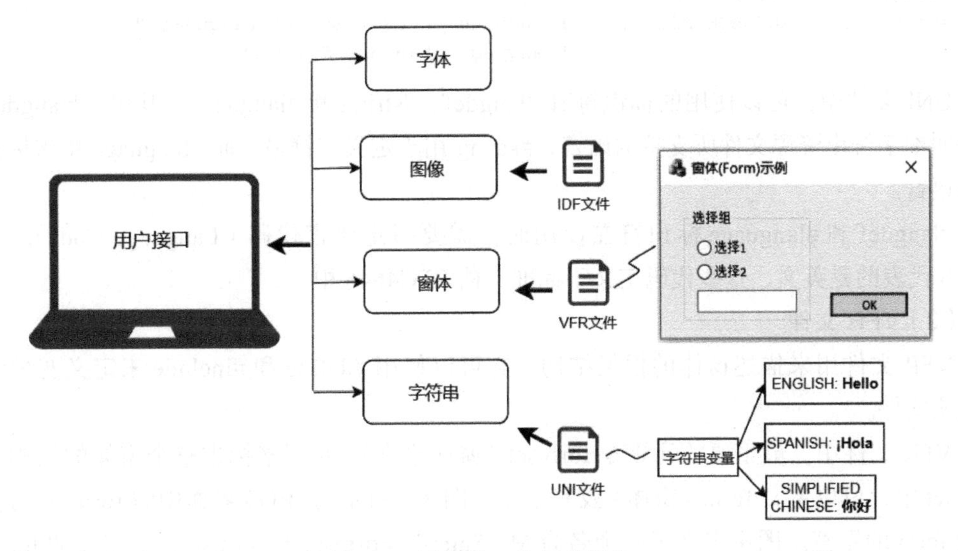

图 3-7 用户接口的组件结构

从图 3-7 中可以看出，IDF 文件用来描述图像资源；UNI 文件用来描述字符串资源；VFR 文件用于描述窗体资源，类似于 Windows 操作系统下的窗口。

> 提示 资源文件与工程文件（比如 DSC 文件）采用的语法不同，一般是采用 BNF 型语法来编写的。注释标志使用“//”，类似 C 语言的语法。

（1）IDF 文件

在 IDF 文件中，可通过 #image 标识符指定图像文件，所给出的资源文件一般与 IDF 文件在同一目录下。示例如下。

```
#image IMG_LOGO TRANSPARENT Logo.bmp
#image IMG_FULL_LOGO Logo.jpg
#image IMG_OEM_LOGO Logo.png
```

其中，关键字 TRANSPARENT 用来指定图像是否使用透明显示。

IDF 文件在 EDK2 中使用较少，MdeModulePkg/Logo 下提供了一个参考的例子。在 IDF 文件中提供的图像资源，可以配合 EFI_HII_IMAGE_PROTOCOL 或者 EFI_HII_IMAGE_EX_PROTOCOL 使用。

（2）UNI 文件

图 3-7 中给出了资源文件的一个例子，同一个字符串变量，可针对不同的语言定义不同的内容。示例如下。

```
#langdef    en-US "English"
#langdef    zh-Hans "简体中文"
#string STR_LANGUAGE_SELECT     #language en-US  "Select Language "
                                #language zh-Hans "选择语言"
```

UNI 文件中，可以使用的标识符有 #langdef、#string 和 #language。其中，#langdef 用于声明本字符串资源文件所支持的语言，#string 用于定义字符串，而 #language 用来标注所用的语言。

#langdef 和 #language 标识符在使用时，需要指定语言代码（Language Code），比如 en-US 代表的是英文，这些代码定义于标准文档 RFC4646 中。

（3）VFR 文件

VFR 文件用来描述窗体的框架结构，它可以使用 #define 和 #include 来定义变量和包含的头文件。

VFR 文件中，最重要的元素是 formset（窗体集合），它用来标志整个窗体的结构。在 formset 中，可以定义 form（窗体）及其子项。图 3-8 所示为 BIOS 界面中的 formset 与其内含的 form 的示意。图中定义了一个名为 My Sample Formset 的 formset，所定义的 form 包含了若干子项，其中一个是 checkbox（复选框），可通过空格键或者回车键进行选择。

图 3-8 演示的 formset 和 form 是由示例 3-6 所示代码实现的。

【示例 3-6】formset 和 form 的示例代码。

```
formset
    guid = MYFORMSET_GUID,          //formset的GUID值
    title = STRING_TOKEN(STR_SAMPLE_FORMSET), //字符串"My Sample Formset"
    help = STRING_TOKEN(STR_SAMPLE_FORMSET_HELP),
                                   //字符串"This is the help message for formset"
    classguid = EFI_HII_PLATFORM_SETUP_FORMSET_GUID,
    varstore MYDRIVER_CONFIGURATION, //变量的数据结构类型
        name = MyDeviceData,        // 变量名
        guid = MYFORMSET_GUID;      // formset的GUID值
    form formid = 1, title = STRING_TOKEN(STR_SAMPLE_FORM);
                                   //字符串"My Sample Form"
            subtitle text = STRING_TOKEN(STR_SUBTITLE_TEXT);
                                   //字符串"My Sample Configuration"
            subtitle text = STRING_TOKEN(STR_SUBTITLE_TEXT2);
                                   //字符串"My Device Configuration"
    checkbox varid =MyDeviceData.ChooseToEnable,
```

```
            prompt =STRING_TOKEN(STR_CHECK_BOX_PROMPT),
                                    //字符串"Enable My Device"
            help = STRING_TOKEN(STR_CHECK_BOX_HELP),
                            //字符串"This is the help message for subitem of form"
            flags = CHECKBOX_DEFAULT ,
            key = 0,
            default = 1,
        endcheckbox;
    endform;
endformset;
```

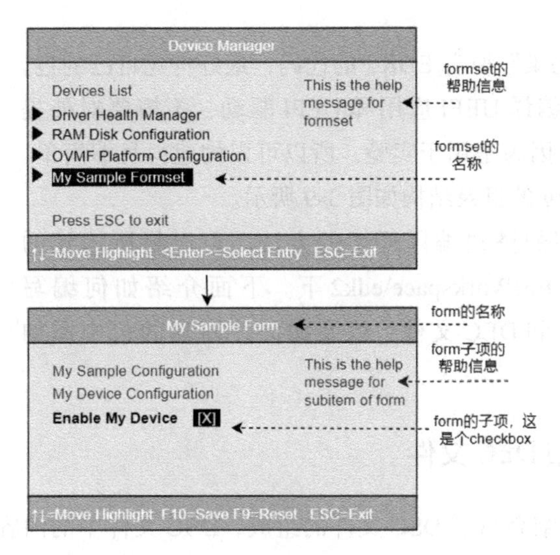

图 3-8　formset 和 form 示意图

关键字 formset 和 endformset 成对出现，它们之间所包含的内容定义了整个 formset。在示例 3-6 所给出的 formset 的例子中，包含了许多的关键字，它们的含义分别如下。

- guid：标志本 formset 的 GUID 值。
- title：在界面中标志本 formset 的字符串标题。
- help：在界面上显示本 formset 的帮助信息。
- classguid：本 formaset 所挂载界面的 GUID 值。
- varstore：变量所用数据结构类型。
- form：窗体关键字，与 endform 成对出现，定义窗体的结构。
- checkbox：复选框关键字，与 endcheckbox 成对出现，定义复选框供用户使用。

在 VFR 文件中，还有比较多的内容，限于篇幅，这里不再详细介绍了。另外，VFR 文件一般用来修改 BIOS 界面，在本书的后续章节中不会再使用了。如果读者有兴趣，可以查看笔者所写系列博客的相关章节[⊖]。

⊖ https://blog.csdn.net/luobing4365/article/details/106986371。

3.3 搭建 UEFI 包

开发 UEFI 程序的时候，一般需要将模块挂在某个包下进行编译。比如 3.2.3 节提供的 3 种入口函数的 UEFI 应用和 3.2.4 节提供的库模块，都是在 AppPkg 下进行编译的。

在平常的实验中，不可避免地需要修改 AppPkg 下的各种工程文件。经过一段时间后，如果注释没有做好，程序员自己可能都会搞不清改了哪些地方，从而导致有些程序无法编译。笔者就曾经遇到类似的事件，因频繁修改导致 32 位的程序无法编译，最后只能替换整个 AppPkg 下的文件。

因此，为了不“污染”原有 EDK2 的代码，最好构建自己的包。所构建的包主要用来编译 UEFI 应用和 UEFI 驱动，不需要对外提供库函数和 Protocol。因为是用于实验，所以可以构建得足够简单。笔者所构建的 RobinPkg 的目录结构如图 3-9 所示。

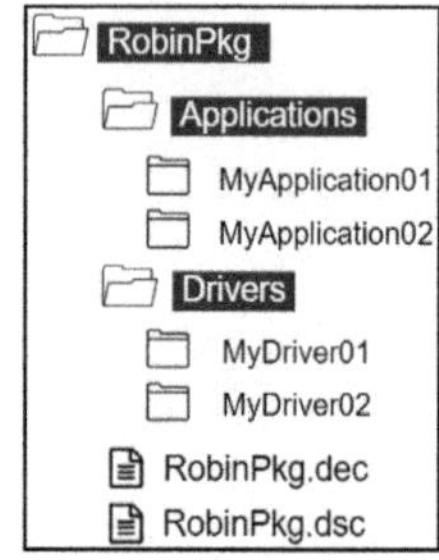

图 3-9 RobinPkg 的目录结构图

对照 2.1.2 节介绍的搭建编译环境的方法，可以将所构建的 RobinPkg 放置在 C:\UEFIWorkspace\edk2 下。下面介绍如何编写 RobinPkg 的 DSC 文件和 DEC 文件，以及如何往新建的包中添加模块。

3.3.1 包的 DSC 和 DEC 文件

在 3.2.1 节已经详细介绍了 DSC 文件的组成，DSC 文件中的内容对整个包内的模块都是有效的。因此，这里在 DSC 文件中给出常用的库，以及调试用的库就可以了。如果有些模块有特别的需求，比如定义 PCD，可以在开发的时候再添加。编写 DSC 文件的步骤如下。

步骤 1 修改 [Defines]。设置 PLATFORM_NAME 的值为 RobinPkg，将编译文件的输出目录参数 OUTPUT_DIRECTORY 的值设为 Build/RobinPkg。对于平台的 GUID 值，即 PLATFORM_GUID 的值，可以在线生成，生成地址为 https://www.guidgenerator.com。

另外，在 [Defines] 中，针对调试输出，使用宏 DEBUG_ENABLE_OUTPUT 来区分库支持。如果需要 DebugPrintErrorLevelLib 库的支持，需要将 DEBUG_ENABLE_OUTPUT 设置为 TRUE，一般其值是 FASLE。

修改后的 [Defines] 如下。

```
[Defines]
    PLATFORM_NAME                  = RobinPkg
    PLATFORM_GUID                  = 0348cade-8a6e-4ee5-b773-1b2ccbda3e06
    PLATFORM_VERSION               = 0.01
    DSC_SPECIFICATION              = 0x00010006
    OUTPUT_DIRECTORY               = Build/RobinPkg
```

```
SUPPORTED_ARCHITECTURES          = IA32|X64
BUILD_TARGETS                    = DEBUG|RELEASE|NOOPT
SKUID_IDENTIFIER                 = DEFAULT
DEFINE DEBUG_ENABLE_OUTPUT        = FALSE
```

步骤2 修改[LibraryClasses]。添加常用的库。包中一般包含大量的模块，每个模块的INF文件都会在其[LibraryClasses]（注意：是INF文件的节）中声明所需的库。而在DSC文件中，需要指明这些库的编译路径。

常用的库包括UefiLib、BaseMemoryLib、UefiLib等，它们的定义如下。

```
BaseLib|MdePkg/Library/BaseLib/BaseLib.inf
BaseMemoryLib|MdePkg/Library/BaseMemoryLib/BaseMemoryLib.inf
UefiLib|MdePkg/Library/UefiLib/UefiLib.inf
```

其他库的定义可以查看随书附带的示例文件RobinPkg.dsc。

步骤3 设置[Components]。[Components]用来指定需要编译的模块。通过给出模块的INF文件所在位置，编译器将其编译为需要的目标文件。比如位于RobinPkg/Drivers下的工程MyDriver01，其定义方法如下。

```
[Components]
    RobinPkg/Drivers/MyDriver01/MyDriver01.inf
```

经过上述3个步骤就基本完成了DSC文件的编写。对RobinPkg来说，其他节不是必要的，如果在编写过程中需要，可以自行添加。

后续章节中，有大量代码会用到C标准库，为了支持StdLib，可以在DSC文件中使用“!include”添加支持的文件，具体如下。

```
!include StdLib/StdLib.inc
```

编写DEC文件比较简单，因为本书的例子不需要对外提供接口，只需要定义[Defines]。而在[Defines]中，也只需注意将PACKAGE_NAME设置为RobinPkg。以下为DEC文件的内容。

```
[Defines]
    DEC_SPECIFICATION              = 0x00010005
    PACKAGE_NAME                    = RobinPkg
    PACKAGE_GUID                    = B3E3D3E5-D62B-44A7-AC75-264F389D127E
    PACKAGE_VERSION                 = 0.01
```

3.3.2 添加并编译模块

建好包后，可以将需要编译的模块添加到包中进行编译。下面以3.2.3节中给出的工程Stdlib_Main为例，演示添加和编译模块的过程。以下的演示过程，是在Windows 10下使用2.1节搭建好的EDK2编译环境进行的。

步骤 1 复制 Module 工程。RobinPkg 中准备了两个文件夹，一个是 /Applications，用来存放 UEFI 应用的工程；另一个是 /Drivers，用来存放与 UEFI 驱动相关的工程。Stdlib_Main 是 UEFI 应用，可以将整个工程文件复制到 RobinPkg\Applications 下。

步骤 2 加入包。在 RobinPkg.dsc 的 [Components] 中指明 Stdlib_Main 的路径，示例如下。

```
[Components]
    RobinPkg/Applications/Stdlib_Main/Stdlib_Main.inf
```

在这个步骤中，注意检查模块所需要的库。如果包没有提供模块所需要的库，编译会出错。假如在模块的 INF 文件中指明了需要库 DxeServiceLib（在 INF 文件的 [LibraryClasses] 中指定），那么在包的 DSC 文件中，其 [LibraryClasses] 需要添加如下语句。

```
DxeServicesLib|MdePkg/Library/DxeServicesLib/DxeServicesLib.inf
```

Stdlib_Main 中所需要的库，在 RobinPkg.dsc 中已经完全包含了，不需要再添加，可直接进入下一步骤。

步骤 3 编译测试。工程添加完成后，可以打开 VS2015 的命令行，设置好环境变量，并输入以下命令进行编译。

```
C:\UEFIWorkspace\edk2>build -p RobinPkg\RobinPkg.dsc \
-m RobinPkg\Applications\Stdlib_Main\Stdlib_Main.inf -a IA32
```

对于编译好的执行文件，可参照 2.1.4 节的介绍，将其复制到相应的模拟环境中进行测试。

至此，就完成了模块的添加和编译过程。以上过程，如果是在 Linux 下搭建的 EDK2 环境下进行，那么除了最后的编译测试外，其他过程是完全一致的。

3.4 用 C++ 编写 UEFI 应用

EDK2 的代码支持多种编译器，并能在多种 CPU 系统架构下运行，因为其选用的编程语言是 C 语言[⊖]。实际上，EDK2 代码使用的 C 语言标准是 ISO/IEC 9899:199409，一般通称为 C95，具体可以参考《C 语言参考手册》(ISBN：9787111346845）。

不过，在实际的开发中，会遇到不少需要用 C++ 编写代码的情况。比如使用 C++ 编写的 GUI 库、音频解码库等，此时就必须使用 C++ 开发 UEFI 应用了。

要支持 C++，就需要支持 C++ 的基础功能、全局类、内存处理 new\delete、标准模板库 STL 等。当然，如果要支持完整的 C++，还需要考虑 Lambda 表达式、auto 指针等，这远远超出了本书所要讨论的范围。

⊖ https://edk2-docs.gitbook.io/edk-ii-c-coding-standards-specification/2_guiding_principles。

本节作为第 6 章的前哨站，之所以介绍使用 C++ 编写 UEFI 应用，主要是为了方便移植 GUI 库，所以我们的工程只需要支持 C++ 的基础功能和全局类就可以了。另外，C++ 各种特性的实现，是与编译器密切相关的，Linux 平台的 GCC 与 Windows 平台的 Visual Studio C++ 的实现有很大的不同。本节所提供的代码，是基于 Windows 平台，使用 VS2015 开发的。本节的示例工程 CppMain 位于随书代码的 RobinPkg\Applications\CppMain 文件夹下。

3.4.1　支持基础功能

EDK2 的代码遵循 C95 规范，但其所使用的编译器本身就是支持 C++ 编译的。因此，使用 C++ 编写 UEFI 应用，主要是搞清楚 C 与 C++ 的差异，从代码上做好支持。经过实验，在现有的 EDK2 编译环境下（参见 2.1.2 节介绍的搭建过程），经过如下几个步骤，就可以支持 C++ 的基础功能，包括类、模板等。

1. 名称修饰

C/C++ 编译器在编译期间，针对每个函数名、数组名和结构体名等，会在原有名称上，加上新的名字，这是个名称修饰（Decorated Name）的过程。在 C 语言中，调用规则不同，名称修饰的方式也不同。

C 语言主要有 3 种调用方式，分别是 __stdcall、__cdecl 和 __fastcall。以 __stdcall 的调用方式为例，使用 VS2015 新建一个空的工程，添加包含 main 函数的 C 语言源文件，并添加如下函数（注意，函数中指定了调用方式为 __stdcall）。

```
void _stdcall  test_function()
{
    printf("I'm a function of test.\n");
    return;
}
```

在工程文件的配置属性（Configuration Properties）页中，选择 C/C++ → Output Files → Assembler Output，在选项的下拉菜单中，选择 Assembly With Source Code(/FAs) 项。此项打开后，在编译的时候，会将源码的汇编程序输出。

比较汇编代码可以看出，使用 __stdcall 调用的函数 test_function 变为了 _test_function@0。这是因为在 Visual Studio 的编译器中，对 __stdcall 的调用约定，其名称修饰应在函数名前加上下划线，后面加上“ @”和参数的字节数。其他的调用也有相应的规则，读者可以按照上述方法自行实验，并查找相关的文档对照验证。

C++ 语言也支持上述 3 种调用方式，可以用同样的方式编写函数来验证其名称修饰过程。需要注意的是，C++ 语言支持函数重载，所以其与 C 语言的名称修饰规则是完全不同的。上述函数使用 C++ 进行编译后，其函数名在汇编程序中为 ?test_function@@YGXXZ。

这些实验都是在 VS2015 上进行的，如果换成 GCC/G++ 编译器，其结果又会完全不同。

EDK2 的库函数都是用 C 语言编写的。如果需要用 C++ 编写 UEFI 应用，则必须在 C++ 代码中调用 C 函数，也就是要解决 C++ 和 C 名称修饰不同的问题。此问题可通过使用声明“extern C”来解决，如代码清单 3-4 所示。

代码清单 3-4　C++ 中声明 C 语言头文件的方式

```
#ifdef __cplusplus
extern "C" {
#endif
#include <Uefi.h>    //在大括号间定义需要的C语言头文件和数组
#ifdef __cplusplus
}
#endif
```

2. 编译选项 /Zc:wchar_t

根据 C++ 的标准，wchar_t 是内置类型，微软的编译器（比如 VS2015）在编译 C++ 代码的时候，默认 /Zc:wchar_t 处于打开状态。平常使用 C 语言编写 UEFI 应用的时候，此编译选项是关闭的；当使用 C++ 编写 UEFI 应用时，即便在编译选项中没有给出它，系统也会将其自动添加上。与之相关的，当编译选项 /Zc:wchar_t 打开时，符号 _NATIVE_WCHAR_T_DEFINED 和 _WCHAR_T_DEFINED 会被定义。

虽然在平常的编程中，一般不会使用 wchar_t 类型，而且也不建议这么做，应该尽量采用 EDK2 中内置的类型。不过，在移植 GUI 库的时候，必须用到 C 语言标准库（StdLib）。其文件 StdLib\Include\sys\EfiCdefs.h 从第 329 行开始，定义了如下语句。

```
#ifdef _NATIVE_WCHAR_T_DEFINED
    #error You must specify /Zc:wchar_t- to …//（后略）
#endif
```

很明显，当选项 /Zc:wchar_t 打开后，系统自动定义了符号 _NATIVE_WCHAR_T_DEFINED，编译的时候会报错。

笔者尝试在 INF 文件的编译选项中，通过 /Zc:wchar_t- 来关闭 /Zc:wchar_t 选项，但发现新添加的选项还是会被 /Zc:whar_t 重新覆盖，编译仍会报错。因此，在确定需要使用 EDK2 的 StdLib 库时，笔者直接把这条语句注释掉了，以解决这个问题，具体如下所示。

```
#ifdef _NATIVE_WCHAR_T_DEFINED
    //#error You must specify /Zc:wchar_t- to …//（后略）
#endif
```

3. 对布尔类型的处理

C++ 语言汇总的基本类型包含布尔类型，而 C 语言中不包含，这个不一致的情况将会导致在编译时报警。EDK2 中对布尔类型进行了定义，具体如下所示。

```
typedef unsigned char        BOOLEAN;
```

在MdePkg\Include\Base.h中，定义了VERIFY_SIZE_OF宏，并使用了此宏对类型进行验证，如代码清单3-5所示。

代码清单3-5 VERIFY_SIZE_OF宏及其使用

```
#define VERIFY_SIZE_OF(TYPE, Size) extern UINT8 \
_VerifySizeof##TYPE[(sizeof(TYPE) == (Size)) / (sizeof(TYPE) == (Size))]
VERIFY_SIZE_OF (BOOLEAN, 1);
VERIFY_SIZE_OF (INT8, 1);
```

编译C++代码的时候，上述语句会导致C4804警告，提示布尔类型不安全。针对此问题，可以修改INF文件中的编译选项，消除警告，具体如下。

```
[BuildOptions]
    MSFT:*_*_*_CC_FLAGS = /wd4804
```

4. NULL的使用

EDK2中将NULL定义为((VOID *) 0)，这是C语言的定义风格。而在C++中，NULL是定义为0的。这种不一致，在赋值给指针字符串时，会导致C2440转换警告。可以使用预编译命令将其修改为C++语言的定义风格，具体如下所示。

```
#undef NULL
#define NULL 0
```

经过上述4个步骤的修改，就可以使用基本的C++语法来开发UEFI应用了。不过，我们目前还无法支持全局类的实例，下面介绍如何对全局类进行支持。

3.4.2 支持全局类

C++的全局类实例，是在主函数main之前执行的。如果要支持全局类，必须了解程序的启动过程。由Visual Studio编译的Windows程序，包括控制台程序和窗口程序，以及动态链接库。以控制台程序为例，它包含两种入口函数（非unicode和unicode两类）——mainCRTStartup()和wmainCRTStartup()，分别定义于vc\crt\src\vcruntime\下的exe_main.cpp和exe_wmain.cpp文件中。

这两个入口函数的内容是一样的，都只调用了函数__scrt_common_main()。函数__scrt_common_main()中，在进行了cookie的安全检查后，调用了__scrt_common_main_seh()，主函数main()就是在此函数中被调用的。函数__scrt_common_main_seh()的主要内容如代码清单3-6所示。

代码清单 3-6 __scrt_common_main() 函数

```
static __declspec(noinline) int __cdecl __scrt_common_main_seh() throw()
{
    if (!__scrt_initialize_crt(__scrt_module_type::exe)) //初始化运行时库
        __scrt_fastfail(FAST_FAIL_FATAL_APP_EXIT);
   ...
    __try
    {
      ...
            if (_initterm_e(__xi_a, __xi_z) != 0)//C初始化
                return 255;
            _initterm(__xc_a, __xc_z); //C++初始化
        ...
        int const main_result = invoke_main(); //调用主函数
        ...
        if (!has_cctor)
            _cexit();
        ...
    }
   ...
}
```

调用主函数 main 之前，有大量工作要处理。最核心的是两个函数——_initterm_e() 和 _initterm()，这是两个结构相似的函数，用来初始化 C 和 C++。_initterm() 函数的实现代码如代码清单 3-7 所示。

代码清单 3-7 _initterm() 函数

```
void __clrcall _initterm (_PVFV * pfbegin, _PVFV * pfend)
{
    while ( pfbegin < pfend ) {
        if ( *pfbegin != NULL )
            (**pfbegin)();
        ++pfbegin;
    }
}
```

结合代码清单 3-6 和代码清单 3-7 可以看出，_initterm() 中依次执行了从 __xc_a 到 __xc_z 的函数指针。存储这些函数指针的数组，定义于 \VC\crt\src\vcruntime\internal_shared.h 文件中，内容如代码清单 3-8 所示。

代码清单 3-8 声明 __xi_a[] 等数组

```
typedef void (__cdecl* _PVFV)(void);
typedef int  (__cdecl* _PIFV)(void);
extern _CRTALLOC(".CRT$XIA") _PIFV __xi_a[]; // 首部 C 初始化器
extern _CRTALLOC(".CRT$XIZ") _PIFV __xi_z[]; // 尾部 C 初始化器
```

```
extern _CRTALLOC(".CRT$XCA") _PVFV __xc_a[]; // 首部 C++ 初始化器
extern _CRTALLOC(".CRT$XCZ") _PVFV __xc_z[]; // 尾部 C++ 初始化器
extern _CRTALLOC(".CRT$XPA") _PVFV __xp_a[];
extern _CRTALLOC(".CRT$XPZ") _PVFV __xp_z[];
extern _CRTALLOC(".CRT$XTA") _PVFV __xt_a[];
extern _CRTALLOC(".CRT$XTZ") _PVFV __xt_z[];
```

宏 _CTRALLOC 的定义为 __declspec(allocate(x))，其作用是将其后的参数，分配到括号中指定的段中。介绍到此处，我们已经知道了 C++ 程序启动的过程了，可以在自己的 UEFI 代码中模拟此过程了。

下一个需要了解的是，全局类还需要哪些支持？为此可以使用 3.3.1 节的方法，将 C++ 代码翻译为汇编代码，从中推断出需要的细节。准备的 C++ 全局类代码如代码清单 3-9 所示。

代码清单 3-9　全局类代码示例

```
class testClass //全局类定义
{
public:
    testClass(){ printf("Constructor function of testClass.\n"); }
    ~testClass(){ printf("Deconstructor function of testClass.\n"); }
};
testClass MyTest;  //全局类实例化
int main() //主函数
{
    return 0;
}
```

全局类实例化的 C++ 代码转换为汇编代码后的形式如代码清单 3-10 所示。

代码清单 3-10　全局类实例化的对应汇编代码

```
text$di    SEGMENT
??__EMyTest@@YAXXZ PROC
; 24    : testClass MyTest    所对应C++代码中的语句
    push       ebp
    ...
    call   ??0testClass@@QAE@XZ          ;testClass::testClass 构造函数
    push   OFFSET  ??__FMyTest@@YAXXZ    ;通过_atexit注册全局类实例MyTest的析构函数
    call _atexit
    ...
    pop ebp
    ret 0
??__EMyTest@@YAXXZ ENDP
text$di         ENDS
```

全局类实例化后，可直接调用类的构造函数。而对于析构函数，则是通过向 atexit 注册 ??__FMyTest@@YAXXZ，在 main 函数执行后再按顺序调用的。??__FMyTest@@YAXXZ 函数的内容在这里没有贴出，其主要功能就是调用类实例 MyTest 的析构函数。

经过上述学习，我们已经可以编写支持 UEFI 编程的 C++ 代码了。更多细节可以查看示例工程 CppMain，其所提供的代码中，crt0support.c 是主要的 C++ 支持函数。

下面总结一下需要做的工作。

- 声明段（".CRT$XIA"）、（".CRT$XIZ"）等。代码清单 3-8 中所示的段，在实现的时候全部需要声明。
- 提供 atexit 服务，如示例 3-7 所示。
- 提供类似 _initterm() 的函数，实现 C++ 初始化和结束功能。在本节提供的例子中，实现了函数 _my_initterm()，并提供了两个函数来调用它，即 __g_cpp_init() 和 __g_cpp_finish()，如示例 3-8 所示。

【示例 3-7】atexit 的服务。

```
_PVFV *atexits  = NULL;
int num_atexit = 0;
//调用atexits指针
void static _g_finit()
{
    for(int i =num_atexit-1; i>= 0; i--){
        if ( atexits[i] != NULL )
            (*atexits[i])();
    }
}
//退出前调用
#pragma section(".CRT$XPYZ", long ,read)
_CRTALLOC(".CRT$XPYZ") _PVFV __xp_finitz[] = { _g_finit };
```

【示例 3-8】C++ 初始化和结束功能。

```
void _my_initterm (_PVFV * pfbegin, _PVFV * pfend )
{
    while ( pfbegin < pfend )
    {
        if ( *pfbegin != NULL )
            (**pfbegin)();
        ++pfbegin;
    }
}
void __g_cpp_init() //初始化，对应构造函数
{
    _my_initterm(__xc_a,__xc_z);
    _my_initterm(__xi_a,__xi_z);
}
void __g_cpp_finish() //结束，对应的析构函数
```

```
{
    _my_initterm(__xp_a,__xp_z);
    _my_initterm(__xt_a,__xt_z);
}
```

建好支持C++的机制后，只需要在主程序中调用 __g_cpp_init() 和 __g_cpp_finish()，就可以使用C++编写代码了，如示例3-9所示。

【示例3-9】使用C++机制。

```
int main (IN int Argc,IN char **Argv)
{
    __g_cpp_init();
    //此处开始编写自己的代码
    Print((CHAR16 *)L"This is a sample of uefi(c++)!\n");
    __g_cpp_finish();
    return 0;
}
```

3.5 使用UEFI Protocol

Protocol是UEFI中最核心的概念之一，从其功能上来说，相当于UEFI提供的接口函数。实际上，Protocol是UEFI环境的提供者和使用者之间的一种约定，双方根据这个约定来进行通信。

UEFI的代码是使用面向过程的C语言编写的，但是Protocol却是使用面向对象的方式来设计和管理的。UEFI的Protocol与Windows的COM对象类似，通过GUID和相应的访问函数，获得对象的指针，然后使用该指针获得对象所提供的服务，实现所需要的功能。Protocol的相关知识和使用方法如下。

3.5.1 Protocol概述

在1.2.1节中介绍了UEFI的软件结构，从中大致可以了解到以下事实。

- UEFI的启动服务和运行时服务，提供了各种基本的UEFI服务，包括安装和卸载Protocol、内存和时间服务等。
- 启动服务和运行时服务的指针可通过系统表找到。

除去启动服务和运行时服务中提供的基本服务，UEFI规范中还提供了大量的Protocol供用户使用。这些Protocol由各类UEFI驱动提供，以实现对各类设备（不一定是物理设备，也可能是抽象的设备，比如调试端口DebugPort）的访问，如图3-10所示。

从图3-10中可以看出，可通过启动服务的HandleProtocol()或OpenProtocol()找到设备句柄（Handle），句柄是与Protocol接口联系在一起的，因此可通过Protocol接口的函数指针访问Protocol的接口函数。

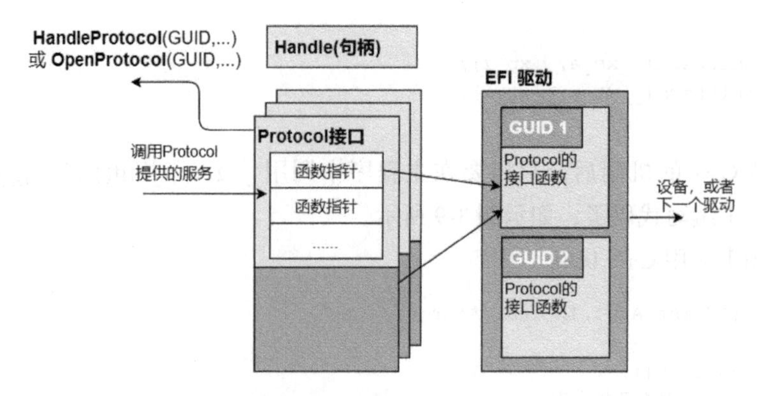

图 3-10　Protocol 的结构

每个 Protocol 都包含 3 个部分：GUID、Protocol 接口的结构体、Protocol 服务（即 Protocol 接口函数）。它采用了 C 语言结构体的方式，以函数指针作为 Protocol 结构体的成员变量，提供接口函数给用户使用。

下面以 EFI_GRAPHICS_OUTPUT_PROTOCOL 为例，介绍 Protocol 的结构，其数据结构如代码清单 3-11 所示。

代码清单 3-11　EFI_GRAPHICS_OUTPUT_PROTOCOL 的 GUID 和结构体

```
#define EFI_GRAPHICS_OUTPUT_PROTOCOL_GUID \
{0x9042a9de,0x23dc,0x4a38,{0x96,0xfb,0x7a,0xde,0xd0,0x80,0x51,0x6a}}
typedef struct EFI_GRAPHICS_OUTPUT_PROTCOL { //图形显示的Protocol
    EFI_GRAPHICS_OUTPUT_PROTOCOL_QUERY_MODE QueryMode;
    EFI_GRAPHICS_OUTPUT_PROTOCOL_SET_MODE SetMode;
    EFI_GRAPHICS_OUTPUT_PROTOCOL_BLT Blt;
    EFI_GRAPHICS_OUTPUT_PROTOCOL_MODE *Mode;
} EFI_GRAPHICS_OUTPUT_PROTOCOL;
```

每个 Protocol 都拥有唯一的 GUID，EFI_GRAPHICS_OUTPUT_PROTOCOL 的 GUID 和结构体定义于 \MdePkg\Include\Protocol\GraphicsOutput.h 中。从代码清单 3-11 中可以看出，结构体中有 4 个成员变量（实际上是函数指针），这些成员变量用来实现与图形显示相关的功能。以其中的成员变量 SetMode 为例，如代码清单 3-12 所示。

代码清单 3-12　EFI_GRAPHICS_OUTPUT_PROTOCOL 的 SetMode 函数原型

```
typedef EFI_STATUS (EFIAPI *EFI_GRAPHICS_OUTPUT_PROTOCOL_SET_MODE) (
    IN EFI_GRAPHICS_OUTPUT_PROTOCOL *This, //指向Protocol的this指针
    IN UINT32 ModeNumber //需要设置的显示模式
);
```

在 SetMode 函数中，第一个参数是指向 EFI_GRAPHICS_OUTPUT_PROTOCOL 实例的 this 指针。所有 Protocol 的成员变量，其函数接口的第一个参数都是 Protocol 实例的 this

指针，它专门用来区分Protocol实例。比如在计算机中，存在多个串口设备，每个设备都会有一个相应的Protocol实例。UEFI应用访问串口时，到底与哪个串口通信，就是由这个参数来决定的。

注意，这里所说的this指针与C++中的this指针是不同的概念，前者是需要手工添加的，而C++中的this指针是由编译器自动生成的。Protocol函数接口的this指针，是通过函数HandleProtocol()或OpenProtocol()获取的。这两个函数都是UEFI启动服务中所提供的接口函数，具体的使用方法在下一节介绍。

3.5.2 支持使用Protocol的函数

UEFI的启动服务中，提供了许多处理Protocol的接口函数，如表3-7所示。

表3-7 启动服务中处理Protocol的接口函数

函数名	描 述
InstallProcotocolInterface	在设备句柄上安装一个Protocol接口
UninstallProtocolInterface	移除设备句柄上的Protocol接口
ReinstallProtocolInterface	重新安装设备句柄上的Protocol
RegisterProtocolNoitfy	注册一个event，当指定的Protocol接口被安装时，会被触发
LocateHandle	返回支持指定Protocol的句柄列表
HandleProtocol	查询句柄是否支持指定的Protocol
LocateDevicePath	对支持指定Protocol的设备路径，并枚举所有设备，然后返回最靠近路径的句柄
OpenProtocol	查询句柄是否支持指定的Protocol，如果支持，则打开该Protocol。这是HandleProtocol的扩展版本
CloseProtocol	关闭打开的Protocol
OpenProtocolInformation	获得指定设备上指定Protocol的打开信息
ConnectController	将一个或多个驱动连接到控制器上
DisconnectController	从一个控制器上将一个或多个驱动断开
ProtocolsPerHandle	通过Protocol GUID检索安装在设备句柄上的接口
LocateHandleBuffer	返回支持指定Protocol的句柄列表
LocateProtocol	返回支持指定Protocol句柄中的第一个
InstallMultipleProtocolInterfaces	在句柄上安装一个或多个Protocol接口
UninstallMultipleProtocolInterfaces	从句柄上移除一个或多个Protocol接口

表3-7中所示的函数大致可以分为两类：使用Protocol的和产生Protocol的。本节主要关注如何使用Protocol，产生Protocol的操作将在第8章讲述。使用Protocol，一般需要经过以下步骤。

1）找到Protocol实例。可以在UEFI规范中找到需要使用的Protocol的GUID，然后使用OpenProtocol()（也可使用HandleProtocol()、LocateProtocol()）找出Protocol实例；如

果多个设备支持此 Protocol，则需要使用 LocateHandleBuffer() 或 LocateHandle() 列出所有句柄，再使用 OpenProtocol() 等函数找出 Protocol 实例。

2）使用这个 Protocol 提供的接口函数来实现所需要的功能。

3）使用 CloseProtocol() 关闭打开的 Protocol 实例。

在后续的章节中，Protocol 的使用非常频繁，对于启动服务（Boot Services）所提供的与之相关的几个函数，我们必须要深入理解。下面详细介绍这几个函数的用法。

1. OpenProtocol() 函数

启动服务中的接口函数 OpenProtocol()，对给定的句柄（Handle）查询是否支持指定的 Protocol（使用 Protocol 相关的 GUID 来指定）。如果支持，则打开对应的 Protocol 实例，并在入口参数中保存对象指针，同时返回 EFI_SUCCESS；如果不支持，则返回相应的错误代码。代码清单 3-13 给出了 OpenProtocol() 函数的原型。

代码清单 3-13 启动服务中 OpenProtocol() 的函数原型

```
typedef EFI_STATUS (EFIAPI *EFI_OPEN_PROTOCOL) (
    IN EFI_HANDLE Handle, //指定要打开此Handle安装的Protocol接口
    IN EFI_GUID *Protocol, //要打开的Protocol（指向该Protocol GUID的指针）
    OUT VOID **Interface OPTIONAL, //返回打开的Protocol实例，没有则返回NULL
    IN EFI_HANDLE AgentHandle, //打开此Protocol的Image
    IN EFI_HANDLE ControllerHandle, //如果打开的Protocol是符合UEFI驱动模型
                                    //的驱动，则此参数为控制Protocol接口的控制器，否
                                    //则为可选的，并且可能为NULL
    IN UINT32 Attributes //打开Protocol的参数
);
```

上述的几个参数，Handle 是 UEFI 中设备的对象，它是 Protocol 的提供者。如果 Handle 的 Protocol 链表中有该 Protocol，则 Protocol 实例的指针将写到 *Interface 中（注意，Interface 是个指向指针的指针）。

在 UEFI 驱动和 UEFI 应用中使用的 OpenProtocol() 函数，相关参数的含义有所不同。对符合 UEFI 驱动模型的 UEFI 驱动而言，入口参数 ControllerHandle 是拥有该驱动的控制器，AgentHandle 是拥有该 EFI_DRIVER_BINGDING_PROTOCOL 实例的句柄；对 UEFI 应用而言，ControllerHandle 可以忽略，AgentHandle 是该程序的句柄，即 UefiMain 函数的第一个参数。EFI_DRIVER_BINGDING_PROTOCOL 是符合 UEFI 驱动模型的 UEFI 驱动中用到的一个 Protocol，它负责驱动的安装和卸载，第 8 章中会讲解相关的知识。

最后一个参数 Attributes，有 6 个值可以使用，如下所示。

```
//使用此参数的OpenProtocol()类似于HandleProtocol()
#define EFI_OPEN_PROTOCOL_BY_HANDLE_PROTOCOL 0x00000001
//UEFI驱动使用此参数从句柄上获得相应的Protocol
#define EFI_OPEN_PROTOCOL_GET_PROTOCOL 0x00000002
```

```
//UEFI驱动使用此参数，测试句柄上是否存在相应的Protocol
#define EFI_OPEN_PROTOCOL_TEST_PROTOCOL 0x00000004
//总线驱动使用，决定其子控制器是否使用相应Protocol
#define EFI_OPEN_PROTOCOL_BY_CHILD_CONTROLLER 0x00000008
//UEFI驱动使用，获得Protocol使用权。获得后，其他驱动无法再获得
#define EFI_OPEN_PROTOCOL_BY_DRIVER 0x00000010
//UEFI应用使用，获得Protocol独占使用权
#define EFI_OPEN_PROTOCOL_EXCLUSIVE 0x00000020
```

如果 OpenProtocol() 函数执行成功，则会返回 EFI_SUCCESS；如果执行失败，则根据参数 Attributes 的不同，返回的值也不同，具体可以参考 UEFI 规范的相应章节[⊖]。

示例 3-10 来自 UEFI 规范 v2.8 第 190 页的例程，其中展示了打开 XyzIo 的方法。

【示例 3-10】打开 XyzIo 的 Protocol。

```
EFI_BOOT_SERVICES *gBS;
EFI_HANDLE ImageHandle;
IN EFI_HANDLE ControllerHandle,
extern EFI_GUID gEfiXyzIoProtocol;
EFI_XYZ_IO_PROTOCOL *XyzIo;
EFI_STATUS Status;
//在UEFI应用程序中使用OpenProtocol()
Status = gBS->OpenProtocol (
    ControllerHandle,
    &gEfiXyzIoProtocol,
    &XyzIo,
    ImageHandle,
    NULL,
    EFI_OPEN_PROTOCOL_BY_HANDLE_PROTOCOL
);
```

示例 3-10 演示了如何获取 EFI_XYZ_IO_PROTOCOL 型 Protocol，展示了 OpenProtocol() 函数的一般用法。gEfiXyzIoProtocol 是与 EFI_XYZ_IO_PROTOCOL 型 Protocol 相关的全局 GUID，其值一般定义在 DEC 文件中。UEFI 应用或 UEFI 驱动应该在 INF 文件中声明此 GUID，然后在源程序中参照示例 3-10 的访问方法，得到所需要的 Protocol 实例指针。

2. HandleProtocol() 函数和 LocateProtocol() 函数

在很多情况下，我们根本不需要 OpenProtocol() 那么强大的功能，使用相对简单的 HandleProtocol() 函数或 LocateProtocol() 函数就可以满足日常需求。

HandleProtocol() 函数是 OpenProtocol() 函数的简化版本，相比于 OpenProtocol() 函数，它不需要指定参数 AgentHandle、ControllerHandle 和 Attributes，其函数原型如代码清单 3-14 所示。

⊖ *Unified Extensible Firmware Interface (UEFI) Specification* 的 v2.8 的第 189、190 页。

代码清单 3-14　启动服务中 HandleProtocol() 的函数原型

```
typedef EFI_STATUS (EFIAPI *EFI_HANDLE_PROTOCOL) (
    IN EFI_HANDLE Handle, //需要查询的句柄，看是否支持指定的Protocol
    IN EFI_GUID *Protocol, //要打开的Protocol（指向该Protocol GUID的指针）
    OUT VOID **Interface //返回待查询的Protocol
);
//函数返回值含义（EFI_STATUS）
EFI_SUCCESS: 执行成功，返回Protocol实例，存于参数Interface中
EFI_UNSUPPORTED: 执行失败，设备不支持指定的Protocol
EFI_INVALID_PARAMETER: 执行失败，无效参数输入，3个参数有一个或多个为NULL
```

从代码清单 3-14 中可以看出，HandleProtocol() 函数对句柄进行查询，确定其是否支持给定的 Protocol(由 GUID 来标志)。如果支持，则在 Interface 中包含相应的 Protocol 实例指针；否则返回执行失败的信息。

在 UEFI 规范中，对新的 UEFI 应用和驱动，建议使用 OpenProtocol() 替代 HandleProtocol()。实际上，从 EDK2 的源码中可以看出，HandleProtocol() 也是通过 OpenProtocol() 来实现的。代码清单 3-15 所示为其实现代码。

代码清单 3-15　HandleProtocol() 的实现

```
EFI_STATUS HandleProtocol (
    IN EFI_HANDLE Handle,
    IN EFI_GUID *Protocol,
    OUT VOID **Interface
){
    return OpenProtocol (Handle, Protocol, Interface, EfiCoreImageHandle, NULL,
                    EFI_OPEN_PROTOCOL_BY_HANDLE_PROTOCOL );
}
```

在本书给出的例子中，会交叉使用 OpenProtocol() 和 HandleProtocol()，这两者的功能是差不多的。不过，在实际开发商用项目时，还是应该遵循 UEFI 规范给出的建议，尽量使用 OpenProtocol()。

LocateProtocol() 也用来得到 Protocol 实例。与 OpenProtocol() 和 HandleProtocol() 不同，此函数不需要设备的句柄。它不关心 Protocol 在哪个设备上，它会在系统中顺序寻找句柄列表，返回找到的第一个 Protocol 的实例。LocateProtocol() 的函数原型如代码清单 3-16 所示。

代码清单 3-16　LocateProtocol() 的函数原型

```
typedef EFI_STATUS (EFIAPI *EFI_LOCATE_PROTOCOL) (
    IN EFI_GUID *Protocol, //待查询的Protocol（GUID）
    IN VOID *Registration OPTIONAL, //从启动服务的RegisterPtotocolNotify()
                                    //处获得注册Key，可选参数
    OUT VOID **Interface //返回系统中第一个匹配到的Protocol实例
```

```
);
//函数返回值含义（EFI_STATUS）
EFI_SUCCESS：执行成功，返回Protocol实例，存于参数Interface中
EFI_INVALID_PARAMETER：执行失败，无效参数输入，Interface或Protocol为NULL
EFI_NOT_FOUND：无法找到匹配Protocol和Registration的Protocol
```

在平常的使用中，可以将参数 Registration 设为 NULL，代码示例如下：

```
EFI_GRAPHICS_OUTPUT_PROTOCOL        *gGraphicsOutput; //存储Protocol实例
gBS->LocateProtocol(&gEfiGraphicsOutputProtocolGuid, //GUID
    NULL, //将Registration设置为NULL & gGraphicsOutput );
```

3. LocateHandle() 函数与 LocateHandleBuffer() 函数

在使用 OpenProtocol() 和 HandleProtocol() 时，都需要将设备句柄作为参数传入。如何通过 GUID 找到设备句柄呢？或者通俗地说就是，如何找到与 Protocol GUID 关联的设备实例？这些设备实例在系统中存在多少个？

上述问题可以通过 LocateHandle() 函数或 LocateHandleBuffer() 函数来解决。寻找设备句柄的两个函数的功能差不多，不同之处在于，LocateHandle() 的缓冲区需要调用者来准备，而 LocateHandleBuffer() 所用的缓冲区是函数内部实现的。当然，两者的内存释放都需要调用者来完成。代码清单 3-17 给出了两个函数的原型。

代码清单 3-17　LocateHandle() 和 LocateHandleBuffer() 的函数原型

```
typedef EFI_STATUS (EFIAPI *EFI_LOCATE_HANDLE) (
    IN EFI_LOCATE_SEARCH_TYPE SearchType, //指定查找方式
    IN EFI_GUID *Protocol OPTIONAL,       //待查询的Protocol（GUID）
    IN VOID *SearchKey OPTIONAL,          //一般指定为NULL
    IN OUT UINTN *BufferSize,            //输入时，表明Buffer字节长度
                                          //输出时，表明Buffer所含数组长度
    OUT EFI_HANDLE *Buffer               //包含句柄数组的缓冲区
);
//函数返回值含义（EFI_STATUS）
EFI_SUCCESS：执行成功,Buffer中包含句柄数组
EFI_NOT_FOUND：没有找到句柄
EFI_BUFFEFR_SMALL：BufferSize设定得太小
EFI_INVALID_PARAMETER：有无效参数输入

typedef EFI_STATUS (EFIAPI *EFI_LOCATE_HANDLE_BUFFER) (
    IN EFI_LOCATE_SEARCH_TYPE SearchType, //指定查找方式
    IN EFI_GUID *Protocol OPTIONAL,       //待查询的Protocol（GUID）
    IN VOID *SearchKey OPTIONAL,          //一般指定为NULL
    IN OUT UINTN *NoHandles,              //返回句柄的数量
    OUT EFI_HANDLE **Buffer              //包含句柄数组的缓冲区
);
//函数返回值含义（EFI_STATUS）
EFI_SUCCESS：执行成功,Buffer中包含句柄数组
```

```
EFI_NOT_FOUND: 没有找到句柄
EFI_INVALID_PARAMETER: 有无效参数输入
EFI_OUT_OF_RESOURCES: 系统中没有足够内存可分配，无法存储句柄数组
```

从代码清单3-17中可以看出，两个函数的前3个参数是一致的，后两个参数的不同决定了对缓冲区处理的不同。第一个参数SearchType用来指定查找句柄的方式，其类型定义如下。

```
typedef enum {
    AllHandles,
    ByRegisterNotify,
    ByProtocol
} EFI_LOCATE_SEARCH_TYPE;
```

由上述代码可以看出，SearchType有3种类型：AllHandles用于找出系统中的所有句柄；ByRegisterNotify配合启动服务的RegisterProtocolNotify()，找出匹配SearchKey的句柄，此时参数Protocol会被忽略；ByProtocol用于找出所有支持Protocol GUID的设备的句柄，参数SearchKey会被忽略。

下面通过两个示例来演示如何使用LocateHandle()函数和LocataHandleProtocol()函数，示例3-11演示了如何通过LocateHandle()找出所有串口的Protocol实例。

【示例3-11】使用LocateHandle()找出所有串口Protocol实例。

```
EFI_STATUS  Status;
UINTN BufferSize    = 0;
UINTN Index;
EFI_HANDLE *HandleBuffer  = NULL;
EFI_SERIAL_IO_PROTOCOL *gSerialIOArray[256];
Status = gBS->LocateHandle(  //1 获取实际需要的缓存大小
    ByProtocol,
    &gEfiSerialIoProtocolGuid,
    NULL,
    &BufferSize,
    HandleBuffer);
if (Status == EFI_BUFFER_TOO_SMALL) {
    HandleBuffer = AllocateZeroPool(BufferSize);
    if (HandleBuffer == NULL) returun EFI_OUT_OF_RESOURCES;
    //2 获取所有支持串口GUID的句柄
    Status = gBS->LocateHandle(
        ByProtocol,
        &gEfiSerialIoProtocolGuid,
        NULL,
        &BufferSize,
        HandleBuffer);
    for ( Index = 0; Index < BufferSize / sizeof(EFI_HANDLE); Index ++) {
        Status = gBS->HandleProtocol  ( //3 通过句柄找到Protocol实例
            HandleBuffer[Index],
```

```
            &gEfiSerialIoProtocolGuid,
            (VOID**)&( gSerialIOArray[Index])
        );
}
//4 释放申请的内存
if(HandleBuffer !=NULL)
    Status = gBS->FreePool(HandleBuffer );
```

示例 3-12 演示了如何使用 LocateHandleBuffer() 函数获取串口 Protocol 实例。

【示例 3-12】使用 LocateHandleBuffer() 函数获取串口 Protocol 实例。

```
EFI_STATUS                Status;
EFI_HANDLE                *SerialHandleBuffer = NULL;
UINTN                     HandleIndex = 0;
UINTN                     HandleCount = 0;
EFI_SERIAL_IO_PROTOCOL *gSerialIOArray[256];
//1 获取支持Protocol的句柄
Status = gBS->LocateHandleBuffer(
           ByProtocol,
           &gEfiSerialIoProtocolGuid,
           NULL,
           &HandleCount,
           &SerialHandleBuffer
           );
if (EFI_ERROR(Status))    return Status; //执行失败
nSerialIO = HandleCount;                 //保存串口数目
for (HandleIndex = 0; HandleIndex < HandleCount; HandleIndex++)
{
    Status = gBS->HandleProtocol( //2 通过句柄找到Protocol实例
        SerialHandleBuffer[HandleIndex],
        &gEfiSerialIoProtocolGuid,
        (VOID**)&(gSerialIOArray[HandleIndex]));
    if (EFI_ERROR(Status))       continue;
}
//3 释放占用的内存
if(SerialHandleBuffer!=NULL)
    Status = gBS->FreePool(SerialHandleBuffer);
```

4. OpenProtocolInformation() 函数

找到需要的 Protocol 实例后，如果需要了解所获得的 Protocol 实例的详细信息，可以通过 OpenProtocolInformation() 函数实现。代码清单 3-18 给出了此函数的原型。

代码清单 3-18 OpenProtocolInformation() 的函数原型

```
typedef EFI_STATUS (EFIAPI *EFI_OPEN_PROTOCOL_INFORMATION) (
    IN EFI_HANDLE Handle,  //设备句柄
    IN EFI_GUID *Protocol, //待查询的Protocol(GUID)
    OUT EFI_OPEN_PROTOCOL_INFORMATION_ENTRY **EntryBuffer, //包含Protocol
                             //信息,注意调用者需要释放此内存
    OUT UINTN *EntryCount    //指向EntryBuffer的指针
```

```
);
//函数返回值含义（EFI_STATUS）
EFI_SUCCESS: 执行成功，EntryBuffer中包含Protocol信息
EFI_NOT_FOUND: 句柄不支持所指定的Protocol GUID
EFI_OUT_OF_RESOURCES: 系统中没有足够内存分配给EntryBuffer
```

其中，参数 EntryBuffer 包含查询得到的信息。此参数所需要的内存是由函数内部分配的，此函数的调用者应在使用后释放这部分内存。Protocol 的信息如下。

```
typedef struct {
    EFI_HANDLE AgentHandle;         //使用者句柄
    EFI_HANDLE ControllerHandle;    //控制器句柄
    UINT32 Attributes;              //属性
    UINT32 OpenCount;               //打开的数目
} EFI_OPEN_PROTOCOL_INFORMATION_ENTRY;
```

Protocol 信息中包含了使用者句柄、控制器句柄、属性和打开的个数。在设备句柄上，同一 Protocol 可能被打开和关闭多次。每次 Protocol 被打开，都会更新句柄上相应的 Protocol 列表，并添加一项 EFI_OPEN_PROTOCOL_INFORMATION_ENTRY。在添加过程中，如果发现存在相同项（即 AgentHandle、ControllerHandle 和 Attributes 相同），则不用添加新项，直接将此项的成员变量 OpenCount 加 1；同理，在关闭 Protocol 时遇到此情况，OpenCount 减 1 即可；如果 OpenCount 为零，无法再减，则关闭 Protocol 时，在列表中删除此项。

5. CloseProtocol() 函数

使用完 Protocol 后，应该调用 CloseProtocol() 函数关闭打开的 Protocol，回收之前用到的资源。其函数原型如代码清单 3-19 所示。

代码清单 3-19 CloseProtocol() 的函数原型

```
typedef EFI_STATUS (EFIAPI *EFI_CLOSE_PROTOCOL) (
    IN EFI_HANDLE Handle,             //设备句柄
    IN EFI_GUID *Protocol,            //指定的Protocol（GUID）
    IN EFI_HANDLE AgentHandle,        //使用者句柄
    IN EFI_HANDLE ControllerHandle    //控制器句柄
);
//函数返回值含义（EFI_STATUS）
EFI_SUCCESS: 执行成功，关闭Protocol
EFI_INVALID_PARAMETER: 存在无效参数
EFI_NOT_FOUND: 所要关闭的Protocol与其他参数不存在关联，无法关闭
```

从函数原型中可以看出，关闭 Protocol 的时候，需要指定使用者句柄和控制器句柄。因此，在不知道使用者句柄和控制器句柄的时候，可通过 OpenProtocolInformation() 获取相应的使用者句柄和控制器句柄，之后再关闭 Protocol。

3.5.3 使用 Protocol 示例

为方便读者理解，笔者按如下步骤实现了演示 Protocol 使用方法的示例程序。

1）使用 LocateHandleBuffer() 函数，得到指定 Protocol GUID 的所有设备句柄。

2）通过 HandleProtocol() 函数得到最先扫描的设备句柄的 Protocol 指针。

3）获取最先扫描的设备句柄的 Protocol 信息，这是通过 OpenProtocolInformation() 函数实现的。

4）调用 CloseProtocol() 函数关闭 Protocol，并回收被调用函数申请的内存。

本示例程序位于随书代码的 RobinPkg\Applications\TestProtocol 文件夹下。示例 3-13 给出了该示例主程序的实现代码。

【示例 3-13】演示 Protocol 的使用方法。

```
EFI_STATUS EFIAPI UefiMain (
    IN EFI_HANDLE         ImageHandle,
    IN EFI_SYSTEM_TABLE   *SystemTable
    )
{
    EFI_RNG_PROTOCOL *gRNGOut; //测试随机数Protocol
    EFI_SERIAL_IO_PROTOCOL *gSerialIO; //测试串口Protocol
    gST->ConOut->SetAttribute(gST->ConOut,EFI_BACKGROUND_BLACK|EFI_RED);
    Print((const CHAR16*)L"Action: SerialIoProtocol\n");
    ListProtocolMsg(&gEfiSerialIoProtocolGuid,(VOID**)&gSerialIO); //串口
    gST->ConOut->SetAttribute(gST->ConOut,EFI_BACKGROUND_BLACK|EFI_CYAN);
    Print((const CHAR16*)L"Action: RngProtocol\n");
    ListProtocolMsg(&gEfiRngProtocolGuid,(VOID**)&gRNGOut); //随机数
    gST->ConOut->SetAttribute(gST->ConOut,
        EFI_BACKGROUND_BLACK|EFI_LIGHTGRAY);
    return EFI_SUCCESS;
}
EFI_STATUS ListProtocolMsg(IN EFI_GUID *ProtocolGuid,
                           OUT VOID **Interface)
{
    EFI_STATUS Status;
    EFI_HANDLE *myHandleBuff = NULL;
    UINTN i, HandleCount = 0;
    EFI_OPEN_PROTOCOL_INFORMATION_ENTRY *InfEntryArray;
    UINTN InfEntryCount;

    Print((const CHAR16*)L" GUID: {0x%08x, 0x%04x, 0x%04x,
        {",ProtocolGuid->Data1,ProtocolGuid->Data2,ProtocolGuid->Data3);
    for (i = 0; i < 8; i++)
        Print((const CHAR16 *)L" 0x%02x", ProtocolGuid->Data4[i]);
    Print((const CHAR16 *)L"}}\n");
    //1 通过Protocol GUID获取设备句柄
    Status = gBS->LocateHandleBuffer(
        ByProtocol,
```

```
        ProtocolGuid,
        NULL,
        &HandleCount,
        &myHandleBuff  //内存由函数分配，调用者记得释放
    );
    if (EFI_ERROR(Status))
    {
        Print((const CHAR16*)L"Not Found Handle!\n");
        return Status;
    }
    else
        Print((const CHAR16*)L"Found Handle Count: %d\n",HandleCount);
    //2 顺序找到第一个Protocol
    for (i = 0; i < HandleCount; i++)
    {
        Status = gBS->HandleProtocol(
            myHandleBuff[i],
            ProtocolGuid,
            Interface);
        if (EFI_ERROR(Status))   continue;
        else break;
    }
    //3 打印Protocol的信息
    Status = gBS->OpenProtocolInformation(myHandleBuff[i],
                            ProtocolGuid,&InfEntryArray,&InfEntryCount);
    if(EFI_ERROR(Status))
        Print((const CHAR16*)L"Not Get the Protocol's information!\n");
    else  {
        Print((const CHAR16*)L"EntryCount=%d \n",InfEntryCount);
        //4 关闭Protocol
        gBS->CloseProtocol(myHandleBuff[i],ProtocolGuid,
            InfEntryArray->AgentHandle,InfEntryArray->ControllerHandle);
        if(InfEntryArray) //释放被调用函数申请的内存
            gBS->FreePool(InfEntryArray);
    }
    //释放被调用函数申请的内存
    if(myHandleBuff)
        gBS->FreePool(myHandleBuff);
    return Status;
}
```

在示例 3-13 中，演示了如何获取了串口 Protocol 及随机数 Protocol 的信息。随机数 Protocol 是一个比较新的 Protocol，其名称为 EFI_RNG_PROTOCOL，这个 Protocol 是用来对比的。

可参照 2.1.3 节介绍的方法，设置编译的环境变量，并使用如下命令编译程序。

```
C:\UEFIWorkspace\edk2\build -p RobinPkg\RobinPkg.dsc \
-m RobinPkg\Applications\TestProtocol\TestProtocol.inf
```

在 UEFI 模拟器下，程序运行的结果如图 3-11 所示。

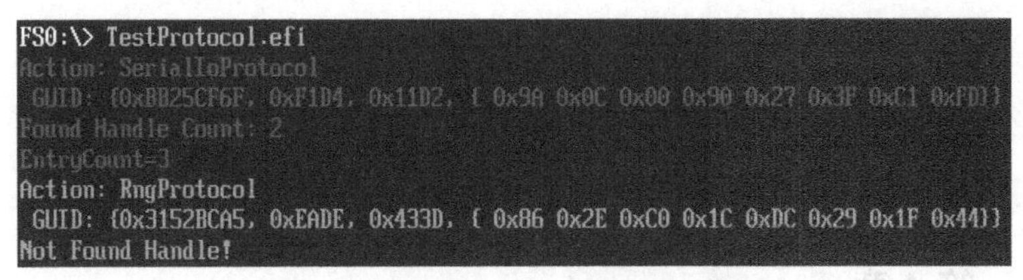

图 3-11　TestProtocol 程序运行结果

从运行结果可以看出，TestProtocol 程序找到了两个串口的句柄，也就是说，系统中有两个串口设备可以使用。第一个串口的 Protocol 被打开了 3 个，第二个串口的 Protocol 信息并没有获取，读者可以自己修改程序去实现。而支持随机数 Protocol 的部件在系统中也没有（模拟器的 UEFI Shell 版本为 v2.2），所以无法找到相关设备句柄。

3.6　本章小结

本章讲述了如何构建 UEFI 应用，主要内容如下。

- 各种工程文件的规范，包括 DSC 文件、INF 文件和 DEC 文件等。
- 3 种入口函数的 UEIF 应用的编写方法，以及 UEFI 库模块的编写方法。
- 搭建 UEFI 包的方法。
- 使用 C++ 编写 UEFI 应用的方法，包括使用 C++ 类的基础功能和全局类的方法，这些准备工作可以很好地应用于第 6 章要介绍的 GUI 库的移植上。
- 在 UEFI 程序中使用 UEFI Protocol 的方法。

本章介绍的知识是编写 UEFI 应用和 UEFI 驱动的基础，特别是关于 UEFI Protocol 的使用方法。Protocol 提供了一种在 UEFI 应用程序和 UEFI 驱动间进行通信的方式，实际上相当于提供了 UEFI 应用程序访问硬件的方式。通过 Protocol，可以使用驱动提供的服务，以及系统提供的各种其他服务。它是 UEFI 编程中最基础、最核心的概念，一定要熟练掌握其用法。

希望读者能结合例程，深入理解上述知识点。接下来，将在这些知识的基础上，进入 UEFI 的实践环节，学习图形编程、串口访问、USB 设备访问等知识，为开发实际 UEFI 项目打下坚实基础。

Chapter 4 第4章

图形与汉字显示

人靠衣服马靠鞍，图形界面的好坏决定了软件产品是否成功。以BIOS界面为例，早期的UEFI BIOS只提供粗糙的英文界面，对普通用户非常不友好；现在很多大厂提供的BIOS，都支持直观的图形显示和鼠标操作，易用性大大增强。因此，即便UEFI程序这种比较底层的实现，图形显示也是非常重要的一环。

在计算机发展的早期，IBM提出了VGA标准，目的是方便软件开发者编写一致的界面程序。随着图形操作界面的日益普及，人们对计算机的图形图像显示要求越来越高，VGA的显示效果已经无法满足市场的需求了。各个厂家为解决这一问题，提供了各种显卡，它们比VGA分辨率更高、支持的颜色更丰富，又完全兼容VGA。但是，各厂家产品的显示控制不完全兼容，带来了严重的软件兼容问题。

为解决此问题，视频电子学标准协会（Video Electronics Standards Association，VESA）提出了VBE（VESA BIOS EXTENSION）标准，从而在软件接口层上实现了各种显卡之间的兼容性。遵循该标准编写的程序具有广泛的硬件兼容性。

VBE标准是为Legacy BIOS制定的，目前（本书完稿时）最新的版本是3.0，它非常详细地描述了图形编程的各种细节，包括寄存器信息、显示模式、BIOS接口等。在Legacy BIOS下进行图形编程，必须对这些接口非常熟悉，以便自己可以处理诸如模式设置、显存换页等问题。UEFI BIOS对这些细节进行了屏蔽，提供了标准的Protocol接口，从而大大降低了图形编程的难度。

通过对前面三章的学习，我们对UEFI的编程框架有了基本的了解，知道了如何在UEFI环境下进行代码调试。从本章开始，将进入UEFI的实践环节，学习如何在UEFI环境下构建代码，以解决项目中遇到的各种问题。

本章将详细介绍如何在 UEFI 环境下通过图形编程，并利用 UEFI 规范提供的接口（即 Protocol 所提供的接口函数）进行基本的图形和汉字显示。

4.1 UEFI 图形显示

Legacy BIOS 下的图形显示，使用 BIOS 中断 Int 0x10 来实现。它遵循 VBE 标准，提供了 32 个功能函数（以寄存器 AH 的值区分），有些功能函数还提供了子函数（以寄存器 AL 的值区分）。编程时，需要注意 16 色、256 色、24 位真彩色等图形编程的不同，以及显存换页等问题。总之，只有对显示的原理及 VBE 标准足够熟悉，才能编写出较好的显示程序。对程序员来说，在 Legacy BIOS 上编写图形程序是个巨大的挑战。

UEFI 把大部分细节都屏蔽掉了，并通过 EFI_GRAPHICS_OUTPUT_PROTOCOL 来提供图形显示的功能。虽然 Legacy BIOS 图形编程中的知识无法迁移到 UEFI 环境下，但是一些基本的概念是相通的。在 UEFI 图形编程中，需要注意的点如下。

- 在 UEFI 环境下图形显示也有模式之分，只是 UEFI 的图形模式与 VBE 标准中的图形模式不相同，且数量少得多。
- UEFI 的图形显示默认是 24 位真彩色，至少所提供的函数接口是按照 24 位真彩色的编程方式提供的（用 4 字节表示颜色）。不过，显卡是否支持 24 位真彩色，与实际环境有关。笔者曾经在龙芯 3A3000 平台的某机器上发现，显卡只支持 16 位色。
- 编程时，应该根据模式确定屏幕的分辨率，以确定可以画图的范围。
- 显存换页的工作，在图像显示的 Protocol 内部封装了。不过，需要注意的是，图像显示的基本原理是不变的。碰到需要跨页显示图形时，按行画点比按列画点效率要高。

以上提到的 4 点，对于初学者来说可能难以理解。下面将详细介绍图形显示 Protocol 提供的接口函数和功能，在介绍过程中会对这四点进行补充解释。

4.1.1 图形显示的 Protocol

在 UEFI 规范中，EFI_GRAPHICS_OUTPUT_PROTOCOL 属于控制台支持类的 Protocol。它的设计目标是替代显卡中的 VGA BIOS，对显示硬件进行抽象化，以提供一致的接口。BIOS 的 Logo 显示、语言本地化、配置界面，以及操作系统的启动，都会用到此 Protocol。这个 Protocol 对实现 UEFI BIOS 的先进特性非常重要。

EFI_GRAPHICS_OUTPUT_PROTOCOL 的基本图形操作通过块传输（Block Transfer，简称 Blt）的方式对显卡的显存进行读写操作。Blt 操作屏蔽了硬件细节，以抽象的帧缓冲（Frame Buffer）模式运行。图 4-1 展示了这种帧缓冲的概念，与 Linux 的帧缓冲类似。

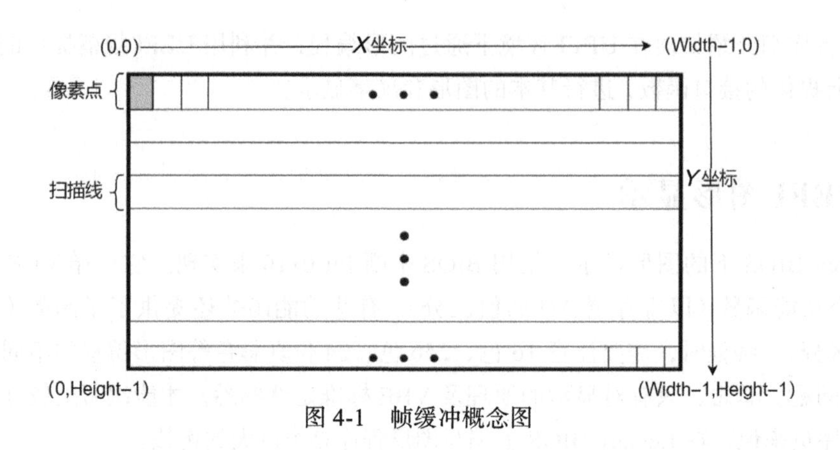

图 4-1　帧缓冲概念图

从图 4-1 中可以看出，帧缓冲把整个屏幕看作宽为 Width、高为 Height 的画布，画布由一个个像素组成。每个像素点的位置，由屏幕坐标系的 X 坐标和 Y 坐标给出。我们可以把整个 Blt 帧缓冲看作由像素组成的数组，坐标为（x, y）的像素在数组中的位置为 y*Width + x。

很明显，相比于 VBE 标准和 Legacy BIOS，UEFI 把图形显示简化了很多，原有的显存起始地址、显存页、每行像素点等概念，都被抽象的 Blt 帧缓冲取代了。不过，显卡原有的显示原理并没有改变。比如，显存页的切换仍然存在。显存页一般为 64KB，在画图跨页时，需要进行跨页的硬件操作，这个操作相比于画图（主要是把数据发送到显存），速度要慢得多。现在的屏幕，分辨率一般都在 1024 × 768 以上。假如一个像素需要用 4 字节表示（24 位真彩色），那么要画满整个屏幕（共有 48 页），需要换页 40 多次。

本章开始处提出了 4 个注意点，第四点要求程序员在画点时尽量按行进行，其原因就是画图时需要显存换页。如果是按列画点，比如画满 1024 × 768 的屏幕，则换页次数将远远超过 48 次。在本节学习完成后，读者可以修改书中提供的函数，自己做一下实验。

EFI_GRAPHICS_OUTPUT_PROTOCOL 提供了 3 个接口函数和 1 个接口指针，如代码清单 4-1 所示。

代码清单 4-1　EFI_GRAPHICS_OUTPUT_PROTOCOL 函数接口

```
typedef struct EFI_GRAPHICS_OUTPUT_PROTCOL {
    EFI_GRAPHICS_OUTPUT_PROTOCOL_QUERY_MODE QueryMode;  //查询系统显示模式
    EFI_GRAPHICS_OUTPUT_PROTOCOL_SET_MODE SetMode;      //设置显示模式
    EFI_GRAPHICS_OUTPUT_PROTOCOL_BLT Blt;               //图形显示接口函数
    EFI_GRAPHICS_OUTPUT_PROTOCOL_MODE *Mode;            //当前显示模式
} EFI_GRAPHICS_OUTPUT_PROTOCOL;
```

一般来说，在 UEFI 下进行图形开发需要进行以下步骤。

1）获取 EFI_GRAPHICS_OUTPUT_PROTOCOL 实例。可按照 3.4.2 节介绍的方法，

得到实例，如果存在多个显示设备，则可以得到多个实例。

2）查询系统支持的显示模式，特别是每个模式的分辨率，以确定可以操作的画布大小。

3）选择需要的模式，设置显示模式。

4）使用图形显示接口函数 Blt() 在屏幕上绘制需要的图形。

下面具体介绍 UEFI 图形界面的显示模式，以及如何使用图形显示接口函数 Blt()。

1. 显示模式

在 VBE 标准中，每种显示模式的内容都是固定的。比如显示模式 0x105，表示的是 256 色、1024 × 768 的图形模式；显示模式 0x108，表示 60 行、80 列的字符模式。UEFI 的显示模式并没有类似的规定，需要程序员通过接口函数去读取。系统中存在的显示模式，其分辨率、颜色深度等信息可以通过接口函数 QueryMode() 获取，如代码清单 4-2 所示。

代码清单 4-2　QueryMode() 接口函数及显示模式信息结构体

```
typedef EFI_STATUS (EFIAPI *EFI_GRAPHICS_OUTPUT_PROTOCOL_QUERY_MODE) (
    IN EFI_GRAPHICS_OUTPUT_PROTOCOL *This,  //Protocol实例
    IN UINT32 ModeNumber,                   //显示模式序号
    OUT UINTN *SizeOfInfo,         //指向显示模式信息结构体缓冲区Info大小的指针
    OUT EFI_GRAPHICS_OUTPUT_MODE_INFORMATION **Info //存储显示模式信息
);
typedef struct {  //显示模式信息结构体
    UINT32 Version;                         //版本号，向后兼容
    UINT32 HorizontalResolution;            //水平分辨率
    UINT32 VerticalResolution;              //垂直分辨率
    EFI_GRAPHICS_PIXEL_FORMAT PixelFormat;  //像素格式
    EFI_PIXEL_BITMASK PixelInformation;     //当像素格式为PixelBitMask时有效
    UINT32 PixelsPerScanLine;               //每行扫描的像素数
} EFI_GRAPHICS_OUTPUT_MODE_INFORMATION;
```

系统初始化之后，其能支持的显示模式就已经确定了，比如可以通过 QueryMode() 得到显示模式 0 的相关信息。所得到的显示模式信息的结构体中，包含了版本号、水平分辨率、垂直分辨率、像素格式、像素掩码和每行扫描的像素数。其中，水平分辨率一般和每行扫描的像素数相同；像素掩码只有当像素格式为 PixelBitMask 时才有效。另外需要注意的是，参数 Info 的大小，只能通过 SizeOfInfo 获取。这是因为显示模式信息的结构体，在不同版本的 UEFI 中可能会不同。

像素格式的类型声明为 EFI_GRAPHICS_PIXEL_FORMAT，像素掩码的结构体为 EFI_PIXEL_BITMASK，如代码清单 4-3 所示。

代码清单 4-3　像素格式枚举值及像素掩码结构体

```
typedef enum {
    PixelRedGreenBlueReserved8BitPerColor, //RGBA格式，每个分量8位
```

```
    PixelBlueGreenRedReserved8BitPerColor, //BGRA格式，每个分量8位
    PixelBitMask,           //使用像素掩码
    PixelBltOnly,           //FrameBufferBase无效，只能通过Blt接口函数访问帧缓冲区
    PixelFormatMax          //枚举变量最大值，其余值必须小于它
} EFI_GRAPHICS_PIXEL_FORMAT;
typedef struct {
    UINT32 RedMask;         //红色分量的掩码
    UINT32 GreenMask;       //绿色分量的掩码
    UINT32 BlueMask;        //蓝色分量的掩码
    UINT32 ReservedMask;
} EFI_PIXEL_BITMASK;
```

像素格式有 4 种值可用，其他值查看注释都很好理解，比较难以理解的是 PixelBitMask。当像素格式为 PiexelBitMask 时，显示模式中的像素掩码才有效。以像素掩码的红色分量为例，RedMask 共有 32 位，只有每一位为 1 时才有效。比如，RedMask=0x0000003F，这表示 32 位中的 0 ～ 5 位表示红色；GreenMask=0x00001F00，这表示 32 位中的 8 ～ 12 位表示绿色；其余依此类推。

在实际应用中，很少用到像素掩码的方式，有兴趣的读者可以在后续的示例中修改试试。

QueryMode() 可以通过显示模式的序号，得到指定的显示模式的信息。那么，系统中存在多少显示模式，从哪里得知呢？

这就要用到 EFI_GRAPHICS_OUTPUT_PROTOCOL 的接口指针 *Mode 了，它是指向 EFI_GRAPHICS_OUTPUT_PROTOCOL_MODE 类型的指针，如代码清单 4-4 所示。

代码清单 4-4　显示模式的结构体

```
typedef struct {
    UINT32 MaxMode;      //显示设备支持的模式数量
    UINT32 Mode;         //当前图形设备的显示模式，有效值为0至MaxMode-1
    EFI_GRAPHICS_OUTPUT_MODE_INFORMATION *Info;//当前显示模式下的模式信息
    UINTN SizeOfInfo;                               //Info数据结构的大小
    EFI_PHYSICAL_ADDRESS FrameBufferBase;          //帧缓冲起始物理地址
    UINTN FrameBufferSize;                         //帧缓冲大小
} EFI_GRAPHICS_OUTPUT_PROTOCOL_MODE;
```

从显示模式的结构体中可以看出，UEFI 的显示模式从 0 开始编号，最大值为 MaxMode – 1。在结构体中，也给出了帧缓冲起始物理地址及大小，它在系统初始化的时候就已经确定。

通过接口指针 *Mode 得到信息，配合接口函数 QueryMode()，就可以确定系统中所有显示模式的信息了。根据得到的模式信息，选择需要的显示模式，就可以使用接口函数 SetMode() 设定显示模式了。代码清单 4-5 给出了 SetMode() 的函数原型。

代码清单 4-5　SetMode() 的原型

```
typedef EFI_STATUS (EFIAPI *EFI_GRAPHICS_OUTPUT_PROTOCOL_SET_MODE) (
    IN EFI_GRAPHICS_OUTPUT_PROTOCOL *This,      //Protocol实例
    IN UINT32 ModeNumber                        //指定的显示模式
);
```

SetMode() 函数将根据参数输入，将显示模式设置为指定的 ModeNumber，同时将显示器屏幕清为黑色。

2. Block Transfer (Blt) 图形显示

UEFI 的图形显示中，用 4 字节表示颜色，这是需要注意的点。图形显示的发展和图像格式的发展是相辅相成的。现有的图像中，有的用 1 字节表示颜色（比如 256 色的 BMP 图），有的用 3 字节表示颜色（24 位真彩色 BMP 图），256 色的图像还有调色板的概念。在处理这些图像时，都需要转换为 UEFI 的 4 字节颜色。

UEFI 中颜色的数据结构为 EFI_GRAPHICS_OUTPUT_BLT_PIXEL，如代码清单 4-6 所示。

代码清单 4-6　颜色结构体

```
typedef struct {
    UINT8 Blue;  //蓝色分量
    UINT8 Green; //绿色分量
    UINT8 Red;   //红色分量
    UINT8 Reserved;  //保留
} EFI_GRAPHICS_OUTPUT_BLT_PIXEL;
```

前面我们对像素格式进行了详细解释。在实际的机器中，笔者把像素格式采出，发现其值为 PixelBltOnly。也就是说，我们现在所用的颜色结构体都不需要进行特别处理，而且画图时只能使用 Blt() 操作，不能使用帧缓冲物理地址。虽然在笔者开发的产品中没有发现像素格式使用其他值的机器，但是依然建议读者在实际项目中检查此值，以保证程序的健壮性。

接口函数 Blt() 提供了 4 种操作方式。

- 使用某种颜色，将屏幕指定区域填充为单一的颜色。
- 将屏幕中某个区域的数据复制到缓冲区。
- 将缓冲区内的数据复制到屏幕指定区域。
- 复制屏幕中某个区域到屏幕中另一区域。

Blt() 函数的原型及其可以使用的操作方式如代码清单 4-7 所示。

代码清单 4-7　颜色结构体

```
typedef enum {
```

```
    EfiBltVideoFill,       //用单一颜色填充屏幕
    EfiBltVideoToBltBuffer,  //屏幕到缓冲区
    EfiBltBufferToVideo,     //缓冲区到屏幕
    EfiBltVideoToVideo,      //屏幕到屏幕
    EfiGraphicsOutputBltOperationMax
} EFI_GRAPHICS_OUTPUT_BLT_OPERATION;
typedef EFI_STATUS (EFIAPI *EFI_GRAPHICS_OUTPUT_PROTOCOL_BLT) (
    IN EFI_GRAPHICS_OUTPUT_PROTOCOL *This, //Protocol实例
    IN OUT EFI_GRAPHICS_OUTPUT_BLT_PIXEL *BltBuffer, OPTIONAL //图像缓冲区
    IN EFI_GRAPHICS_OUTPUT_BLT_OPERATION BltOperation, //操作方式
    IN UINTN SourceX,       //源地址X坐标
    IN UINTN SourceY,       //源地址Y坐标
    IN UINTN DestinationX, //目的地址X坐标
    IN UINTN DestinationY, //目的地址Y坐标
    IN UINTN Width,         //操作区域宽度
    IN UINTN Height,        //操作区域高度
    IN UINTN Delta OPTIONAL //BltBuffer每行的字节数
);
```

我们可以结合图4-1的帧缓冲概念图来理解Blt()函数，不同的操作方式，各参数的实际含义也不相同。比如操作方式为EfiBltBufferToVideo时，应将图像缓冲区想象成类似帧缓冲的结构，源地址指向的是图形缓冲区BltBuffer内的地址。

在Blt()函数中，参数Delta不能用在EfiBltVideoFill和EfiBltVideoToVideo操作中。其值为0时，代表整个BltBuffer都被使用了；如果是BltBuffer内的某个子矩形被使用，则Delta代表图形宽度所包含的字节数。

示例4-1演示了各种操作方式，读者可结合代码理解Blt()函数。

【示例4-1】Blt()的各种操作方式。

```
extern EFI_GRAPHICS_OUTPUT_PROTOCOL *gGraphicsOutput;
//整个屏幕填充为蓝色（所选择显示模式，其分辨率为1024*768）
EFI_STATUS Status;
EFI_GRAPHICS_OUTPUT_BLT_PIXEL ColorBuf[1000];
EFI_GRAPHICS_OUTPUT_BLT_PIXEL BackGroundColor={192, 0,  0, 0}; //蓝色
Status = gGraphicsOutput->Blt(gGraphicsOutput,
    &BackGroundColor,
    EfiBltVideoFill,      //输出到屏幕
    0,0,0,0,1024,768,0);//全屏幕填充颜色
//将缓冲区内颜色数据复制到屏幕上
gBS->SetMem(ColorBuf,1000*sizeof(EFI_GRAPHICS_OUTPUT_BLT_PIXEL),0);//黑色
Status = gGraphicsOutput->Blt (gGraphicsOutput,
    ColorBuf,
    EfiBltBufferToVideo, //缓冲区到屏幕
    0,0,20,20,100,10,   //在屏幕(20,20)处显示
    100*sizeof(EFI_GRAPHICS_OUTPUT_BLT_PIXEL));
Status = gGraphicsOutput->Blt (gGraphicsOutput,
    ColorBuf,
```

```
    EfiBltBufferToVideo,             //缓冲区到屏幕
    0,5,20,60,100,5,                 //子矩阵在屏幕(20,60)处显示
    100*sizeof(EFI_GRAPHICS_OUTPUT_BLT_PIXEL));
//复制屏幕区域到另一屏幕区域
Status = gGraphicsOutput->Blt (gGraphicsOutput,
    0,
    EfiBltVideoToVideo,              //屏幕到屏幕
    20,20,200,60,                    //从屏幕(20,20)处复制到(200,60)处
    100,10,0);                       //复制图像大小为100x10
//将屏幕区域复制到缓冲区
Status = gGraphicsOutput->Blt (gGraphicsOutput,
    ColorBuf,
    EfiBltVideoToBltBuffer, // 屏幕到缓冲区
    20,20,0,0,100,10,                //从屏幕(20,20)处获取
    100*sizeof(EFI_GRAPHICS_OUTPUT_BLT_PIXEL));
```

4.1.2　图形显示基本函数的实现

在学习完 UEFI 图形显示的基本知识后，就可以构造图形显示的各类基本函数了。基本函数包括完成画点、画线、画圆等基本操作的函数，这是在屏幕上绘图的基础。本节将根据 UEFI 显示的特性，使用常用的图形算法实现，实现代码可在示例工程 pixelCHS 的 Graphic.c 和 Graphic.h 中查看，示例工程 pixelCHS 位于随书代码的 RobinPkg\Applications\pixelCHS 目录下。

1. 读写像素点

读写像素点函数是图形图像操作中最重要的函数之一，其他的图形函数，如画线、画圆、画矩形等，都是以其为基础的。一般来说，读写像素点函数是把数据在显存和内存之间进行搬运，速度会比较快。只是因为存在换页的动作，换页比搬运数据的速度要慢得多，因此，要尽可能减少换页。

在 Legacy BIOS 中，对于读写像素点的函数，需要比较当前页与上次画点时的页，如果相同，则不应该进行换页。为了加快执行速度，读写像素点的函数一般都用汇编语言编写，这样可提高程序运行效率。

UEFI 中已经不用考虑得这么细了，因为在 EFI_GRAPHICS_OUTPUT_PROTOCOL 所提供的接口函数 Blt() 内部，已经处理了上述工作。示例 4-2 给出了读写像素点的函数。

【示例 4-2】读写像素点函数。

```
//写像素点
VOID putpixel(UINTN x,UINTN y,EFI_GRAPHICS_OUTPUT_BLT_PIXEL *color)
{
   gGraphicsOutput->Blt (gGraphicsOutput,  //Protocol实例
       color,                //存储颜色的缓冲区
       EfiBltVideoFill,      //输出到屏幕
```

```
        0,0,                //源坐标（缓冲区）
        x,y,                //目的坐标（屏幕）
        1,1,                //图像大小，1个像素
        0);
}
//读像素点
VOID getpixel(UINTN x,UINTN y, EFI_GRAPHICS_OUTPUT_BLT_PIXEL *color)
{
    gGraphicsOutput->Blt (gGraphicsOutput,
        color,              //存储颜色的缓冲区
        EfiBltVideoToBltBuffer,//屏幕到缓冲区
        x,y,                //源坐标（屏幕）
        0,0,                //目的坐标（缓冲区）
        1,1,                //图像大小，1个像素
        0);
}
```

写像素点采用了 EfiBltVideoFill 的操作方式，即向屏幕指定位置写入传入的颜色；读像素点则采用了 EfiBltVideoToBltBuffer 的操作方式，即将屏幕指定位置的颜色读取出来并存到缓冲区中。

2. 画线

画线的算法很多，有逐点比较法、数值微分法（DDA）、正负法、Bresenham 算法等。其中最有效的算法是 Bresenham 算法，它在画线时仅做加减运算，不用乘除运算，效率非常高。

Bresenham 算法的基本思想是通过计算邻近像素之间的误差项，选择表示直线的最佳像素位置。每次迭代计算时，在增量最大方向的坐标值上增 1 或者减 1，另外一个坐标值变或者不变，取决于计算出来的误差项。这个误差项是直线理论轨迹与实际产生直线上的点之间的距离，在迭代过程中计算得到。

图 4-2 所示，用笛卡儿坐标演示了 Bresenham 法的画直线的过程。

图 4-2 中给出了两个点（$x0, y0$）和（$x2, y2$），需要在这两个点之间画直线。假设直线方程式为 $y= kx + b$，直线在第一象限。另一条需要用来辅助的直线，其方程式为 $x = x1$，是一条平行于 Y 轴的直线。Bresenham 算法描述如下。

1）画起点（$x0, y0$）。

2）准备画下一个点，可选择的点包括 Point1 和 Point2，这两个点都在直线 $x = x1$ 上。如果 $y = kx + b$ 与 $x = x1$ 相交点的 Y 坐标值大于 $(y0 + y0 + 1)/2$，即更靠近 Point1，则选择画 Point1，否则选择画 Point2。

3）按照同样的方法选择下一个像素点。

在实际编写代码的时候，会使用整数来计算误差项。示例 4-3 给出了 Bresenham 算法实现的画线函数，它实现了在屏幕上指定两点间画直线的功能。

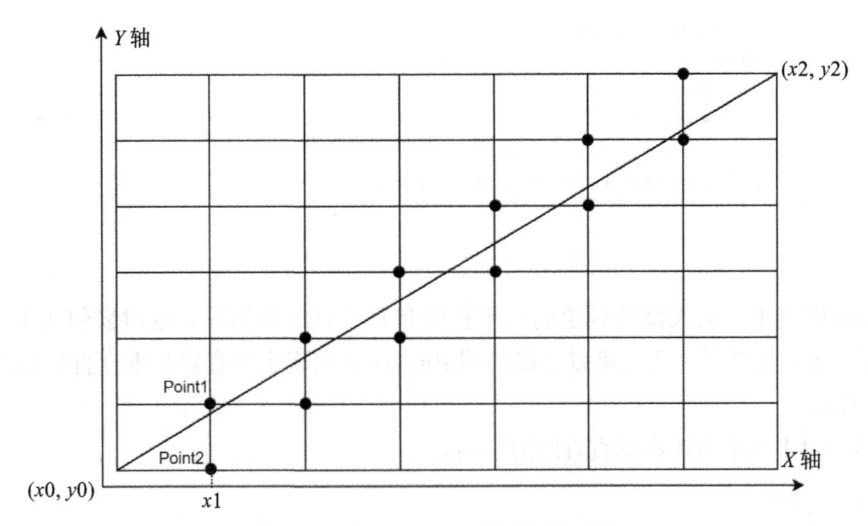

图 4-2　用 Bresenham 法画直线演示

【示例 4-3】Bresenham 算法画直线。

```
VOID line(UINTN x1,UINTN y1,UINTN x2,UINTN y2,
                EFI_GRAPHICS_OUTPUT_BLT_PIXEL *color)
{
    INTN d,dx,dy,dx2,dy2,dxy;
    INTN xinc,yinc;

    dx=(INTN)((x2>x1)?(x2-x1):(x1-x2));
    dx2=dx<<1;
    dy=(INTN)((y2>y1)?(y2-y1):(y1-y2));
    dy2=dy<<1;
    xinc=(x2>x1)?1:((x2==x1)?0:(-1));
    yinc=(y2>y1)?1:((y2==y1)?0:(-1));
    putpixel(x1,y1,color);
    if(dx>=dy){
        d=dy2-dx;
        dxy=dy2-dx2;
        while(dx--){
            if(d<=0)d+=dy2;
            else{
                d+=dxy;
                y1+=yinc;
            }
            putpixel(x1+=xinc,y1,color);
        }
    }
    else{
        d=dx2-dy;
        dxy=dx2-dy2;
        while(dy--){
```

```
                if(d<=0)d+=dx2;
                else{
                    d+=dxy;
                    x1+=xinc;
                }
                putpixel(x1,y1+=yinc,color);
            }
        }
    }
```

在实际应用中，会大量遇到绘制水平直线和垂直直线的情况，这时候使用 Bresenham 算法就显得有些烦琐了。我们可以直接使用 Blt() 函数实现水平直线和垂直直线的绘制，如示例 4-4 所示。

【示例 4-4】水平直线和垂直直线的绘制。

```
//绘制水平直线
VOID HLine(UINTN x1,UINTN x2,UINTN y,EFI_GRAPHICS_OUTPUT_BLT_PIXEL *color)
{
    UINTN minx,maxx;
    minx=(x1<x2)?x1:x2;
    maxx=(x1>x2)?x1:x2;
    gGraphicsOutput->Blt (gGraphicsOutput, //Protocol实例
                          color,            //颜色
                          EfiBltVideoFill,  //输出到屏幕
                          0,0,              //源地址
                          minx,y,           //目的地址（屏幕）
                          (maxx-minx+1),1,  //图像大小
                          0);
}
//绘制垂直直线
VOID VLine(UINTN x,UINTN y1,UINTN y2,EFI_GRAPHICS_OUTPUT_BLT_PIXEL *color)
{
    UINTN miny,maxy;
    miny=(y1<y2)?y1:y2;
    maxy=(y1>y2)?y1:y2;
    gGraphicsOutput->Blt (gGraphicsOutput, //Protocol实例
                          color,            //颜色
                          EfiBltVideoFill,  //输出到屏幕
                          0,0,              //源地址
                          x,miny,           //目的地址（屏幕）
                          1,(maxy-miny+1),  //图像大小
                          0);
}
```

3. 画圆

圆是最常见的曲线，绘制圆也有很多算法，比如逐点比较法。逐点比较法即对以圆的直径为边长的正方形（刚好把圆包含住）内的所有点进行比较，符合圆方程的点就进行绘制，否则不绘制。该方法对画椭圆、双曲线等也有效，是一种比较通用的算法。该算法可

以避免浮点运算，但是由于需要多次乘除、比较，速度比较慢。

画圆比较常用的仍旧是 Bresenham 算法。图 4-3 所示为用 Bresenham 算法画圆的演示。

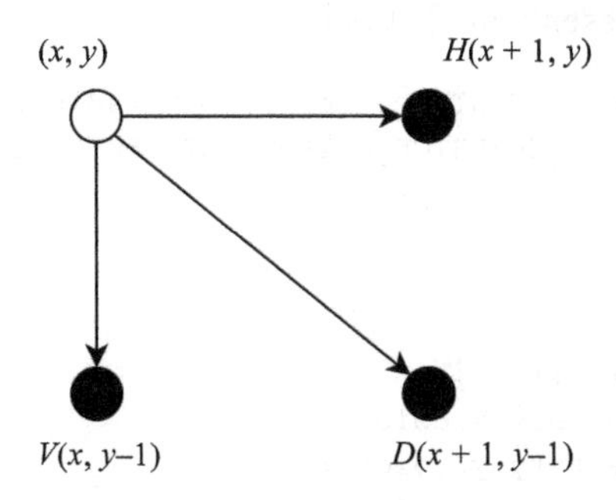

图 4-3　用 Bresenham 算法画圆演示

圆的坐标方程为 $x^2 + y^2 = R^2$，即以 R 为半径，以坐标原点为圆心，按顺时针方向画圆。假设已经画好了像素点 (x, y)，其位于第一象限内，下一个像素点有 3 种可能——右方像素点 H、右下像素点 D 和下方像素点 V，如图 4-3 所示。选择的方法是，计算这 3 个点与真正圆之间的距离平方，距离平方最小的像素点会被选择。

假设以 $x = 0$，$y = R$ 为起点开始画圆，像素点 D 到圆上的距离平方为（使用计算距离的公式）：

$$\varDelta = (x + 1)^2 + (y - 1)^2 - R^2 = (0 + 1)^2 + (R - 1)^2 - R^2 =2*(1 - R)$$

1）如果 $\varDelta<0$，则像素点 D 在圆内，下一个像素点只能取 D 或 H（V 比 D 更靠近原点），它们到圆心的距离平方之差为 $\delta_{hd} =|(x + 1)^2 + y^2 - R^2| - | (x+1)^2 + (y - 1)^2 - R^2|$。当 δ_{hd} <=0 时，圆上的点到 D 的距离大于圆上的点到 H 的距离，此时应取 H。这个过程可化简为

$\delta_{hd} =(x + 1)^2 + (y - 1)^2 - R^2 + (x + 1)^2 + (y - 1)^2 - R^2 = 2*(\varDelta + y) - 1$。当 δ_{hd} >0 时，下一像素点则应取 D。

2）如果 $\varDelta>0$，则像素点 D 在圆外，下一像素点取 V 或者 D（H 比 D 离原点更远）。它们到圆心的距离平方之差为 $\delta_{dv} = |(x + 1)^2 + (y - 1)^2 - R^2| - |x^2 + (y - 1)^2 - R^2|$。当 δ_{dv}<=0，圆上点到 D 的距离大于圆上点到 V 的距离，此时应该取 V。将式子化简可得

$\delta_{dv} = (x + 1)^2 + (y - 1)^2 - R^2 + x^2 + (y - 1)^2 - R^2 = 2*(\varDelta - x) - 1$。当 δ_{dv}>0 时，则应该取 D 点。

3）如果 $\varDelta = 0$，D 点落在了圆上，显然应该取 D 点。

按照这种方式进行下去，就生成了第一象限的圆弧。其余 3 个象限的圆弧可以根据 X 轴和 Y 轴的坐标变换画出。

我们还可以对此算法进行改进，消减循环的次数。上述是先在第一象限画圆弧，然后变换到其他象限，最终实现整个圆的绘制。更进一步，可以利用圆的对称性，以 $y = x$ 这条直线为准，仅画出第一象限一半的圆弧，即整个圆的 1/8，然后通过坐标变换画出剩余 7/8。

经过分析发现，在 1/8 圆弧上，下一像素点不可能取其下方的 V 点，只需要在 D 和 H 中进行选择就可以了。这就大大简化了算法，按照这个算法所编写的程序如示例 4-5 所示。

【示例 4-5】用改进的 Bresenham 算法画圆。

```
VOID  circle(UINTN centerx,UINTN centery,UINTN radius,
                      EFI_GRAPHICS_OUTPUT_BLT_PIXEL *color)
{
    INTN x,y,d;
    if(!radius)return;
    y=(INTN)(radius);
    d=3-((INTN)(radius)<<1);
    putpixel(centerx,centery+y,color);
    putpixel(centerx,centery-y,color);
    putpixel(centerx+y,centery,color);
    putpixel(centerx-y,centery,color);
    for(x=1;x<y;x++)
    {
        putpixel(centerx+x,centery+y,color); //以下均为通过坐标变换，对称绘图
        putpixel(centerx+x,centery-y,color);
        putpixel(centerx-x,centery-y,color);
        putpixel(centerx-x,centery+y,color);
        putpixel(centerx+y,centery+x,color);
        putpixel(centerx+y,centery-x,color);
        putpixel(centerx-y,centery-x,color);
        putpixel(centerx-y,centery+x,color);
        if(d<0)d+=((x<<2)+6);
        else d+=(((x-(y--))<<2)+10);
    }
    putpixel(centerx+y,centery+y,color);
    putpixel(centerx+y,centery-y,color);
    putpixel(centerx-y,centery-y,color);
    putpixel(centerx-y,centery+y,color);
}
```

4. 画矩形

矩形的绘制比较简单，可以使用写像素点的函数绘制，也可以使用画水平直线和垂直直线的函数进行绘制。之所以将矩形特意拿出来讲，主要是因为在绘图中，矩形是非常基本的图形，使用比较频繁。示例 4-6 给出了画矩形的代码，使用的是画水平直线和垂直直线的函数。

【示例 4-6】画矩形。

```
VOID  rectangle(UINTN x1,UINTN y1,UINTN x2,UINTN y2,
    EFI_GRAPHICS_OUTPUT_BLT_PIXEL *color)
{
    UINTN minx,miny,maxx,maxy;
    minx=(x1<x2)?x1:x2;
    miny=(y1<y2)?y1:y2;
```

```
    maxx=(x1>x2)?x1:x2;
    maxy=(y1>y2)?y1:y2;
    HLine(minx,maxx,miny,color);  //绘制矩形的上边
    VLine(minx,miny,maxy,color); //绘制矩形的左侧边
    HLine(minx,maxx,maxy,color); //绘制矩形的下边
    VLine(maxx,miny,maxy,color); //绘制矩形的右侧边
}
```

另外，绘制矩形块（即填充了颜色的矩形）也比较常用，比如设置整个屏幕的背景色，就需要用到这个函数。在示例 4.7 所示代码实现时，没有调用写像素点的函数，直接调用了 Blt() 函数来实现。这样做的主要的目的是减少函数调用的开销，提高绘制矩形块的效率。

【示例 4-7】画矩形块。

```
VOID  rectblock(UINTN x1,UINTN y1,UINTN x2,UINTN y2,
                                   EFI_GRAPHICS_OUTPUT_BLT_PIXEL *color)
{
    UINTN minx,miny,maxx,maxy;
    minx=(x1<x2)?x1:x2;
    miny=(y1<y2)?y1:y2;
    maxx=(x1>x2)?x1:x2;
    maxy=(y1>y2)?y1:y2;
    gGraphicsOutput->Blt (gGraphicsOutput,                  //Protocol实例
                          color,                             //颜色
                          EfiBltVideoFill,                   //操作方式
                          0,0,                               //源地址
                          minx,miny,                         //屏幕上的目的地址
                          (maxx-minx+1),(maxy-miny+1),       //图像大小
                          0);
}
```

4.2　UEFI 汉字显示——写像素点的方式

应用程序的本地化工作，就是将应用程序的表达转换为当地用户能认识的语言，这是程序开发中非常重要的一环。微软的 Windows 系统能够成功，得益于其早期就非常重视产品的本地化工作。而早期 BIOS 只能英文显示，对英语不是母语的用户很不友好，相当于限定了使用者的范围。本节将讲述如何在 UEFI 下实现汉字的显示。实际上，这里所讲的内容完全可以应用到其他语言上，比如日文、韩文等。

在 UEFI 中显示汉字，有如下两种方法。

第一种是编程前收集需要显示的字，根据不同的需求（字体、大小等）从系统中将这些汉字的字模提取出来形成字库，然后使用写像素点的函数，根据字模绘制汉字，我们称这种方法为写像素点的汉字显示。

第二种是使用 UEFI 提供的 HII（Human Interface Infrastructure，人机接口基础架构），通过向 HII 数据库注册字体的资源包，然后使用 HII 的字体 Protocol 显示汉字。HII 提供了

非常完整的多国语言支持，以及交互支持，大部分 BIOS 都使用它来进行本地化的工作。为便于区分，我们称这种汉字显示方法为 HII 方式的汉字显示。

相比而言，第一种方法不使用 UEFI 规范中提供的字体 Protocol 和字符串 Protocol 等，而是把汉字看作一个个像素组成的图形进行显示，对 UEFI 接口函数依赖较少，只需要使用写像素点的函数。这就很容易把其他项目的图形显示代码直接移植过来，从而加快开发速度。

第二种方法依赖于 UEFI 的 HII，使用了 UEFI 本身的文字显示架构。因此在字符模式（Text Mode）时，比如 UEFI Shell 下，也能显示汉字。本书着重于介绍图形模式下的汉字显示，如需了解在字符模式下显示汉字，请参考笔者系列博客中相关的文章（网址为 https://blog.csdn.net/luobing4365/article/details/100851787）。

本节主要介绍写像素点的汉字显示，HII 方式的汉字显示在 4.3 节介绍。

4.2.1 点阵字的显示与字库提取

使用写像素点的函数，根据提取到的字模，将汉字显示到屏幕上。这个方法本质上是把汉字作为图形来处理。在操作系统中，字模的集合称为字库，像我们常用的方正字库就是各种字体的汉字字模的集合。这些字库一般有两类，一类是点阵式字库，另一类是矢量字库。本书主要使用点阵字库进行显示，对矢量字库显示有兴趣的读者可以参考其他资料。

点阵式字库将文字看成由一个个点组成的二维阵列，程序通过扫描二维阵列，将需要显示的像素显示出来，以实现文字的显示。图 4-4 所示为宽 16 像素、高 16 像素的汉字“沁”的字模图形。

中文字模	位代码	字模信息
	0 0 1 0 0 0 0 0 0 0 0 0 0 0 0 0	0x20,0x00
	0 0 0 1 1 0 0 0 1 0 0 0 0 0 0 0	0x18,0x80
	0 0 0 0 1 0 0 0 0 1 0 0 0 0 0 0	0x08,0x40
	1 0 0 0 0 0 0 0 0 1 1 0 0 0 0 0	0x80,0x60
	0 1 1 0 0 0 0 1 0 0 1 0 0 0 0 0	0x61,0x20
	0 0 1 0 0 0 0 1 0 0 1 0 0 0 0 0	0x21,0x20
	0 0 0 0 0 0 0 1 0 0 0 0 0 0 0 0	0x01,0x00
	0 0 0 1 0 1 0 1 0 0 0 0 1 0 0 0	0x15,0x08
	0 0 1 0 0 1 0 1 0 0 0 0 0 1 0 0	0x25,0x04
	0 0 1 0 0 1 0 1 0 0 0 0 0 1 1 0	0x25,0x06
	1 1 1 0 1 0 0 1 0 0 0 0 0 0 1 0	0xe9,0x02
	0 0 1 0 1 0 0 1 0 0 0 0 1 0 0 0	0x29,0x08
	0 0 1 0 0 0 0 1 0 0 0 0 1 0 0 0	0x21,0x08
	0 0 1 0 0 0 0 1 0 0 0 0 1 0 0 0	0x21,0x08
	0 0 1 0 0 0 0 0 1 1 1 1 1 0 0 0	0x20,0xf8
	0 0 1 0 0 0 0 0 0 0 0 0 0 0 0 0	0x20,0x00

图 4-4 汉字“沁”的字模图形

从图 4-4 所示中可以看出，二维阵列是从左往右、从上往下进行扫描的。需要显示的像素点用 1 个位表示，该位的值为 1 表示需要显示，为 0 则表述不需要显示。汉字字模通过位代码转换形成了字模信息，从而供程序使用写像素点的函数进行显示。

字模信息的内容，由文字的字体和大小决定。比如宋体的“沁”和黑体的“沁”，它们的汉字字模就不一样。而文字的大小，决定了字模所使用的二维阵列的宽度和高度。图 4-4 所显示的汉字是 16 像素的宽度，刚好用 2 字节表示。实际应用中，文字的宽度（以像素个数衡量）不一定刚好能整除 8，一般会用 0 补齐，在显示的时候需要注意这一点。

了解了汉字点阵式显示后，问题出来了：我们如何把这些字模信息提取出来？

在中文 Windows 系统上，一般都会存有大量的汉字字库，而且 Windows 提供了标准的访问接口，我们可以从这里着手。具体来说，笔者采取的方法是，在 Windows 系统上，指定汉字的字体和大小，从字库中提取所需要显示汉字的字模信息。所形成的字模信息集，可以方便地集成到 UEFI 应用程序中。

另外需要注意的是，文字的编码方式非常多，比如汉字有 GB2312 编码、GB18030 编码等。在实际操作中，我们选择使用 UTF-8 编码来提取汉字。这是一种变长的编码方案，兼容 ASCII 编码，它是电子邮件、网页以及其他存储和传送文字的应用中优先采用的编码方式。

为方便提取汉字的字模信息，笔者开发了 Windows 下的字模信息提取工具，该工具位于随书代码“chap04\汉字提取工具”文件夹下，其运行界面如图 4-5 所示。

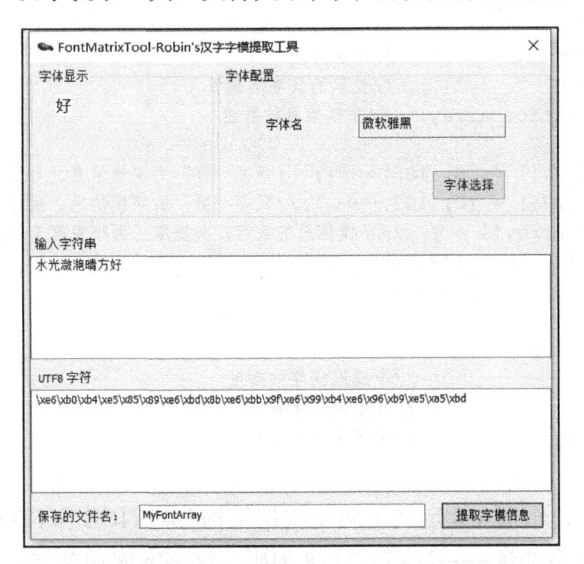

图 4-5　提取字模信息的工具 FontMatrixTool

通过此工具（FontMatrixTool）提取字模信息，需要经过 4 个步骤。

1）点击“字体选择”按钮，在弹出的字体对话框中，选择字体的类型、字形、大小，以及其他参数。完成后，点击字体对话框上的“确认”按钮，完成字体的选择。

2）在“输入字符串”的文本框中，输入所要提取的汉字。

3）设置保存的文件名。这个步骤不是必需的，如果用户没有设置文件名，输出的文件将是空文件名，只带有后缀。

4）点击“提取字模信息”按钮，程序将自动分析，并生成后缀为cpp的代码文件，将所有字模信息存储在此文件中。

该字模信息的提取工具使用VS2015编写。它主要使用了Windows系统提供的API函数CreateFontIndirectW()、TextOut()、GetTextExtentPoint()等，将需要提取的汉字的字模提取出来，并存储在指定的文件中。具体的实现过程就不解释了，有兴趣的读者可以查看随书代码chap04\UefiExplorChap04解决方案中的工程项目FontMatrixTool。

使用FontMatrixTool提取字模会生成一些文件，所生成的文件中使用了两个数据结构，这两个数据结构用来表示汉字显示的相关信息，如示例4-8所示。

【示例4-8】汉字显示的字模信息示例。

```
typedef struct _lattice //汉字编码及汉字对应的字模信息
{
    UINT32  utf8_code;              //此汉字的UTF-8编码
    UINT8   width;                   //汉字宽度
    UINT8   *    pixel_gray_array;//字模信息
} LATTICE;
typedef struct struct_Font_info
{
    UINT8  height;              //汉字高度
    UINT32 count;               //提取的汉字总数目
    LATTICE*  lattice_array;  //字模信息的数组
} FONT_INFO;
UINT8 _14990752_27[] = {0, 105,……}; //汉字“你”的字模信息，后面的数据省略了
UINT8 _15050173_27[] = {0, 103,…… };//汉字“好”的字模信息，后面的数据省略了
LATTICE lattice_array[] = {  //字模信息的数组，共提取了两个宽度为20的汉字
        {14990752, 20, _14990752_27},
        {15050173, 20, _15050173_27},
};
FONT_INFO MyFontArray ={
    27,                         //所提取汉字的高度
    2,                          //提取的汉字数目
    lattice_array               //字模信息的数组
};
```

为支持汉字显示，示例4-8定义了两个数据结构LATTICE和FONT_INFO。数据结构LATTICE包含3个成员变量——汉字UTF-8编码、汉字宽度和汉字的字模信息。在生成的文件中，使用此数据结构构建了字模信息的数组，目的是便于程序通过指定汉字的UTF-8编码找到需要的字模信息。而FONT_INFO则包含了所有提取的汉字信息，包括所提取的汉字的高度、数目以及定义的字模信息数组。

4.2.2 写像素点的汉字显示

在4.2.1节中，构建了完整的汉字字模信息的数据结构和数组，本节可以使用构建好的架构，实现写像素点的汉字显示。

从程序员的角度来看，汉字的显示有两部分工作要完成：

- 在程序中表示汉字的字符串。
- 实现汉字字符和字符串的显示。

第一部分实际上隐含着源文件编码、编译器处理文件编码和代码中字符串编码 3 个问题，不解决这些问题是无法进行后续编程的。下面对需要完成的两部分工作进行深入探讨。

1. 源文件编码和字符串编码

在 4.2.1 节构建字模信息提取架构时，我们使用的是 UTF-8 编码。那么，UTF-8 编码是什么？它对于汉字显示有什么影响？这个问题我们要先搞清楚。

我们熟悉的 ASCII 编码，是在计算机发展的早期制定的。它用 1 字节来表示各种字符和控制符。0x020 以下的编码用来做控制，称为控制码；0x20 以上直至 0x7F 的编码，用来表示各种英文字母、标点和各种符号。后来计算机广泛发展，曾经用 0x7F ～ 0xFF 来表示新的符号和字模，比如交叉等形状，这些字符集被称为扩展字符集。

在实际使用中，有上万个汉字，几千个常用字，1 字节明显无法容纳这些。为解决此问题，我国的国家标准总局制定了一个汉字的解决方案：小于 0x7F 的字符的意义与原来相同，两个大于 0x7F 的字符连在一起时表示一个汉字，前面 1 字节（高字节）从 0xA1 到 0xF7，后面 1 字节（低字节）从 0xA1 到 0xFE，这样就可以组合出大约 7000 多个简体汉字了。这种方案称为 GB2312，是对 ASCII 的扩展。

其他有自己文字的国家也和中国一样，制定了自己的文字编码方案，互相之间都不兼容，软件也互不支持。很明显，这样下去非常不利于计算机的发展。国际标准化组织（ISO）为了解决此事，建立了一套新的编码方案，包含了地球上所有文化、所有字母和符号的编码，取名为 Universal Multiple-Octet Coded Character Set，简称 UCS，这就是我们常说的 Unicode 方案。

不过，Unicode 方案虽然规定了如何编码，但没有规定如何传输、保存编码。在发展过程中，出现了 UTF-8、UTF-16、UTF-32 等应用比较广泛的标准。这些标准的前缀 UTF，是 UCS Transformation Format（UCS 传输格式）的缩写。

这些标准中，UTF-8 是一种变长的编码方案，它使用 1 ～ 6 字节来存储文字。并且，由于其他编码不支持单字节编码，只有 UTF-8 能兼容 ASCII 码，使得 UTF-8 逐渐成为主流。表 4-1 所示为 Unicode 码到 UTF-8 的转换。

表 4-1　Unicode 到 UTF-8 的编码

Unicode(UCS-2)（十六进制）	UTF-8（二进制）
0x0000 ～ 0x007F	0b0xxxxxxx
0x0080 ～ 0x07FF	0b110xxxxx 10xxxxxx
0x0800 ～ 0xFFFF	0b1110xxxx 10xxxxxx 10xxxxxx

比如汉字“罗”的 Unicode 编码为 0x7F57，它大于 0x800，使用 UTF-8 编码时，必须采用 3 字节进行编码。0x7F57 转换为二进制是 0b0111 111101 010111，转换为 UTF-8 编码则变成 0b11100111 10111101 10010111，也就是 0xE7BD97。

了解了汉字编码的发展和 UTF-8 的编码后，就会知道在代码中表示汉字字符串时会遇到什么问题了。假设在代码中定义汉字字符串，那么相关命令如下。

```
UINT8 *my_cstr= “探索编程”;
```

如果源文件以 GB2312 编码存储，我们在观看这段代码的时候，能看到字符串是正常的。但是对程序来说，要使用这个字符串的编码值（字符串中的汉字是 GB2312 编码的），在 4.2.1 节构建的字模信息数组中是无法找到对应字模的。因此，这是我们需要注意的第一个问题：使用汉字字符串时，源文件也必须用 UTF-8 编码存储。只有这样，才能在现在构建的字模信息数组中找到正确的字模。

第二个问题是对编译器的影响。在 Windows 上编译 UEFI 程序，笔者使用的是微软的 Visual Studio 2015。Visual Studio 编译器默认把字符串当作 Unicode 字符处理。Unicode 字符是用 2 字节来表示的，而 UTF-8 中的汉字一般是用 3 字节来表示的。这就会出现一个奇怪的现象：当汉字字符串中汉字的个数是偶数时，编译能通过；当汉字字符串中汉字的个数是奇数时，编译时会报 C2001 的错误。这个问题与源文件编码有关。

要解决第二个问题，可在 UEFI 应用的 INF 文件中添加如下的语句。

```
[BuildOptions]
    MSFT:*_*_*_CC_FLAGS = /utf-8
```

它的目的是告诉 Visual Studio 编译器，源代码和程序执行时都使用 UTF-8 编码。第二个问题仅在 Windows 上才存在，Linux 上因为使用 GCC 编译，所以不存在 UTF-8 编码的问题。

当然，也可以采用硬编码的方式规避这个问题，即直接用 UTF-8 的二进制编码来表示字符串。比如可以按如下方式定义字符串。

```
//字符串“探索编程”的UTF-8硬编码
UINT8 *my_cstr =” \xe6\x8e\xa2\xe7\xb4\xa2\xe7\xbc\x96\xe7\xa8\x8b”
```

4.2.1 节中介绍的工具 FontMatrixTool，提供了将汉字字符串转换为 UTF-8 二进制编码的功能。若使用这种方法，就不需要限定源文件必须使用 UTF-8 编码了，编译选项也不用修改了。不过，这种方法会导致程序很难读，也不方便代码的修改，故不建议采用。

2. 汉字显示

4.2.1 节构建的字模信息提取框架，包含了两部分数据：包含字模信息的 LATTICE 型数组和包含总体信息的 FONT_INFO 型变量。其中 FONT_INFO 型变量中指明了 LATTICE 数组的地址。也就是说，给定某个汉字的 UTF-8 编码，可以通过 FONT_INFO 变量中的

LATTICE 数组地址找到与此汉字对应的字模信息。得到字模信息后，可利用写像素点的函数，在屏幕上画出汉字图形。

示例 4-9 所示为两个基础函数的实现代码。

【示例 4-9】定位字模信息函数和汉字显示函数。

```
LATTICE* get_lattice(FONT_INFO* Font, UINT32 utf8_code)//定位字模信息
{
    INTN first = 0;
    INTN last = Font->count - 1;
    INTN middle = (first + last) / 2;
    while (first <= last) { //使用二分法寻找数组中字模信息
        if (Font->lattice_array[middle].utf8_code < utf8_code)
            first = middle + 1;
        else if (Font->lattice_array[middle].utf8_code == utf8_code)
            return &Font->lattice_array[middle];
        else
            last = middle - 1;
        middle = (first + last) / 2;
    }
    return 0;
}
VOID draw_lattice(UINTN x, UINTN y, UINT8 width, UINT8 height,
               UINT8* p_data, EFI_GRAPHICS_OUTPUT_BLT_PIXEL *Font_color)
{//根据字模信息绘制汉字图形
    UINT8 blk_value = *p_data++;
    UINT8 blk_cnt = *p_data++;
    UINT8 x_, y_;
    for (y_ = 0; y_ < height; y_++){
        for (x_ = 0; x_ < width; x_++){
            if(blk_value)  //如果为'1', 则绘制此像素点
                putpixel((x + (UINTN)x_), (y + (UINTN)y_), Font_color);
            if (--blk_cnt == 0)  {
                blk_value = *p_data++;
                blk_cnt = *p_data++;
            }
        }
    }
}
```

有了这两个基础函数，就可以构建显示字符和显示字符串的函数了。需要注意的是，这两个基础函数实际上也支持 ASCII 码的字符显示。当然，需要显示的 ASCII 字符，也必须通过提取汉字的工具得到字模信息。从之前的讨论中可以知道，UTF-8 编码中的 ASCII 字符是使用 1 字节表示的，且其值范围是 0 ～ 0x7F。我们可以据此分辨出汉字（3 字节）和 ASCII 字符，实现字符串的显示处理，如示例 4-10 所示。

【示例 4-10】字符显示和字符串显示。

```
UINT8 draw_single_char(UINT32 utf8_code, UINTN x, UINTN y,
```

```
                    FONT_INFO* Font, EFI_GRAPHICS_OUTPUT_BLT_PIXEL *Font_color)
{//显示单个字符
    LATTICE *p_lattice;
    if (Font) {
        p_lattice = get_lattice(Font, utf8_code);
        if (p_lattice){
            draw_lattice(x, y, p_lattice->width, Font->height,
                                   p_lattice->pixel_gray_array, Font_color);
            return p_lattice->width;
        }
    }
    else
        return 0;
}

VOID draw_string(UINT8 *str, UINTN x, UINTN y, FONT_INFO *Font,
    EFI_GRAPHICS_OUTPUT_BLT_PIXEL *Font_color)
{//显示字符串
    UINT8 temp;
    UINT8 *ptr;
    UINT32 char_utf8;
    UINTN cur_x;
    ptr = (UINT8 *)str;
    cur_x = x;
    while('\0' != *ptr){
        temp = ptr[0];
        if(temp > 128) { //汉字
            char_utf8=(((UINT32)ptr[0])<<16)\
                      +(((UINT32)ptr[1])<<8)+ (UINT32)ptr[2];
            ptr += 3;
        }
        else{//ASCII字符
            char_utf8 = (UINT32)ptr[0];
            ptr += 1;
        }
        cur_x +=(UINTN)draw_single_char(char_utf8,cur_x,y,Font,Font_color);
    }
}
```

笔者为本节准备的示例位于随书代码的 RobinPkg\Applications\pixelCHS 目录下。在示例工程 pixelCHS 中，提取了苏轼的名句“水光潋滟晴方好”的字模信息，并将生成的数据复制到源文件 Font.c 和 Font.h 中。

参照 2.1.3 节介绍的方法，设置编译的环境变量，使用如下命令编译程序。

```
C:\UEFIWorkspace\edk2\build -p RobinPkg\RobinPkg.dsc \
    -m RobinPkg\Applications\pixelCHS\ pixelCHS.inf -a IA32
```

pixelCHS 的主函数中，演示汉字显示的语句如下所示：

```
UINT8 *s_text = "1.水光潋滟晴方好";
```

```
draw_string(s_text, 80, 60, &MyFontArray, &(gColorTable[8])); //红色字符串
draw_string(s_text, 80, 100, &MyFontArray, &(gColorTable[7]));//绿色字符串
draw_string(s_text, 80, 140, &MyFontArray, &(gColorTable[6]));//黄色字符串
```

编译之后，在 UEFI 的模拟器中运行，效果如图 4-6 所示。

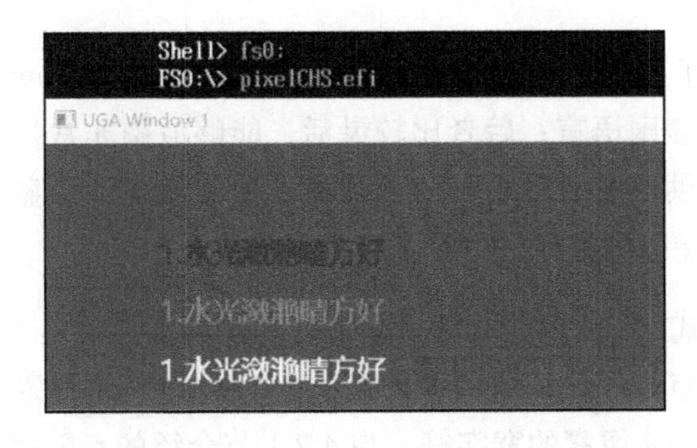

图 4-6 用写像素点方式显示汉字字符串

4.3 UEFI 汉字显示——HII 方式

UEFI 提供的 HII 涵盖的内容非常多。从设计目标来说，HII 主要实现了如下各项。

- 字符串和字体的管理，以支持语言本地化。
- 抽象用户的输入（如键盘和鼠标）。
- 提供窗体架构，可以用于启动前打开 Setup 界面（比如 BIOS Setup）。
- 设计窗体架构的外部接口，允许应用程序在运行的时候获取配置信息，并修改相应的选项。

HII 支持各种显示设备，包括本地和远程的字符显示器、本地和远程的图形显示器、Web 浏览器等。在 HII 中，所有资源文件都是用户接口的一部分。

本章主要介绍汉字的显示，在 HII 中，与之相关的是字体和字符串。

UEFI 规范中，字体处理的 Protocol 是 EFI_HII_FONT_PROTOCOL，字符串处理的 Protocol 是 EFI_HII_STRING_PROTOCOL。实现汉字显示只需要用到 HII 的字体处理架构；如果想方便地实现多语言的处理，则要借助 HII 的字符串处理架构。

字体和字符串的使用方法类似，大致都需要经过如下步骤。

1）将字体或字符串资源组织在 HII 包中，使用 HiiAddPackage() 函数向 UEFI 的系统 HII 数据库注册资源。

2）使用相应的 Protocol，在屏幕上显示文字。

3）移除注册的 HII 包。

其实在 UEFI 中，HII 的资源文件处理都要经过上述 3 个步骤。只是在第 2 步中，需要

根据资源本身的特性进行处理。下面针对实现汉字显示的目标，详细介绍字体和字符串的相关知识。

4.3.1 HII字体与字库提取

在UEFI中，提供了两类字体格式——SimpleFont格式和Font格式。前者相对简单，支持在字符模式下显示多国语言；后者比较灵活，能够渲染非常复杂的字符，其性能也较高。在EDK2中，只提供了英文和法文的字体库，为了实现汉字显示，我们需要根据这两个字体格式的要求提取相应的字库。

1. SimpleFont格式

SimpleFont是一种点阵字体，它有两种格式：一种是宽8像素、高19像素的窄字符；另一种是宽16像素、高19像素的宽字符。与4.2.1节介绍的点阵字相同，SimpleFont的字模信息使用1个位表示1个像素，值为“1”表示显示，为“0”表示不显示。

代码清单4-8给出了SimpleFont两种字符的结构体。

代码清单4-8　SimpleFont两种字符的结构体

```
#define EFI_GLYPH_NON_SPACING                    0x01
#define EFI_GLYPH_WIDE                           0x02
#define EFI_GLYPH_HEIGHT                         19
#define EFI_GLYPH_WIDTH                          8
typedef struct {    //窄字符结构体，8x19点阵结构
    CHAR16                 UnicodeWeight;     //字符编码（Unicode16）
    UINT8                  Attributes;        //字符属性
    UINT8                  GlyphCol1[EFI_GLYPH_HEIGHT]; //字模信息
} EFI_NARROW_GLYPH;
typedef struct {    //宽字符结构体，16x19点阵结构
    CHAR16                 UnicodeWeight;     //字符编码（Unicode16）
    UINT8                  Attributes;        //字符属性
    UINT8                  GlyphCol1[EFI_GLYPH_HEIGHT]; //字模信息（左半部分）
    UINT8                  GlyphCol2[EFI_GLYPH_HEIGHT]; //字模信息（右半部分）
    UINT8                  Pad[3];            //填充为0
} EFI_WIDE_GLYPH;
```

窄字符的字模信息提取方式与4.2.1节中介绍的字模提取方式一样。在8×19的像素二维阵列上，从左往右、从上往下进行扫描，需要显示的像素点为1，不需要显示的则为0。由于其宽度为8像素点，一行的像素点刚好可以用1字节表示。

宽字符的字模信息提取有所不同，它把字符分为左半部分和右半部分，单独对左半部分和右半部分的二维阵列进行扫描。相当于把1个宽字符分为了2个窄字符，然后分别扫描处理，处理方法和窄字符的处理方法一样。

2. Font 格式

与 SimpleFont 相比，Font 的点阵格式更为复杂和灵活。它没有限制点阵字体的大小，把字符的宽度和高度包含在其结构体内，同时增加了边距和步长，以描述字符的信息。代码清单 4-9 所示为 Font 使用的结构体 EFI_HII_GLYPH_INFO 的原型。

代码清单 4-9　Font 格式使用的结构体

```
typedef struct _EFI_HII_GLYPH_INFO {
    UINT16                    Width;     //字符宽度（像素数）
    UINT16                    Height;    //字符高度（像素数）
    INT16               .     OffsetX;  //水平边距
    INT16                     OffsetY;  //垂直边距
    INT16                     AdvanceX; //整个字符结构占据的宽度
} EFI_HII_GLYPH_INFO;
```

图 4-7 所示为汉字“你”的字符信息。从图中可以比较清晰地了解 EFI_HII_GLYPH_INFO 的含义。Font 格式将汉字的显示分为了内框和外框两部分，字符的点阵字模实际上是在内框内进行显示的。内框的宽度等于字符的宽度，高度等于字符的高度。内框处于外框的中央，两个框架的左边框距离为 OffsetX，下边框之间的距离为 OffsetY。另外，字符结构占据的宽度和高度由外框决定，EFI_HII_GLYPH_INFO 结构体中成员变量 AdvanceX 为字符结构占据的宽度。

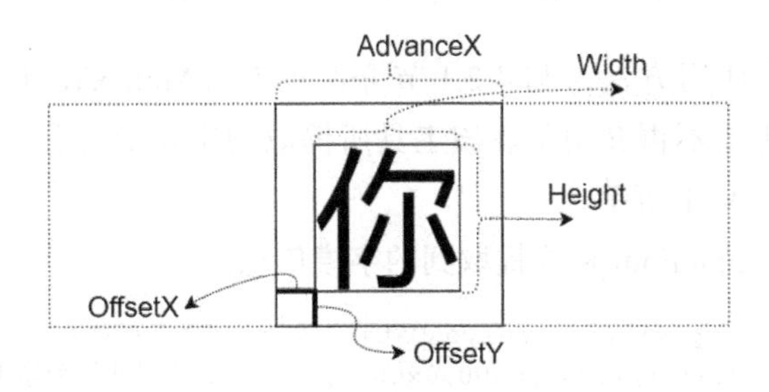

图 4-7　Font 格式点阵信息

3. 提取 SimpleFont 字库

在了解了 SimpleFont 格式和 Font 格式后，可以使用类似 4.2.1 节介绍的方法提取需要显示的汉字的字模信息。SimpleFont 格式可以看作 Font 格式的特例，也就是提取出来的 SimpleFont 格式的字模信息，也可以用于 Font 格式中。因此，笔者准备了提取 SimpleFont 格式字模信息的工具，它使用 Visual Studio 2015 编译，源码位于随书代码 chap04\UefiExplorChap04 的工程 SimpleFontTool 中。

笔者设计的提取工具中，对英文字符（包括英文标点、数字字符等 ASCII 码字符）和中文字符（包括中文标点）进行了区别处理。英文字符提取为窄字符，中文字符提取为宽字符，允许用户混合输入。

图 4-8 所示为提取工具 SimpleFontTool 的界面，工具软件将用户输入的字符串作为 Unicode16 字符进行处理，并将提取出的字模信息输出到指定的文件中。

图 4-8 提取 SimpleFont 字模的工具软件

SimpleFontTool 的使用方法，与 4.2.1 节介绍的 FontMatrixTool 工具的使用方法差不多，故其执行过程这里就不再介绍了。该工具所提取的字模信息分为窄字符字模信息和宽字符字模信息，如示例 4-11 所示。

【示例 4-11】以 SimpleFont 格式提取到的字模信息。

```
EFI_WIDE_GLYPH  gSimpleFontWideGlyphData[] = { //宽字符的数组
{ 0x6c63, 0x00,{…},{…},{0x00,0x00,0x00}},    //汉字“水”的字模信息
...                                           //其他汉字字模信息
{ 0x0000, 0x00,{…},{…},{0x00,0x00,0x00}},    //全0结束
};
//宽字符数组字节长
UINT32 gSimpleFontWideBytes=sizeof(gSimpleFontWideGlyphData);
EFI_NARROW_GLYPH  gSimpleFontNarrowGlyphData[] = {//窄字符的数组
{ 0x002c, 0x00,{…}}, //英文字符“,”字模信息
...                  //其他英文字符字模信息
{ 0x0039, 0x00,{…}}, //英文字符“9”字模信息（实际上为数字字符）
};
//窄字符数组字节长
UINT32 gSimpleFontNarrowBytes=sizeof(gSimpleFontNarrowGlyphData);
```

上述代码获取到的字模信息数组将组合成资源包，并向 UEFI 的 HII 数据库注册。具体的操作方法将在 4.3.2 节详细介绍。

4.3.2　HII 汉字显示

使用 HII 的机制显示汉字，主要包括如下步骤。

1）把需要显示的汉字字模信息提取出来，并组合成资源包。

2）向 HII 数据库注册资源。

3）使用字体 Protocol 的接口函数实现汉字显示。在 UEFI 规范中，处理 HII 数据库的 Protocol 为 EFI_HII_DATABASE_PROTOCOL。在本节中，我们使用函数 HiiAddPackages() 来完成资源包的注册工作，该函数封装了 HII 数据库 Protocol 注册资源包的过程，并由 HiiLib 提供。

1. 资源包的注册

注册资源包的函数为 HiiAddPackages()，函数位于 EDK2 的 MdeModulePkg\Library\UefiHiiLib\HiiLib.c 中，其原型如代码清单 4-10 所示。

代码清单 4-10　HiiAddPackages() 函数原型

```
EFI_HII_HANDLE EFIAPI HiiAddPackages (
    IN CONST EFI_GUID     *PackageListGuid,        //包列表的GUID
    //所注册包从属于DeviceHandle HII资源包，最后一个元素必须为NULL
    IN       EFI_HANDLE  DeviceHandle  OPTIONAL,
    ...
)
```

从 HiiAddPackages() 的函数原型中可以看出，第 3 个参数是由 HII 资源包组成的列表，列表的结尾必须为 NULL。HII 资源包括字符串、字体、图像、窗体等，这些都可以通过资源包列表的形式进行注册。代码清单 4-11 给出了包列表的结构体。

代码清单 4-11　资源包和包列表结构体

```
typedef struct {
    UINT32 Length:24;                        //资源包的长度
    UINT32 Type:8;                           //资源包类型
    //UINT8 Data[ … ];                       //资源包的数据
} EFI_HII_PACKAGE_HEADER;                    //资源包头的结构
#define EFI_HII_PACKAGE_TYPE_ALL 0x00        //匹配所有类型
#define EFI_HII_PACKAGE_TYPE_GUID 0x01       //厂商自定义
#define EFI_HII_PACKAGE_FORMS 0x02           //窗体
#define EFI_HII_PACKAGE_STRINGS 0x04         //字符串
#define EFI_HII_PACKAGE_FONTS 0x05           //字体（FONT）
#define EFI_HII_PACKAGE_IMAGES 0x06          //图像
#define EFI_HII_PACKAGE_SIMPLE_FONTS 0x07 //字体（SimpleFont）
#define EFI_HII_PACKAGE_DEVICE_PATH 0x08  //设备路径
#define EFI_HII_PACKAGE_KEYBOARD_LAYOUT 0x09    //键盘布局
#define EFI_HII_PACKAGE_ANIMATIONS 0x0A   //动画
#define EFI_HII_PACKAGE_END 0xDF             //用来标志包列表结束
```

```
#define EFI_HII_PACKAGE_TYPE_SYSTEM_BEGIN 0xE0    //起始系统保留值
#define EFI_HII_PACKAGE_TYPE_SYSTEM_END 0xFF      //结束系统保留值
typedef struct {
    EFI_GUID PackageListGuid;                     //包列表GUID
    UINT32 PackagLength;                          //包列表长度
} EFI_HII_PACKAGE_LIST_HEADER;                    //包列表头的结构体
```

在 UEFI 系统中，HII 数据库中的包列表由一个包列表头、多个资源包、一个结束资源包组成，其结构如图 4-9 所示。

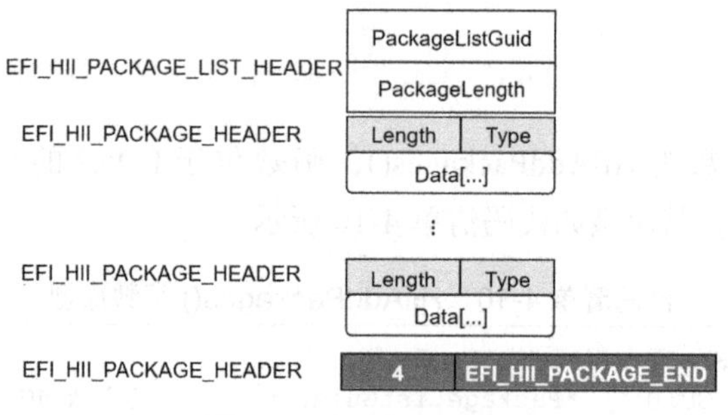

图 4-9　包列表示意图

在使用函数 HiiAddPackages() 的时候，只需要关注资源包本身，在其函数内部会完成包列表的处理，包列表头和结束资源包的处理都由此函数自动完成。4.3.1 节介绍过 SimpleFont 格式和 Font 格式，这两种资源所对应的包头结构体如代码清单 4-12 所示。

代码清单 4-12　SimpleFont 和 Font 的包头结构体

```
typedef struct _EFI_HII_SIMPLE_FONT_PACKAGE_HDR {
    EFI_HII_PACKAGE_HEADER Header;                          //资源包的头部数据
    UINT16                 NumberOfNarrowGlyphs;            //窄字符个数
    UINT16                 NumberOfWideGlyphs;              //宽字符个数
    // EFI_NARROW_GLYPH       NarrowGlyphs[];               //窄字符字模信息数组
    // EFI_WIDE_GLYPH         WideGlyphs[];                 //宽字符字模信息数组
} EFI_HII_SIMPLE_FONT_PACKAGE_HDR;//SimpleFont包头结构体
typedef struct _EFI_HII_FONT_PACKAGE_HDR {
    EFI_HII_PACKAGE_HEADER Header;                  //资源包的头部数据
    UINT32                 HdrSize;                 //本Font包头结构体的大小
    UINT32                 GlyphBlockOffset;        //包中点阵块的偏移
    EFI_HII_GLYPH_INFO     Cell;                    //字体信息，Font格式使用的结构体
    EFI_HII_FONT_STYLE     FontStyle;               //字体类型，比如是否有阴影等
    CHAR16                 FontFamily[1];           //字体名称
} EFI_HII_FONT_PACKAGE_HDR;                         //Font包头结构体
typedef UINT32  EFI_HII_FONT_STYLE;         //字体类型，如Normal、Bold、Italic 等
```

从 SimpleFont 和 Font 的包头结构体可知，其第一个成员变量都是 EFI_HII_PACKAGE_HEADER，除去此成员变量外，均属于资源包的数据。

SimpleFont 的资源包相对简单些，其结构图如图 4-10 所示。

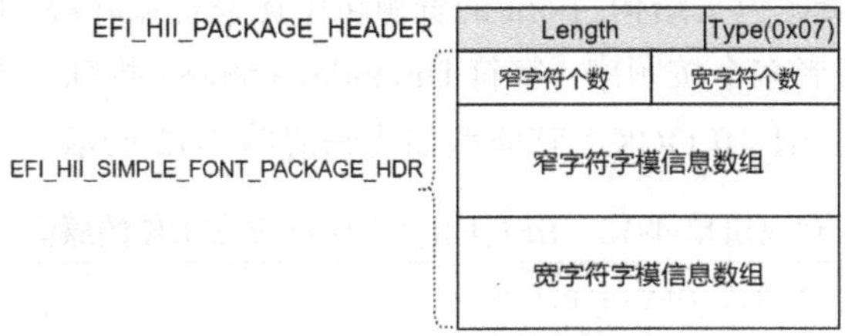

图 4-10　SimpleFont 格式的资源包

在 4.3.1 节中，我们提取了 SimpleFont 的点阵字库，提取的字库中包含了窄字符和宽字符的字模信息数组。使用这些字库，可以构建 SimpleFont 的资源包，并向 HII 数据库进行注册，如示例 4-12 所示。

【示例 4-12】注册 SimpleFont 字体文件。

```
EFI_STATUS CreateSimpleFontPkg(EFI_NARROW_GLYPH* NarrowGlyph,
               UINT32 nNarrow, EFI_WIDE_GLYPH* WideGlyph, UINT32 nWide)
{
    EFI_HII_SIMPLE_FONT_PACKAGE_HDR *SimpleFont;  //资源包
    UINT8 *Package;
    UINT8 * Location = NULL;
    UINT32 packageLen = sizeof (EFI_HII_SIMPLE_FONT_PACKAGE_HDR) \
                        + nNarrow + nWide + 4;
    Package = (UINT8*)AllocateZeroPool (packageLen);
    WriteUnaligned32((UINT32 *) Package,packageLen);
    SimpleFont = (EFI_HII_SIMPLE_FONT_PACKAGE_HDR *) (Package + 4);
    SimpleFont->Header.Length = (UINT32) (packageLen - 4);
    SimpleFont->Header.Type = EFI_HII_PACKAGE_SIMPLE_FONTS;
    SimpleFont->NumberOfNarrowGlyphs =
                        (UINT16)(nNarrow/sizeof(EFI_NARROW_GLYPH));
    SimpleFont->NumberOfWideGlyphs =
                        (UINT16) (nWide / sizeof (EFI_WIDE_GLYPH));
    Location = (UINT8 *) (&SimpleFont->NumberOfWideGlyphs + 1);
    CopyMem (Location, NarrowGlyph, nNarrow);   //复制窄字符点阵字库
    Location += nNarrow;
    CopyMem (Location, WideGlyph, nWide);       //复制宽字符点阵字库
    EFI_HII_HANDLE  SimpleFontHiiHandle = HiiAddPackages (
        &gSimpleFontPackageListGuid,            //包列表GUID，用户自己定义
        NULL,
        Package,                                //SimpleFont资源包
        NULL
        );
    if(SimpleFontHiiHandle == NULL)
        return EFI_NOT_FOUND;
    FreePool (Package);
    return EFI_SUCCESS;
}
```

相比于 SimpleFont 格式，Font 格式灵活自由很多，其资源包也更为复杂。代码清单 4-11 中只给出了 Font 资源包头结构，Font 的资源包中还包含点阵块（GLYPH Blocks）列表。点阵块列表包含一个或者多个按顺序（字符 Unicode16 编码）排列的点阵块，点阵块的基本结构体为 EFI_HII_GLYPH_BLOCK，其原型如代码清单 4-13 所示。

代码清单 4-13 EFI_HII_GLYPH_BLOCK 的原型

```
typedef struct _EFI_HII_GLYPH_BLOCK {
    UINT8 BlockType;      //点阵块类型
    //UINT8 BlockBody[]; //点阵块数据
} EFI_HII_GLYPH_BLOCK;
//点阵块类型
#define EFI_HII_GIBT_END                    0x00    //结束用点阵块
#define EFI_HII_GIBT_GLYPH                  0x10    //单字符的点阵块
#define EFI_HII_GIBT_GLYPHS                 0x11    //多字符的点阵块
#define EFI_HII_GIBT_GLYPHS_DEFAULT        0x12     //使用默认字体的多字符点阵块
#define EFI_HII_GIBT_GLYPHS_DEFAULT        0x13     //使用默认字体的单字符点阵块
#define EFI_HII_GIBT_GLYPH_VARIABILITY     0x14     //可变字体的点阵信息
#define EFI_HII_GIBT_DUPLICATE              0x20    //复制现有字体到另一个新字符上
#define EFI_HII_GIBT_SKIP2                   0x21   //跳过指定字符(1-65535)
#define EFI_HII_GIBT_SKIP1                   0x22   //跳过指定字符(1-255)
#define EFI_HII_GIBT_DEFAULTS                0x23   //接下来的点阵块使用默认字体信息
#define EFI_HII_GIBT_EXT1                     0x30 //为未来扩展预留
#define EFI_HII_GIBT_EXT2                     0x31 //为未来扩展预留
#define EFI_HII_GIBT_EXT4                     0x32 //为未来扩展预留
```

结合 Font 资源包头结构及点阵块列表，才组成了 Font 资源包。图 4-11 给出了 Font 资源包的示意图。

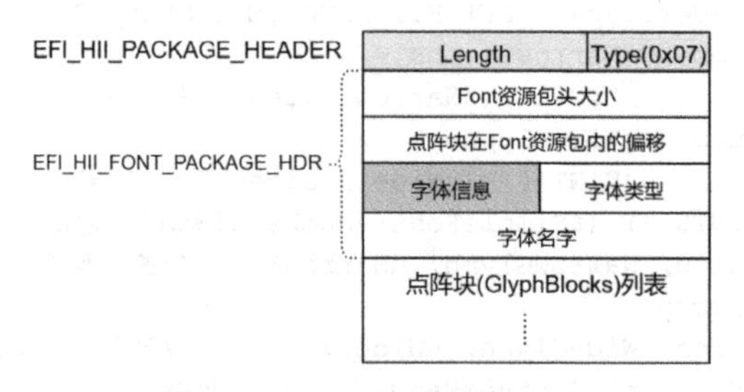

图 4-11 Font 格式的资源包

由代码清单 4-13 所示可以看出，点阵块提供了多种类型，以适应不同的需求。在 UEFI 规范中，在基础的点阵块结构 EFI_HII_GLYPH_BLOCK 上，构建了 10 多种点阵块结构，这里节选了其中常用的 4 种，如代码清单 4-14 所示。

代码清单 4-14 常用点阵块结构体

```
typedef struct _EFI_GLYPH_GIBT_END_BLOCK { //结束用点阵块
    EFI_HII_GLYPH_BLOCK     Header;
```

```
} EFI_GLYPH_GIBT_END_BLOCK;
typedef struct _EFI_HII_GIBT_GLYPHS_BLOCK {  //多字符的点阵块
    EFI_HII_GLYPH_BLOCK     Header;
    EFI_HII_GLYPH_INFO      Cell;
    UINT16                  Count;
    UINT8                   BitmapData[1];
} EFI_HII_GIBT_GLYPHS_BLOCK;
typedef struct _EFI_HII_GIBT_GLYPHS_DEFAULT_BLOCK{//使用默认字体的多字符点阵块
    EFI_HII_GLYPH_BLOCK     Header;
    UINT16                  Count;
    UINT8                   BitmapData[1];
} EFI_HII_GIBT_GLYPHS_DEFAULT_BLOCK;
typedef struct _EFI_HII_GIBT_SKIP2_BLOCK {  //跳过指定字符（1-65535）的点阵块
    EFI_HII_GLYPH_BLOCK     Header;
    UINT16                  SkipCount;
} EFI_HII_GIBT_SKIP2_BLOCK;
```

本节构建的示例位于随书代码的 RobinPkg\Applications\HiiCHS 中。在示例程序中，为了演示 Font 资源包的注册过程，专门构建了完整的 Font 格式的点阵块列表，其架构如图 4-12 所示。

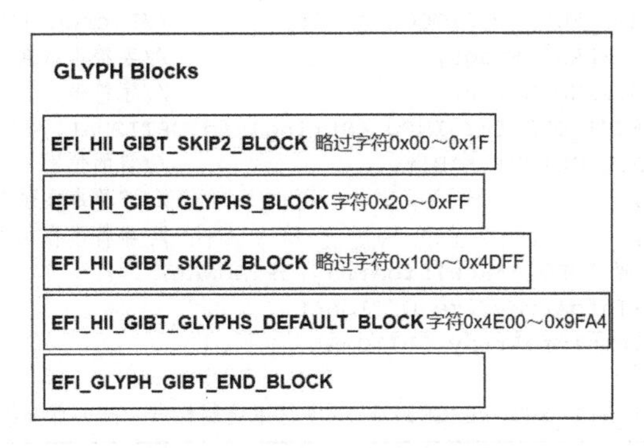

图 4-12　点阵块列表架构图

不需要显示的字符包括 0x00 ～ 0x1F，以及 0x100 ～ 0x4DFF，这两块区域使用 EFI_HII_GIBT_SKIP2_BLOCK，表明没有相应字符的字模信息。字符 0x20 ～ 0xFF 是英文字符，其字模信息数据较小，这个区域使用了 EFI_HII_GIBT_GLYPHS_BLOCK 表示。汉字字符 0x4E00~0x9FA4 则使用 EFI_HII_GIBT_GLYPHS_DEFAULT_BLOCK 表示，采用默认的字体信息。最后的是结束块，使用 EFI_GLYPH_GIBT_END_BLOCK 表示。

在示例 HiiCHS 中，与 Font 资源包的构建及注册相关的源代码文件主要包括 MyFontGlyph.c、HiiFont.c 和 HiiFont.h。涉及的函数和数据较多，限于篇幅，相关的代码就不列出了，请读者参照本节的描述，对照代码进行学习。

2. 字体 Protocol

在字体资源包注册后，就可以使用字体 Protocol 实现字符的显示了。为支持在图形界面下显示文字，UEFI 规范提供了 EFI_HII_FONT_PROTOCOL。字体 Protocol 可以把字符转化为位图，然后使用 Blt 显示到屏幕上，其结构如代码清单 4-15 所示。

代码清单 4-15 EFI_HII_FONT_PROTOCOL 结构体

```
typedef struct _EFI_HII_FONT_PROTOCOL {
    EFI_HII_STRING_TO_IMAGE StringToImage;       //将字符串渲染为位图
    EFI_HII_STRING_ID_TO_IMAGE StringIdToImage; //将资源中字符串渲染为位图
    EFI_HII_GET_GLYPH GetGlyph;                  //返回指定字体的点阵
    EFI_HII_GET_FONT_INFO GetFontInfo;           //返回字体信息
} EFI_HII_FONT_PROTOCOL;
```

字体 Protocol 提供的接口函数中，用来显示字符串的接口函数是 StringToImage()，其函数原型如代码清单 4-16 所示。

代码清单 4-16 StringToImage() 函数原型

```
typedef EFI_STATUS (EFIAPI *EFI_HII_STRING_TO_IMAGE) (
    IN CONST EFI_HII_FONT_PROTOCOL *This,        //Protocol实例
    IN EFI_HII_OUT_FLAGS Flags,                  //字符串以何种方式绘制的标志
    IN CONST EFI_STRING String,                  //字符串
    IN CONST EFI_FONT_DISPLAY_INFO *StringInfo OPTIONAL,//字体、颜色等信息
    IN OUT EFI_IMAGE_OUTPUT **Blt,               //目的位图
    IN UINTN BltX,                               //字符串在位图中的X坐标
    IN UINTN BltY,                               //字符串在位图中的Y坐标
    OUT EFI_HII_ROW_INFO **RowInfoArray OPTIONAL,
    OUT UINTN *RowInfoArraySize OPTIONAL,
    OUT UINTN *ColumnInfoArray OPTIONAL
);
typedef UINT32 EFI_HII_OUT_FLAGS;     //字符串绘制标志，比如直接绘制到屏幕等
```

上述代码中，可选参数 StringInfo 是指针类型的 EFI_FONT_DISPLAY_INFO，其用来规定字符显示时的前景色、背景色、字体的大小和名字等信息。如果 StringInfo 为 NULL，则使用系统默认值。代码清单 4-17 给出了相关的结构体声明。

代码清单 4-17 EFI_FONT_DISPLAY_INFO 结构体

```
typedef struct _EFI_FONT_DISPLAY_INFO {
    EFI_GRAPHICS_OUTPUT_BLT_PIXEL ForegroundColor;      //字符前景色
    EFI_GRAPHICS_OUTPUT_BLT_PIXEL BackgroundColor;      //字符背景色
    EFI_FONT_INFO_MASK            FontInfoMask;         //使用FontInfo的方式
    EFI_FONT_INFO                 FontInfo;             //字体信息
} EFI_FONT_DISPLAY_INFO;
typedef UINT32  EFI_FONT_INFO_MASK; //使用字体信息的方式
//以下为使用方式的宏定义，节选了部分宏定义以方便说明
```

```
#define EFI_FONT_INFO_ANY_FONT          0x00010000 //任意字体
#define EFI_FONT_INFO_ANY_SIZE          0x00020000 //任意尺寸
typedef struct {
    EFI_HII_FONT_STYLE FontStyle;      //字体类型，比如是否有阴影等
    UINT16             FontSize;       //字符的像素高度
    CHAR16             FontName[1];    //字体名字
} EFI_FONT_INFO;
typedef UINT32  EFI_HII_FONT_STYLE;  //系统字体风格
#define EFI_HII_FONT_STYLE_NORMAL             0x00000000  //普通字体
#define EFI_HII_FONT_STYLE_BOLD               0x00000001  //粗体
#define EFI_HII_FONT_STYLE_ITALIC             0x00000002  //斜体
#define EFI_HII_FONT_STYLE_EMBOSS             0x00010000  //浮雕
#define EFI_HII_FONT_STYLE_OUTLINE            0x00020000  //轮廓
#define EFI_HII_FONT_STYLE_SHADOW             0x00040000  //阴影
#define EFI_HII_FONT_STYLE_UNDERLINE          0x00080000  //下划线
#define EFI_HII_FONT_STYLE_DBL_UNDER          0x00100000  //双下划线
```

一般来说，可以将 EFI_FONT_DISPLAY_INFO 的成员变量 FontInfoMask 设为使用任意字体（EFI_FONT_INFO_ANY_FONT）。UEFI 会先查找 HII 数据库中有没有 FontInfo 指定的 Font，如果没有，则使用 SimpleFont。

在本节提供的示例 HiiCHS 中，向 HII 数据库注册了 SimpleFont 资源包和 Font 资源包。在使用的时候，为了区别 SimpleFont 和 Font，我们通过设置不同的字体名字和字体类型来分别实现。

StingToImage() 的参数 Blt 用来定义目的位图及其地址，如果目的位图地址为 NULL，则 StringToImage() 创建一个新的位图作为目的位图；如果目的位图指向屏幕，则字符串位图输出到屏幕。Blt 的参数类型为 EFI_IMAGE_OUTPUT，如代码清单 4-18 所示。

代码清单 4-18 EFI_IMAGE_OUTPUT 结构体

```
typedef struct _EFI_IMAGE_OUTPUT {
    UINT16  Width;          //位图宽度
    UINT16  Height;         //位图高度
    union {
        EFI_GRAPHICS_OUTPUT_BLT_PIXEL *Bitmap;    //输出为位图
        EFI_GRAPHICS_OUTPUT_PROTOCOL  *Screen;    //输出到屏幕
    } Image;
} EFI_IMAGE_OUTPUT;
```

3. 汉字显示

学习完字体资源包的注册和字体 Protocol 的用法，我们就可以实现 HII 方式的汉字显示了。在本节准备的示例 HiiCHS 中，注册了 SimpleFont 和 Font 两种资源包。为了便于区别，SimpleFont 使用了楷体的字符，Font 则使用了宋体的字符。

示例 4-13 演示了在图形模式下，使用 HII 方式显示字符串的方法，在该示例中允许用

户选择使用 SimpleFont 字库还是 Font 字库。

【示例 4-13】以 HII 方式显示字符串。

```
EFI_STATUS putHiiFontStr(UINTN x, UINTN y, EFI_STRING String, //位置和字符串
                            CHAR16 *FontName,     //字体名
                            EFI_GRAPHICS_OUTPUT_BLT_PIXEL *FGColor, //前景色
                            EFI_GRAPHICS_OUTPUT_BLT_PIXEL *BGColor) //背景色
{
    EFI_STATUS Status = 0;
    EFI_IMAGE_OUTPUT gSysFB;
    EFI_IMAGE_OUTPUT *pSysFB = &gSysFB;
    EFI_FONT_DISPLAY_INFO *FDInfo;
    if (FontName == NULL) //选择使用SimpleFont点阵字库
    {
        FDInfo = (EFI_FONT_DISPLAY_INFO *)\
            AllocateZeroPool(sizeof(EFI_FONT_DISPLAY_INFO) + 2);
         FDInfo->FontInfo.FontStyle = EFI_HII_FONT_STYLE_ITALIC;
         *(FDInfo->FontInfo.FontName) = 0x00;
    }
    else   //选择使用Font点阵字库
    {
        FDInfo = (EFI_FONT_DISPLAY_INFO *)\
            AllocateZeroPool(sizeof(EFI_FONT_DISPLAY_INFO)+StrLen(FontName)*2 +2);
        FDInfo->FontInfo.FontStyle = EFI_HII_FONT_STYLE_NORMAL;
        CopyMem(FDInfo->FontInfo.FontName, FontName, StrLen(FontName) * 2 + 2);
    }
    FDInfo->ForegroundColor = *FGColor;
    FDInfo->BackgroundColor = *BGColor;
    FDInfo->FontInfoMask = (EFI_FONT_INFO_ANY_FONT | EFI_FONT_INFO_ANY_SIZE);
    FDInfo->FontInfo.FontSize = 19;
    gSysFB.Width = (UINT16)gGraphicsOutput->Mode->Info->HorizontalResolution;
    gSysFB.Height = (UINT16)gGraphicsOutput->Mode->Info->VerticalResolution;
    gSysFB.Image.Screen = gGraphicsOutput;
    Status = gHiiFont->StringToImage(
    gHiiFont,
    EFI_HII_IGNORE_IF_NO_GLYPH | EFI_HII_OUT_FLAG_CLIP |
    EFI_HII_OUT_FLAG_CLIP_CLEAN_X | EFI_HII_OUT_FLAG_CLIP_CLEAN_Y |
    EFI_HII_IGNORE_LINE_BREAK | EFI_HII_DIRECT_TO_SCREEN,
    String, FDInfo,&pSysFB,
    (UINTN)x,(UINTN)y, 0, 0, 0);
FreePool(FDInfo);
return Status;
}
```

在设计显示字符串的函数时，为了让程序使用 SimpleFont 的点阵库，需要将选择的字体名称设为空（只有结尾符），字体类型设为 EFI_HII_FONT_STYLE_ITALIC。所选择的字体在 HII 数据库中是不存在的，由此使得程序使用 SimpleFont。当然，也可以直接将示例中的指针变量 FDInfo 设置为 NULL，程序也会使用 SimpleFont，不过这样程序将会使用系统字体的默认值，无法使用此函数设置的字符前景色和背景色。

构建好显示字符串的程序后，就可以定义 Unicode16 字符串，并使用此函数进行汉字的显示了，比如：

```
CHAR16* istr=(CHAR16 *)L"Font: UEFI汉字显示。";
putHiiFontStr(0, 0,istr,NULL,&(gColorTable[WHITE]),&(gColorTable[RED]));
```

示例 HiiCHS 完整演示了使用 HII 方式显示汉字的方法。可参照 2.1.3 节介绍的方法，设置编译的环境变量，使用如下命令编译程序。

```
C:\UEFIWorkspace\edk2\build -p RobinPkg\RobinPkg.dsc \
    -m RobinPkg\Applications\HiiCHS\HiiCHS.inf -a IA32
```

编译之后，将程序复制到 UEFI 模拟器中运行，演示的效果如图 4-13 所示。从图中能明显看出，SimpleFont 点阵库使用的是楷体，Font 点阵库使用的是宋体，示例程序成功实现了不同字体库的使用。

图 4-13　HII 方式显示字符串

4.3.3　HII 字符串

从前几节的示例中可以看出，实现汉字显示时，不一定非要使用 HII 的字符串，使用字符串指针反而更方便些。以笔者来看，HII 字符串最核心的作用在于能很方便地实现多语言的支持。最典型的例子是 BIOS 的 Setup 界面，更换语言选项后，所有的文字都会显示为对应的语言。

1. 字符串资源

EDK2 中所管理的字符串资源都是 Unicode16 字符串。每种语言在 Unicode16 上都有自己的编码区间，英文字符的编码区间为 0x0000 ～ 0x007F，中文的编码区间在 0x4E00 ～ 0x9FFF。UEFI 是如何支持多语言，并实现多语言切换的呢？关键就在于资源文件的组织。

代码清单 4-19 所示为字符串资源文件 example.uni，该文件来自本节的示例工程 HiiCHS。

代码清单 4-19　字符串资源文件 example.uni

```
#langdef   en-US "English"
#langdef   zh-Hans "简体中文"
#string STR_LANGUAGE_SELECT #language en-US  "Select Language"
                              #language zh-Hans "选择语言"
```

```
#string STR_HELLOWORLD     #language en-US "%BHello, %Nworld!\n"
                                        #language zh-Hans "你好，世界！"
```

资源文件中使用了 3 个关键字——#langdef、#string、#language，分别用来声明支持的语言、定义字符串和标识所使用的语言。其中，#string 的第一个参数为字符串的标识符，其后由 #language 标识第二个参数所用语言，第二个参数为实际的字符串信息。

程序经过编译，EDK2 会将 .uni 资源文件转换成 C 语言源代码和头文件。在示例工程 HiiCHS 中，转换的头文件名为 HiiCHSStrDefs.h，源代码包含在 AutoGen.c 文件中。代码清单 4-20 所示为头文件的部分内容。

代码清单 4-20 字符串资源头文件 HiiCHSStrDefs.h

```
#ifndef _STRDEFS_4ea97c46_7491_4dfd_b443_747010f3ce5f
#define _STRDEFS_4ea97c46_7491_4dfd_b443_747010f3ce5f
#define STR_HELLOWORLD                                        0x0002
//#define STR_LANGUAGE_SELECT                                 0x0003
extern unsigned char HiiCHSStrings[];
#define STRING_ARRAY_NAME HiiCHSStrings
```

在此头文件中，字符串标识符 STR_HELLOWORLD 定义为 0x002，字符串的内容被定义在外部数组 HiiCHSStrings[] 中。需要注意的是，由于字符串标识符 STR_LANGUAGE_SELECT 在程序中没有使用，因此被编译器优化掉了。

数组 HiiCHSStrings[] 定义在 AutoGen.c 中，如代码清单 4-21 所示。

代码清单 4-21 AutoGen.c 中字符串相关代码（节选）

```
unsigned char HiiCHSStrings[] = {
// STRGATHER_OUTPUT_HEADER
    0x54,  0x01,  0x00,  0x00,        //字符串包列表长度为0x154
// PACKAGE HEADER（资源包头）
    0x6F,  0x00,  0x00,  0x04,  ……  //英文字符串资源包内容，Type=0x04，字符串资源
// PACKAGE DATA（资源包数据）
// 0x0001: $PRINTABLE_LANGUAGE_NAME:0x0001
    0x14,  0x45,  0x00,  0x6E,  …… //表示下面是英文字符串，0x14,L”English”
// 0x0002: STR_HELLOWORLD:0x0002
    0x14,  0x25,  0x00,  0x42, …… //example.uni中的STR_HELLOWORLD字符串英文内容
// PACKAGE HEADER（资源包头）
    0x51,  0x00,  0x00,  0x04, …… //中文字符串资源包内容，Type=0x04，字符串资源
// PACKAGE DATA（资源包数据）
// 0x0001: $PRINTABLE_LANGUAGE_NAME:0x0001
    0x14,  0x80,  0x7B,  0x53, …… //表示下面是中文字符串，0x14,L”简体中文”
// 0x0002: STR_HELLOWORLD:0x0002
    0x14,  0x60,  0x4F,  0x7D, …… //example.uni中的STR_HELLOWORLD字符串中文内容
……
};
```

HiiCHSStrings[] 为一维数组，它实际上是一个字符串包组合，用于生成包列表。对照 4.3.2 节介绍的包列表数据结构和资源包的数据结构，很容易看明白该数组的内容，其前 4 个字节用于表示资源包列表的长度和类型，其余部分是由资源包组成的列表。为便于说明，代码清单中 4-20 列出了前两个资源包——英文字符串资源包和中文字符串资源包。字符串资源包由 EFI_HII_STRING_PACKAGE_HDR 和字符串信息块构成。HiiCHSStrings[] 的前 3 个字节表示资源包列表长度，第 4 个字节表示资源包类型（字符串资源类型为 0x04）。EFI_HII_STRING_PACKAGE_HDR 的原型如代码清单 4-22 所示。

代码清单 4-22 字符串包头结构体和字符串信息块结构体

```
typedef struct _EFI_HII_STRING_PACKAGE_HDR {
    EFI_HII_PACKAGE_HEADER  Header;                    //资源包的头部数据
    UINT32                  HdrSize;                   //本字符串资源包头结构体的大小
    UINT32                  StringInfoOffset;          //字符串数据相对于包头的偏移
    CHAR16                  LanguageWindow[16];
    EFI_STRING_ID           LanguageName;              //语言类型编号
    CHAR8                   Language[…];               //语言类型，如en-US
} EFI_HII_STRING_PACKAGE_HDR;
typedef UINT16  EFI_STRING_ID;
typedef struct {
    UINT8                   BlockType;                 //字符串信息块类型
} EFI_HII_STRING_BLOCK;
//字符串信息块类型的宏定义（节选）
#define EFI_HII_SIBT_STRINGS_SCSU_FONT           0x13
#define EFI_HII_SIBT_STRING_UCS2                 0x14      //Unicode16字符串
```

2. 字符串 Protocol

UEFI 规范提供了相应的字符串 Protocol——EFI_HII_STRING_PROTOCOL，用来管理字符串资源。代码清单 4-23 列出了其结构体。

代码清单 4-23 EFI_HII_STRING_PROTOCOL 结构体

```
typedef struct _EFI_HII_STRING_PROTOCOL {
    EFI_HII_NEW_STRING NewString;    //添加字符串
    EFI_HII_GET_STRING GetString;    //获取字符串
    EFI_HII_SET_STRING SetString;    //更新字符串
    EFI_HII_GET_LANGUAGES GetLanguages; //返回指定资源包列表支持的语言
    EFI_HII_GET_2ND_LANGUAGES GetSecondaryLanguages;//返回指定资源包列表的次要语言
} EFI_HII_STRING_PROTOCOL;
```

在实际使用中，我们比较关注两个接口函数 GetString() 和 GetLanguages()，前者用来检索并获取字符串，后者用来获取资源包所支持的语言。代码清单 4-24 给出了 GetString() 的原型。

代码清单 4-24 GetString() 函数原型

```
typedef EFI_STATUS (EFIAPI *EFI_HII_GET_STRING) (
    IN CONST EFI_HII_STRING_PROTOCOL *This,      //Protocol实例
    IN CONST CHAR8 *Language,                    //指定语言
    IN EFI_HII_HANDLE PackageList,               //在此包列表中检索字符串
    IN EFI_STRING_ID StringId,                   //待检索字符串的ID
    OUT EFI_STRING String,                       //存储获取字符串的缓冲区
    IN OUT UINTN *StringSize,//调用时表示String大小；返回时表示获取字符串长度
    OUT EFI_FONT_INFO **StringFontInfo OPTIONAL //如果非NULL，返回字体信息
);
```

接口函数 GetString() 用于从指定的包列表 PackageList 中找到 ID 为 StringID、语言为 Language 的字符串。所得到的字符串将存储在缓冲区 String 中，它是 EFI_STRING 型变量，即 CHAR16* 类型变量。参数 *StringSize 在调用时，表示 String 缓冲区的大小；返回时，则表示获取到的字符串的大小。如果缓冲区小于需要检索的字符串所需大小，实际需要的大小将会返回到 *StringSize 中，调用者应重新分配缓冲区后，再次调用 GetString() 获取字符串。

最后一个参数 **StringFontInfo 是可选的，如果其不为 NULL，则返回指向 EFI_FONT_INFO 的指针，这是字符串的字体信息。注意，此内存需要调用者负责释放。

接口函数 GetLanguages() 用来获取资源包列表支持的所有语言，其函数原型如代码清单 4-25 所示。

代码清单 4-25 GetLanguages() 函数原型

```
typedef EFI_STATUS (EFIAPI *EFI_HII_GET_LANGUAGES) (
    IN CONST EFI_HII_STRING_PROTOCOL *This, //Protocol实例
    IN EFI_HII_HANDLE PackageList,     //在此包列表中查询
    IN OUT CHAR8 *Languages,           //返回所支持语言，以ASCII字符串表示
    IN OUT UINTN *LanguagesSize        //调用时表示缓冲区大小，
                                       //返回时表示Languages字符串大小
);
```

上述代码所得到的字符串是标准的 ASCII 字符串，包含了该资源包列表中支持的所有语言。

在实际编程时，我们也可以使用 HiiLib 提供的函数，对字符串资源进行操作。HiiLib 是 EDK2 提供的 HII 操作库，对 HII Protocol（包括字符串 Protocol、字体 Protocol 等）进行了封装。比如，HiiLib 封装了获取字符串的函数 HiiGetString()、获取支持语言的函数 HiiGetSupportLanguages() 等，相比直接使用字符串 Protocol，使用 HiiLib 更为简单。

HiiLib 中的函数就不一一介绍了，读者可以在 EDK2 的源码中查看、学习。

3. 使用 HII 字符串

4.3 节开篇部分介绍了字符串资源的使用方法。首先是向 HII 数据库注册字符串资源，然后通过字符串 Protocol 或 HiiLib 中的函数，获取相应的字符串。

在代码清单 4-19 中，example.uni 文件中的字符串转换为了 unisgned char 型的数组 HiiCHSStrings[]。注意，编程的时候，这个数组是由 EDK2 的编译工具生成的，其名称由 INF 文件中的 Defines 块的 BASE_NAME 决定。示例 HiiCHS 中定义的 BASE_NAME=HiiCHS，由编译工具生成了数组 HiiCHSStrings[]。

我们可以直接使用 HiiAddPackages() 函数向 HII 数据库注册字符串资源，如示例 4-14 所示。

【示例 4-14】注册字符串资源。

```
EFI_GUID mStrPackageGuid = {0xedd31def, 0xf262, 0xc24e, \
                  0xa2, 0xe4, 0xde, 0xf7, 0xde, 0xcd, 0xcd, 0xee};
EFI_HANDLE HiiHandle = HiiAddPackages(&mStrPackageGuid, //资源包列表GUID
                                      gImageHandle,     //从属的设备句柄
                                      HiiCHSStrings,    //字符串资源包列表
                                      NULL);            //列表最后的元素必须为NULL
```

注意，使用 HiiAddPackages() 函数注册字符串资源后，所得到的句柄 HiiHandle 必须保存好，在获取字符串、获取支持语言等接口函数中，这些句柄用来指明需要检索的包列表。

注册完字符串后，我们可以通过设定语言和字符串 ID，在包列表中获取需要的字符串。示例 4-15 所示为针对简体中文，获取与 STR_HELLOWORLD 对应的字符串。

【示例 4-15】获取字符串资源。

```
EFI_STATUS TestString(EFI_HANDLE HiiHandle)
{
    EFI_STATUS Status = 0;
    CHAR8 *BestLanguage = "zh-Hans";
    EFI_STRING TempString = NULL;
    UINTN StringSize = 0;
    Status = gHiiString->GetString(
        gHiiString, BestLanguage, HiiHandle,    //指定语言和需要检索的包列表
        STRING_TOKEN(STR_HELLOWORLD),           //字符串ID
        TempString,                             //缓冲区
        &StringSize,
        NULL);
    if (Status == EFI_BUFFER_TOO_SMALL)         //分配内存，并重新获取字符串
    {
        Status = gBS->AllocatePool(EfiBootServicesData,
                                   StringSize, (void **)&TempString);
        if (EFI_ERROR(Status)) return EFI_BUFFER_TOO_SMALL;
        Status = gHiiString->GetString(
            gHiiString,  BestLanguage, HiiHandle,
```

```
            STRING_TOKEN(STR_HELLOWORLD),
            TempString,
            &StringSize,
            NULL);
        Print(L"%s\n", TempString);
        gBS->FreePool(TempString);
    }
    return 0;
}
```

4.4 本章小结

本章主要介绍了UEFI的图形编程、汉字显示以及HII字体和字符串的使用。

相比Legacy BIOS，UEFI的图形编程屏蔽了很多细节，因此更为简单。不过，两者的编程流程差不多：

1）根据应用场景的要求，设置显示模式，确定屏幕的画图区域。

2）使用接口函数，在屏幕上绘制图形。

UEFI使用Blt进行图形显示，本章在这个基础上，构造了图形显示的各类基本函数，包括与读写像素点、画线、画圆、画矩形相关的函数，这些函数可以很方便地直接应用于UEFI项目中。

本章针对汉字显示提供了两种方法，写像素点的方法和HII的方法。写像素点方法主要使用基本的写像素点函数，根据提取的汉字字模显示指定的汉字；HII方法基于UEFI的HII，使用资源包的形式进行汉字的显示。

HII字体和字符串都属于HII的资源，其使用流程如下。

1）将字体或字符串资源组织在HII资源包中，使用HiiAddPackages()函数向UEFI的系统HII数据库注册资源。

2）使用与各资源对应的Protocol对资源进行访问。

HII字体包括SimpleFont和Font两种格式，SimpleFont格式还可以分为窄字符和宽字符两种类型。HII字体的资源信息，即字符的字模信息可通过本章提供的工具提取，并组织成HII字体所要求的资源包向HII数据库进行注册。之后使用字体Protocol提供的接口函数StringToImage()，将字符显示到屏幕上，从而实现HII方式的汉字显示。

本章所介绍的内容是在UEFI下进行图像处理和GUI的基础。下一章我们讲述在UEFI下如何进行图像的处理，以及如何实现图像特效。

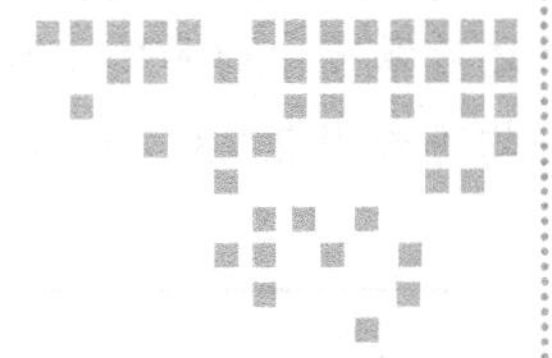

第 5 章 Chapter 5

图像显示及特效

一图胜千言，特别是在商业产品上，好的图像展示能非常简洁地传达出产品的特征、厂家的信息，给用户留下深刻的印象。比如 UEFI BIOS 的启动界面，很多厂家都会将公司 Logo 在此展示，这样很容易让用户对产品留下印象。

这里所说的图像，与第 4 章讨论的图形不同。计算机图形指的是计算机绘制的可视几何块，像线段、圆、矩形等。本章要介绍的图像，则是指由相机、扫描仪等输入设备输入并存储在计算机中的数字信息，它可以通过程序在计算机屏幕上再次显现。

现在计算机科学领域，已经有相当多的图像格式，旧的格式逐渐被淘汰，新的格式也在不断出现。不过，在底层编程领域常用的格式不多。在笔者的日常开发中，常用的有 BMP 格式和 PCX 格式，偶尔会使用 JPEG 格式。其中，底层编程中使用最为广泛的是 BMP 格式，大部分 BIOS 启动界面使用的都是 BMP 格式的图像。

在 UEFI 提供的图形显示接口中，屏蔽了很多与显示相关的硬件细节，用户不需要关心显示模式是 16 色、256 色还是其他颜色数目，以及随之而来的各种不同的显示方式（Legacy BIOS 下需要关心这些细节）。在 4.1.1 节介绍过，UEFI 的颜色结构体使用了 3 字节来表示 RGB，也就是说 UEFI 天然地支持 24 位真彩色的图像。其他类型的图像，比如 256 色的 BMP 图，需要进行转换才能在 UEFI 上显示。

本章主要介绍如何在 UEFI 下进行图像的显示，以及如何实现图像特效。UEFI 下图像的显示有两种方法：一种是对图像格式进行解析，使用 4.1.2 节实现的写像素点函数或其他写屏函数，在屏幕上显示图像；另一种是使用 HII 提供的机制，使用图像 Protocol 的相应接口函数，对 HII 支持的图像进行解码和显示。

提示 本章及之后章节中的示例工程，位于随书代码 RobinPkg\Applications 文件夹下，这些代码均可参考 2.1.3 节中介绍的方法进行编译和测试，如无必要，不再单独进行说明。

5.1 UEFI 图像显示——写屏方式

笔者在开发底层的程序时，常遇到客户要求修改程序界面的情况。程序一般是存储在 PCIE 卡的 ROM 上，或者以模块的方式与 BIOS 一起编译，可用存储空间很小，大部分不超过 64KB。在这么小的空间中，要存储程序代码和图像数据，是非常有挑战性的。

为了实现修改程序界面的目标，必须对图像格式有深入了解，以期在捉襟见肘的 ROM 空间中塞下足够多的图像数据。笔者常用的图像格式有 BMP 格式、PCX 格式和 JPEG 格式，它们能适应不同的应用需求。下面详细介绍这几种图像格式。

5.1.1 BMP 图像显示

BMP 图像文件最早应用于微软公司的 Windows 系统中，早期的 Windows 系统（比如 Windows XP）自带的画图程序，都使用 BMP 格式作为默认支持格式。随着 Windows 系统逐渐占领桌面市场，BMP 图像文件格式越来越受重视。而 BMP 格式是 Windows 环境中与图相关的数据的标准，Windows 环境中的图形图像软件都支持这种格式。

另外，由于 BMP 图像格式相对简单，大部分的嵌入式系统和底层系统也都支持该格式。在 EDK2 的源代码中，对 BMP 格式提供了一定的支持，包括 BMP 格式的数据结构，以及一些示例函数。我们可以直接参考这些示例函数，编写自己的显示代码。

1. BMP 图像文件格式

BMP 的图像文件由如下 3 个部分组成。

- 位图文件头（BMP_IMAGE_HEADER）信息。
- 位图颜色表（BMP_COLOR_MAP）数据（24 位真彩色 BMP 图没有此部分内容）。
- 位图点阵数据。

位图文件头的数据结构中包含 BMP 图像文件的类型、大小，以及位图点阵在文件中的偏移位置、位图宽度和位图高度等信息，如代码清单 5-1 所示。

代码清单 5-1 位图文件头数据结构

```
typedef struct {
    CHAR8           CharB;              //'B'
    CHAR8           CharM;              //'M'表示为BMP文件
    UINT32          Size;               //位图文件的大小
```

```
    UINT16        Reserved[2];     //保留字，必须为0
    UINT32        ImageOffset;     //位图数据距离文件头的偏移
    UINT32        HeaderSize;      //从此字段到结构尾的长度，0x28
    UINT32        PixelWidth;      //位图宽
    UINT32        PixelHeight;     //位图高
    UINT16        Planes;          //必须为1
    UINT16        BitPerPixel;     //1、4、8或 24
    UINT32        CompressionType; //压缩方式，可以是0、1、2，0表示不压缩
    UINT32        ImageSize;       //位图数据实际占用的字节数
    UINT32        XPixelsPerMeter; //X方向分辨率，目标设备每米像素数
    UINT32        YPixelsPerMeter; //Y方向分辨率，目标设备每米像素数
    UINT32        NumberOfColors;  //使用的颜色数，0表示默认值2^BitPerPixel
    UINT32        ImportantColors; //重要影响的颜色索引数目，为0则表示所有都重要
} BMP_IMAGE_HEADER;
```

很多介绍图像格式的书籍中，在描述 BMP 文件结构时候，一般都将 BMP_IMAGE_HEADER 拆成两个数据结构——位图文件头结构和位图信息头结构。这两个结构以成员变量 HeaderSize 为界，这也就是为什么 HeaderSize 的值表示的是本身字段到结构体结尾的长度。不过，UEFI 中一般还是用一个数据结构来表示位图文件头结构，我们沿用这种做法。

代码清单 5-1 中已经详细注释了各成员变量的含义，下面对需要特别注意的成员变量进行解释。

- ImageOffset：表示位图点阵信息相对于整个文件的起始位置。它采用的是小端存储的方式，比如其值为 0x36 0x04 0x00 0x00，表示是 0x436。
- BitPerPixel：给出每个像素的位数，其值必须是 1（单色）、4（16 色）、8（256 色）和 24（24 位真彩色）之一。256 色及其以下的图像，还会使用位图颜色表数据（也有的称为调色板数据）的索引值来表示位图的点阵数据。
- CompressionType：给出该图像所使用的压缩类型。值为 0 表示不压缩；值为 1 表示采用 8 位游程编码（BI_RLE8），只用于像素需要 8 位表示的图像；值为 2 表示采用 4 位游程编码（BI_RLE4），用于像素需要 4 位表示的图像。
- NumberOfColors：给出位图数据中图像实际使用的颜色数。如果此值为 0，则图像使用的颜色数为 2^ BitPerPixel（比如 BitPerPixel=8，表示 256 色）。如果不为 0，且 BitPerPixel 小于 24，则表示图形设备或驱动程序实际使用的颜色数；BitPerPixel 等于 24，则给出优化调色板性能的参考色彩表大小。此成员变量在编程时一般不使用。

在位图文件头后，紧接着的是位图颜色表数据，这段数据使用的数据结构如代码清单 5-2 所示。

代码清单 5-2　位图颜色表数据结构

```
typedef struct {
```

```
    UINT8    Blue;        //蓝色分量
    UINT8    Green;       //绿色分量
    UINT8    Red;         //红色分量
    UINT8    Reserved;    //保留
} BMP_COLOR_MAP;
```

位图颜色表的数据存于 BMP_COLOR_MAP 型数组中，数组的下标序号为颜色索引值。需要注意的是，24 位真彩色的图像是不需要位图颜色表的。BMP_COLOR_MAP 数组的元素个数是由位图使用的颜色数决定的，16 色图像有 16 个元素，256 色图像则有 256 个元素。

BMP 图像最后一部分是位图点阵数据，它由颜色索引值（单色、16 色、256 色图像）或 3 字节的颜色值（24 位真彩色图像）组成。24 位真彩色所使用的 3 字节颜色，分别由蓝色分量、绿色分量和红色分量组成，它们的颜色取值范围都是 0 至 255。图 5-1 所示为 BMP 图像的显示结构。

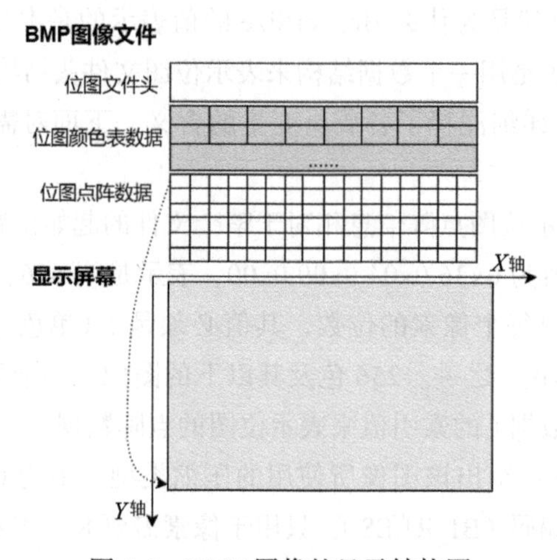

图 5-1　BMP 图像的显示结构图

图 5-1 中给出了 BMP 图像文件的结构，以及位图点阵数据与显示屏幕的对应关系。位图点阵数据记录了图像的每一个像素值，在生成图像时，从屏幕的左下角开始逐行扫描图像，即从左到右、从下到上，将图像的像素值一一存入位图点阵数据中。

位图点阵数据的存储格式有压缩和非压缩两种，由 BMP_IMAGE_HEADER 的成员变量 CompressionType 决定。本节所演示的图像是 24 位真彩色 BMP 图，没有使用压缩的存储格式（对于 BMP 图像如何压缩的内容本书不会涉及）。读者如果对 BMP 图的压缩类型 BI_RLE8 和 BI_RLE_4 感兴趣，请自行查找相关的资料。

非压缩格式的 BMP 图，其位图中每一个点的像素值都对应于位图点阵数据的若干位，而点阵数据的大小由图像的宽度、高度和颜色数决定。在理解位图点阵数据的内容时，需要注意以下两点。

1）**位图扫描行与位图点阵的关系**。位图点阵数据是按照扫描行的像素来存储的，而且所存储的数据是4字节对齐的。具体来说，假设记录一个扫描行的像素值需要 n 字节，如果 (n%4)==0，则直接将此扫描行的像素值记录即可；如果 (n%4)!=0，则应该以0补足4–(n%4) 字节，保证每个扫描行存储的数据是4字节对齐的。

2）**位图像素值与位图点阵的关系**。这与BitPerPixel的值有关，设某扫描行的像素值有 n 字节，分别为 $b_0, b_1, b_2 \cdots b_{n-1}$，每个字节包含8位，从位0到位7，则：

- 当BitPerPixel==1时，每个字节可以记录8个像素的颜色索引值。b_0 的位0记录第1个像素的颜色索引值，位1记录第2个像素的颜色索引值……位7记录第8个像素的颜色索引值；b_1 中的8位从低到高分别记录第9～16个像素的颜色索引值；依此类推。
- 当BitPerPixel==4时，b_0 的位7～4记录了第1个像素的颜色索引值，位3～0记录了第2个像素的颜色索引值；b_1 的位7～4记录了第3个像素的颜色索引值，位3～0记录了第4个像素的颜色索引值；依此类推。
- 当BitPerPixel==8时，b_0 记录了第1个像素的颜色索引值；b_1 记录了第2个像素的颜色索引值；依此类推。
- 当BitPerPixel==24时，b_0、b_1、b_2 分别记录了位图的第1个像素蓝色分量、绿色分量和红色分量；b_3、b_4、b_5 则记录了第2个像素的颜色分量；依此类推。

2. 图像显示

了解了BMP图像文件格式后，我们就可以解析BMP文件，并通过写像素点的方式将图像在屏幕上显示出来。笔者所准备的示例位于随书代码的RobinPkg\Applications\ShowBMP文件夹下。

为方便后续的程序演示，笔者在示例工程中准备了文件访问的函数。我们使用了UEFI的文件访问Protocol，也就是用EFI_FILE_PROTOCOL来构造文件访问函数，构造方法与4.1.2节中介绍的构造图形函数的方法类似。该文件访问函数的实现代码位于FileRw.c和FileRw.h中，其中包括以下几个文件处理函数。

- OpenFile()：根据文件名打开文件，并返回文件句柄。
- CloseFile()：根据给定的文件句柄，关闭文件。
- ReadFile()：读取文件的内容，输出到指定的缓冲区中。
- WriteFile()：向指定的文件写入数据，数据由指定缓冲区给出。
- SetFilePosition()：设置文件位置指针。
- GetFilePosition()：获取文件位置指针。

所有函数的用法，与C语言标准库中的文件处理函数类似，这里就不再一一介绍了。

256色的BMP图像存储在位图点阵数据区的像素其实是颜色索引值，真实的颜色由位图颜色表给出。因此，在处理时需要将索引值（1 字节）转换为 UEFI 环境能认识的颜色，之后才能进行显示。示例 5-1 给出了显示 256 色 BMP 图像的函数示例。

【示例 5-1】256 色 BMP 图像显示。

```
EFI_STATUS ShowBMP256(CHAR16 *fileName,UINTN x,UINTN y)
{
    VOID *buffBMP = NULL;                              //存储图像的缓冲器
    BMP_IMAGE_HEADER imageHeader;                      //位图头文件
    EFI_FILE_PROTOCOL *file;                           //文件实例
    UINTN bufLength = sizeof(BMP_IMAGE_HEADER); //BMP文件头长度
    UINTN index,j,middleValue;                         //交换数据时使用的变量
    UINT8 *middleBuff, *bmpdata, *bmpplatte;
    OpenFile(&file, fileName, EFI_FILE_MODE_READ);//打开文件
    ReadFile(file,&bufLength, &imageHeader);         //读取BMP文件头
    buffBMP = AllocateZeroPool(imageHeader.Size);  //分配需要存储BMP文件的内存
    SetFilePosition(file, 0);                          //文件最开始处
    bufLength = (UINTN)(imageHeader.Size);
    ReadFile(file,&bufLength, buffBMP);                //BMP文件全部读入
    middleValue = (imageHeader.PixelHeight / 2);
    bmpdata=(UINT8 *)buffBMP + imageHeader.ImageOffset; //BMP图像点阵数据位置
    bmpplatte=(UINT8 *)buffBMP + sizeof(BMP_IMAGE_HEADER);//BMP位图颜色表位置
    middleBuff = AllocateZeroPool(imageHeader.PixelWidth);
    for(j=0; j<middleValue; j++)
    {
        index = imageHeader.PixelHeight - 1 -j;
        CopyMem(middleBuff,bmpdata+j*imageHeader.PixelWidth,
            imageHeader.PixelWidth);
        CopyMem(bmpdata+j*imageHeader.PixelWidth,
            bmpdata+index*imageHeader.PixelWidth,imageHeader.PixelWidth);
        CopyMem(bmpdata+index*imageHeader.PixelWidth,middleBuff,
            imageHeader.PixelWidth);
    }
    //给定颜色表、点阵数据，进行256色BMP图像的显示
    putBMP256(x,y,imageHeader.PixelWidth,imageHeader.PixelHeight,
       (EFI_GRAPHICS_OUTPUT_BLT_PIXEL *)bmpplatte ,bmpdata,0);
    FreePool(buffBMP);
    FreePool(middleBuff);
    CloseFile(file);
    return EFI_SUCCESS;
}
//实现256色BMP图像显示的函数
VOID putBMP256(UINTN x,UINTN y,UINTN Width,UINTN Height,//显示位置和图像宽高
    EFI_GRAPHICS_OUTPUT_BLT_PIXEL *ColorTable,            //BMP图颜色表数据
    UINT8 *Picture,      //BMP图像点阵数据
    UINT8 MaskColor)     //掩码颜色，指定不显示的索引值
{
    UINTN i,j;
    UINT32 index=0;
    UINT8 color_number;
    for(j=y;j<Height+y;j++)
```

```
        for(i=x;i<Width+x;i++)
        {
            color_number=Picture[index];
            if(color_number!=MaskColor)
                putpixel(i,j,&(ColorTable[color_number]));
            ++index;
        }
    }
```

示例 5-1 给出了 ShowBMP256() 和 putBMP256() 两个函数，前者用来处理 BMP 文件，将颜色表数据和点阵数据提取出来；后者则根据得到的数据调用写像素点函数，将图像显示在屏幕上。

使用示例 5-1 给出的这种方式显示图像效率比较低，图像显示的速度非常慢。在本节提供的工程文件中已经实现了快速显示的函数，该函数采用直接缓冲区写屏的方式来替代写像素点的方式，有兴趣的读者可以研究这些函数的实现。另外，目前所实现的示例中，为了编程简单，并没有处理 BMP 位图扫描行 4 字节对齐的问题。也就是说，如果提供的 256 色 BMP 文件的宽度不能整除 4，是无法正常显示的。这个任务也留给读者，大家可以在现有函数的基础上进行改造，解决这个小缺陷。

24 位真彩色的 BMP 图像的显示相对简单些。主要是因为它没有颜色表数据，点阵数据区的颜色与 UEFI 使用的颜色数据结构是一致的，内存复制也比较方便。为了演示其显示方法，笔者实现了使用写像素点显示 24 位真彩色 BMP 图像的代码，如示例 5-2 所示。

【示例 5-2】24 位真彩色 BMP 图像显示。

```
EFI_STATUS ShowBMP24True(CHAR16 *fileName,UINTN x,UINTN y)
{
    VOID *buffBMP = NULL;                                    //存储图像的缓冲器
    BMP_IMAGE_HEADER imageHeader;                            //位图头文件
    EFI_FILE_PROTOCOL *file;                                 //文件实例
    UINTN bufLength = sizeof(BMP_IMAGE_HEADER);              //BMP文件头长度
    UINTN i, j, maxX, maxY, index;
    EFI_GRAPHICS_OUTPUT_BLT_PIXEL color;
    UINT8 *pic=NULL;
    OpenFile(&file, fileName, EFI_FILE_MODE_READ);           //打开文件
    ReadFile(file,&bufLength, &imageHeader);                 //读取BMP图像文件头
    buffBMP = AllocateZeroPool(imageHeader.Size);
    SetFilePosition(file, 0);                                //文件最开始处
    bufLength = (UINTN)(imageHeader.Size);
    Status=ReadFile(file,&bufLength, buffBMP);               //BMP文件读入
    pic=(UINT8 *)buffBMP;
    maxX = imageHeader.PixelWidth-1;
    maxY = imageHeader.PixelHeight-1;
    index = imageHeader.ImageOffset;
    for(i=0;i<=maxY;i++)
        for(j=x;j<=maxX+x;j++)
        {
```

```
                color.Blue = pic[index];
                color.Green = pic[index+1];
                color.Red = pic[index+2];
                color.Reserved = 0;
                putpixel(j,maxY+y-i,&color);
                index+=3;
            }
        FreePool(buffBMP);
        CloseFile(file);
        return EFI_SUCCESS;
}
```

与示例 5-1 一样，示例 5-2 也没有处理扫描行数据的 4 字节对齐的问题，请读者自行解决。另外，采用写像素点方式显示 24 位真彩色 BMP 图像，速度同样很慢。这个问题可以通过将图像数据读取到内存，直接调用 EfiBltBufferToVideo 的 Blt() 接口函数来解决。笔者准备了函数 ConvertBmpToGopBlt()，其可将各种位色的 BMP 图像转换为符合 Blt() 接口调用的缓冲区数据，这样能大大加快显示速度。

5.1.2 PCX 图像显示

PCX 图像文件格式最早在 Zsoft 公司的 PC Paintbrush 图像软件中使用，其因具有体积小、无损压缩的特点，被用户广泛接受。微软公司将该文件格式移植到 Windows 环境中，成为 Windows 系统支持的通用图像格式。PCX 图像文件格式在 Windows 3.1 中广泛应用，之后被越来越多的图形图像软件支持。

随着图像格式的发展，PCX 也渐渐被 JPEG、PNG 等图像格式取代。不过，由于它的压缩方式比较容易理解，编程难度不高，在底层编程中仍常常用到。

1. PCX 图像文件格式

与 BMP 图像不同，EDK2 中没有直接对 PCX 图像格式进行支持，所以用到的数据结构需要自己编写。PCX 图像文件包含如下 3 个部分内容。

- PCX 图像文件头，占 128 字节，包含 PCX 图像文件的版本、大小、编码方式等各种信息。
- 压缩图像数据部分，任意大小。
- 256 色的 PCX 图像结尾带有 256 色的颜色表数据（即调色板数据），共 768 字节。24 位真彩色的 PCX 图像没有这部分数据。

代码清单 5-3 给出了 PCX 图像文件头的数据结构。

代码清单 5-3 PCX 图像文件头数据结构

```
typedef struct pcx_header_type
{
    UINT8 Manufacturer;  //Zsoft标志，0x0A表示Zsoft PCX文件
```

```
    UINT8 version;                    //版本号
    UINT8 Encoding;                   //RLE（游程编码）
    UINT8 BitsPerPixel;               //每个像素所占位，可能为1、2、4、8
    UINT16 xMin,yMin;                 //图像大小，以像素为单位
    UINT16 xMax,yMax;                 //图像大小，以像素为单位
    UINT16 Hres;                      //水平分辨率
    UINT16 Vres;                      //垂直分辨率
    UINT8 ColorMap[48];               //文件头调色板，只对16色图像有效
    UINT8 reserved;
    UINT8 ColorPlanes;                //彩色平面数，可为1、2、3、4。24位真彩色PCX图像为3
    UINT16 BytesPerLine;              //每行的字节数，必定为偶数
    UINT16 PaletteType;               //调色板类型，只对VGA卡有作用
    UINT8 padding[58];                //保留字节
} PCX_HEADER, *PCX_HEADER_PTR;
```

对上面的数据结构中涉及的部分成员变量解释如下。

- version：表示 PC Paintbrush 的版本信息，值为 0 表示 PC Paintbrush 的版本为 2.5，是最早的产品；值为 5 表示版本为 3.0 或更新，图像文件可能为 256 色。当为 24 位真彩色的 PCX 图像时，此值为 5。
- BitsPerPixel：用于表示图像中的像素占用几位，可能的取值有 1、2、4、8。当为 24 位真彩色的 PCX 图像时，此值为 8。
- xMin,yMin，xMax,yMax：这 4 个成员变量决定了图像的大小。xMax–xMin+1、yMax–yMin+1 分别为 *X*、*Y* 轴方向的像素个数，xMin 和 yMin 一般都为 0。
- ColorPlanes：彩色平面数，它和 BitsPerPixel 共同决定了图像的类别。比如当为 24 位真彩色的 PCX 图像时，其 ColorPlanes 为 3，BitsPerPixel 为 8。

PCX 图像格式采用的是游程编码（Run Length Encoding，RLE），这是一种用来压缩重复字符串大小的技术。典型的 RLE 用 2 字节来存储：第一个字节为重复的个数，第二个字节为值。当然，PCX 图像不是直接采用这种方式编码的，设计者在设计的时候采用了某种折中的方式。

以 BitsPerPixel 为 8 时的图像为例（256 色或 24 位真彩色 PCX 图像），其编码方式如下。

1）压缩的 PCX 图像数据分为两种：一种是记录数据（某一像素值的个数），一种是真实数据（像素值）。

2）PCX 的图像数据里，如果每个字节最高两位都为 1（即大于 0xC0），则此数据为记录数据，记录的是下一个数据作为像素值在原图中连续出现的次数（与 0xC0 的差值）。比如 0xC2，0x64 解码后为 0x64，0x64，即两个像素点的像素值为 0x64。这是多个连续相同像素值的编码方法。

3）如果原图中的单个像素值本身小于 0xC0，则直接存储。

4）如果原图中的单个像素大于 0xC0，仍旧采用第 2 步的方法，即使用记录数据 + 真

实数据的方式存储。以单个像素值 0xC7 为例，它在 PCX 图像数据中是以 0xC1,0xC7 两个字节存储的。

另外，需要特别注意的是，PCX 图像是按行进行扫描的。观察其结构可以知道，其每行字节数 BytesPerLine 一定是偶数，所以在编码的时候，若图像宽度为奇数，则必须以 0 补足。比如 5×3 的 PCX 图像，其每行实际字节数为 5，每行末尾会加上 0 补足，以保证每个扫描行为偶数个像素的要求。

对于 256 色的 PCX 图像，像素值填写的是调色板索引（1 字节），按照上述的规则编码处理就行了。这种编码方式比较容易理解，我们就不展开叙述了。24 位真彩色 PCX 图像的编码，有些复杂，下面着重解释。

图 5-2 所示为宽度为 5、高度为 3 的 24 位真彩色 PCX 图像的编码过程。

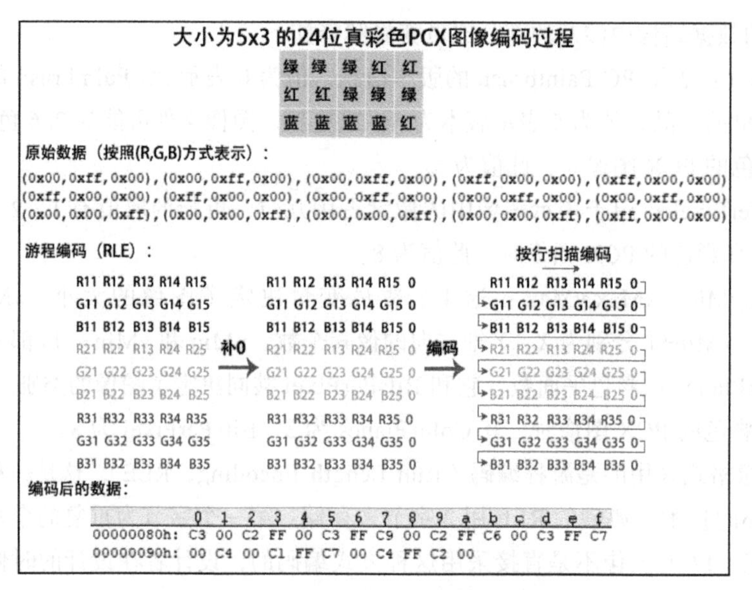

图 5-2　24 位真彩 PCX 图像编码过程

24 位真彩色 PCX 图像的像素与 24 位真彩色 BMP 图像的一样，它们都是由 3 字节表示的。图 5-2 给出的图像为 5×3，原始数据以矩阵的形式表示时，第一个像素的颜色为（R11,G11,B11），依此类推。需要注意的是，PCX 图像用原始数据表示时，是以行扫描的方式进行的，按照像素的红色分量、绿色分量、蓝色分量的顺序进行排列。

为保证每行的数据个数为偶数，应对每行数据进行补 0 操作，从图中可以观察到这个过程。补 0 完成后，按照上述 RLE 的编码方式对数据进行行扫描编码，即可得到 24 位真彩色 PCX 图像的压缩数据。

2. 图像显示

本节提供的示例程序位于随书代码的 RobinPkg\Applications\ShowPCX 文件夹下，所有处理 PCX 的代码都在源文件 Pictures.c 和 Pictures.h 中，包括解码 24 位真彩色 PCX 图像和 256 色 PCX 图像的函数，以及相关显示函数。

24 位真彩色 PCX 图像的解码过程与 256 色的 PCX 图像的解码过程类似。下面以 24 位真彩色 PCX 图像的解码过程为例，介绍显示 PCX 图像的代码编写方法。对于 256 色 PCX 图像的相关代码，请读者查阅本节示例工程 ShowPCX 中的函数。

示例 5-3 所示为 24 位真彩色 PCX 图像的解码实现代码。

【示例 5-3】24 位真彩色 PCX 图像解码。

```
EFI_STATUS decompressPCX24bits(IN EFI_FILE_PROTOCOL *file,
                               OUT EFI_GRAPHICS_OUTPUT_BLT_PIXEL *BltBuffer)
{
    EFI_STATUS Status;
    UINT32 Width, Height, x, y;
    INT32 nbytes,count;                  //PCX数据区字节数
    UINT8 *pcximage, *lptemp, bPixel;
    PCX_HEADER curPCXheader;             //PCX文件头
    UINTN bufLength = sizeof(PCX_HEADER);
    SetFilePosition(file, 0);            //跳转到文件最开始处
    ReadFile(file,&bufLength, &curPCXheader);
    Width = (curPCXheader.xMax - curPCXheader.xMin) + 1;
    Height = (curPCXheader.yMax - curPCXheader.yMin) + 1;
    nbytes = (INT32)((UINT32)curPCXheader.BytesPerLine * \
                (UINT32)curPCXheader.ColorPlanes * (UINT32)Height);
    //1:解码数据到缓冲区
    pcximage = AllocateZeroPool(nbytes);
    if(pcximage  ==  NULL)
        return EFI_ABORTED;
    lptemp = pcximage;
    while (nbytes > 0)
    {
        bufLength = 1;
        ReadFile(file, &bufLength, &bPixel);
        if ((bPixel & 0XC0) != 0XC0)  //对数据进行判断处理
        {
            *pcximage++ = bPixel;
            --nbytes;
        }
        else
        {
            count = bPixel & 0x3F;        //像素数目
            ReadFile(file,&bufLength, &bPixel);
            if(count > nbytes)
            {
                FreePool(lptemp);
                return EFI_ABORTED;     //致命错误，得到的pixel数目大于剩余文件字节数
            }
            nbytes -= count;
            while (--count >=0) *pcximage++ = bPixel;
```

```
        }
    }
    //2: 将颜色数据输出到指定的bltBuffer中
    pcximage = lptemp;
    for (y = 0; y < Height; y++)
    {
        for (x = 0; x < Width; x++)
        {
            BltBuffer[y * Width + x].Red =\
                pcximage[(UINT32)curPCXheader.BytesPerLine * (3 * y + 0) + x];
            BltBuffer[y * Width + x].Green =\
                pcximage[(UINT32)curPCXheader.BytesPerLine * (3 * y + 1) + x];
            BltBuffer[y * Width + x].Blue = \
                pcximage[(UINT32)curPCXheader.BytesPerLine * (3 * y + 2) + x];
        }
    }
    FreePool(pcximage);
    return EFI_SUCCESS;
}
```

示例 5-3 中所示解码函数的主要作用是对给定的 24 位真彩色 PCX 图像文件进行解压，并将其转换为适合 Blt() 接口函数使用的缓冲区数据。Blt 缓冲区的内存应由调用者申请和释放，文件句柄也由调用者准备。示例 5-4 所示为相应的实现代码，只需要知道 24 位真彩色 PCX 图像的文件名，以及需要显示的屏幕位置，即可将图像显示出来。

【示例 5-4】24 位真彩色 PCX 图像显示。

```
EFI_STATUS  ShowPCX24True(CHAR16 *fileName,UINTN x,UINTN y)
{
    EFI_FILE_PROTOCOL *file;
    PCX_HEADER PCXheader;     //PCX文件头
    UINTN bufLength = sizeof(PCX_HEADER);
    UINT32 Width, Height;
    EFI_GRAPHICS_OUTPUT_BLT_PIXEL *bltBuffer=NULL;
    OpenFile(&file, fileName, EFI_FILE_MODE_READ);
    ReadFile(file,&bufLength, &PCXheader);
    Width = (PCXheader.xMax - PCXheader.xMin) + 1;
    Height = (PCXheader.yMax - PCXheader.yMin) + 1;
    bufLength  = sizeof(EFI_GRAPHICS_OUTPUT_BLT_PIXEL)*Width*Height;
    bltBuffer= AllocateZeroPool(bufLength);
    decompressPCX24bits_fast(file, bltBuffer);  //解码PCX文件
    putRectImage(x, y, Width, Height, bltBuffer);
    CloseFile(file);
    FreePool(bltBuffer);
    return EFI_SUCCESS;
}
```

5.1.3　JPEG 图像显示

在日常的项目开发中，除去 BMP 格式和 PCX 格式这种比较容易理解的图像格式外，也会遇到编码比较复杂的图像格式，比如 JPEG 格式、PNG 格式等。遇到这种需求时，笔者采取的方法一般是先大致了解图像格式的编码，再使用开源的图像解码库实现项目的目标。本节以 JPEG 格式图像的显示为例，介绍使用开源 JPEG 解码库对图像进行解码，并在 UEFI 环境下显示 JPEG 图像的过程。

1. JPEG 图像文件格式

JPEG（Joint Photographic Experts Group）即联合图像专家小组，是由 CCITT（The International Telegraph and Telephone Consulative Committee）和国际标准化组织 ISO 于 1986 年联合成立的小组，专门负责制定静态数字图像的编码标准。他们制定的数字图像压缩编码方法，可用于静态图像编码，在电视图像的帧内图像压缩中也有广泛的应用，这些编码方法一般称为 JPEG 算法。

我们常说的 JPEG 图像，实际上是 JFIF（JPEG File Interchange Format），版本号为 1.02。这是由 Eric Hamilton 于 1992 年 9 月提出的，目前使用最为广泛。它由 JIF（JPEG Interchange Format）发展而来，相当于 JIF 的精简版本。JIF 另一应用广泛的派生标准是 EXIF（Exchange Image File Format），主要用在摄像设备上。

JPEG 文件大致可以分为两个部分——标记码（Tag）和压缩数据。标记码记录了文件的各种信息，包括图像大小、量化表、哈夫曼表等。压缩数据则是对原始数据使用 JPEG 算法变换而来，在压缩编码过程中，使用了各种压缩和数据编码方式对数据进行处理，包括离散余弦变换、哈夫曼编码等。

在图像压缩的过程中，使用了大量的数学算法，这些内容要想用一节的篇幅完整介绍是不可能的。本节专注于如何在 UEFI 环境下使用开源的 JPEG 解码库。我们只需要理解 JFIF 格式的结构，以及大致的图像编码解压过程就可以了。

JPEG 的标记码由 2 字节构成，前一个字节是固定值 0xFF，代表一个标记码的开始；后一个字节取不同的值代表不同的含义。每个标记码前可以添加数目不限的 0xFF 填充字节，即多个 0xFF 实际上可以理解为 1 个 0xFF。常用的标记码如表 5-1 所示。

表 5-1　常用 JPEG 标记码

名　称	值	含　义
SOI(Start Of Image)	0xFFD8	图像开始
APP0(Application 0)	0xFFE0	应用程序保留标记 0
APPn(Application n)	0xFFE1	应用程序保留标记 n，n=1~15
DQT(Define Quantization Table)	0xFFDB	定义量化表
SOF0(Start Of Frame)	0xFFC0	帧图像开始

（续）

名　称	值	含　义
DHT(Define Huffman Table)	0xFFC4	定义哈夫曼表
SOS(Start Of Scan)	0xFFDA	扫描开始
EOI(End Of Image)	0xFFD9	图像结束

除了表 5-1 给出的标记码外，JPEG 文件还包括其他各种标记码，比如 DRI、DHP 等。在一般的 JPEG 文件中，主要还是由表 5-1 所示的这 8 种标记码及其标记的数据组成。一个典型的 JPEG 文件的文件结构如表 5-2 所示。

表 5-2　JPEG 图像的文件结构

偏　移	长度（字节）	内　容	标记码	说　明
0x00	2	0xFFD8	SOI	图像开始
0x02	2	0xFFE0	APP0	JFIF 应用数据块
0x04	2			APP0 块的长度
0x06	5	"JFIF"+'\0'		识别 APP0 标记
0x0B	1			主版本号
0x0C	1			次版本号
0x0D	1			*X* 轴和 *Y* 轴的密度单位。值为 0 表示无单位；值为 1 表示点数 / 英寸⊖；值为 2 表示点数 / 厘米
0x0E	2			水平方向像素密度
0x10	2			垂直方向像素密度
0x12	1			缩略图水平像素数目
0x13	1			缩略图垂直像素数目
0x14	3*n*			缩略 RGB 位图，*n* 为缩略图的像素数
…	…	…	…	…
	2	0xFFC0	SOF0	帧图像开始
	2			SOF0 标记码长度，不包括标记码本身
	1			基本系统中为 0x08
	2			图像高度
	2			图像宽度
…	…	…	…	…
	2	0xFFD9	EOI	图像文件结束标记

从表 5-2 中可以看出，图像文件由标记码及其对应的数据组成。需要注意的是，JPEG 图像文件格式采用大端存储数据的方式，即高字节在前、低字节在后。比如标记码 SOF0 中，图像高度的数据为 0x01,0x62，代表图像文件高度为 0x162，即高度为 354 个像素。

JPEG 压缩是有损压缩，它利用了人的视觉系统的特性，使用量化和无损压缩编码相结

⊖ 英寸即 in，1in = 2.54cm。

合的方法，去掉视角的冗余信息和数据本身的冗余信息。它主要经过以下几个过程。

1）色彩空间转换，将其他颜色模式转换为 YCbCr 模式。

2）缩减取样，减少人类视觉系统不敏感的色度。

3）离散余弦变换（DCT）。

4）量化，使用量化表对数据进行处理。

5）熵编码，按 Z 字形对矩阵数据进行排列，然后对数据使用哈夫曼编码。

JPEG 的图像并非采用 RGB 或者 CMYK 模式，而是采用 YCbCr 模式。YCbCr 中的 Y 是指亮度分量，Cb 指蓝色色度分量，而 Cr 指红色色度分量。人的肉眼对视频的 Y 分量更敏感，因此对色度分量进行子采样来减少色度分量后，肉眼察觉不到图像质量的变化。

JPEG 图像采用 YCbCr 颜色模式，可以将亮度和颜色分开处理。在对亮度部分不做太多改变的情况下，对颜色进行压缩处理，这样就算图像损失了部分细节，人眼也不太容易捕捉到。我们在 UEFI 下使用的颜色模式，主要是 RGB 模式，RGB 模式与 YCbCr 之间的转换关系如下。

```
//YCbCr转换为RGB
R = Y+1.042(Cr-128)
G = Y-0.3414(Cb-128)-0.71414(Cr-128)
B = Y+1.772(Cb-128)
//RGB转换为YCbCr
Y =    0.299R + 0.587G + 0.114B
Cb = - 0.1687R - 0.3313G + 0.5B + 128
Cr =    0.5R - 0.4187G - 0.0813B + 128
```

这里给出的公式使用了浮点运算。但在实际使用中，YCbCr 的 3 个分量都是有符号整型数，RGB 的 3 个分量是 1 字节长无符号字符型数。

完成色彩空间转换后，就可进入编码压缩的过程了。整个压缩过程实际上都利用了人的视觉特点，尽量减少人眼不敏感的数据，同时减少数据冗余信息，图 5-3 所示为 JPEG 编码器和 JPEG 解码器的工作过程。

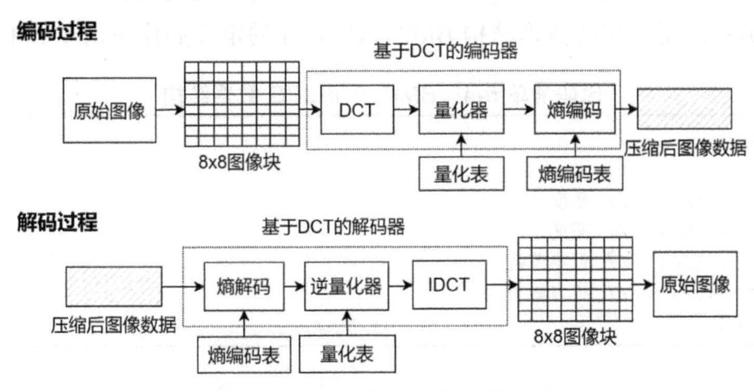

图 5-3　JPEG 的编码和解码过程

编码过程主要包含离散余弦变换、量化和熵编码 3 个过程，解码过程是编码过程的逆过程。本节的目标是显示 JPEG 图像，故我们主要关注解码过程的运作。这两个过程涉及很多数学运算，由于篇幅原因，在此不展开讲述，有兴趣的读者可以查找相关的资料自行学习。

2. 图像显示

开源的 JPEG 解码库很多，我们要寻找的是能够在 UEFI 下使用的 C 语言库。因此，所用的库不能是依赖于操作系统的库，但是可以依赖标准库 StdLib（若是能不依赖，最好不依赖）。笔者使用的是国内工程师 rockcarry 开发的 ffjpeg 库，它是一个非常简洁的 JPEG 图像解码和编码的 C 语言库，其 GitHub 的地址为 https://github.com/rockcarry/ffjpeg。

本节的示例程序位于随书代码的 RobinPkg\Applications\ShowJPEG 文件夹下，与 JPEG 图像处理相关的代码位于源文件 Pictures.c 和 Pictures.h 中。为保证示例程序结构一致，笔者没有使用 ffjpeg 库的文件架构，而是将需要使用的 29 个处理 JPEG 图像的函数移植到 Pictures.c 中了。另外，由于 ffjpeg 库使用了 C 语言标准库来实现，所以本节的示例工程 ShowJPEG 启用了对 StdLib 库的支持，以保证 ffjpeg 库的正常使用。

在示例工程 ShowJPEG 的头文件 Pictures.h 中，可以看到移植过来的 29 个 ffjpeg 库函数。通读一遍代码，可以看到整个 JPEG 图像的解码过程，包括色彩转换、数据分组、离线余弦变换、量化等过程。

当然，如果只是为了实现 JPEG 图像的解码显示，不需要读懂全部代码，只需要了解以下 4 个函数的用法就可以了。

- jfif_load()。加载 JPEG 图像文件，解析文件结构，并根据文件信息构建 jfif 对象。
- jfif_decode()。对传入的 jfif 对象进行数据解码，并将数据转换为 BMP_FORJPG 类型的位图数据。
- jfif_free()。回收 jfif 对象所使用的内存。
- bmp_free()。回收使用 BMP_FORJPG 类型变量时申请的内存。

在这些函数中，所使用的数据结构 BMP_FORJPG 的定义如代码清单 5-4 所示。

代码清单 5-4　BMP_FORJPG 数据结构

```
typedef struct
{
    int   width;    // 宽度
    int   height;   // 高度
    int   stride;   // 行字节数
    void *pdata;    // 指向数据
} BMP_FORJPG;
```

BMP_FORJPG 结构体是 ffjpeg 库中，专门用来存储 JPEG 图像转换后的位图数据的。

在此结构体中，成员变量 width 和 height 是图像的宽度和高度；成员变量 stride 表示图像的每个扫描行实际存储了多少字节数据；而 pdata 所指向的内存，由 jfif_decode() 函数在使用时申请，存入了图像的位图点阵数据。

此数据结构虽然有 BMP 的字样，但是与 5.1.1 节介绍的 BMP 图像的文件格式不同。其成员指针变量 pdata，是从左到右、从上到下按行扫描的方式保存屏幕数据的。也就是说，pdata 的前 3 字节对应的是屏幕左上角位置（0,0）处的颜色。pdata 中保存的位图点阵数据，也是以 3 字节来表示一个像素点的颜色，其顺序分别为蓝色分量、绿色分量和红色分量。

位图点阵数据按行扫描存储，并且 4 字节对齐，这与 BMP 图像文件格式类似。也就是说，BMP_FORJPG 结构体的成员变量 stride 是 4 的倍数。成员变量 stride 与成员变量 width 之间的关系可用代码表示如下。

```
if((width * 3) % 4 ==0)    //能整除4则stride为width的3倍
    stride = width * 3;
else                       //否则补足，使得stride能整除4
    stride = width * 3 + 4 - ((width * 3) % 4);
```

理解了 ffjpeg 的运作方式后，就可以编写显示 JPEG 图像的代码了，相关实现代码如示例 5-5 所示。

【示例 5-5】24 位真彩色 JPEG 图像显示。

```
EFI_STATUS ShowJPEG24True(char *fileName,UINTN x_,UINTN y_)
{
    EFI_GRAPHICS_OUTPUT_BLT_PIXEL *bltBuffer;
    void *jfif = NULL;
    BMP_FORJPG   bmp  = {0};
    int x, y, ret;
    UINT32 position, index, jpgWidth,jpgHeight;
    UINT8 *bmpdata;
    //1: 打开JPEG文件，并转换到对应的BMP文件中
    jfif = jfif_load(fileName);
    ret=jfif_decode(jfif, &bmp);
    jfif_free(jfif);
    //2: 将对应的图转换到bltBuffer中
    bltBuffer = AllocateZeroPool(sizeof(EFI_GRAPHICS_OUTPUT_BLT_PIXEL)*\
                                    (bmp.height) * (bmp.width));
    index = 0;
    bmpdata = (UINT8 *)(bmp.pdata);
    for (y = 0; y < bmp.height; y++)
    {
        position = y * (bmp.stride);        //按实际扫描行字节数处理数据
        for (x = 0; x < bmp.width; x++)
        {
            bltBuffer[index].Blue = bmpdata[position++];
            bltBuffer[index].Green = bmpdata[position++];
```

```
            bltBuffer[index].Red = bmpdata[position++];
            bltBuffer[index].Reserved = 0;
            ++index;
        }
    }
    jpgHeight = bmp.height;
    jpgWidth = bmp.width;
    bmp_free(&bmp);
    //3: 显示图像
    putRectImage(x_, y_, jpgWidth, jpgHeight, bltBuffer);
    FreePool(bltBuffer);
    return EFI_SUCCESS;
}
```

示例 5-5 中给出的函数 ShowJPEG24True()，对指定的 JPEG 图像文件进行解码，并将得到的数据转换为 Blt() 接口函数能使用的颜色缓冲区数据。最后调用相应的显示输出函数，将图像显示到屏幕上。

5.2 UEFI 图像显示——HII 方式

使用 HII 方式进行 UEFI 环境下的图像显示，采用的是类似于第 4 章介绍的汉字显示的方法，把图像当作 HII 的资源进行注册，再使用 HII 提供的图像 Protocol 显示图像。UEFI 规范中提供了 3 个与图像处理相关的 Protocol，分别是 EFI_HII_IMAGE_PROTOCOL、EFI_HII_EX_IMAGE_PROTOCOL 和 EFI_HII_IMAGE_DECODER_PROTOCOL。前两个用来实现图像的添加、设置和获取等功能，第三个用来对不同类型的图像进行解码。

从 UEFI 规范以及 IDF（Image Descriptor File，图像描述文件）规范来看，UEFI 的 HII 机制应该是支持 BMP 图像显示，以及 PNG 图像和 JPEG 图像解码和显示的。不过，笔者测试了目前能找到的所有 PC 平台，包括 EDK2 提供的模拟器，均不支持图像解码的 Protocol。出现这种情况应该是因为目前 BIOS 并没有实现 EFI_HII_IMAGE_DECODER_PROTOCOL，因此对于 PNG 图像和 JPEG 图像，目前在 UEFI 下无法对它们进行解码显示。

鉴于此，本节主要演示如何向 HII 数据库注册 BMP 图像文件的资源，以及使用 HII 图像显示的 Protocol 显示 BMP 图像。

5.2.1 图像处理 Protocol

在 UEFI 的 HII 架构中，支持图像处理的 Protocol 包括 EFI_HII_IMAGE_PROTOCOL 和 EFI_HII_IMAGE_EX_PROTOCOL。前者提供了 5 个接口函数，后者除去提供相同功能的 5 个接口函数外，还提供了 1 个获取图像信息的接口函数。这两个 Protocol 的结构体如代码清单 5-5 所示。

代码清单 5-5　HII 图像处理 Protocol 的结构体

```
typedef struct _EFI_HII_IMAGE_PROTOCOL {
    EFI_HII_NEW_IMAGE NewImage;                 //增加新的图像
    EFI_HII_GET_IMAGE GetImage;                 //获取图像和相关信息
    EFI_HII_SET_IMAGE SetImage;                 //修改图像的信息
    EFI_HII_DRAW_IMAGE DrawImage;               //渲染指定图像为位图或者渲染到屏幕
    EFI_HII_DRAW_IMAGE_ID DrawImageId;          //使用IMAGE ID获取图像并渲染
} EFI_HII_IMAGE_PROTOCOL;
typedef struct _EFI_HII_IMAGE_EX_PROTOCOL {
    EFI_HII_NEW_IMAGE_EX NewImageEx;            //增加新的图像
    EFI_HII_GET_IMAGE_EX GetImageEx;            //获取图像数据
    EFI_HII_SET_IMAGE_EX SetImageEx;            //修改图像数据
    EFI_HII_DRAW_IMAGE_EX DrawImageEx;          //渲染指定图像为位图或者渲染到屏幕
    EFI_HII_DRAW_IMAGE_ID_EX DrawImageIdEx;     //使用IMAGE ID获取图像并渲染
    EFI_HII_GET_IMAGE_INFO GetImageInfo;        //获取图像的信息
} EFI_HII_IMAGE_EX_PROTOCOL;
```

从代码清单 5-5 中可以看出，这两个 Protocol 提供的接口函数几乎相同。实际上，EFI_HII_IMAGE_EX_PROTOCOL 相当于是 EFI_HII_IMAGE_ PROTOCOL 的超集，它的前 5 个接口函数与 EFI_HII_IMAGE_ PROTOCOL 是完全相同的。因此，我们掌握了 EFI_HII_IMAGE_EX_PROTOCOL 的用法就可以了，接下来详细介绍其 6 个接口函数的用法。

接口函数 NewImageEx() 的函数原型如代码清单 5-6 所示。

代码清单 5-6　NewImageEx() 函数原型

```
typedef EFI_STATUS (EFIAPI *EFI_HII_NEW_IMAGE_EX)(
    IN CONST EFI_HII_IMAGE_EX_PROTOCOL *This,    //Protocol实例
    IN EFI_HII_HANDLE PackageList,               //包列表
    OUT EFI_IMAGE_ID *ImageId                    //图像ID
    IN OUT EFI_IMAGE_INPUT *Image                //图像数据
);
typedef UINT16 EFI_IMAGE_ID;
typedef struct {
    UINT32 Flags;       //图像特征
    UINT16 Width;       //图像宽度
    UINT16 Height;      //图像高度
    EFI_GRAPHICS_OUTPUT_BLT_PIXEL *Bitmap;       //图像点阵数据
} EFI_IMAGE_INPUT;
```

NewImageEx() 会创建新的图像数据，并将其添加到指定的包列表的图像组中，然后返回新的图像 ID。此接口函数的参数 Image 是 EFI_IMAGE_INPUT 指针型的，其数据结构的原型在代码清单 5-6 中也列出来了。接口函数添加的图像数据由此参数给出，包括图像特征、图像宽度和图像高度，以及图像的点阵数据。

获取图像数据和修改图像数据，由接口函数 GetImageEx() 和 SetImageEx() 实现，它们

的函数原型如代码清单 5-7 所示。

代码清单 5-7 GetImageEx() 和 SetImageEx() 的函数原型

```
typedef EFI_STATUS (EFIAPI *EFI_HII_GET_IMAGE_EX)(
    IN CONST EFI_HII_IMAGE_EX_PROTOCOL *This,          //Protocol实例
    IN EFI_HII_HANDLE PackageList,                     //包列表
    IN EFI_IMAGE_ID ImageId,                           //图像ID
    OUT EFI_IMAGE_INPUT *Image                         //图像数据
);
typedef EFI_STATUS (EFIAPI *EFI_HII_SET_IMAGE_EX)(
    IN CONST EFI_HII_IMAGE_EX_PROTOCOL *This,          //Protocol实例
    IN EFI_HII_HANDLE PackageList,                     //包列表
    IN EFI_IMAGE_ID ImageId,                           //图像ID
    IN CONST EFI_IMAGE_INPUT *Image                    //图像数据
);
```

GetImageEx() 在包列表的图像资源中，找到用户指定的图像 ID，并将相应的图像数据返回到指定缓冲区中。调用此函数前，指针变量 Image 所指向的内存需由调用者准备，并且能足够容纳图像 ID 所标识的图像，否则会返回错误。

SetImageEx() 更新指定包列表中图像 ID 所标识的图像内容，其参数与 GetImageEx() 一致，调用方法也差不多。

EFI_HII_IMAGE_EX_PROTOCOL 提供了两个绘制图像的接口函数——DrawImageEx() 和 DrawImageIdEx()，如代码清单 5-8 所示。

代码清单 5-8 DrawImageEx() 和 DrawImageIdEx() 的函数原型

```
typedef EFI_STATUS (EFIAPI *EFI_HII_DRAW_IMAGE_EX)(
    IN CONST EFI_HII_IMAGE_EX_PROTOCOL *This,    //Protocol实例
    IN EFI_HII_DRAW_FLAGS Flags,                 //如何绘制图像的标志
    IN CONST EFI_IMAGE_INPUT *Image,             //图像数据
    IN OUT EFI_IMAGE_OUTPUT **Blt,               //目的位图
    IN UINTN BltX,                               //起始位置在目的位图中的X坐标
    IN UINTN BltY                                //起始位置在目的位图中的Y坐标
);
typedef EFI_STATUS (EFIAPI *EFI_HII_DRAW_IMAGE_ID_EX)(
    IN CONST EFI_HII_IMAGE_EX_PROTOCOL *This,    //Protocol实例
    IN EFI_HII_DRAW_FLAGS Flags,                 //如何绘制图像的标志
    IN EFI_HII_HANDLE PackageList,               //包列表
    IN EFI_IMAGE_ID ImageId,                     //图像ID
    IN OUT EFI_IMAGE_OUTPUT **Blt,               //目的位图
    IN UINTN BltX,                               //起始位置在目的位图中的X坐标
    IN UINTN BltY                                //起始位置在目的位图中的Y坐标
);
typedef UINT32  EFI_HII_DRAW_FLAGS;
#define EFI_HII_DRAW_FLAG_CLIP              0x00000001
#define EFI_HII_DRAW_FLAG_TRANSPARENT       0x00000030
#define EFI_HII_DRAW_FLAG_DEFAULT           0x00000000
```

```
#define EFI_HII_DRAW_FLAG_FORCE_TRANS     0x00000010
#define EFI_HII_DRAW_FLAG_FORCE_OPAQUE    0x00000020
#define EFI_HII_DIRECT_TO_SCREEN          0x00000080
```

这两个接口函数都是将图像渲染到目的位图中，渲染的方式由参数 Flag 指定，如果 Flag 中包含 EFI_HII_DIRECT_TO_SRCREEN，则图像将直接输出到屏幕上。不同之处在于，DrawImageEx() 绘制的图像由 EFI_IMAGE_INPUT 型指针参数 Image 给出，图像数据事先包含在 Image 指向的内存缓冲区中；而 DrawImageIdEx() 绘制的图像，则在包列表 PackageList 中寻找，并由参数 ImageID 标识。

最后一个接口函数为 GetImageInfo()，它可以用来获取指定图像的大小，其原型如代码清单 5-9 所示。

代码清单 5-9　GetImageInfo() 的函数原型

```
typedef EFI_STATUS (EFIAPI *EFI_HII_GET_IMAGE_INFO)(
    IN CONST EFI_HII_IMAGE_EX_PROTOCOL *This,    //Protocol实例
    IN EFI_HII_HANDLE PackageList,               //包列表
    IN EFI_IMAGE_ID ImageId,                     //图像ID
    OUT EFI_IMAGE_OUTPUT *Image                  //图像数据
);
```

和接口函数 GetImageEx() 不同，GetImageInfo() 不需要事先准备好存储图像的缓冲区内存，它只返回图像的宽度和高度信息。也就是说，调用此函数前，参数 Image 的成员变量 Bitmap 应该设置为 NULL；函数调用成功之后，Image 的成员变量 Width 和 Height 会存储指定图像的宽度和高度。

5.2.2　HII 图像显示

HII 图像显示的步骤，与第 4 章中使用 HII 方式显示汉字的步骤类似，主要包括如下几步。

1）将需要显示的图像在 IDF 文件中声明，每个图像使用一个图像 ID 来标识。

2）向 HII 数据库注册图像资源包。

3）根据图像 ID，使用 HII 的图像处理 Protocol 获取图像数据，并显示到屏幕上。

UEFI 提供的 HII 可以支持各类图像格式，包括 256 位 BMP 格式、24 位真彩色 BMP 格式、PNG 格式、JPEG 格式等。下面将详细介绍如何将图像资源组织成包列表、向 HII 数据库注册，以及使用图像处理 Protocol 显示指定的图像。

1. HII 图像资源

EDK2 中管理的图像资源可在 IDF 文件中统一声明，所声明的图像应该与 IDF 文件放

在同一目录下。IDF 文件中使用关键字“#image”来声明图像资源，“#image”的第一个参数为图像的标识符（即图像 ID），第二个参数为实际的图像。

本节的示例工程 HiiPicture 位于随书代码的 RobinPkg\Applications\HiiPicture 目录下，该工程的图像资源文件为 MyPictures.idf，内容如下代码所示。

```
#image IMG_24TB b24True.bmp     //24位真彩色BMP示例图像
#image IMG_256B b256.bmp        //256色BMP示例图像
```

示例工程中准备了两种 BMP 图像，分别是 24 位真彩色的 BMP 图像和 256 色的 BMP 图像，EDK2 的编译工具能够自动识别不同的 BMP 图像，并转换为资源数据。程序经过编译，.idf 资源文件会转换为 C 语言源代码和头文件。在示例工程 HiiPicture 中，图像资源转换的头文件为 HiiPictureImgDefs.h，图像数据转换的 C 语言数组则包含在 AutoGen.c 文件中。代码清单 5-10 给出了头文件的部分内容。

代码清单 5-10　图像资源头文件 HiiPictureImgDefs.h

```
#define IMG_24TB                                          0x0001
#define IMG_256B                                          0x0002
extern unsigned char HiiPictureImages[];
#define IMAGE_ARRAY_NAME HiiPictureImages
```

在图像资源头文件中，可以看到之前在 IDF 文件中定义的图像标识符 IMG_24TB 和 IMG_256B，它们被重新定义了。而图像数据被定义在外部数组 HiiPictureImages 中了，此数组又定义在 AutoGen.c 中，如代码清单 5-11 所示。

代码清单 5-11　AutoGen.c 中图像数据（节选）

```
unsigned char HiiPictureImages[] = {
// STRGATHER_OUTPUT_HEADER
    0x2C,  0x00,  0x08,  0x00,   //字符串包列表长度为0x8002c
// Image PACKAGE HEADER(图像资源包头)
    0x28,  0x00,  0x08,  0x06,\  //图像资源包内容，Type=0x06，图像资源
    0x0C,  0x00,  0x00,  0x00,\  //图像数据相对于资源包头的偏移，0x0C
    0x24,  0xFD,  0x07,  0x00,   //位图颜色表相对资源包头的偏移
// Image DATA(资源包数据)
// 0x0001: IMG_24TB: 0x0001      // IMG_24TB的数据
    0x16,  0x08,  0x01,  ......  //BlockType=0x16:24位RGB，即24位真彩色BMP图像
// 0x0002: IMG_256B: 0x0002      // IMG_256B的数据
    0x14,  0x01,  0xF4,  ......  //BlockType=0x14:8位RGB，即256色BMP图像
};
```

HiiPictureImages 为一维数组，从其内容来看，实际上是图像资源包列表。第 4 章中介绍过字体和字符串的资源包，图像资源也有其相应的资源包结构，如代码清单 5-12 所示。

代码清单 5-12　图像包头结构体和图像块结构体

```
typedef struct _EFI_HII_IMAGE_PACKAGE_HDR {
    EFI_HII_PACKAGE_HEADER Header;          //资源包的头部数据
    UINT32 ImageInfoOffset;                 //图像数据相对于本结构体的偏移
    UINT32 PaletteInfoOffset;               //位图颜色表相对于本结构体的偏移
} EFI_HII_IMAGE_PACKAGE_HDR;
typedef struct _EFI_HII_IMAGE_BLOCK {
    UINT8 BlockType;     //图像块类型
    UINT8 BlockBody[];   //图像点阵数据
} EFI_HII_IMAGE_BLOCK;
//块类型定义（节选）
#define EFI_HII_IIBT_IMAGE_4BIT        0x12   //16色BMP图像
#define EFI_HII_IIBT_IMAGE_8BIT        0x14   //256色BMP图像
#define EFI_HII_IIBT_IMAGE_24BIT       0x16   //24位真彩色BMP图像
#define EFI_HII_IIBT_IMAGE_JPEG        0x18   //JPEG图像
#define EFI_HII_IIBT_IMAGE_PNG         0x19   //PNG图像
```

综合代码清单 5-11 和代码清单 5-12 可以看出，图像资源包列表是由一个图像资源包头和多个图像块组成的。图像包头结构中，包含了资源包头结构、图像数据的偏移位置和位图颜色表的偏移位置。如果图像数据的偏移位置为 0，则表示包列表中没有包含图像资源。另外，根据 5.1.1 节的介绍，24 位真彩色的图像是没有位图颜色表的，只有 256 色、16 色和单色 BMP 图像才有相应的位图颜色表。代码清单 5-11 给出的代码中，IMG_256B 所标识的 BMP 图像是 256 色的，代码中给出了其位图颜色表的相对偏移位置。

图像块的结构体比较简单，包括图像块类型和图像点阵数据。从代码清单 5-12 可以看到图像块支持的图像格式，包括多种 BMP 格式、JPEG 格式和 PNG 格式。这里需要注意的是，JPEG 和 PNG 图像数据可以正常产生，但仍需要 EFI_HII_IMAGE_DECODER_PROTOCOL 提供的接口函数进行解码才能显示。因为在所测试的平台上不支持此 Protocol，因此无法显示 JPEG 图像和 PNG 图像。

2. HII 方式图像显示

在本节示例工程 HiiPicture 中，与 HII 方式显示图像相关的函数位于 HiiImage.c 和 HiiImage.h 中。其中，注册图像资源包列表的函数，如示例 5-6 所示。

【示例 5-6】注册图像资源包列表。

```
EFI_STATUS HiiImgpackRegister( IN EFI_GUID Imgx_GUID,        //注册用GUID
    OUT EFI_HII_HANDLE *HiiImgHandle) //保存注册句柄
{
    EFI_STATUS Status = 0;
    EFI_HII_HANDLE *MyHandle = NULL;
    EFI_HII_HANDLE PackageListHandle = NULL;
    MyHandle = HiiGetHiiHandles(&Imgx_GUID); //判断此GUID是否存在
    if(MyHandle == 0)
    {
```

```
        PackageListHandle = HiiAddPackages(&Imgx_GUID, gImageHandle, \
                                 HiiPictureImages, NULL);
        if(PackageListHandle == NULL)
            return EFI_LOAD_ERROR;
        *HiiImgHandle = PackageListHandle;  //保存资源包列表的句柄
    }
    else
    {
        FreePool(MyHandle);
        return EFI_LOAD_ERROR;
    }
    return EFI_SUCCESS;
}
```

图像资源包列表的注册方法，与字符串资源包列表的注册方法相同。在示例工程HiiPicture中，使用了两个BMP图像文件，它们所生成的资源包列表数组为HiiPictureImages[]，通过库函数HiiAddPackages()向HII数据库进行注册。注册之后得到的资源包列表句柄必须保存好，在图像显示时，需要通过句柄指明需要检索的图像资源包列表。

完成注册后，可以使用HII中图像处理的Protocol对指定图像进行显示。示例工程HiiPicture使用了EFI_HII_EX_IMAGE_PROTOCOL，它的接口函数GetImageInfo()可以方便地得到指定图像的大小，以便于调用者了解需要申请多大内存来存储图像数据。显示图像的完整代码如示例5-7所示。

【示例5-7】根据图像ID显示图像。

```
EFI_STATUS ShowHiiImage(EFI_HII_HANDLE HiiHandle, EFI_IMAGE_ID IMGx,
    UINTN x, UINTN y)
{
    EFI_STATUS Status = 0;
    EFI_IMAGE_INPUT *MyImage=NULL;
    EFI_IMAGE_OUTPUT MyImageInfo[1];
    UINTN ImageBufferSize=0;
    EFI_IMAGE_OUTPUT gSystemFrameBuffer;
    EFI_IMAGE_OUTPUT *pSystemFrameBuffer = &gSystemFrameBuffer;
    gSystemFrameBuffer.Width = \
        (UINT16)gGraphicsOutput->Mode->Info->HorizontalResolution;
    gSystemFrameBuffer.Height = \
        (UINT16)gGraphicsOutput->Mode->Info->VerticalResolution;
    gSystemFrameBuffer.Image.Screen = gGraphicsOutput;
    Status = gHiiImageEx->GetImageInfo(  //获取需要显示图像的大小
        gHiiImageEx, HiiHandle, IMGx, MyImageInfo );
    if(EFI_ERROR(Status))  return Status;
    ImageBufferSize = (MyImageInfo[0].Height)*(MyImageInfo[0].Width);
    Status = gBS->AllocatePool(EfiBootServicesData, ImageBufferSize,\
       (void **)&MyImage);
    if(EFI_ERROR(Status)) return Status;
    Status = gHiiImageEx->GetImageEx( //根据图像ID，得到指定图像的数据
        gHiiImageEx, HiiHandle, IMGx, MyImage );
```

```
    if(MyImage)     //MyImage中包含了图像数据
    {
        Status = gHiiImageEx->DrawImageEx( //绘制图像
            gHiiImageEx,
            EFI_HII_DIRECT_TO_SCREEN,    //输出到屏幕
            MyImage,
            &pSystemFrameBuffer,
            x, y  );
        gBS->FreePool(MyImage);
    }
    return 0;
}
```

函数 ShowHiiImage() 使用指定的图像 ID 和图像资源包列表，通过接口函数 GetImageInfo() 得到相应图像的大小，根据图像大小申请存储图像数据的内存空间，并使用接口函数 GetImageEx() 得到指定的图像数据。

最后，使用接口函数 DrawImageEx() 把得到的图像数据显示到屏幕上，完成 HII 图像显示的整个过程。

5.3 图像显示的特效

在日常的工作和生活中，经常能看到各种图像的特效。比如演讲时使用的 PPT，经常会使用各种页面切换效果，以提高演讲效果；在游戏中为推进任务的进行，会提供平滑的画面切换效果。这些图像特效能很好地吸引受众，而把这些效果实现出来，是程序员的任务。

本节的示例工程位于随书代码的 RobinPkg\Applications \ImageEffect 目录下，与图像处理相关的底层函数在 Graphic.c 和 Graphic.h 中，图像特效相关的函数则在 Window.c 和 Window.h 中。示例工程 ImageEffect 在 UEFI 下实现了许多比较实用与显示和清屏相关的图像特效，包括透明效果、百叶窗效果等，都可以直接应用于各类 UEFI 项目中。

编译之后的示例程序 ImageEffect，提供了 9 种特效。读者可使用示例工程中提供的图像 njust.jpg 来运行程序观看效果。程序运行语法如下。

```
语法: ImageEffect.efi N xx.jpg(N='0' ~'8')
示例: FS0:\> ImageEffect.efi 8 njust.jpg //运行特效8，njust.jpg为图像源
```

5.3.1 图像块处理基本函数的实现

第 4 章详细介绍了在 UEFI 下画点、线等基本图形的函数的实现，组合这些函数，能实现复杂的图形绘制。但在实现图像特效时，这些处理图形的函数远远不够。

分析需要实现的图像特效，主要包括以下几种类型：

- 图像的颜色变换及显示，包括灰度化、透明显示等。
- 镜像显示，包括垂直镜像和水平镜像的显示。
- 部分图像逐渐显示或者消隐，比如百叶窗式显示 / 消隐 、射线旋转显示 / 消隐等。

而在本节准备的工程示例 ImageEffect 中，对图像特效的实现主要包括如下步骤。

1）对图像进行解码，并将图像数据转换为适合 Blt() 接口函数显示的颜色数据，并存储在指定缓冲区内。

2）对缓冲区内的数据进行操作，取出部分或者全部数据，在屏幕上进行显示。

我们首先要实现图像块的处理函数，并将其作为图像特效的基础函数，以支持后续各种图像特效的实现。

1. 图像内像素点显示

写像素点是图像操作中最重要的函数，后续各种形状图像的显示函数，如画线、画圆等，都可以以其作为基础。其实现代码如示例 5-8 所示。

【示例 5-8】图像内像素点显示。

```
VOID putImagePixel( IN UINTN x,          //图像显示在屏幕上的X坐标
                    IN UINTN y,          //图像显示在屏幕上的Y坐标
                    IN UINTN Width,      //图像的宽度
                    IN UINTN Height,     //图像的高度
                    IN UINTN imgX,       //像素点在图像内的X坐标（相对于图像左上角）
                    IN UINTN imgY,       //像素点在图像内的Y坐标（相对于图像左上角）
                    IN EFI_GRAPHICS_OUTPUT_BLT_PIXEL *ImageBuffer)//图像数据
{
    EFI_GRAPHICS_OUTPUT_BLT_PIXEL color;
    color = ImageBuffer[imgY * Width + imgX];  //获取需要显示的像素点的颜色信息
    putpixel(x + imgX, y + imgY, &color);      //显示像素点
}
```

图像显示在屏幕上时，会指定其在屏幕上的起始 X 坐标值和 Y 坐标值。示例 5-8 所实现的图像内像素点显示，是给出图像内相对位置的像素点，并将其显示到屏幕上。像素点的位置是相对于图像左上角的相对坐标，可以据此在图像数据缓冲区内得到其颜色值。显示时，则调用 4.1.2 节介绍的写像素点函数实现。

2. 图像内线段显示

4.1.2 节中介绍了使用 Bresenham 算法实现画线的函数。图像内线段的显示，可以使用同样的算法来实现。只需要将画线函数中的 putpixel() 函数（写像素点函数）换成 putImagePixel()（图像内像素点显示函数）就可以了，如示例 5-9 所示。

【示例 5-9】图像内线段显示。

```
VOID putImageLine(IN UINTN x,IN UINTN y,                  //图像显示在屏幕上的坐标
                  IN UINTN Width,IN UINTN Height,         //图像宽度和高度
                  IN UINTN imageX1,IN UINTN imageY1,      //线段起始位置（图像内）
```

```
                    IN UINTN imageX2,IN UINTN imageY2,    //线段结束位置(图像内)
                    IN EFI_GRAPHICS_OUTPUT_BLT_PIXEL *ImageBuffer)//图像数据
{
    INT16 d,dx,dy,dx2,dy2,dxy;
    INT16 xinc,yinc;
    INT16 x1, x2, y1, y2;
    x1 = (INT16)(imageX1);
    y1 = (INT16)(imageY1);
    x2 = (INT16)(imageX2);
    y2 = (INT16)(imageY2);
    dx = (INT16)((x2 > x1) ? (x2 - x1) : (x1 - x2));
    dx2 = dx << 1;
    dy = (INT16)((y2 > y1) ? (y2 - y1) : (y1 - y2));
    dy2 = dy << 1;
    xinc =(INT16) (x2 > x1) ? 1 : ((x2 == x1) ? 0 : (-1));
    yinc = (INT16)(y2 > y1) ? 1 : ((y2 == y1) ? 0 : (-1));
    putImagePixel(x, y, Width,Height,x1,y1,ImageBuffer);
    if(dx>=dy){
        d=dy2-dx;
        dxy=dy2-dx2;
        while(dx--){
            if(d<=0)d+=dy2;
            else{
                d+=dxy;
                y1+=yinc;
            }
            putImagePixel(x, y, Width,Height,x1+=xinc,y1,ImageBuffer);
        }
    }
    else{
        d=dx2-dy;
        dxy=dx2-dy2;
        while(dy--){
            if(d<=0)d+=dx2;
            else{
                d+=dxy;
                x1+=xinc;
            }
            putImagePixel(x, y, Width,Height,x1,y1+=yinc,ImageBuffer);
        }
    }
}
```

上述代码所采取的算法，与画线函数是一样的，这里就不再详细解释了。需要注意的是，函数的输入参数中，线段的起始位置（imageX1,imageY1）和结束位置（imageX2, imageY2）是图像内相对于图像左上角的坐标（相对坐标）。

3. 图像内矩形块显示

实现图像特效的时候，矩形块的操作函数可能是使用最频繁的了。为了加快显示速度，图像内矩形块的显示函数，没有使用图像内像素点显示函数，而是直接调用了Blt()接口函数，如示例5-10所示。

【示例5-10】图像内矩形块显示。

```
VOID putPartRectImage(IN UINTN x,IN UINTN y,     //图像显示在屏幕上的坐标
    IN UINTN Width,IN UINTN Height,              //图像宽度和高度
    IN UINTN imageX, IN UINTN imageY,            //所显示矩形块起始位置（图像内）
    IN UINTN partWidth, IN UINTN partHeight,     //所显示矩形块的宽度和高度
    IN EFI_GRAPHICS_OUTPUT_BLT_PIXEL *ImageBuffer)//图像数据
{
    UINTN realPartWidth,realPartHeight;
    if(imageX>Width-1)                           //超出图像范围
        return;
    if(imageY>Height-1)                          //超出图像范围
        return;
    if((imageX+partWidth) > (Width-1))
        realPartWidth = Width-1 - imageX + 1;
    else
        realPartWidth = partWidth;
    if((imageY + partHeight)>(Height-1))
        realPartHeight = Height-1 -imageY + 1;
    else
        realPartHeight = partHeight;
    gGraphicsOutput->Blt (gGraphicsOutput,
        ImageBuffer,                             //图像数据
        EfiBltBufferToVideo,                     //从缓冲区输出到屏幕
        imageX,imageY,                           //图像内需要显示的起始位置
        x+imageX,y+imageY,                       //所显示矩形块的屏幕位置
        realPartWidth,realPartHeight,            //所显示矩形块的宽度和高度
        Width* sizeof(EFI_GRAPHICS_OUTPUT_BLT_PIXEL));//每行显示数据
}
```

4. 屏幕矩形块获取和图像矩形块显示

实现透明显示、图像淡入淡出等图像特效时，需要将屏幕上原有图像数据取出，与显示的图像进行数学运算后再显示。实现这些功能的函数包括屏幕矩形块获取函数，以及图像矩形块显示函数。这两个函数的实现代码如示例5-11所示。

【示例5-11】屏幕矩形块获取和图像矩形块显示函数。

```
VOID getRectImage(IN UINTN x,IN UINTN y,         //所取矩形块在屏幕上的起始位置
    IN UINTN Width,IN UINTN Height,              //所取矩形块的宽度和高度
    IN OUT EFI_GRAPHICS_OUTPUT_BLT_PIXEL *ImageBuffer)//矩形块存储缓冲区
{
    gGraphicsOutput->Blt (gGraphicsOutput,
        ImageBuffer,
        EfiBltVideoToBltBuffer,                  //屏幕到缓冲区
        x,y,0,0,
        Width,Height,0);
}
```

```
VOID putRectImage(IN UINTN x,IN UINTN y,                //显示起始位置
    IN UINTN Width,IN UINTN Height,                     //图像宽度和高度
    IN   EFI_GRAPHICS_OUTPUT_BLT_PIXEL *ImageBuffer)//图像数据
{
    gGraphicsOutput->Blt (gGraphicsOutput,
        ImageBuffer,
        EfiBltBufferToVideo,                            //缓冲区到屏幕
        0,0,x,y,
        Width,Height,0);
}
```

这两个函数都直接调用了 Blt() 接口函数，目的是加快显示速度。另外，在获取矩形块函数 getRectImage() 中，入口参数 ImageBuffer 是 EFI_GRAPHICS_OUTPUT_BLT_PIXEL 型指针变量，其内存空间必须由调用者负责申请和释放，在使用时需要注意这一点。

5.3.2 颜色变换特效

使用 PhotoShop 等图像处理软件对图像的颜色进行简单的处理，就能实现非常惊人的效果。比如，通过调整黄色分量和绿色分量的色相值，可将图像中原本绿色的草地变成金黄色的草地，直接将春天的图案变为秋天的图案。

为演示图像的颜色变换特效，本节准备了灰度转换、淡入淡出和透明图像显示 3 种特效的示例，读者可在此基础上，发挥想象力，实现更多特效。

1. 灰度转换

从 5.1 节的学习中可以知道，彩色图像的像素通常用红、绿、蓝这 3 个分量表示，每个分量的值为 0 至 255。而灰度图像是每个像素只有一个采样颜色的图像，采样颜色介于黑色和白色之间。通常每个采样像素用 8 位的非线性尺度来保存，也就是这样的图像拥有 256 级灰度。UEFI 的颜色结构体也可用来存储灰度颜色，只要将红、绿、蓝保存到同一灰度的颜色值接口。

将彩色图像转换为灰度图像，所用的是非常经典的图像处理算法。对于将彩色图像转换为灰度图像，有一个著名的浮点计算公式（假设灰度颜色为 Gray，彩色颜色的 3 个分量分别为 R、G、B）：

$$\text{Gray} = R * 0.299 + G*0.587 + B*0.114$$

在 UEFI 的环境中，浮点计算的实现比较麻烦，我们将公式变换为适合使用移位计算的整数公式：

$$\begin{aligned}\text{Gray} &= (R*32)/128 + (G*64)/128 + (B*16)/128 \\ &= (R>>2) + (G>>1) + (B>>3)\end{aligned}$$

注意，之所以采用这种粗糙的化简方式，是为了便于编程和演示。在实际应用中可通

过缩放 1000 倍，将带浮点数的公式转换为整型数计算公式，规避用浮点运算来进行编程。

示例 5-12 所示为实现灰度转换的示例代码，其可将屏幕上指定区域的图像转换为灰度图像。

【示例 5-12】灰度转换的函数。

```
VOID TransferToGray(IN UINTN x,IN UINTN y,          //需转换图像的起始地址
IN UINTN Width,IN UINTN Height)                     //需转换图像的宽度和高度
{
    EFI_GRAPHICS_OUTPUT_BLT_PIXEL *BuffSrc,*BuffDst;
    UINT32 i,BltBufferSize;
    UINT8 temp;
    BltBufferSize = Width*Height*sizeof(EFI_GRAPHICS_OUTPUT_BLT_PIXEL);
      gBS->AllocatePool (EfiRuntimeServicesData,BltBufferSize,
          (VOID **) &BuffSrc);                      //申请内存
      gBS->AllocatePool (EfiRuntimeServicesData,BltBufferSize,
          (VOID **) &BuffDst );                     //申请内存
     getRectImage(x,y,Width,Height,BuffSrc);        //读取屏幕上需要转换的图像
    for (i = 0; i < (Width * Height); i++)          //灰度处理
    {
        temp = ((BuffSrc[i].Red)>> 2) + ((BuffSrc[i].Green) >> 1)\
                 + ((BuffSrc[i].Blue) >> 3);
        BuffDst[i].Red = temp;
        BuffDst[i].Green = temp;
        BuffDst[i].Blue = temp;
        BuffDst[i].Reserved = 0;
    }
    putRectImage(x, y, Width, Height, BuffDst);
    gBS->FreePool(BuffSrc);
    gBS->FreePool(BuffDst);
}
```

上述示例中，函数 TransferToGray() 直接对屏幕进行操作，其可将指定区域内的彩色图像转换为灰度图像。在实际项目中，更多可能是对指定图像进行灰度转换，读者可以参考上述示例，实现对图像的灰度转换。

2. 透明显示

在 Windows、Mac OS X 等现代操作系统上，透明菜单、透明窗口已经是标准配置了，它们所展现出来的效果极其惊艳。实际上，透明显示的原理比较简单，它是通过混合屏幕背景上的颜色和需要显示图像的颜色来实现的。

假设需要在指定位置显示像素点 A，其颜色为（R_A, G_A, B_A）；所指定位置屏幕上的像素点为 B，其颜色为（R_B, G_B, B_B）。为实现透明效果，两者以 AlphaBlend 算法的方式混合，最终在屏幕上显示的像素点为 C，其各分量颜色的计算公式如下。

$$R_C = (1-\text{alpha})*R_B + \text{alpha}*R_A$$

$$G_C = (1-\text{alpha})*G_B + \text{alpha}*G_A$$

$$B_C = (1-\text{alpha})*B_B + \text{alpha}*B_A$$

其中，alpha 取值为 [0, 1]。值为 1 时，显示的像素点 A 完全不透明；值为 0 时，像素点 A 完全透明，相当于只显示背景的像素点 B。

为编译程序，取 alpha 值为 1/16，这样可实现 16 级不同透明度的显示，如示例 5-13 所示。

【示例 5-13】透明显示的函数。

```
VOID AlphaTransparent(IN UINTN x,IN UINTN y,                  //图像显示位置
    IN UINTN Width,IN UINTN Height,                           //图像宽度和高度
    IN EFI_GRAPHICS_OUTPUT_BLT_PIXEL *ImagePointer,           //图像数据
    IN UINT16 Alpha)                                          //控制透明度级别
{
    EFI_GRAPHICS_OUTPUT_BLT_PIXEL *BltBuffer;
    UINT32  i,   BltBufferSize;
    //1 申请同样大小的内存，准备使用
    BltBufferSize = Width*Height*sizeof(EFI_GRAPHICS_OUTPUT_BLT_PIXEL);
    gBS->AllocatePool (EfiRuntimeServicesData,BltBufferSize,
                                                  (VOID **) &BltBuffer);
    //2 要覆盖区域的图像提取
    getRectImage(x,y,Width,Height,BltBuffer);
    //3 对两段内存进行处理,选取alpha最大分母16
    for(i=0;i<((UINT32)Width * (UINT32)Height);i++)
    {
        BltBuffer[i].Blue=(UINT8)(((16-Alpha)* BltBuffer[i].Blue + \
            Alpha * ImagePointer[i].Blue)>>4);
        BltBuffer[i].Green=(UINT8)(((16-Alpha)* BltBuffer[i].Green + \
            Alpha * ImagePointer[i].Green)>>4);
        BltBuffer[i].Red=(UINT8)(((16-Alpha)* BltBuffer[i].Red + \
            Alpha * ImagePointer[i].Red)>>4);
        BltBuffer[i].Reserved = 0;
    }
    //3 显示
    putRectImage(x,y,Width,Height,BltBuffer);
    gBS->FreePool(BltBuffer);
}
```

3. 淡入淡出

在游戏或电影的开场或谢幕时，场景一般不会突然显示或消失，而是从暗到明逐渐显示、从明到暗逐渐退场，让观看者在心理上有一个接受过程。Windows 10 在窗口切换的时候已经提供了这种效果，这为操作系统的使用增添了不少乐趣。

为实现完整的淡入淡出效果，应该综合考虑背景原有的颜色，使用类似透明显示的技巧，使需要显示的图像逐渐显示或消除。这种效果，借助示例 5-13 提供的函数，就可以实现了。考虑到底层软件大部分是从黑色背景开始运行的，故这里我们假设背景色为黑色来设计淡入淡出的函数。

浅入浅出效果的实现方法比较简单，对图像每个像素的颜色分量进行处理，设定了256次的循环处理。如果是淡入效果，每个像素的颜色分量从0起始，一直到需要显示的真实颜色；如果是淡出效果，则从真实颜色逐渐递减，直到颜色分量为0。经过256次的显示，每次显示之间间隔10ms，图像在2.5s左右显示或消失，具体实现代码如示例5-14所示。

【示例5-14】透明显示的函数。

```
//图像淡入效果
VOID SmoothInZone(IN UINTN x,IN UINTN y,                    //图像显示位置
    IN UINTN Width,IN UINTN Height,                         //图像宽度和高度
    IN EFI_GRAPHICS_OUTPUT_BLT_PIXEL *ImagePointer)         //图像数据
{
    EFI_GRAPHICS_OUTPUT_BLT_PIXEL *BltBuffer;
    UINT32 BltBufferSize;
    UINT32 i;
    UINT16 j;
    // 申请符合大小的内存，准备使用
    BltBufferSize = Width*Height*sizeof(EFI_GRAPHICS_OUTPUT_BLT_PIXEL);
    BltBuffer = AllocateZeroPool(BltBufferSize);
    // 对内存像素进行暗化处理,同时显示
    for(j=0;j<256;j++)
    {
        for(i=0;i<((UINT32)Width * (UINT32)Height);i++)
        {
            if(BltBuffer[i].Blue<ImagePointer[i].Blue)
                ++BltBuffer[i].Blue;
            if(BltBuffer[i].Green<ImagePointer[i].Green)
                ++BltBuffer[i].Green;
            if(BltBuffer[i].Red < ImagePointer[i].Red)
                ++BltBuffer[i].Red;


        }
            putRectImage(x,y,Width,Height,BltBuffer);
            Delayms(10);
        }
    FreePool(BltBuffer);
}
//图像淡出效果
VOID SmoothOutZone(IN UINTN x,IN UINTN y,                   //图像显示位置
    IN UINTN Width,IN UINTN Height,                         //图像宽度和高度
    IN EFI_GRAPHICS_OUTPUT_BLT_PIXEL *ImagePointer)         //图像数据
{
    EFI_GRAPHICS_OUTPUT_BLT_PIXEL *BltBuffer;
    UINT32                          BltBufferSize;
    UINT32 i;
    UINT16 j;
    //1 申请符合大小的内存，准备使用
    BltBufferSize = Width*Height*sizeof(EFI_GRAPHICS_OUTPUT_BLT_PIXEL);
```

```
    BltBuffer = AllocateZeroPool(BltBufferSize);
    //2 要覆盖区域的图像提取
    CopyMem(BltBuffer,ImagePointer,BltBufferSize);
    //3 对像素进行暗化处理,同时显示
    for(j=0;j<256;j++)
    {
        for(i=0;i<((UINT32)Width * (UINT32)Height);i++)
        {
            if(BltBuffer[i].Blue>0)--BltBuffer[i].Blue;
            if(BltBuffer[i].Green>0)--BltBuffer[i].Green;
            if(BltBuffer[i].Red>0)--BltBuffer[i].Red;
        }
        putRectImage(x,y,Width,Height,BltBuffer);
        Delayms(5);
    }
    FreePool(BltBuffer);
}
```

5.3.3　镜像显示

在很多情况下，需要镜像显示图像，比如游戏中角色变换方向行走或通过镜像形成一些特效等。当然，可以通过使用绘图软件，先对图像做好镜像再显示。但是，这种方法会增大文件，故有些场景不适用，特别是对存储空间非常宝贵的底层编程来说，这种方法更是不可取的。

我们要实现的镜像包括水平镜像和垂直镜像两种，这两种镜像的实现方法类似。可将图像看作 m 行、n 列的二维矩阵，实现水平镜像时，所需做的是将第 1 列数据和第 n 列数据交换、将第 2 列和第 n–1 列数据交换……依此类推；实现垂直镜像，则需将第 1 行数据和第 m 行数据交换、第 2 行和第 m–1 行数据交换……依此类推。

按照设想，实现镜像显示的代码如示例 5-15 所示。

【示例 5-15】镜像显示的函数。

```
VOID ReviseImage(IN UINTN x,IN UINTN y,                          //图像显示位置
    IN UINTN Width,IN UINTN Height,                              //图像宽度和高度
    IN EFI_GRAPHICS_OUTPUT_BLT_PIXEL *ImagePointer,              //图像数据
    UINT8 Flag)                  //显示标志，值为1是水平镜像；值为2是垂直镜像，其余值无效
{
    EFI_GRAPHICS_OUTPUT_BLT_PIXEL *BltBufferDst;
    UINT32                        BltBufferSize;
    INTN xx, yy;
    UINT32 position;
    // 申请符合大小的内存，准备使用
    BltBufferSize = Width*Height*sizeof(EFI_GRAPHICS_OUTPUT_BLT_PIXEL);
    BltBufferDst = AllocateZeroPool(BltBufferSize);
    position = 0;
    if((Flag & 0x1) == 0x1)       //水平镜像，上下颠倒
```

```
    {
        for (yy = (INTN)Height - 1; yy >= 0; yy--)
        {
            CopyMem((BltBufferDst + position),(ImagePointer + (yy * Width)),\
                Width*sizeof(EFI_GRAPHICS_OUTPUT_BLT_PIXEL));
            position += Width ;
        }
    }
    if((Flag & 0x2) == 0x2)        //垂直镜像，左右颠倒
    {
        for (yy = 0; yy < (INTN)Height; yy++)
            for (xx = (INTN)Width - 1; xx >= 0; xx--)
                CopyMem(&(BltBufferDst[yy * Width + Width - 1 - xx]),\
                    &(ImagePointer[yy * Width + xx]),\
                    sizeof(EFI_GRAPHICS_OUTPUT_BLT_PIXEL));
    }
    putRectImage(x, y, Width, Height, BltBufferDst);  //显示图像
    FreePool(BltBufferDst);
}
```

示例5-15中实现函数ReviseImage()镜像的方式由入口参数Flag决定，Flag为1时实现水平镜像，Flag为2时实现垂直镜像。水平镜像和垂直镜像只是最基本的图像镜像，如果需要实现更复杂的镜像，比如针对直线 $y = 2x$ 进行镜像显示，可以参考其他相关书籍自行学习。

5.3.4 图像块显示与清屏

在微软的PowerPoint软件中，提供了页面切换的功能，包括推入、百叶窗、时钟等各种效果。这些切换功能，大部分是通过操作部分图像块的显示和清屏来实现的。

为实现各种图像显示特效，5.3.1节实现了各种图像块处理的基本函数，特别是图像内矩形块显示的函数putPartRectImage()，它是本节实现图像块显示与清屏的核心函数。下面使用这些函数，实现拉幕、百叶窗等各种图像特效。

1. 拉幕效果

观看舞台剧时，幕布从中间往两边拉开表示整场剧的表演开始。我们现在就要实现这种效果，将读取到的图像分成左右两部分，从中间往两侧同时显示，最终合并成一幅完整的图像，这是水平拉幕的效果。垂直拉幕则将图像分为上下两部分，从中间往上下两边同时显示，最终显示成完整图像。

相关实现代码如示例5-16所示。

【示例5-16】拉幕效果的函数。

```
//水平拉幕效果
VOID hOpenCurtain(IN UINTN x, IN UINTN y,                //图像显示位置
```

```
    IN UINTN Width,IN UINTN Height,                        //图像的宽度和高度
    IN EFI_GRAPHICS_OUTPUT_BLT_PIXEL *ImagePointer)        //图像数据
{
    UINTN i;
    for (i = 0; i < Width / 2;i++)
    {
        putPartRectImage(x, y, Width,Height,
            Width / 2 + i, 0, 1, Height,
            ImagePointer);
        putPartRectImage(x, y, Width, Height,
            Width / 2 - i -1, 0, 1, Height,
            ImagePointer);
        Delayms(6);
      }
}
//垂直拉幕效果
VOID vOpenCurtain(IN UINTN x, IN UINTN y,                  //图像显示位置
    IN UINTN Width,IN UINTN Height,                        //图像的宽度和高度
    IN EFI_GRAPHICS_OUTPUT_BLT_PIXEL *ImagePointer)        //图像数据
{
    UINTN i;
    for (i = 0; i < Height / 2;i++)
    {
        putPartRectImage(x, y, Width,Height,
            0, Height/2 + i, Width, 1,
            ImagePointer);
        putPartRectImage(x, y, Width, Height,
            0,Height / 2 - i -1, Width, 1,
            ImagePointer);
        Delayms(6);
    }
}
```

2. 百叶窗效果

百叶窗效果的实现比较容易，只需将图像分成等同的若干部分，每部分同时显示即可实现了。当然，这里所说的同时显示，是指用户的感知，实际上肯定有先后之分，只不过显示速度太快，看起来像是同时显示。

百叶窗效果也分为水平百叶窗和垂直百叶窗两种，其实现原理是一样的，具体实现代码见示例 5-17。

【示例 5-17】百叶窗效果的函数。

```
//水平百叶窗效果
VOID hWindowShadesShow(IN UINTN x, IN UINTN y,             //图像显示位置
    IN UINTN Width,IN UINTN Height,                        //图像的宽度和高度
    IN EFI_GRAPHICS_OUTPUT_BLT_PIXEL *ImagePointer)        //图像数据
{
    UINTN i, j;
```

```
    for (j = 0; j < Width / 10+1;j++)
        for (i = 0; i < 10;i++)
        {
            putPartRectImage(x, y, Width, Height,
                i * Width / 10 + j, 0, 1, Height,
                ImagePointer);
            Delayms(2);
        }
}
//垂直百叶窗效果
VOID vWindowShadesShow(IN UINTN x, IN UINTN y,  //图像显示位置
    IN UINTN Width,IN UINTN Height,  //图像的宽度和高度
    IN EFI_GRAPHICS_OUTPUT_BLT_PIXEL *ImagePointer) //图像数据
{
    UINTN i, j;
    for (j = 0; j < Height / 10+1;j++)
        for (i = 0; i < 10;i++)
        {
            putPartRectImage(x, y, Width, Height,
               0, i*Height/10+j, Width, 1,
                   ImagePointer);
        Delayms(2);
    }
}
```

3. 时钟效果

时钟效果分为逆时针和顺时针两种。其中，逆时针效果就是在显示图像时，以图像中心为原点，像时钟一样逆时针旋转并逐渐显示整幅图像。按任意键后，可切换为按顺时针旋转逐渐消除图像。这种效果类似于 PowerPoint 中的时钟切换效果，使用基本函数 putImageLine() 来实现，具体如示例 5-18 所示。

【示例 5-18】时钟效果的函数。

```
//逆时针显示图像
VOID SpiralShow(IN UINTN x, IN UINTN y,                    //图像显示位置
    IN UINTN Width,IN UINTN Height,                        //图像的宽度和高度
    IN EFI_GRAPHICS_OUTPUT_BLT_PIXEL *ImagePointer)        //图像数据
{
    INTN i;
    for (i = (INTN)((Width - 1) >> 1); i > 0; i--)
        putImageLine(x, y, Width, Height, i, 0,
            (Width - 1) >> 1, (Height - 1) >> 1, ImagePointer);
    for (i = 0; i < (INTN)(Height - 1); i++)
        putImageLine(x, y, Width, Height, 0, i,
            (Width - 1) >> 1, (Height - 1) >> 1,  ImagePointer);
    for (i = 0; i < (INTN)(Width - 1); i++)
        putImageLine(x, y, Width, Height, i, Height - 1 - 1,
            (Width - 1) >> 1, (Height - 1) >> 1, ImagePointer);
    for (i = (INTN)(Height - 1 - 1); i > 0; i--)
```

```
        putImageLine(x, y, Width, Height, Width - 1 - 1, i,
            (Width - 1) >> 1, (Height - 1) >> 1,  ImagePointer);
    for (i = (INTN)(Width - 1 - 1); i > (INTN)((Width - 1) >> 1); i--)
        putImageLine(x, y, Width, Height, i, 0,
            (Width - 1) >> 1, (Height - 1) >> 1,  ImagePointer);
}
//顺时针消除图像
VOID SpiralShowClear(IN UINTN x, IN UINTN y,     //图像显示位置
    IN UINTN Width,IN UINTN Height,              //图像的宽度和高度
    IN EFI_GRAPHICS_OUTPUT_BLT_PIXEL * color)    //清除用颜色
{
    INTN i;
    for (i = (INTN)((Width - 1) >> 1); i < (INTN)(Width - 1); i++)
        Line(i+x,0+y,((Width - 1)>> )+x,((Height-1)>>1)+y,color);
    for (i = 0; i < (INTN)(Height - 1); i++)
        Line(Width-1+x,i+y,((Width-1)>>1)+x,((Height-1)>>1)+y,color);
    for (i = (INTN)(Width - 1); i > 0; i--)
        Line(i+x,Height-1+y,((Width-1)>>1)+x,((Height-1)>>1)+y,color);
    for (i = (INTN)(Height - 1); i > 0; i--)
        Line(0+x,i+y,((Width-1)>>1)+x,((Height-1)>>1)+y,color);
    for (i = 0; i < (INTN)((Width - 1) >> 1); i++)
        Line(i+x,0+y,((Width-1)>>1)+x,((Height-1)>>1)+y,color);
}
```

需要说明的是，上述示例中消除图像的函数 SpiralShowClear() 使用了 Line() 函数来实现消除效果。这是因为笔者准备的例子中，背景是纯色的，只要绘制背景色的像素就可以展现出消除效果。更通用的做法应该是，保存被图像覆盖的背景，再使用类似 SpiralShow() 的方法，逐渐消除显示的图像，显示被覆盖的背景。读者可以根据这种设想，重新实现消除函数。

4. 雨落效果

雨落的特效是经典的图像特效，利用 5.3.1 节介绍的基本函数，我们也可以实现这种效果。

雨落效果的核心点在于，每行图像不是一开始就显示在应该显示的位置，而是以行扫描的方式，依次扫过图像占据的区域进行显示。假设图像是 m 行、n 列的二维矩阵像素集合，则显示在屏幕上的是 (0, 0) 至 $(m-1, n-1)$ 的区域。对于矩阵中的第 j 行 $(0<=j<m)$ 数据，将依次在纵坐标值为 0 至 $j-1$ 的屏幕区域进行水平线段的显示，从而产生雨落的效果。

从上到下的雨落效果和从下到上的雨落效果的实现如示例 5-19 所示。

【示例 5-19】雨落效果的函数。

```
//从上往下的雨落效果
VOID RainFallShow(IN UINTN x, IN UINTN y,                  //图像显示位置
    IN UINTN Width,IN UINTN Height,                        //图像的宽度和高度
    IN EFI_GRAPHICS_OUTPUT_BLT_PIXEL *ImagePointer)        //图像数据
{
```

```
    INTN index,j;
    EFI_GRAPHICS_OUTPUT_BLT_PIXEL *BltBuffer;
    UINTN BltBufferSize = Width*sizeof(EFI_GRAPHICS_OUTPUT_BLT_PIXEL);
    BltBuffer = AllocateZeroPool(BltBufferSize);
    for(index = (INTN)(Height-1); index>=0; index--)    //外层控制取数据
    {
        CopyMem(BltBuffer, &(ImagePointer[index*Width]), BltBufferSize);
        for(j=0; j<=index; j++)  //内层控制显示
            putRectImage(x,y+j,Width,1,BltBuffer);
    }
    FreePool(BltBuffer);
}
//从下到上的雨落效果
VOID RainAscendShow(IN UINTN x, IN UINTN y,                //图像显示位置
    IN UINTN Width,IN UINTN Height,                        //图像的宽度和高度
    IN EFI_GRAPHICS_OUTPUT_BLT_PIXEL *ImagePointer)        //图像数据
{
    INTN index,j;
    EFI_GRAPHICS_OUTPUT_BLT_PIXEL *BltBuffer;
    UINTN BltBufferSize = Width*sizeof(EFI_GRAPHICS_OUTPUT_BLT_PIXEL);
    BltBuffer = AllocateZeroPool(BltBufferSize);
    for(index = 0; index < (INTN)Height; index++)          //外层控制取数据
    {
        CopyMem(BltBuffer, &(ImagePointer[index*Width]), BltBufferSize);
        for(j=(INTN)(Height-1); j>=index; j--)             //内层控制显示
            putRectImage(x,y+j,Width,1,BltBuffer);
    }
    FreePool(BltBuffer);
}
```

至此，所有的图像特效都展示完成了。笔者制作的特效主要是为了演示，实现比较粗糙。而且限于篇幅，有些特效没有实现，比如按圆显示图像、按随机块形式显示图像等。读者可发挥想象，在现有示例的基础上继续发展，实现多姿多彩、令人惊叹的UEFI图像世界。

5.4 本章小结

本章主要介绍了UEFI下的图像显示及图像显示特效。

本章还介绍了UEFI下图像显示的两种方法：

一是按图像格式显示，即从图像文件中提取所需要的信息，使用UEFI的写屏函数实现图像显示。本章对常用的几种图像格式，包括BMP图像格式、PCX图像格式和JPEG图像格式进行了介绍，并演示了各种图像格式的显示方法。

二是使用UEFI的HII机制显示图像。这种方式不需要对图像格式有深入了解，只需要把图像作为HII资源进行注册，使用UEFI图像Protocol的接口函数即可显示图像。不过，

在现有的 UEFI BIOS 中，对非 BMP 图像的解码支持并不完善。比如 PNG 和 JPEG 图像，UEFI 规范中已经提供支持，但实际的 UEFI BIOS 还没有提供支持。所以此显示方法目前只能支持 BMP 图像的显示。

本章还介绍了各种图像特效的实现方法，包括颜色变换特效、镜像显示和图像块显示。笔者构建了基本的图像块处理函数，并使用这些函数实现了多种图像特效。希望读者能在这些示例的基础上发挥想象力，创造更加丰富的图像显示效果。

Chapter 6 第6章

GUI开发与移植

GUI（Graphical User Interface，图形用户界面）是一种人与计算机通信的界面显示技术，允许用户使用鼠标、键盘等输入设备操纵屏幕上的图标或菜单选项，实现各种计算任务。它极大地方便了非专业人员对计算机的使用，可说是20世纪计算机领域最重要的发明之一。

UEFI提供的HII（人机接口基础架构）机制，实际上也是一种简化的GUI。HII对各种资源统一进行管理，包括字符串、字体、图像、窗体等，并提供了各种Protocol对这些资源进行处理。在第4章和第5章介绍了HII下的字符串、字体和图像。只不过HII设计的目的更多的是管理UEFI中的资源。它扮演的是UEFI系统GUI底层支持的角色，只能算是UEFI的基础人机接口设施。

本章将详细介绍构建UEFI下GUI所需的Protocol，包括键盘、鼠标和处理事件相关的接口函数，并在此基础上构建一个简单的GUI框架。另外，为了便于开发成熟的商业产品，我们将介绍如何将C/C++编写的GUI库移植到UEFI环境下。

本章移植的GUI库为GuiLite，它是由国内工程师idea4good开发的一款轻量级的GUI框架，可以稳定运行在Android、Linux、Windows等各种操作系统和无操作系统的单片机下，也适合用于在UEFI下进行产品开发。

6.1 支持GUI的基础服务

在UEFI下，支持GUI的基础服务主要包括键盘和鼠标的处理、图形界面和控件的绘制以及事件（Event）的处理。其中，图形界面的显示在第4章中已经详细介绍过了，使用之前构建的图形基础函数能很方便地绘制需要的界面和控件图形。

下面主要介绍 UEFI 下鼠标和键盘的处理，以及 UEFI 事件的使用。

6.1.1　UEFI 事件处理

在 Legacy BIOS 中，使用中断的方式来实现 CPU 和外部设备的输入 / 输出，或者处理异常事件。这种中断机制使得在 Legacy BIOS 下运行的程序有了异步操作的能力。而在 UEFI BIOS 下，中断机制不再提供，取而代之的是事件机制。

UEFI 的启动服务提供了 9 个与事件相关的接口函数，如表 6-1 所示。

表 6-1　UEFI 启动服务中的事件接口函数

函数名	功　能
CreateEvent	生成事件对象
CreateEventEx	生成事件对象，并加入一个组
CloseEvent	关闭事件对象
SignalEvent	触发事件对象
WaitForEvent	等待事件数组中的任一事件触发
CheckEvent	检查事件状态
SetTimer	设置定时器属性
RaiseTPL	提升任务优先级
RestoreTPL	恢复任务优先级

这些函数运行于启动服务（Boot Services）环境下，有不同的任务优先级要求（或者称为 TPL 要求）。在启动服务的环境中，有如下 3 种任务优先级。

- TPL_APPLICATION：最低优先级，应用程序运行在这个级别。
- TPL_CALLBACK：中等优先级，比较耗时的一些操作，比如磁盘操作运行在此级别。
- TPL_NOTIFY：高优先级，不允许阻塞，应该尽快完成，通常底层的 IO 操作在此级别。

高优先级任务可以中断低优先级任务。比如，运行于 TPL_NOTIFY 级别的任务可以中断运行于 TPL_APPLICATION 或运行于 TPL_CALLBACK 级别的任务。为了让固件（即 Firmware，一般可认为是 UEFI BIOS）有处理所有级别任务的能力，比如高级别的时钟事件或者内部设备，设计了第四种 TPL——TPL_HIGH_LEVEL。TPL_HIGH_LEVEL 是最高级别优先级，中断此级别的任务是被禁止的，UEFI 内核全局变量的修改需要在此级别进行。

对于 UEFI 中 Protocol 和接口函数运行于哪个级别，可以参考 UEFI 规范相应的章节[⊖]。

⊖ *Unified Extensible Firmware Interface (UEFI) Specification*，版本 2.8，第 141~144 页

事件存在两种互斥的状态——等待（waiting）和触发（signaled）。当事件被创建后，UEFI 系统将其设置为等待状态。事件被触发后，UEFI 系统将其转换为触发状态，如果事件类型为 EVT_NOTIFY_SIGNAL，则相关的通知（Notification）函数也会放入 FIFO 队列中。

对处于 TPL_CALLBACK 和 TPL_NOTIFY 级别的事件，存在着处理队列。如果队列中的通知函数的 TPL 等于或者小于目前任务的 TPL，那么它只能等到当前任务 TPL 降低。一般通过启动服务的 RestoreTPL() 来改变 TPL。

通常来说，事件也可分为同步和异步两种类型。在网络设备驱动中，通过 EVT_TIMER 事件等待新的网络包，使用的就是异步事件。而调用启动服务的函数 ExitBootServices()，则使用的是同步事件，当函数调用完成后，将触发 EVT_SIGNAL_EXIT_BOOT_SERVICES 事件。

下面对上述 9 个接口函数的用法进行介绍，并设计一个能定时产生随机图形块的示例，该示例用来演示函数的使用方法。

1. CreateEvent() 和 CreateEventEx()

CreateEvent() 和 CreateEventEx() 这两个接口函数均用于产生事件，它们的原型如代码清单 6-1 所示。

代码清单 6-1　CreateEvent() 和 CreateEventEx() 的函数原型

```
typedef EFI_STATUS  (EFIAPI *EFI_CREATE_EVENT) (
    IN UINT32 Type,                                           //事件类型
    IN EFI_TPL NotifyTpl,                                     //事件通知函数的优先级
    IN EFI_EVENT_NOTIFY NotifyFunction, OPTIONAL              //事件通知函数
    IN VOID *NotifyContext, OPTIONAL                  //传给事件NotifyFunction函数的参数
    OUT EFI_EVENT *Event                                      //生成的事件
);
typedef EFI_STATUS (EFIAPI *EFI_CREATE_EVENT_EX) (
    IN UINT32 Type,                                           //事件类型
    IN EFI_TPL NotifyTpl,                                     //事件通知函数的优先级
    IN EFI_EVENT_NOTIFY NotifyFunction OPTIONAL,              //事件通知函数
    IN CONST VOID *NotifyContext OPTIONAL,                    //传递给事件通知函数的参数
    IN CONST EFI_GUID *EventGroup OPTIONAL,                   //事件组
    OUT EFI_EVENT *Event                                      //生成的事件
);
#define EVT_TIMER                           0x80000000        //定时器事件
#define EVT_RUNTIME                         0x40000000        //内存中由运行时分配的事件
#define EVT_NOTIFY_WAIT                     0x00000100        //带通知函数的事件
#define EVT_NOTIFY_SIGNAL                   0x00000200        //带通知函数的事件
#define EVT_SIGNAL_EXIT_BOOT_SERVICES       0x00000201        //退出启动服务的事件
#define EVT_SIGNAL_VIRTUAL_ADDRESS_CHANGE 0x60000202
                                        //SetVirtualAddressMap()被调用时触发此事件
```

CreateEvent() 和 CreateEventEx() 都用来产生事件，区别在于后者产生的事件会被放入指定的事件组中。它们可产生各种类型的事件，常用的事件类型如下。

- EVT_TIMER。定时器事件，生成事件后需要调用SetTimer()设置Timer属性。
- EVT_NOTIFY_WAIT。带有通知函数的事件，当此类事件通过函数WaitForEvent()等待或者CheckEvent()检查时，其通知函数将会被放到待执行队列中。
- EVT_NOTIFY_SIGNAL。带有通知函数的事件，当此类事件通过函数SignalEvent()触发时，其通知函数会被放到待执行队列中。

CreateEvent()和CreateEventEx()这两个函数的第三个参数NotifyFunction是EFI_EVENT_NOTIFY类型的函数指针。该指针用来处理带通知函数的事件，它的原型如代码清单6-2所示。

代码清单6-2 通知函数的原型

```
typedef VOID (EFIAPI *EFI_EVENT_NOTIFY) (
    IN EFI_EVENT Event,  //拥有此函数的事件
    IN VOID *Context     //上下文指针，在CreateEvent()或CreateEventEx()中设置
);
```

当事件类型为EVT_NOTIFY_WAIT时，通知函数会在等待此事件的过程中调用；当事件的类型为EVT_NOTIFY_SIGNAL时，通知函数会在事件触发时调用。示例6-1所示为使用通知函数事件的例子。

【示例6-1】带通知函数事件的示例。

```
VOID TestNotifyEvent(VOID)
{
    EFI_EVENT myWaitEvent,mySignalEvent;
    UINTN       index=0;
    gBS->CreateEvent(EVT_NOTIFY_WAIT,TPL_NOTIFY,          //事件类型
        (EFI_EVENT_NOTIFY)NotifyWaitFunc,                 //通知函数
        (VOID*)L"Wait!",                                  //上下文指针的内容
        &myWaitEvent);                                    //事件
    gBS->CreateEvent(EVT_NOTIFY_SIGNAL, TPL_NOTIFY,       //事件类型
        (EFI_EVENT_NOTIFY)NotifySignalFunc,               //通知函数
        (VOID*)L"Signal!",                                //上下文指针的内容
        &mySignalEvent);                                  //事件
    Status = gBS->WaitForEvent(1, &myWaitEvent, &index);
    gBS->SignalEvent(mySignalEvent);//触发事件，使NotifySignalFunc被调用
    gBS->CloseEvent(myWaitEvent);
    gBS->CloseEvent(mySignalEvent);
}
VOID NotifyWaitFunc(IN EFI_EVENT Event, IN VOID *Context)
{
    static UINTN count = 0;
    Print(L"NotifyWaitFunc: count=%d, Context=%s\n",count,Context);
    count++;
    if((count%5)==0)  //5次时触发事件
        gBS->SignalEvent(Event);
```

```
}
VOID NotifySignalFunc(IN EFI_EVENT Event, IN VOID *Context)
{
  Print(L"NotifySignalFunc: Context=%s\n",Context);
}
```

此示例逻辑上比较简单，它建立了 EVT_NOTIFY_WAIT 型事件 myWaitEvent，以及 EVT_NOTIFY_SIGNAL 型事件 mySignalEvent，并为它们设置了相应的通知函数 NotifyWaitFunc 和 NotifySignalFunc。当 myWaitEvent 调用 WaitForEvent() 函数时，通知函数 NotifyWaitFunc() 将会被调用；当 mySignalEvent 调用 SignalEvent() 函数时，通知函数 NotifySignalFunc() 将会被调用。此示例位于本节示例工程 RobinPkg\Applications\RngEvent 下，读者可自行编译，也可在模拟器上运行该示例，查看实际效果。

2. SignalEvent() 和 CloseEvent()

建立事件后，事件处于等待状态。要将其转换为触发状态，需要使用函数 SingalEvent()；而在事件使用完之后，关闭事件需要使用函数 CloseEvent()。这两个函数的原型如代码清单 6-3 所示。

代码清单 6-3　SingalEvent() 和 CloseEvent() 的函数原型

```
typedef EFI_STATUS (EFIAPI *EFI_SIGNAL_EVENT) (
    IN EFI_EVENT Event     //触发的事件
);
typedef EFI_STATUS (EFIAPI *EFI_CLOSE_EVENT) (
    IN EFI_EVENT Event    //需要关闭的事件
);
```

SingalEvent() 函数将事件的状态设置为触发状态，如果事件属于一个组，则将组内所有事件设置为触发状态；如果事件带有通知函数，则将通知函数添加到就绪队列以准备执行。CloseEvent() 函数用来关闭事件，调用此函数后，指定的事件将从系统中删除。这两个函数一般由事件生产者使用，在示例 6-1 中已经演示了其使用方法。

3. WaitForEvent() 和 CheckEvent()

事件使用者可以通过 WaitForEvent() 或 CheckEvent() 等待事件触发或检查事件是否触发。其中，WaitForEvent() 是阻塞操作，它会等待事件或事件组内任一事件被触发后返回事件相关信息，其函数原型如代码清单 6-4 所示。

代码清单 6-4　WaitForEvent() 的函数原型

```
typedef EFI_STATUS (EFIAPI *EFI_WAIT_FOR_EVENT) (
    IN UINTN NumberOfEvents,     //事件数组中的事件数目
    IN EFI_EVENT *Event,         //事件数组
    OUT UINTN *Index             //返回处于触发状态的事件在数组内的下标(从零开始计数)
);
```

此函数必须运行在 TPL_APPLICATION 级别，否则调用时将返回 EFI_UNSUPPORTED。WaitForEvent() 函数针对参数中给定的事件数组（也可以针对单个事件）进行检查，直到发现有事件触发或者发生错误，才会从阻塞状态退出并返回。返回的时候，*Index 的值为该事件在事件数组中的下标，同时该事件将被重置为等待状态。如果事件是 EVT_NOTIFY_SIGNAL 类型，则返回 EFI_INVALID_PARAMETRE；如果事件不带通知函数，则返回 EFI_SUCCESS。

如果事件不处于触发状态，但是带有通知函数，并在通知函数中将事件变为触发状态，则在调用 WaitForEvent() 函数后，触发状态被清除，*Index 的值为该事件在事件数组中的下标，同时返回 EFI_SUCCESS。这种情况在示例 6-1 中已经演示过了。

与 WaitForEvent() 函数不同，CheckEvent() 函数在调用后立即返回，代码清单 6-5 给出了该函数原型。

代码清单 6-5　CheckEvent () 的函数原型

```
typedef EFI_STATUS (EFIAPI *EFI_CHECK_EVENT) (
    IN EFI_EVENT Event     //需要检查的事件，看是否处于触发状态
);
```

CheckEvent() 函数检查事件是否处于触发状态，如果事件类型为 EVT_NOTIFY_SIGNAL，则将返回 EFI_INVALID_PARAMETER，否则有如下 3 种可能性。

- 如果事件处于触发状态，则会清除状态并返回 EFI_SUCCESS。
- 如果事件不处于触发状态且没有通知函数，则返回 EFI_NOT_READY。
- 如果事件不处于触发状态，带有通知函数，且通知函数在事件通知函数队列中，那么如果在通知函数中触发此事件，则清除触发状态并返回 EFI_SUCCESS；如果事件没有触发，则返回 EFI_NOT_READY。

4. SetTimer()

SetTimer() 用来设置定时器类型的事件，代码清单 6-6 给出了 SetTimer() 的函数原型。

代码清单 6-6　SetTimer () 的函数原型

```
typedef EFI_STATUS (EFIAPI *EFI_SET_TIMER) (
    IN EFI_EVENT Event,              //定时器类型事件
    IN EFI_TIMER_DELAY Type,         //定时器类别
    IN UINT64 TriggerTime            //定时器过期事件，100ns为一个单位
);
typedef enum {
    TimerCancel,                     //用于取消定时器触发事件，设置后不触发定时器
    TimerPeriodic,                   //重复型定时器，触发时间为TriggerTime * 100ns
    TimerRelative                    //一次性定时器，触发时间为TriggerTime * 100ns
} EFI_TIMER_DELAY;
```

从代码清单 6-6 中可以看出，可以设置 3 种类别的定时器——重复型定时器、一次性定时器和取消定时器。EVT_NOTIFY_SIGNAL 类型的事件经常会配合定时器使用。通过这种机制，可以构建出类似多线程的工作方式。

5. RaiseTPL() 和 RestoreTPL()

UEFI 规范中没有给出对多线程的支持，但是其中有任务（Task）的概念。应用程序和事件的通知函数都是任务，它们均运行于指定的任务优先级下。前面描述了 4 种任务优先级，提升和恢复任务优先级的函数为 RaiseTPL() 和 RestoreTPL()，它们的函数原型如代码清单 6-7 所示。

代码清单 6-7　RaiseTPL() 和 RestoreTPL() 的函数原型

```
typedef EFI_TPL (EFIAPI *EFI_RAISE_TPL) (
    IN EFI_TPL NewTpl  //新的优先级，必须高于或者等于当前任务的优先级
);
typedef VOID (EFIAPI *EFI_RESTORE_TPL) (
    IN EFI_TPL OldTpl  //调用RaiseTPL()前的任务的优先级
)
//相关优先级数值：
#define TPL_APPLICATION 4
#define TPL_CALLBACK 8
#define TPL_NOTIFY 16
#define TPL_HIGH_LEVEL 31
```

RaiseTPL() 提高任务优先级的值到参数中规定的值，并返回之前优先级的值。如果入口参数 NewTPL 低于当前的任务优先级，则系统行为是不确定的。注意，只有代码清单 6-7 中给出的 4 种优先级的数值可以使用，其他值都留给固件本身使用。使用这四种优先级之外的数值会导致无法预测的结果。

调用者在用完 RaiseTPL() 之后，必须在返回前使用 RestoreTPL() 将优先级恢复到之前的值。

6. 定时绘制随机图块的示例

介绍完 UEFI 规范中事件处理的接口函数后，我们准备用一个例子来演示它们的用法。示例工程位于随书代码的 RobinPkg\Applications\RngEvent 文件夹下，其主要功能为每隔 200ms，在颜色数组中随机选择一种颜色，并在屏幕的随机位置使用此颜色绘制边长为 20 像素的正方形块。

为产生随机数，本可以使用 UEFI 规范中提供的 EFI_RNG_PROTOCOL。可惜的是，目前的 UEFI BIOS 不支持此 Protocol，只能自己写一个伪随机数生成函数。具体如示例 6-2 所示。

【示例 6-2】带通知函数事件的示例。

```
INT32 robin_rand(VOID) //伪随机数生成函数
{
    INT32 hi, lo, x;
    static UINT32 next = 1;
    if (next == 0)
        next = 123459876;
    hi = next / 127773;
    lo = next % 127773;
    x = 16807 * lo - 2836 * hi;
    if (x < 0)
        x += 0x7fffffff;
    return ((next = x) % ((UINT32)0x7fffffff + 1));
}
VOID RandomBlock(UINT32 Width,UINT32 Height,     //显示屏幕的宽度和高度
    EFI_GRAPHICS_OUTPUT_BLT_PIXEL* BltArray,     //颜色数组
    UINT32 BltArraySize)                         //颜色数组的元素个数
{
    EFI_EVENT myEvent;
    EFI_STATUS Status;
    UINTN       repeats=0;
    UINTN       index=0;
    UINT32 rand_x1, rand_y1,randColor;
    Status = gBS->CreateEvent(EVT_TIMER ,TPL_CALLBACK, FI_EVENT_NOTIFY)NULL,
        (VOID*)NULL, &myEvent);//创建定时器事件
    Status = gBS->SetTimer(myEvent,TimerPeriodic,2*1000*1000); //200ms一次
    while(1)
    {
        Status = gBS->WaitForEvent(1, &myEvent, &index);  //等待事件触发
        rand_x1 = (robin_rand() % Width);
        rand_y1 = (robin_rand() % Height);
        randColor = (robin_rand()) % BltArraySize;
        rectblock(rand_x1,rand_y1,rand_x1+20,rand_y1+20,
            &(BltArray[randColor]));//随机位置绘制
        if(repeats ++ == 100)
            break;
    }
    Status = gBS->CloseEvent(myEvent);
}
```

在示例工程 RngEvent 中，RandomBlock() 函数创建了每 200ms 触发一次的定时器事件，并利用伪随机数生成函数，得到需要显示的随机位置以及随机颜色，在屏幕上绘制相应的矩形块。

6.1.2　UEFI 键盘处理

在 PC 平台上所使用的键盘一般使用 8042 芯片对按键操作进行处理，它负责处理所有按键的数据检查，将键盘扫描码翻译为系统扫描码。比如在 Legacy BIOS 中按下“P”键，键盘控制器会将值为 0x4D 的键盘扫描码发送到连接器，8042 芯片将键盘扫描码 0x4D 翻译

成系统扫描码0x19，并将其放入键盘缓冲区内。主板控制器会触发中断请求来处理数据，键盘BIOS读取到此扫描码，并将其翻译成ASCII码0x70（小写字母“p”的ASCII码）。当松开“P”键时，又会引发另外一系列的动作。

键盘上的按键主要由如下3种类型的键组成。

- 字符数字键，如字母A（a）到Z（z），数字0到9以及%、$、#等常用字符。
- 和其他键组合使用的控制键，如Alt、Ctrl和Shift等。
- 切换状态的按键，比如切换大小写的CapsLock、打开小键盘的NumLock等。

除此以外，还有扩展键F1、F2以及Home、Backspace等，这些都归类到无法打印的字符数字键中。

UEFI规范中提供了两类处理键盘输入的Protocol——EFI_SIMPLE_TEXT_INPUT_PROTOCOL（以下简称ConIn）和EFI_SIMPLE_TEXT_INPUT_EX_PROTOCOL（以下简称扩展ConIn）。这两者的不同之处在于，ConIn可读取键盘按键的Unicode码和扫描码；而扩展ConIn除此之外还可以获取控制键和切换状态按键的状态。另外，扩展ConIn还可以设置控制键的状态，以及向系统注册热键。在第4章和第5章提供的示例工程中，源代码Keyboard.c和Keyboard.h提供的处理键盘按键的函数，就是使用这两种Protocol构造的。ConIn和扩展ConIn的实例，可以使用对应的GUID，通过OpenProtocol()等函数获取；另外，ConIn还可以直接使用系统表（gST）得到Protocol实例。

下面介绍这两种Protocol的用法。

1. 使用EFI_SIMPLE_TEXT_INPUT_PROTOCOL

EFI_SIMPLE_TEXT_INPUT_PROTOCOL只能用来处理单个按键，无法处理组合键（如Ctrl+C），其结构体如代码清单6-8所示。

代码清单6-8 EFI_SIMPLE_TEXT_INPUT_PROTOCOL结构体

```
typedef struct _EFI_SIMPLE_TEXT_INPUT_PROTOCOL {
    EFI_INPUT_RESET Reset;                    //重置设备
    EFI_INPUT_READ_KEY ReadKeyStroke;         //读取按键信息
    EFI_EVENT WaitForKey;                     //按键事件
} EFI_SIMPLE_TEXT_INPUT_PROTOCOL;
```

由上述代码可以看出，EFI_SIMPLE_TEXT_INPUT_PROTOCOL有两个接口函数和一个成员变量。接口函数Reset()用来重置键盘设备，ReadKeyStroke()用来获取按键信息，它们的函数原型如代码清单6-9所示。

代码清单6-9 Reset()和ReadKeyStroke()的函数原型

```
typedef EFI_STATUS (EFIAPI *EFI_INPUT_RESET) (
    IN EFI_SIMPLE_TEXT_INPUT_PROTOCOL *This,  //Protocol实例
    IN BOOLEAN ExtendedVerification           //如果为真，固件会验证设备；否则快速重启
```

```
);
typedef EFI_STATUS (EFIAPI *EFI_INPUT_READ_KEY) (
    IN EFI_SIMPLE_TEXT_INPUT_PROTOCOL *This,     //Protocol实例
    OUT EFI_INPUT_KEY *Key                       //返回按键
);
typedef struct {
    UINT16 ScanCode;                             //扫描码
    CHAR16 UnicodeChar;                          //Unicode码
} EFI_INPUT_KEY;
```

读取按键信息一般需要经过两个步骤，首先等待成员变量 WaitForKey（事件型变量）被触发，然后使用接口函数 ReadKeyStroke() 读取按键，如示例 6-3 所示。

【示例 6-3】读取按键的函数示例。

```
EFI_STATUS GetKey(EFI_INPUT_KEY *key)//得到的按键，存储于*key中
{
    UINTN Index;
    gBS->WaitForEvent( 1, &gST->ConIn->WaitForKey, &Index );
    return gST->ConIn->ReadKeyStroke(gST->ConIn,key);
}
```

所得到的按键信息存储于 EFI_INPUT_KEY 类型的成员变量中。这种类型的成员变量有两个——扫描码和 Unicode 码。需要注意的是，这里所说的扫描码和 Legacy BIOS 下的键盘扫描码不相同。在 UEFI 下，对于可打印的字符键和数字键，其扫描码为 0，直接使用 Unicode 码；对于不可打印的字符键和数字键，Unicode 码为 0，使用扫描码区分。比如可打印字符“1”，其扫描码为 0，Unicode 码为 0x31；不可打印字符键 F1，其扫描码为 0x0B，Unciode 码为 0。

2. 使用 EFI_SIMPLE_TEXT_INPUT_EX_PROTOCOL

EFI_SIMPLE_TEXT_INPUT_EX_PROTOCOL 可用来处理单个按键或者组合键，其结构体如代码清单 6-10 所示。

代码清单 6-10　EFI_SIMPLE_TEXT_INPUT_EX_PROTOCOL 结构体

```
typedef struct _EFI_SIMPLE_TEXT_INPUT_EX_PROTOCOL{
    EFI_INPUT_RESET_EX Reset;                    //重置设备
    EFI_INPUT_READ_KEY_EX ReadKeyStrokeEx;       //读取按键信息
    EFI_EVENT WaitForKeyEx;                      //按键事件
    EFI_SET_STATE SetState;                      //设置状态，比如NumLock键
    EFI_REGISTER_KEYSTROKE_NOTIFY RegisterKeyNotify;     //注册热键
    EFI_UNREGISTER_KEYSTROKE_NOTIFY UnregisterKeyNotify; //注销热键
} EFI_SIMPLE_TEXT_INPUT_EX_PROTOCOL;
```

从上述结构体中可以看出，相比于 EFI_SIMPLE_TEXT_INPUT_PROTOCOL，该结构体多了 3 个接口函数，即 SetState()、RegisterKeyNotify() 和 UnregisterKeyNotify()，用于处

理按键的函数也不相同。

处理按键的函数为 ReadKeyStrokeEx()，其函数原型和函数参数使用的数据结构如代码清单 6-11 所示。

代码清单 6-11 ReadKeyStrokeEx() 函数原型及相关数据结构

```
typedef EFI_STATUS (EFIAPI *EFI_INPUT_READ_KEY_EX) (
    IN EFI_SIMPLE_TEXT_INPUT_EX_PROTOCOL *This,          //Protocol实例
    OUT EFI_KEY_DATA *KeyData                    //返回按键
);
typedef struct {
    EFI_INPUT_KEY Key;                           //按键编码（Unicode码和扫描码）
    EFI_KEY_STATE KeyState;                      //控制键和切换状态键
} EFI_KEY_DATA
typedef struct EFI_KEY_STATE {
    UINT32 KeyShiftState;                        //控制键Ctrl、Shift等
    EFI_KEY_TOGGLE_STATE KeyToggleState; //切换状态键CapsLock、NumLock等
} EFI_KEY_STATE;
```

ReadKeyStrokeEx() 函数的入口参数为 EFI_KEY_DATA 类型，它是 EFI_INPUT_KEY 类型的超集，另外还包含了表示控制键和切换状态键的类型 EFI_KEY_STATE。因此，相比于接口函数 ReadKeyStroke()，ReadKeyStrokeEx() 函数的功能更为强大，可以读取切换状态键和控制键的状态。

使用 ReadKeyStrokeEx() 函数读取到的 EFI_KEY_DATA 类型的按键信息中就包含了各切换状态键和控制键的状态。这些信息由按键信息的成员变量 KeyState 给出，这是 EFI_KEY_STATE 类型的变量，其成员变量 KeyShiftState 和 KeyToggleState 可取的值如代码清单 6-12 所示。

代码清单 6-12 KeyShiftState 和 KeyToggleState 可取的值

```
//控制键的状态值
#define EFI_SHIFT_STATE_VALID 0x80000000             //值有效标志
#define EFI_RIGHT_SHIFT_PRESSED 0x00000001           //右Shift键按下
#define EFI_LEFT_SHIFT_PRESSED 0x00000002            //左Shift键按下
#define EFI_RIGHT_CONTROL_PRESSED 0x00000004         //右Ctrl键按下
#define EFI_LEFT_CONTROL_PRESSED 0x00000008          //左Ctrl键按下
#define EFI_RIGHT_ALT_PRESSED 0x00000010             //右Alt键按下
#define EFI_LEFT_ALT_PRESSED 0x00000020              //左Alt键按下
#define EFI_RIGHT_LOGO_PRESSED 0x00000040            //右Windows徽标键按下
#define EFI_LEFT_LOGO_PRESSED 0x00000080             //左Windows徽标键按下
#define EFI_MENU_KEY_PRESSED 0x00000100              //菜单徽标键按下
#define EFI_SYS_REQ_PRESSED 0x00000200               //SysRq键按下
//状态切换键的值
typedef UINT8 EFI_KEY_TOGGLE_STATE;
#define EFI_TOGGLE_STATE_VALID 0x80                  //值有效标记
#define EFI_KEY_STATE_EXPOSED 0x40                   //状态切换键的信息提供标志
```

```
#define EFI_SCROLL_LOCK_ACTIVE 0x01            //ScrLock打开
#define EFI_NUM_LOCK_ACTIVE 0x02               //NumLock打开
#define EFI_CAPS_LOCK_ACTIVE 0x04              //CapsLock打开
```

对控制键来说，判断任一控制键是否被按下，必须首先判断其值有效标志是否存在（即 KeyShiftState & EFI_SHIFT_STATE_VALID 是否为真），再看 KeyShiftState 各位的值以检查对应的控制键是否被按下。

切换状态的按键包括 ScrLock 键、NumLock 键和 CapsLock 键，这些键是否被打开可通过 KeyToggleState 的值来判断。处理方法与 KeyShiftState 类似，首先判断其值有效标志是否存在（KeyToggleState & EFI_TOGGLE_STATE_VALID 是否为真），再根据相应位的值判断对应的键是否打开。切换状态键可以通过接口函数 SetState() 进行控制，其函数原型如代码清单 6-13 所示。

代码清单 6-13 SetState() 的函数原型

```
EFI_STATUS (EFIAPI *EFI_SET_STATE) (
    IN EFI_SIMPLE_TEXT_INPUT_EX_PROTOCOL *This,  //Protocol实例
    IN EFI_KEY_TOGGLE_STATE *KeyToggleState      //切换状态按键CapsLock、NumLock等
);
```

EFI_SIMPLE_TEXT_INPUT_EX_PROTOCOL 中还提供了注册热键、注销热键的接口函数，分别为 RegisterKeyNotify() 和 UnregisterKeyNotify()。热键可以是组合键（比如 Ctrl+A），也可以是单个的键，通过类型为 EFI_KEY_DATA 的入口参数指定。注册热键和注销热键的函数原型如代码清单 6-14 所示。

代码清单 6-14 RegisterKeyNotify() 和 UnregisterKeyNotify() 的函数原型

```
typedef EFI_STATUS (EFIAPI *EFI_REGISTER_KEYSTROKE_NOTIFY) (
    IN EFI_SIMPLE_TEXT_INPUT_EX_PROTOCOL *This, //Protocol实例
    IN EFI_KEY_DATA *KeyData,                   //注册的热键
    IN EFI_KEY_NOTIFY_FUNCTION KeyNotificationFunction, //热键回调函数
    OUT VOID **NotifyHandle                     //热键回调函数注册后返回的句柄
);
typedef EFI_STATUS (EFIAPI *EFI_KEY_NOTIFY_FUNCTION) (
    IN EFI_KEY_DATA *KeyData                    //热键
);
typedef EFI_STATUS (EFIAPI *EFI_UNREGISTER_KEYSTROKE_NOTIFY) (
    IN EFI_SIMPLE_TEXT_INPUT_EX_PROTOCOL *This, //Protocol实例
    IN VOID *NotificationHandle                 //热键回调函数的句柄，用于注销
);
```

注册热键后，RegisterKeyNotify() 会返回热键回调函数的句柄，这个句柄要保存好，在注销热键的时候会作为入口参数传给 UnregisterKeyNotify() 函数。使用这两个函数时，有

如下两个需要注意的地方。

- 使用了注册热键的函数后，在应用程序退出前，必须调用注销热键的函数，否则程序退出的时候有可能导致系统崩溃。
- 注册热键时，RegisterKeyNotify() 函数的入口参数 KeyData 的控制键和切换状态键的值必须有效，否则会导致热键运作失败。

示例 6-4 给出了使用热键的代码，可以从中了解 UEFI 下热键的使用方法。

【示例 6-4】UEFI 下使用热键的示例。

```
EFI_STATUS HotKeyNotifyFunc(IN EFI_KEY_DATA *hotkey)      //热键回调函数
{
    Print(L"Hot key pressed!\n");
    return EFI_SUCCESS;
}
extern EFI_SIMPLE_TEXT_INPUT_EX_PROTOCOL *gConInEx;      //Protocol实例
EFI_STATUS HotKeySample(IN EFI_KEY_DATA *hotkey)          //注册及注销热键的函数
{
    EFI_STATUS Status;
    EFI_KEY_DATA key;
    EFI_HANDLE hotkeyNotifyHandle;
    hotkey->KeyState.KeyShiftState|=EFI_SHIFT_STATE_VALID;  //控制键有效
    hotkey->KeyState.KeyToggleState|= \
        EFI_TOGGLE_STATE_VALID|EFI_KEY_STATE_EXPOSED;     //切换状态按键有效
    Status = gConInEx->RegisterKeyNotify(gConInEx,        //Protocol实例
                                    hotkey,                //注册的热键
                                    HotKeyNotifyFunc,      //热键回调函数
                                    (VOID **)&hotkeyNotifyHandle);
    while(key.Key.ScanCode!=0x17)                         //遇到ESC键退出循环
    {
        UINTN index;
        gBS->WaitForEvent(1,&(gConInEx->WaitForKeyEx),&index);
        Status = gConInEx->ReadKeyStrokeEx(gConInEx,&key);
    }
    Status = gConInEx->UnregisterKeyNotify(gConInEx,hotkeyNotifyHandle);
    return EFI_SUCCESS;
}
EFI_STATUS EFIAPI UefiMain(IN EFI_HANDLE  ImageHandle,
                           IN EFI_SYSTEM_TABLE  *SystemTable)
{
    EFI_KEY_DATA myhotkey={0,0};
    myhotkey.Key.UnicodeChar='a';
    myhotkey.KeyState.KeyShiftState=EFI_LEFT_CONTROL_PRESSED;
    HotKeySample(&myhotkey); //注册Ctrl+a组合键
    return EFI_SUCCESS;
}
```

6.1.3　UEFI鼠标处理

UEFI规范出现之前的BIOS，对于鼠标的支持一直处于一种比较混乱的状态。很多主板上的Legacy BIOS都不支持鼠标的中断。笔者曾经在Legacy BIOS上编写过鼠标驱动，从实际结果来看，只能在部分主板上运行。

随着UEFI的发展，这种状况终于得到改善，大部分的UEFI BIOS都逐渐提供了支持鼠标的Protocol。如今市场上UEFI BIOS的Setup界面中，也支持用鼠标直接操作了，这大大提高了可用性。

UEFI规范中支持鼠标的Protocol为EFI_SIMPLE_POINT_PROTOCOL，其结构体如代码清单6-15所示。

代码清单6-15　EFI_SIMPLE_POINT_PROTOCOL的结构体及鼠标属性结构体

```
typedef struct _EFI_SIMPLE_POINTER_PROTOCOL {
    EFI_SIMPLE_POINTER_RESET Reset;                  //重启设备
    EFI_SIMPLE_POINTER_GET_STATE GetState;           //获取当前鼠标设备的状态信息
    EFI_EVENT WaitForInput;                          //鼠标事件
    EFI_SIMPLE_INPUT_MODE *Mode;                     //鼠标设备的属性
} EFI_SIMPLE_POINTER_PROTOCOL;
typedef struct {
    UINT64 ResolutionX;     //X轴分辨率，0表示不支持X轴，单位为个/毫米
    UINT64 ResolutionY;     //Y轴分辨率，0表示不支持Y轴，单位为个/毫米
    UINT64 ResolutionZ;     //Z轴分辨率，0表示不支持Z轴，单位为个/毫米
    BOOLEAN LeftButton;     //是否支持左键
    BOOLEAN RightButton;    //是否支持右键
} EFI_SIMPLE_POINTER_MODE;
```

EFI_SIMPLE_POINT_PROTOCOL包括两个接口函数——Reset()和GetState()，以及两个成员变量——WaitForInput和Mode。用户可通过成员变量Mode得到鼠标设备的属性，包括*X*轴、*Y*轴和*Z*轴的分辨率，以及是否支持左键和右键。

接口函数GetState()用于获取鼠标当前状态，其函数原型如代码清单6-16所示。

代码清单6-16　GetState()函数原型及鼠标状态结构体

```
typedef EFI_STATUS (EFIAPI *EFI_SIMPLE_POINTER_GET_STATE)
    IN EFI_SIMPLE_POINTER_PROTOCOL *This,          //Protocol实例
    IN OUT EFI_SIMPLE_POINTER_STATE *State         //鼠标状态
);
typedef struct {
    INT32 RelativeMovementX;                       //X轴方向位移量
    INT32 RelativeMovementY;                       //Y轴方向位移量
    INT32 RelativeMovementZ;                       //Z轴方向位移量
    BOOLEAN LeftButton;                            //左键是否按下
    BOOLEAN RightButton;                           //右键是否按下
} EFI_SIMPLE_POINTER_STATE;
```

通过 GetState() 得到的鼠标状态，其类型为 EFI_SIMPLE_POINTER_STATE，包括 *X*、*Y*、*Z* 这 3 个方向的位移量及鼠标左右键是否按下的状态。各个方向实际移动的距离，要与鼠标属性结合计算，比如 *X* 轴实际上移动了 RelativeMovementX / ResolutionX 毫米。需要注意的是，这里的位移量，只是记录了鼠标相对上次位置的位移，鼠标的位置应该由应用软件做好管理和维护。

位于随书代码的 RobinPkg\Applications\GuiBaseSample 文件夹下的示例工程 GuiBaseSample，可以获取鼠标的属性和状态。需要注意的是，UEFI 的模拟器虽然提供了支持鼠标的 Protocol，但是无法正常工作。如需要测试，请将示例工程编译为 64 位的程序，在实际的机器上运行。示例 6-5 给出了示例工程 GuiBaseSample 中的核心工作代码。

【示例 6-5】GuiBaseSample 核心工作代码。

```
UINT64 flag;
flag = InintGloabalProtocols(SIMPLE_POINTER);               //获取鼠标Protocol的实例
if((flag&SIMPLE_POINTER) != SIMPLE_POINTER)
{
    EFI_SIMPLE_POINTER_STATE State;
    UINTN Index;
    Print(L"Print Current Mode of Mouse:\n");
    Print(L"ResolutionX=0x%x\n",gMouse->Mode->ResolutionX);      //X轴分辨率
    Print(L"ResolutionY=%d\n",gMouse->Mode->ResolutionY);        //Y轴分辨率
    Print(L"ResolutionZ=%d\n",gMouse->Mode->ResolutionZ);        //Z轴分辨率
    Print(L"LeftButton=%d\n",gMouse->Mode->LeftButton);          //是否支持左键
    Print(L"RightButton=%d\n",gMouse->Mode->RightButton);        //是否支持右键
    while(1)
    {
        gMouse->GetState(gMouse,&State);                         //获取当前鼠标状态
        Print(L">>RelativeMovementX=0x%x\n",State.RelativeMovementX);
        Print(L">>RelativeMovementY=0x%x\n",State.RelativeMovementY);
        Print(L">>RelativeMovementZ=0x%x\n",State.RelativeMovementZ);
        Print(L">>LeftButton=0x%x\n",State.LeftButton);
        Print(L">>RightButton=0x%x\n",State.RightButton);
        gBS->WaitForEvent( 1, &gMouse->WaitForInput, &Index );
    }
}
else
    Print(L"Load Mouse Protocol Error!\n");
```

6.1.4 构建 GUI 框架

下面我们着手构建自己的 GUI 框架。从顶层设计来看，GUI 的实现包含如下几个方面的构建工作。

- 建立整体处理事件的机制，将鼠标事件、键盘事件，以及定时检查界面消息的事件等，统一在同一管理机制下。

- 处理鼠标初始化，以及相应的鼠标绘制工作。
- 处理键盘事件，对键盘按键进行处理。
- 提供热键处理和热键注销的机制。
- 提供GUI菜单和控件，包括按钮、编辑框等，以及相应的鼠标动作处理机制。
- 多语言处理框架。

要完整地实现所有功能，需要花费巨大的时间和精力，不是短短一节的内容能够涵盖的。本节主要把UEFI下GUI框架搭建出来，仅实现上述6项工作中的前3项，读者可以在此基础上实现完整的GUI库。

本节提供的示例工程MyGuiFrame位于随书代码的RobinPkg\Applications\MyGuiFrame文件夹下，由于涉及鼠标处理，在UEFI模拟器中是无法测试的，故应将示例工程编译为X64的目标程序，在实际机器上进行测试。

1. GUI事件管理

笔者所构建的MyGuiFrame，需要处理的事件包括鼠标事件、键盘事件和定时器事件。其中，定时器事件是准备用来建立完整的消息机制，将图形控件与处理函数联系起来的。当然，目前的示例工程没有完成这些工作，只是预留了框架，方便未来进行开发。

示例6-6演示了如何构建事件数组，以及响应事件的整体框架。

【示例6-6】GUI事件管理框架。

```
EFI_EVENT gTimerEvent;
EFI_EVENT gWaitArray[3];
VOID InitGUI(VOID)  //初始化GUI事件及其他初始化工作
{
    gBS->CreateEvent(EVT_TIMER,TPL_APPLICATION,(EFI_EVENT_NOTIFY)NULL,
                    (VOID*)NULL,&gTimerEvent);     //创建定时器事件
    gBS->SetTimer(gTimerEvent,TimerPeriodic,10*1000*1000);  //设置为每秒触发
    gWaitArray[EVENT_TIMER]=gTimerEvent;              //事件数组元素0为定时器
    gWaitArray[EVENT_KEY]=gST->ConIn->WaitForKey; //事件数组元素1为键盘事件
    gWaitArray[EVENT_MOUSE]=gMouse->WaitForInput; //事件数组元素2为鼠标事件
    initMouseArrow();                                 //初始化鼠标
}
VOID HanlderGUI(VOID)                                 //各类GUI事件处理
{
    UINTN Index;
    EFI_INPUT_KEY key={0,0};
    EFI_SIMPLE_POINTER_STATE mouseState;
    while(1)
    {
        gBS->WaitForEvent(3, gWaitArray, &Index);
        if(Index == EVENT_KEY)                       //处理键盘事件
        {
            gST->ConIn->ReadKeyStroke(gST->ConIn,&key);
            HandlerKeyboard(&key);
```

```
            }
            else if(Index == EVENT_MOUSE) //处理鼠标事件
            {
                GetMouseState(&mouseState);
                HandlerMouse(&mouseState);
            }
            else if(Index == EVENT_TIMER) //处理定时器事件
            {
                HandlerTimer();
            }
            else{  }//意外错误处理
        }
    }
```

在示例 6-6 中，设置了每过 1s 触发的定时器事件。它连同鼠标事件、键盘事件，共同组成了事件数组。事件管理的框架中，针对这 3 种事件分别进行了处理。在实际应用中，定时器事件可能用来遍历 GUI 控件，或对对话框等图形元素进行实时刷新和消息处理，所以肯定不能将刷新的时间设置为 1s 才触发，这么慢是无法满足需求的。UEFI 的定时器事件最小可设置为 100ns 触发，能满足大部分实时画面刷新的需求。

在实际事件管理框架中，可以设置多个定时器事件以满足应用需求。示例 6-7 中只设置了一个定时器事件，它主要用来演示框架功能，其事件处理的函数每过 1s 就在屏幕上显示一段字符串。

【示例 6-7】处理定时器事件。

```
EFI_STATUS HandlerTimer(VOID)
{
    static UINT8 flag=0;
    UINT8 *s_text = "Timer Event has triggered.";
    if(flag==1)
    {
        flag=0;
        draw_string(s_text, 100, 150, &MyFontArray, &(gColorTable[WHITE]));
    }
    else
    {
        flag=1;
        rectblock(100,150,400,180,&(gColorTable[DEEPBLUE]));//用背景色消除字符串
    }
    return EFI_SUCCESS;
}
```

2. 鼠标事件处理

鼠标事件是 GUI 框架中比较特殊的部分，它的事件处理机制涉及鼠标图像的绘制、鼠标位置获取以及鼠标按键的处理。在本节提供的示例工程 MyGuiFrame 中，没有对鼠标按键进行处理，读者可根据示例提供的框架代码，自行添加这些功能。

为实现鼠标的绘制，示例工程 MyGuiFrame 中准备了 18×25 的鼠标图案，是使用 PCX 图像格式提取并保存的，可直接调用 5.1.2 节介绍的 PCX 图像显示函数绘制鼠标。示例 6-8 给出了绘制鼠标的代码。

【示例 6-8】绘制鼠标。

```
VOID putMouseArrow(UINTN x,UINTN y)
{
    EFI_GRAPHICS_OUTPUT_BLT_PIXEL *BltBuffer;
    EFI_GRAPHICS_OUTPUT_BLT_PIXEL *BltBuffer1;
    UINT32 BltBufferSize;
    if(x>=(SY_SCREEN_WIDTH-1-gMouseWidth)) //限制鼠标x坐标，不超过屏幕
        x=SY_SCREEN_WIDTH-1-gMouseWidth;
    if(y>=SY_SCREEN_HEIGHT-1-gMouseHeight) //限制鼠标y坐标，不超过屏幕
        y=SY_SCREEN_HEIGHT-1-gMouseHeight;
    //1 oldZone中包含了上次鼠标显示所覆盖的区域，还原此区域图像
    putRectImage(mouse_xres,mouse_yres,gMouseWidth,gMouseHeight,oldZone);
    mouse_xres=(UINT16)x; //鼠标x坐标
    mouse_yres=(UINT16)y; //鼠标y坐标
    getRectImage(x,y,gMouseWidth,gMouseHeight,oldZone); //保存当前鼠标覆盖区域
    //2 在当前位置显示鼠标
    BltBufferSize = ((UINT32)gMouseWidth *  (UINT32)gMouseHeight * \
                    (sizeof (EFI_GRAPHICS_OUTPUT_BLT_PIXEL)));
    BltBuffer = AllocateZeroPool(BltBufferSize);
    BltBuffer1 = AllocateZeroPool(BltBufferSize);
    getRectImage(x,y,gMouseWidth,gMouseHeight,BltBuffer);
    decompressPCX256_special(gMouseWidth,gMouseHeight,
        gMousePicColorTable,gMousePicPicture,BltBuffer1,1);
    //透明处理并显示
    MaskingTransparent(gMouseWidth,gMouseHeight,BltBuffer1,BltBuffer,10);
    putRectImage(x,y,gMouseWidth,gMouseHeight,BltBuffer);
    FreePool(BltBuffer);
    FreePool(BltBuffer1);
}
```

鼠标绘制的过程，就是不断地还原上一次鼠标覆盖的内容，保存当前鼠标将要覆盖的内容，并在当前位置上绘制鼠标图案的过程。而对第一次鼠标的绘制及覆盖内容的保存，是在初始化函数 intiMouseArrow() 中实现的，此函数由示例 6-6 中所示的 GUI 初始化函数调用。

在鼠标事件处理函数中，主要进行了鼠标图案的绘制，而且主要针对鼠标移动事件进行处理，对于鼠标中键滚动和鼠标左右按键的处理，并没有实现。如有需要，也可以在鼠标事件处理函数中添加相关代码。目前的鼠标事件处理函数如示例 6-9 所示。

【示例 6-9】鼠标事件处理函数。

```
EFI_STATUS HandlerMouse(EFI_SIMPLE_POINTER_STATE *State)
{
    INT32 i,j;
```

```
    i=(INT32)mouse_xres;
    j=(INT32)mouse_yres;
    i += ((State->RelativeMovementX<<MOUSE_SPEED) >> mouse_xScale);
    if (i < 0)     i = 0;  //鼠标位置不超过屏幕
    if (i > SY_SCREEN_WIDTH - 1)    i = SY_SCREEN_WIDTH - 1;
    j += ((State->RelativeMovementY<<MOUSE_SPEED) >> mouse_yScale);
    if (j < 0)      j = 0;
    if (j > SY_SCREEN_HEIGHT - 1)    j = SY_SCREEN_HEIGHT - 1;
    putMouseArrow(i, j);  //绘制鼠标图案
}
```

在示例 6-9 所示的函数 HandlerMouse() 中，用到了变量 mouse_xScale 和 mouse_yScale，它们分别对应鼠标 *X* 轴分辨率和 *Y* 轴分辨率的移位比例。比如鼠标 *X* 轴分辨率为 8，则其移位比例则为 $\log_2 8 = 3$，即以 2 为底数的对数值。使用这种方式，是为了加快计算。函数中还用到了常量 MOUSE_SPEED，它是用来调整鼠标移动速率的，其值越大，给用户的感觉是鼠标移动越快。

3. 键盘事件处理

由 6.1.2 节我们了解到，UEFI 下提供了两种访问键盘的方式。在示例工程 MyGuiFrame 中，使用了 EFI_SIMPLE_TEXT_INPUT_PROTOCOL 来处理键盘按键。如果需要处理组合键，或者处理热键，则必须使用 EFI_SIMPLE_TEXT_INPUT_EX_PROTOCOL。

在示例 6-6 所示的处理 GUI 事件的函数 HandlerGUI() 中，对于键盘事件进行了处理。在处理键盘事件时，所调用的函数为 HandlerKeyboard()，其实现代码如示例 6-10 所示。

【示例 6-10】键盘事件处理函数。

```
EFI_STATUS HandlerKeyboard(EFI_INPUT_KEY *key)
{
    UINT8 *s_text = "Please Input:";
    draw_string(s_text,100,100,&MyFontArray,&(gColorTable[WHITE]));//字符串
    rectblock(240,100,270,130,&(gColorTable[DEEPBLUE]));//以背景色清除上次显示
    draw_single_char((UINT32)key->UnicodeChar,          //显示按键字符
        240,100,                                         //显示位置
        &MyFontArray,                                    //字模数组
        &(gColorTable[RED]));                            //红色
    return EFI_SUCCESS;
}
```

示例 6-10 所示的键盘处理函数比较简单，它会以背景色清除需要显示的位置，并用红色字体将按键字符显示出来。目前所准备的示例，只能处理字符键和数字键，对于控制键和切换状态键的处理，必须使用 EFI_SIMPLE_TEXT_INPUT_EX_PROTOCOL。

至此，比较初级的 GUI 框架就搭建完成了。读者可以将其编译成 X64 的目标程序，在实际机器上演示。

示例工程 MyGuiFrame 只是个粗糙的框架，离实际商用产品还有很大的差距。一般情

况下，如果需要完整的GUI库，则移植开源的代码到UEFI环境下是更好的选择。实际体会了GUI框架的构建过程，相信读者能更好地把握其他GUI框架的实现原理。下面将以GuiLite为例，介绍如何将GUI库移植到UEFI中。

6.2　开源GUI框架

在计算机领域，存在多种成功的GUI框架，比如微软的MFC、Borland的OWL、QT公司的QT框架等。这些框架功能都非常强大，但是它们都比较依赖于操作系统提供的特性，不适合UEFI环境。况且其中很多框架是闭源的，无法对其进行更改。

UEFI偏向于嵌入式系统，故适合于UEFI的GUI框架，应该从嵌入式领域寻找。而且在UEFI的项目中，只提供了有限的标准C函数库支持（即EDK2-LIBC），不支持POSIX标准。鉴于此，我们寻找的目标应该是没有使用POSIX接口的、轻量级的跨平台GUI框架，最好是在开源社区发展不错的GUI框架。

在评估了多个开源GUI框架后，包括MiniGUI、LearningGUI、LittlevGL、GuiLite等开源软件，笔者最终选择了GuiLite。它的核心代码只有5000行，而且采用的框架类似于MFC，笔者也比较熟悉。另外，目前该软件的作者仍在持续维护代码，其建立的社区对GuiLite的支持非常好，程序员使用其进行产品开发比较方便。

6.2.1　GuiLite介绍

GuiLite是一个跨平台的、以C++编写的GUI库，它的核心代码可以包含在一个头文件中直接使用。目前，GuiLite已经成为一个有一定影响力的开源软件，在社区内相当活跃，Github和Gitee上都有其代码仓库⊖。另外，作者也提供了示例仓库GuiLiteSample、协助开发的VsCode插件等，这些内容在作者idea4good的项目列表中可以找到。

学习GuiLite的最好方法是直接阅读其源代码以及示例代码。GuiLite抽象了各种控件的处理方法，构建了一个轻量级的GUI消息处理架构。下面从GuiLite类的组织、消息机制的运作中，了解其工作方法，为移植到UEFI下做好准备。

提示　以下所介绍的GuiLite，是分支3.2版本的代码，示例程序也是采用此版本代码构建的。GuiLite仍在发展过程中，作者还在继续维护和改进代码。相对于新的版本，以下介绍内容可能有一定偏差。

⊖ https://github.com/idea4good/GuiLite和https://gitee.com/idea4good/GuiLite。

1. GuiLite 的类

从功能上来说，GuiLite 只做了两项工作——界面元素管理和图形绘制（或者说是图形渲染）。这两项工作相对独立，目的是适应不同的应用环境，比如针对资源比较少的嵌入式环境。

GuiLite 的界面元素包括按钮、对话框、下拉菜单等，类似于 Windows 操作系统下的各种控件。对这些界面元素的管理包括：

- 添加 / 删除界面元素，设置对应的文字和信息位置。
- 输入消息，寻找与消息相关的界面元素并回调相应的处理函数。
- 自定义消息及消息响应函数。

图形绘制包括：

- 基本的图形显示函数，包括画点、画线、画矩形等函数。
- 引入图层的概念，而且 GuiLite 中会存在多个图层，所绘制的点线必须位于某个图层。
- 引图层处理机制，在图层界面发生变化时，GuiLite 将更新各图层像素点，以及确定哪些显示在屏幕上。

为实现这些功能，GuiLite 构建了各种比较复杂的类，这些类有比较清晰的结构框架，以及继承关系，如图 6-1 所示。

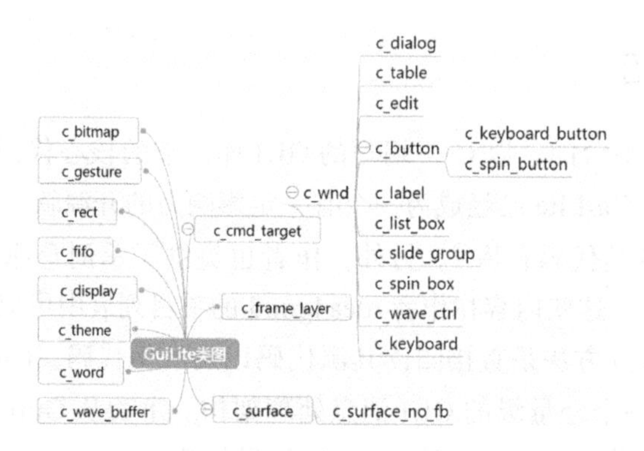

图 6-1 GuiLite 的类图

在 GuiLite 的类中，c_cmd_target 类是用来处理消息的基类。它的派生类 c_wnd 定义了窗口的基本框架，所有的控件类，包括 c_dialog、c_button 等，都是从 c_wnd 类派生出来的。因此，所有的控件类中，都拥有处理与自身相关消息的能力。

对于图形绘制和图层管理，则主要由 c_display 和 c_surface 实现。这两者实现了图形的虚拟绘制，也即所绘制的像素点，并不是直接在实际的屏幕上显示，而是绘制在缓冲区内，由 GuiLite 统一管理。这是一种称为 FrameBuffer（帧缓冲）的中间层机制，Linux 系统中也提供了类似机制。它可以屏蔽图像硬件的底层差异，使得应用程序不用考虑底层硬件的实现细节，只须关注实现复杂的图形功能。这是GuiLite之所以能跨平台运行的核心所在，关于这部分的实现代码值得仔细阅读。

为辅助图像处理，GuiLite提供了c_bitmap类，它同样采用了FrameBuffer的机制。而文字处理的功能，则由c_word类提供。

GuiLite类的实现机制并不复杂，熟悉了上述的几个核心类，基本就能把控其架构了。需要注意的是，在实际应用中，并不需要把这些类都包含进去。比如c_btimap类，如无图像处理的需要，完全可以删除，以节省代码空间。

2. GuiLite的消息机制

GUI框架中，将控件、键盘/鼠标输入（以及触摸输入）有机结合在一起的，就是消息机制了，它让整个GUI中的元素联系起来，并得以高效运作。在6.1.4节中，我们构建了一个比较初级的GUI框架，并实现了事件处理机制，对于消息机制，并没有构造完全。GuiLite的代码虽然不多，却提供了比较完善的消息机制。

从实现方式上来看，GuiLite的消息机制与微软的MFC消息机制类似。所有GUI控件都继承自基类c_cmd_target，而在c_cmd_target类中，准备了消息地图以及消息搜索函数，其派生类可以据此构建消息处理函数。

GuiLite的消息地图，将消息ID和消息处理的回调函数一一对应，它使用了数据结构GL_MSG_ENTRY及消息地图的宏定义来实现，如代码清单6-17所示。

代码清单6-17　GuiLite的消息结构体和处理消息的宏

```
typedef void (c_cmd_target::*msgCallback)(int, int);
struct GL_MSG_ENTRY
{
    unsigned int    msgType;   //消息类型
    unsigned int    msgId;     //消息ID
    c_cmd_target*   object;
    msgCallback     callBack;  //处理消息的回调函数
};
#define GL_DECLARE_MESSAGE_MAP()                    \
protected:                                  \
    virtual const GL_MSG_ENTRY* get_msg_entries() const;\
private:                                                \
    static const GL_MSG_ENTRY m_msg_entries[];
#define GL_BEGIN_MESSAGE_MAP(theClass)              \
const GL_MSG_ENTRY* theClass::get_msg_entries() const \
{                                   \
    return theClass::m_msg_entries;                 \
}                                   \
const GL_MSG_ENTRY theClass::m_msg_entries[] =          \
{
#define GL_END_MESSAGE_MAP()                                \
{MSG_TYPE_INVALID, 0, 0, 0}};
```

基类 c_cmd_target 只是提供了一个框架，框架中提供了建立消息地图的函数 load_cmd_msg() 以及搜索消息的函数 find_msg_entry()。完整的机制建立，是在其派生类 c_wnd 中实现的。

GuiLite 的窗口实例（即 c_wnd 类实例）在运行的时候，通过链表的方式联系在一起。所有的消息（包括了鼠标点击消息、键盘消息等）都可在此链表中溯源，找到消息相关窗口，以此找到相应的处理函数。

c_wnd 类的成员变量中，包含了父窗口、第一个子窗口、前兄弟窗口和后兄弟窗口，具体如下所示。

```
c_wnd*        m_parent;            //父窗口
c_wnd*        m_top_child;         //第一个子窗口
c_wnd*        m_prev_sibling;      //前兄弟窗口
c_wnd*        m_next_sibling;      //后兄弟窗口
```

GuiLite 的所有控件都是派生自 c_wnd 类的，通过这些指针成员变量相连，构建一个巨大的链表。与此链表相关的另一关键数据结构为 WND_TREE，它包含了 c_wnd 类实例的各种属性，其原型如代码清单 6-18 所示。

代码清单 6-18　WND_TREE 结构体原型

```
typedef struct struct_wnd_tree
{
    c_wnd*          p_wnd;                  //c_wnd指针实例
    unsigned int    resource_id;            //资源ID
    const char*     str;                    //窗口字符串
    short           x;                      //窗口位置
    short           y;
    short           width;                  //窗口宽度
    short           height;                 //窗口高度
    struct struct_wnd_tree* p_child_tree;   //子窗口的链表指针
}WND_TREE;
```

建立链表的工作，是由 c_wnd 的成员函数 connect() 实现的。这是一个虚函数，c_wnd 的派生类可以根据自己的需求重载它。使用者可以构建 WND_TREE 的数组，将需要显示的控件填充在数组中，并规定各控件的位置、大小等属性，再使用 connet() 函数将这些控件连接起来，如示例 6-11 所示（代码来自示例工程 HelloGuiLite）。

【示例 6-11】构建控件。

```
static WND_TREE s_desktop_children[] =
{
    {(c_wnd*)&s_start_menu, ID_START_MENU, 0, 400, 50, 475, 633, NULL},
    {(c_wnd*)&s_start_button, ID_START_BUTTON, 0, 0, 682, 47, 38, NULL},
    {(c_wnd*)&s_start_button1, ID_START_BUTTON, 0, 0, 400, 47, 38, NULL },
    { NULL,0,0,0,0,0,0 }
```

```
}; //这些菜单和控件所属类均派生自c_wnd
......
s_desktop.connect(NULL, ID_DESKTOP, 0, 0, 0, UI_WIDTH, UI_HEIGHT,
    s_desktop_children); //建立窗口链表
```

消息地图可以借助基类 c_cmd_target 的消息宏定义，以及各控件本身用来定义消息与处理函数的宏进行构建，如示例 6-12 所示（代码来自示例工程 HelloGuiLite）。

【示例 6-12】构建消息地图。

```
GL_BEGIN_MESSAGE_MAP(c_my_ui)
ON_GL_BN_CLICKED(c_my_ui::on_button_clicked)  //鼠标左键按下
ON_SPIN_CHANGE(c_my_ui::on_spinbox_change)
ON_LIST_CONFIRM(c_my_ui::on_listbox_confirm)
GL_END_MESSAGE_MAP()
```

将这些宏展开后，可以很容易看出，这里构建了一个 GL_MSG_ENTRY 型的消息数组，各控件的消息 ID 及对应的消息处理回调函数均能从此数组中找到。

在构建的窗口链表中和消息地图后，c_wnd 的成员函数 notify_parent() 会调用基类 c_cmd_target 的 find_msg_entry()，找到与消息 ID 对应的回调函数并调用。

至此，整个消息机制就建立起来了。使用者后续要完成的，无非是把所有处理消息的回调函数根据应用需要实现出来。

6.2.2　使用 GuiLite 编程

在了解了 GuiLite 的基本实现原理后，我们可以使用它实现一些有趣的应用。本节以 GuiLite 的示例工程 HelloWidgets 为例⊖，演示如何使用 GuiLite 编程。

为了方便在各种平台下使用 GuiLite 库，可以将所有需要的代码都集成在头文件 GuiLite.h 中。在仓库 GuiLiteSamples 中，提供了大量形如 HelloXXX 的示例工程。这些示例工程一般都包含 Linux 版本和 MFC 版本，有些例子还会包含嵌入式版本（针对 STMF103 芯片）或 QT 版本等。大家可以根据自己熟悉的平台，选择合适的版本进行研究。

为适应各种平台，在示例工程中，把构建 GUI 控件、消息处理函数等与 GuiLite 相关的部分单独编写成库文件，构建独立于各种平台的平台无关代码。与平台相关的部分，则根据平台特性实现平台相关的类和函数，比如键盘处理、图像显示等函数。

使用 GuiLite 编程，一般遵循以下步骤。

1）根据应用需求，使用 GuiLite.h 中提供的类和函数构建所需要的界面。自建控件或者直接使用 GuiLite 中提供的控件，并通过 connect() 函数将这些派生自 c_wnd 的窗口实例联系起来，组成窗口链表。

2）实现各控件的消息处理函数，包括对键盘消息、鼠标消息及自定义消息的处理。

⊖ https://gitee.com/idea4good/GuiLiteSamples。

3）编写与平台相关的处理代码。包括所用平台的鼠标消息、键盘消息，以及图形显示函数等。

在 HelloWidgets 的 MFC 版本中，包含了两个工程——HelloWidgets 和 UIcode。其中，工程 UIcode 使用 GuiLite 实现了平台无关代码；HelloWidgets 中则实现的是 Windows 下与 MFC 框架相关的代码。下面以这两个工程为例，介绍使用 GuiLite 编程的过程。

1. 平台无关代码编写

示例工程 HelloWidgets 主要是为了演示编辑控件、按钮、对话框和数值调整按钮的用法。为此，在工程 UIcode 中，派生了两个类：一个是派生自 c_wnd 的类 c_my_ui，用来处理所有控件的显示和消息处理；另一个是派生自 c_dialog 的类 c_my_dialog，用来处理示例中的对话框控件，包括对话框控件上的两个按钮。

所要显示的控件如图 6-2 所示，包括处理字母的编辑框、处理数字的编辑框、弹出对话框的按钮、数值调整按钮和列表框共 5 个控件，在对话框中还包含 2 个按钮。

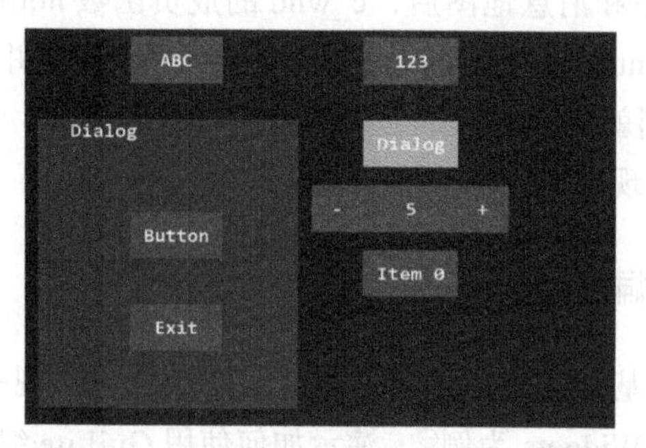

图 6-2　HelloWidgets 中需要显示的控件

首先需要准备所有显示的控件，可通过 WND_TREE 型数组来组织，如示例 6-13 所示。

【示例 6-13】构建控件数组。

```
WND_TREE s_dialog_widgets[] = { //对话框中包含的控件
    { &s_dialog_button, ID_DIALOG_BUTTON, "Button", 100, 100, 100, 50},
    { &s_dialog_exit_button,ID_DIALOG_EXIT_BUTTON,"Exit",100,200,100,50},
    {NULL, 0 , 0, 0, 0, 0, 0}};
WND_TREE s_main_widgets[] = {  //主界面上的所有控件
    { &s_edit1,   ID_EDIT_1,   "ABC",   150, 10, 100, 50},          //字母编辑框
    { &s_edit2,   ID_EDIT_2,   "123",   400, 10, 100, 50},          //数字编辑框
    { &s_button,  ID_BUTTON,   "Dialog", 400, 100, 100, 50},        //按钮
    { &s_spin_box,  ID_SPIN_BOX,"spinBox",  400, 170, 100, 50}, //数值调整按钮
    { &s_list_box,  ID_LIST_BOX,"listBox",  400, 240, 100, 50}, //列表框
    {&s_my_dialog,ID_DIALOG,"Dialog",20,10,280,312,s_dialog_widgets},//对话框
    {NULL, 0 , 0, 0, 0, 0, 0}};
```

在准备的控件数组中，每个控件的显示位置、大小、名称，以及其对应的资源 ID 都

定义好了。控件数组的最后一个元素必须使用 {NULL,0,0,0,0,0,0} 占位，作为控件数组的结尾。

对于控件消息的处理，每个控件的类中都会准备消息处理函数，并针对类建立消息机制。比如对于类 c_my_dialog，鼠标单击的消息处理函数为 on_button_clicked()。在类的实现代码中，使用了消息宏建立了 c_my_dialog 的消息机制，如示例 6-14 所示。

【示例 6-14】建立 c_my_dialog 的消息机制和消息处理函数。

```
class c_my_dialog : public c_dialog
{
    void on_button_clicked(int ctrl_id, int param)      //鼠标左击消息处理
    {
        switch (ctrl_id)
        {
        case ID_DIALOG_EXIT_BUTTON:                      //当鼠标左击了此按钮时
            c_dialog::close_dialog(m_surface);
            break;
        default:
            break;
        }
    }
    GL_DECLARE_MESSAGE_MAP()
};
GL_BEGIN_MESSAGE_MAP(c_my_dialog)  //建立消息机制
ON_GL_BN_CLICKED(c_my_dialog::on_button_clicked) //将鼠标左击消息与处理函数连接
GL_END_MESSAGE_MAP()
```

c_my_ui 类包含了 6 个控件，也是采用与上述同样的方法建立消息机制的。准备好这些资源后，可调用 connect() 函数，将所有控件连成链表，并显示界面。这项工作在函数 create_ui() 中完成，其实现代码位于 UIcode.cpp 源文件中。

完成上述工作后，属于 GuiLite 内部的工作就完成了。剩下的是准备鼠标消息和键盘消息的接口函数，以供平台相关的代码调用。这两个函数的实现如示例代码 6-15 所示。

【示例 6-15】提供给平台无关代码调用的鼠标和键盘处理函数。

```
void sendTouch2HelloWidgets(int x, int y, bool is_down)
{
    is_down ? s_my_ui.on_touch(x, y, TOUCH_DOWN) : \
        s_my_ui.on_touch(x, y, TOUCH_UP);//鼠标按下和松开
}
void sendKey2HelloWidgets(unsigned int key)
{
    s_my_ui.on_key(KEY_TYPE(key));          //键盘信息处理
}
```

至此，就完成了平台无关代码的编写。在代码实现过程中，实际上还隐藏着一个问题，即如何在 GuiLite 中实现字符的显示。这个议题在 4.2 节中已经深入探讨过了，GuiLite 使用了类似的方法，这里就不再展开讨论了。

2. 平台相关代码编写

编写平台相关的代码，主要包括图形显示的代码对接、鼠标消息和键盘消息的对接等工作。GuiLite主要使用的是FrameBuffer机制，需要根据平台的特性，定时对界面进行刷新。而鼠标消息及键盘消息，则需要与平台的鼠标消息处理函数和键盘消息处理函数进行对接。

笔者所使用的平台是Windows系统，采用MFC架构进行开发。MFC的工程HelloWidgets使用了基于对话框的模板进行开发，模板中用于对接的函数包括如下几个。

- OnInitDialog()。对话框初始化函数，可在此进行图形显示的代码对接。
- OnLButtonDown()和OnLButtonUp()。鼠标左键按下和松开的处理函数，这是使用MFC的类向导，针对Windows消息WM_LBUTTONDOWN和WM_LBUTTONUP添加的响应函数。可在这两个函数中对接GuiLite的鼠标消息处理函数。
- OnKeyDown()。键盘按下的处理函数。这是使用MFC类向导，针对Windows消息WM_KEYDOWN添加的相应函数，可用来对接GuiLite的键盘按下的处理函数。

为实现图形界面的绘制，HelloWidgets启动了两个线程，一个用来显示在UIcode中准备好的控件，另一个则定时对界面进行更新。所添加的主要代码如示例6-16所示。

【示例6-16】图形界面的对接处理。

```
BOOL CHelloWidgetsDlg::OnInitDialog()
{
    ...... //由MFC模板产生的代码
    AfxBeginThread(CHelloWidgetsDlg::ThreadHelloWidgets, NULL);//显示控件
    AfxBeginThread(CHelloWidgetsDlg::ThreadRefreshUI, NULL);    //刷新界面
    return TRUE;
}
UINT CHelloWidgetsDlg::ThreadRefreshUI(LPVOID pParam)
{
    CDC* pDC = m_the_dialog->GetDC();
    while (true)                            //循环处理
    {
        Sleep(30);                          //等待30ms
        m_the_dialog->updateUI(pDC);        //刷新界面
    }
}
UINT CHelloWidgetsDlg::ThreadHelloWidgets(LPVOID pParam)
{
    startHelloWidgets(calloc(1280 * 720,m_the_dialog->m_color_bytes),
        DISPLAY_WIDTH, DISPLAY_HEIGHT,
        m_the_dialog->m_color_bytes);
    return 0;
}
```

刷新界面的线程，每过30ms就会对整个使用GuiLite构建的界面进行处理，更新用户操作过后的新界面。其核心的实现函数为updateUI()，这也是HelloWidgets对话框类的成

员函数之一。它将界面数据转为 BMP 图像的形式，并在 Windows 对话框的客户区进行绘制，实现的代码请查看 MFC 示例工程 HelloWidgets 中的源文件。

对接鼠标和键盘的处理函数比较简单。示例 6-15 中，工程 UIcode 已经给出了对接用的代码，只需在相应的函数中调用即可。其实现代码如示例 6-17 所示。

【示例 6-17】鼠标和键盘的对接处理。

```
void CHelloWidgetsDlg::OnLButtonUp(UINT nFlags, CPoint point)//鼠标左键松开
{
    CPoint guilitePos = pointMFC2GuiLite(point);
    sendTouch2HelloWidgets(guilitePos.x, guilitePos.y, false);
}
void CHelloWidgetsDlg::OnLButtonDown(UINT nFlags,CPoint point)//鼠标左键按下
{
    CPoint guilitePos = pointMFC2GuiLite(point);
    sendTouch2HelloWidgets(guilitePos.x, guilitePos.y, true);
}
void CHelloWidgetsDlg::OnKeyDown(UINT nChar, UINT nRepCnt, UINT nFlags)
{//处理键盘按键
    unsigned int key = 2;
    switch (nChar)
    {
    case 68:
        key = 0;
        break;
    case 65:
        key = 1;
        break;
    }
    sendKey2HelloWidgets(key);
}
```

这样就完成了基于 GuiLite 构建的 GUI 代码，以及与 Windows 下 MFC 架构的对接。从实际运行情况来看，对于鼠标消息和键盘消息的处理，仍有不少需要改进的地方。对控件的处理，也有不少地方需要加强。比如对于编辑框控件，原始 GuiLite 代码中并没有进行越界处理，会导致输入的字符超出文本框控件的范围。

不过瑕不掩瑜，GuiLite 所构建的 GUI 界面，已经具备了非常完整的功能。GuiLite 项目中提供了丰富的示例代码，也能很容易地转换到实际项目中。使用者完全可以在其基础上，构造出精美高效的 GUI 界面。

下一节，我们将介绍如何将 GuiLite 移植到 UEFI 环境中，让 UEFI 应用程序能借助 GuiLite 社区的力量，快速构建项目所需的 GUI 界面。

6.3 GUI 框架的移植

将 GUI 框架移植到 UEFI 下，主要目的是借助其完整的图形控件及消息机制，完成特定的项目需求。本节以 GuiLite 的示例工程 HelloTimer 为例，详细介绍将 GuiLite 移植到 UEFI 下的过程。

代码的移植工作包括平台无关代码的整理，以及平台相关代码的编写。平台相关代码的背景知识，经过前面的学习我们已经全部具备了。之前为演示 UEFI 各种功能所编写的代码，包括图形编程、键盘和鼠标的处理等相关代码，都可以直接复用。

本节所准备的示例工程 UefiGuiLite 位于随书代码的 RobinPkg\Applications\UefiGuiLite 文件夹下，其构建过程如下。

1. 框架代码搭建

GuiLite 的示例工程非常多，之所以选择从 HelloTimer 入手，主要是因为这个示例不涉及对鼠标、键盘等的处理，只要进行图形部分的对接就可以了。另外，UEFI 相比于操作系统来说，更接近嵌入式环境，而 HelloTimer 提供了嵌入式版本的示例，对移植工作更具参考性。

GuiLite 使用了 C++ 进行构建，为了配合它，我们选择使用 3.4 节搭建的支持 C++ 编译的 UEFI 示例工程进行代码构建，并将之前的示例工程 CppMain 改名为 UefiGuiLite，然后按如下步骤添加源文件并修改相应的代码。

步骤 1　把示例工程 MyGuiFrame 下的 Common.c、Common.h、Graphic.c、Graphic.h、Window.c 和 Window.h 复制到示例工程 UefiGuiLite 的文件夹下。

步骤 2　把 GuiLite 的示例工程 HelloTimer 中的 _DengXian_36B.cpp、Consolas_19.cpp、grass_bmp.cpp、humidity_bmp.cpp、temperature_bmp.cpp、weather_bmp.cpp，以及 UIcode.cpp 和 GuiLite.h 复制到示例工程 UefiGuiLite 的文件夹下。

步骤 3　在示例工程 UefiGuiLite 的源文件 UefiGuiLite.cpp（main() 程序所在源文件）中，添加步骤 1 中所添加的头文件，并修改 INF 文件，然后在 [Sources] 中加入新添加的文件。

添加完成后，示例工程 UefiGuiLite 中的代码可分为 3 类，如表 6-2 所示。

表 6-2　示例工程 UefiGuiLite 代码分类

类　别	文件名	功　能
UEFI 下的接口函数	Common.c、Common.h	通用函数，寻找 Protocol 实例等
	Graphic.c、Graphic.h	图形绘制
	Window.c、Window.h	图形特效及图形模式处理
C++ 框架代码	UefiGuiLite.cpp	主文件，main() 所在文件
	crt0data.cpp、Cppglobal.h	支持在 UEFI 下使用 C++ 代码

（续）

类　别	文件名	功　能
GuiLite 相关代码	GuiLite.h	GuiLite 基础文件
	UIcode.cpp	构件 GUI 界面
	_DengXian_36B.cpp、Consolas_19.cpp	汉字及英文字库
	grass_bmp.cpp、humidity_bmp.cpp、temperature_bmp.cpp、weather_bmp.cpp	示例中用到的图像

完成框架搭建后，可以试着编译。当然，目前是无法编译通过的，平台无关的代码和 UEFI 相关的代码需要调整。

2. 平台无关代码的修改

搭建完框架后，可以着手进行代码的修改。需要修改的平台无关代码实际上是 GuiLite 的相关代码，主要需要修改 UIcode.cpp 和 GuiLite.h 文件。对于这两个文件，编译时会提示数据转换的问题，比如 int 型转换为 short int 型，会导致数据截断。UEFI 默认的编译选项中，是不允许这么做的。为了解决这个问题，可以修改编译选项，或者在源代码中加上强制转换。笔者采用的是后一种方式，使用强制转换解决了 UIcode.cpp 和 GuiLite.h 中数据转换的问题，比如：

```
tmpY = r * sin(angle * pi);        //angle为浮点数，正弦函数sin()返回double
```

改为：

```
tmpX =(int)(r * cos(angle * pi)); //强制转换为int型
```

UIcode.cpp 中用到了各种正弦、余弦等数学运算函数，这些函数一般由标准库的头文件 math.h 提供。而在 UEFI 中，所提供的标准库 StdLib 是用 C 语言编写的。因此，为了支持在 C++ 下编译，UIcode.cpp 所引用的数学库应该添加 extern “ C” 进行修饰，如下所示。

```
extern "C"
{
    #include <math.h>
}
```

在 GuiLite.h 中，还有两个问题需要解决：一是其所使用的 3 个宏——ASSERT()、MAX() 和 MIN()，与 UEFI 所用的 EDK2 中的宏同名了。为了解决此问题，笔者修改了宏的名字，并将文件中使用宏的地方用新的名字替换了。二是虚析构函数的问题。在 GuiLite.h 中提供了 c_wnd 类的析构函数，它是一个虚函数，其定义如下。

```
virtual ~c_wnd() {};
```

上述代码编译之后，此析构函数会调用 delete() 函数。我们在 3.4 节所构建的，支持 C++ 编译的 UEFI 应用架构并不完美，仍有许多的 C++ 特性没有实现，这就是其中一个。

解决的办法也很简单，去除 virtual 修饰符，将其修改为普通的析构函数。

至此，平台无关的代码就全部修改完成了。其他与 GuiLite 相关的代码都是偏资源性的，完全不用修改。

3. 平台相关代码编写

我们选择的 GuiLite 示例工程 HelloTimer，没有涉及鼠标和键盘的处理，主要涉及图形的绘制。另外，为了实现动态效果，HelloTimer 中使用了毫秒级的延时。因此，在平台相关的代码中，主要是为 GuiLite 准备图形绘制函数，以及相应的延时函数。

GuiLite 中的颜色使用 unsigned int 型数据来表示。查看 GuiLite.h 中的代码，对于颜色值的处理，如代码清单 6-19 所示。

代码清单 6-19 GuiLite 中颜色的宏定义

```
#define GL_RGB(r, g, b) ((0xFF << 24) | (((unsigned int)(r)) << 16) | \
    (((unsigned int)(g)) << 8) | ((unsigned int)(b)))
#define GL_RGB_R(rgb) ((((unsigned int)(rgb)) >> 16) & 0xFF)
#define GL_RGB_G(rgb) ((((unsigned int)(rgb)) >> 8) & 0xFF)
#define GL_RGB_B(rgb) (((unsigned int)(rgb)) & 0xFF)
```

从上述代码中可以看出，给出的 unsigned int 型颜色数据，其低 8 位为蓝色分量、第 8 ～ 15 位为绿色分量、第 16 ～ 23 位为红色分量。UEFI 中使用的颜色为 EFI_GRAPHICS_OUTPUT_BLT_PIXEL 型数值，在编写图形绘制的接口函数时，需要注意颜色的转换。

为 GuiLite 编写的图形绘制函数，主要包括画点和画矩形块两个函数。我们可以直接对接 4.1.2 节所编写的图形绘制函数，如示例 6-18 所示。

【示例 6-18】与 GuiLite 图形函数的对接。

```
struct EXTERNAL_GFX_OP     //图形绘制函数
{
    void (*draw_pixel)(int x, int y, unsigned int rgb);
    void (*fill_rect)(int x0, int y0, int x1, int y1, unsigned int rgb);
} my_gfx_op;
void gfx_draw_pixel(int x, int y, unsigned int rgb) //画点函数
{
    EFI_GRAPHICS_OUTPUT_BLT_PIXEL color;
    color.Blue = (UINT8)rgb;
    color.Green = (UINT8)(rgb >> 8);
    color.Red = (UINT8)(rgb >> 16);
    color.Reserved = 0;
    putpixel(x, y, &color);
    return;
}
void gfx_fill_rect(int x0,int y0,int x1,int y1,unsigned int rgb)//画矩形块
{
    EFI_GRAPHICS_OUTPUT_BLT_PIXEL color;
```

```
    color.Blue = (UINT8)rgb;
    color.Green = (UINT8)(rgb >> 8);
    color.Red = (UINT8)(rgb >> 16);
    color.Reserved = 0;
    rectblock(x0, y0, x1, y1, &color);
    return;
}
int main (IN int Argc,IN char **Argv)
{
    ......
    my_gfx_op.draw_pixel = gfx_draw_pixel;  //初始化画点函数
    my_gfx_op.fill_rect =  gfx_fill_rect;      //初始化画矩形块函数
    startHelloTimer(NULL, 240, 320, 2, &my_gfx_op); //进入HelloTimer示例
    ......
}
```

在 GuiLite 中，预留了画点和画矩形块这两个函数的指针接口，直接将编好的对应函数赋值给这两个函数指针，并使用 startHelloTimer() 函数使之起效，就完成了对接工作。startHelloTimer() 函数是由平台无关代码准备的，是预留给外部平台的接口，可以直接在 mian() 函数中调用。

至于毫秒级的延时函数，比较容易实现，直接调用 UEFI 启动服务的接口函数 Stall() 就可以了，如代码清单 6-20 所示。

代码清单 6-20　延时函数

```
void delay_ms(unsigned short nms) //毫秒级延时
{
    gBS->Stall(nms*1000);
}
```

完成了上述工作后，GuiLite 的示例工程 HelloTimer 就完全移植到 UEFI 的环境下了。所移植的 UEFI 工程名为 UefiGuiLite，代码在随书代码中已经包含，读者可以将其编译，在模拟器或者实际环境中运行。

对于 GuiLite 的其他示例工程，可以使用同样的步骤进行移植。很多示例工程中需要用到鼠标和键盘消息处理，此时可以参考 6.1 节的内容，添加相应的平台相关代码进行支持。

6.4 本章小结

本章围绕着如何构建 UEFI 的 GUI 框架展开讨论，首先介绍了 UEFI 为 GUI 提供的基础服务，并利用这些服务构建了初级的 GUI 框架；然后将一个相对成熟的开源 GUI 框架 GuiLite 移植到了 UEFI 环境下。

GUI 框架是一个非常复杂的系统，涉及的知识点非常多。一般来说，GUI 框架包含三

大部分的处理：窗口和控件等图形元素的处理、鼠标和键盘等输入设备的处理以及 GUI 的消息机制。UEFI 虽然提供了 HII 机制，但是它不是一个完整的 GUI 框架，在开发项目的时候仍需要自己构建合适的 GUI。

构建 GUI 的方式有两种。一是利用 UEFI 的机制，从零开始构建。UEFI 中提供了键盘、鼠标和事件的 Protocol 以支持构建 GUI 框架。6.1 节详细描述了这些基础服务，并在此基础上编写了一个初级的 GUI 框架。二是寻找开源的 GUI 框架，将其移植到 UEFI 环境下。本章选择的是 GuiLite，一个核心代码只有几千行、使用 C++ 编写的开源 GUI 库。在了解了 GuiLite 的基本原理和使用方法后，本章针对平台无关和平台相关的代码进行改造，成功地将 GuiLite 移植到了 UEFI 下。

下一章将介绍如何在 UEFI 下访问外部设备，包括 PCI/PCIE 设备、SMBus 设备等。

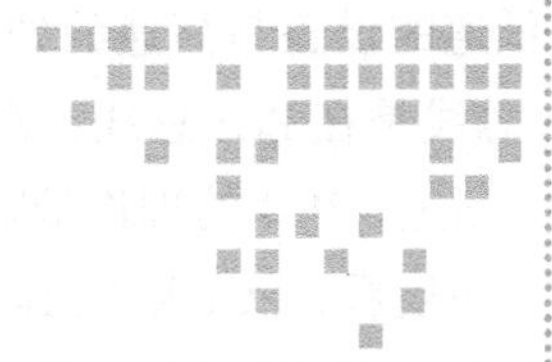

第 7 章 Chapter 7

UEFI 环境下访问外设

进行项目开发、构建产品框架的时候，最开始需要考虑的就是采用哪种通信方式让软件可以访问外部设备（简称外设）。计算机经过多年的发展，提供了非常丰富的通信协议供程序员选择。从古老的串口协议，到使用广泛的 PCI/PCIE 协议，再到现在无处不在的 USB 协议等，可供选择的方式实在太多。

在 Legacy BIOS 下，第三方开发者编写访问外设的代码是件非常辛苦的事情。主要原因在于，Legacy BIOS 对很多协议支持得并不好。以笔者常用的 SMBus 协议为例，直到现在，也没有 BIOS 厂家提供标准的中断接口。大多数时候，只能通过阅读主板芯片组规格书，了解与 SMBus 协议相关的寄存器信息，再根据标准的 SMBus 总线读写协议编写代码。市场上主板芯片组太多，这种方法写出来的代码，兼容性、稳定性都不理想，并且工作量非常大。

UEFI BIOS 的出现，解决了上述这些问题。从 UEFI 标准和 EDK2 的源码也可以看出，常用的总线协议如 PCI/PCIE、SMBus、串口等，UEFI 都已经提供了支持。对于依赖于 BIOS 接口进行产品开发的厂商来说，这是一个非常好的消息，产品的开发速度将大幅提高，稳定性和兼容性也能得到保障。

本章将介绍如何在 UEFI 环境下使用 UEFI 规范提供的接口（即各类 Protocol），通过 PCI/PCIE、SMBus 和串口访问外设。

7.1 访问 PCI/PCIE 设备

PCI（Peripheral Component Interconnect）是一种高速的局部总线。其主要目的是连接

周边设备，将低速的设备与高速的处理器结合起来，以解决用户对数据传输速率越来越高的要求。PCIE 总线是在 PCI 总线上继承发展来的，其将信号传输方式从并行改为了串行，传输速率也突飞猛进，PCI 的理论带宽为 133MB/s，而 PCIE4.0 x16 的带宽达到了 64GB/s。

从硬件结构角度看，PCI 和 PCIE 有很大的不同。PCI 总线采用并行总线结构，而 PCIE 总线使用了高速差分总线结构，使用端到端的连接方式，这使得两者采用的拓扑结构差异较大。随着技术的发展，目前市场上 PCI 设备越来越少，很多主板现在只提供 PCIE 的接口了。

这些差异对在 UEFI 下进行编程影响不大。UEFI 系统已经屏蔽了这些差异，提供了一致的访问接口，下面详细介绍如何访问 PCI/PCIE 设备。

7.1.1 与 PCI/PCIE 设备通信的机制

PCI 协议和 PCIE 协议经过多年的发展，其内容已经非常庞大。本书主要论述的是如何在 UEFI 下进行编程。站在软件工程师的角度，在访问 PCI/PCIE 设备时，实际上只要回答以下两个问题就可以了。

- 如何在系统中找到需要访问的设备？
- 找到设备后，如何访问设备内的寄存器或其他资源？

UEFI 规范中，抽象了 PCI 的系统架构，典型的桌面系统的 PCI 架构如图 7-1 所示。

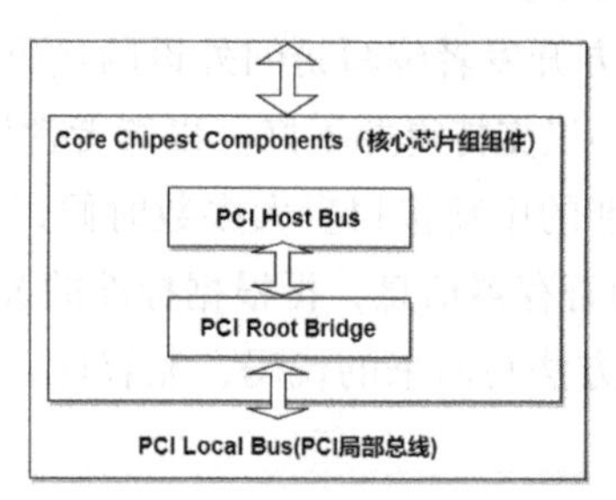

图 7-1 单 PCI Root Bridge 的桌面系统

一般的桌面系统只有一个 PCI Host Bus（PCI 主机总线），用于完成 CPU 与 PCI 设备之间的数据交换。PCI Root Bridge（PCI 根桥）一般也只有一个，它管理一个局部总线，下挂一棵 PCI 总线树。我们所要访问的 PCI 设备，就挂在这棵总线树上，它们属于同一总线空间，如图 7-2 所示。

从图 7-2 中可以看出，PCI 总线树上包含 PCI 总线、PCI 桥和 PCI 设备。系统通过三段编码的方式进行编码，即通过 Bus Number（总线号）、Device Number（设备号）和 Function Number（功能号）来编码，这种编码一般简称为 BDF 码。BDF 码在 BIOS 进行 PCI 总线扫描和枚举过程中确定，可以用来作为查找 PCI 设备的索引。

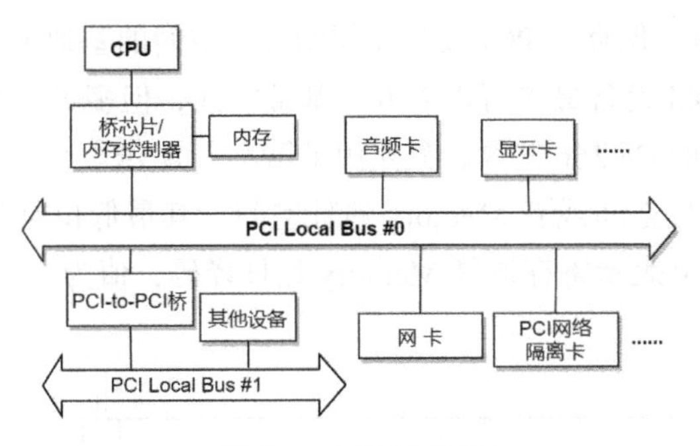

图 7-2　PCI 总线树

找到 PCI 设备后，如何确定此设备就是自己要找的设备呢？每个 PCI 设备，除了主总线桥外，都会实现配置空间（主总线桥可以有选择地实现），而在配置空间中，包含了设备厂商用来标志自身的 Vendor ID（供应商 ID）和 Device ID（设备 ID）。通过比对 PCI 设备的供应商 ID 和设备 ID，可以确定所找的设备是否为目标设备。

以 X86 平台为例，可通过 CONFIG_ADDR 寄存器（0xCF8）和 CONFIG_DATA 寄存器（0xCFC），以 BDF 码的形式访问 PCI 设备，以得到设备的配置空间。图 7-3 所示为 PCI 设备的基本配置空间。

31　　24	23　　16	15　　8	7　　0	
Device ID		**Vendor ID**		0x00
Status		Command		0x04
Class Code			Revision ID	0x08
BIST	Header Type	Latency Timer	Cache Line Size	0x0C
Base Address Register0				0x10
Base Address Register1				0x14
Base Address Register2				0x18
Base Address Register3				0x1C
Base Address Register4				0x20
Base Address Register5				0x24
Cardbus CIS Pointer				0x28
Subsystem ID		Subsystem Vendor ID		0x2C
Expansion ROM Base Address				0x30
Reserved			Capabilities Pointer	0x34
Reserved				0x38
MAX_Lat	Min_Gnt	Interrupt Pin	Interrupt Line	0x3C

图 7-3　PCI 设备的配置空间

PCI 设备的基本配置空间由 64 字节组成，地址范围为 0x00~0x3F，主要用来识别设备、定义主机访问 PCI 卡的方式。从图 7-3 中可以看出，最开始的两个寄存器就是 Vendor ID 和 Device ID 寄存器，这是用来标志设备自身的寄存器，由 PCISIG 协会分配。比如 Intel 集成显卡 HD620，其 Vendor ID 为 0x8086，而 Device ID 为 0x5917。

在配置空间中，从地址 0x10 至 0x24，包含了 6 个 Base Address Register（基址寄存器）。

这组寄存器被称为BAR，保存了PCI设备使用的地址空间的基地址，也即该设备在PCI总线域中的地址。每个PCI设备最多可以有6个基址空间，但多数设备不会使用这么多，笔者以前常用的南京沁恒的CH366芯片，只使用了第一个BAR。

BAR可寻址IO地址空间或者Memory地址空间，其最低位是只读位，显示了可以访问哪种地址空间。值为0表示寄存器是Memory地址译码，值为1表示寄存器是IO地址译码，如图7-4所示。

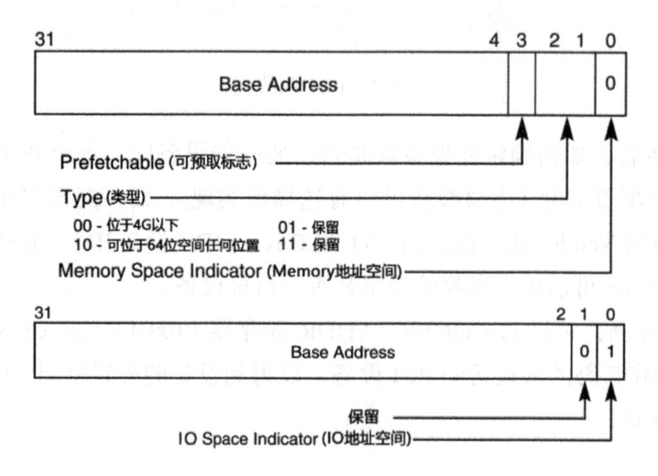

图7-4 基地址寄存器的位分配

那么如何访问PCI设备内的寄存器和其他资源？答案是通过BAR寄存器，加上内部寄存器相对于BAR的偏移地址。芯片手册中，会提供关于内部资源的使用说明，以CH366的芯片为例，其内部寄存器说明如图7-5所示。

寄存器的实际地址为IO基址加表中的偏移地址。

偏移地址	寄存器名称	简称	寄存器属性	系统复位后默认值
00H	输出寄存器	GPOR	WWWWWWWW	00000111
01H	控制寄存器	CTLR	WWWWWWWW	00001010
02H	输入寄存器	GPIR	RRRRRRRR	11r11111
03H	中断控制寄存器	INTCR	RRRRRWWR	rrrrr00r
17H-04H	保留		（禁止使用）	xxH
18H	辅助寄存器	AUXR	WRRRRRRW	1rrrrrr1
FFH-19H	保留		（禁止使用）	xxH

图7-5 CH366寄存器说明（节选自《CH366中文手册》）

CH366的第一个BAR可以使用，它是IO地址译码的，其他BAR在芯片中是无效的。图7-4表明，第一个BAR加上偏移地址，就可以成为芯片内部相应功能的寄存器。至于这些内部寄存器有什么作用，则需要详细了解芯片手册才能知道。

> 注意　CH366 实际上是 PCIE 芯片，PCIE 架构与 PCI 架构在系统中的拓扑结构不大一样，不过，本节所描述的 PCI 设备的访问方法，仍旧适用于 PCIE 设备。

总结来说，访问 PCI/PCIE 设备的过程如下。

1）扫描整个系统空间，通过 BDF 获取 PCI/PCIE 设备的配置空间。同一总线域上（即存在一个主桥），PCIE 一共支持 256 个总线、32 个设备、8 个功能，也就是说总线号最大值为 255、设备号最大值为 31、功能号最大为 7。

2）读取 PCI/PCIE 设备配置空间中的 Vendor ID 和 Device ID，确定是否为需要访问的设备。

3）找到 PCI/PCIE 设备后，获取其配置空间中的 BAR，参照芯片手册，访问设备的内部寄存器和资源。

UEFI 中提供了两个主要的模块来支持 PCI 总线，一是 PCI Host Bridge（PCI 主桥）控制器驱动，另一个是 PCI 总线驱动。这两个模块是和特定的平台硬件绑定的，在这种机制下，屏蔽了不同的 CPU 架构差异，为软件开发者提供了比较一致的 Protocol 接口。下一节详细介绍访问 PCI/PCIE 设备的 Protocol。

7.1.2　支持访问 PCI/PCIE 设备的 Protocol

UEFI 标准中提供了两类访问 PCI/PCIE 设备的 Protocol——EFI_PCI_ROOT_BRIDGE_IO_PROTOCOL 和 EFI_PCI_IO_PROTOCOL。前者为 PCI 根桥提供了抽象的 IO 功能，它由 PCI Host Bus Controller（PCI 主总线驱动器）产生，一般由 PCI/PCIE 总线驱动用来枚举设备、获得 Option ROM、分配 PCI 设备资源等；后者由 PCI/PCIE 总线驱动为 PCI/PCIE 设备产生，一般由 PCI/PCIE 设备驱动用来访问 PCI/PCIE 设备的 IO 空间、Memory 空间和配置空间。

这两种 Protocol 的使用方法如下。

1. 使用 EFI_PCI_ROOT_BRIDGE_IO_PROTOCOL

EFI_PCI_ROOT_BRIDGE_IO_PROTOCOL 中提供了基本的访问接口，包括访问 IO 空间、Memory 空间和配置空间的接口。该 Protocol 主要由 PCI/PCIE 总线驱动使用，当然，UEFI 应用也可以使用它来遍历 PCI/PCIE 设备。

该 Protocol 中还提供了 DMA 接口，以支持总线驱动访问系统内存。代码清单 7-1 给出了 EFI_PCI_ROOT_BRIDGE_IO_PROTOCOL 的函数接口。

代码清单 7-1　EFI_PCI_ROOT_BRIDGE_IO_PROTOCOL 函数接口

```
typedef struct _EFI_PCI_ROOT_BRIDGE_IO_PROTOCOL {
    EFI_HANDLE ParentHandle; //Protocol的父句柄
```

```
    EFI_PCI_ROOT_BRIDGE_IO_PROTOCOL_POLL_IO_MEM PollMem;
    EFI_PCI_ROOT_BRIDGE_IO_PROTOCOL_POLL_IO_MEM PollIo;
    EFI_PCI_ROOT_BRIDGE_IO_PROTOCOL_ACCESS Mem; //读写Memory空间
    EFI_PCI_ROOT_BRIDGE_IO_PROTOCOL_ACCESS Io;  //读写IO空间
    EFI_PCI_ROOT_BRIDGE_IO_PROTOCOL_ACCESS Pci; //读写配置空间
    EFI_PCI_ROOT_BRIDGE_IO_PROTOCOL_COPY_MEM CopyMem;
    EFI_PCI_ROOT_BRIDGE_IO_PROTOCOL_MAP Map;
    EFI_PCI_ROOT_BRIDGE_IO_PROTOCOL_UNMAP Unmap;
    EFI_PCI_ROOT_BRIDGE_IO_PROTOCOL_ALLOCATE_BUFFER AllocateBuffer;
    EFI_PCI_ROOT_BRIDGE_IO_PROTOCOL_FREE_BUFFER FreeBuffer;
    EFI_PCI_ROOT_BRIDGE_IO_PROTOCOL_FLUSH Flush;
    EFI_PCI_ROOT_BRIDGE_IO_PROTOCOL_GET_ATTRIBUTES GetAttributes;
    EFI_PCI_ROOT_BRIDGE_IO_PROTOCOL_SET_ATTRIBUTES SetAttributes;
    EFI_PCI_ROOT_BRIDGE_IO_PROTOCOL_CONFIGURATION Configuration;
    UINT32 SegmentNumber;
} EFI_PCI_ROOT_BRIDGE_IO_PROTOCOL;
```

从代码清单7-1中可以看出，此Protocol提供了非常丰富的访问接口。由于篇幅所限，无法将所有接口都介绍清楚，这里主要介绍如何读写PCI/PCIE设备的3种空间。

从7.1.1节的介绍中我们知道，PCI/PCIE设备能访问的空间包括Memory空间、IO空间和配置空间。对于这3种空间，每个PCI/PCIE设备必须实现配置空间，而Memory空间和IO空间的功能，则不一定实现。7.1.1节介绍的PCIE芯片CH366就只支持IO空间的访问。

EFI_PCI_ROOT_BRIDGE_IO_PROTOCOL提供了访问Memory空间的接口Mem、访问IO空间的接口Io和访问配置空间的接口Pci。这3个接口的参数类型都是一样的，均为EFI_PCI_ROOT_BRIDGE_IO_PROTOCOL_ACCESS，详见代码清单7-2。

代码清单7-2　访问IO空间、Memory空间和配置空间的接口

```
typedef struct {
    EFI_PCI_ROOT_BRIDGE_IO_PROTOCOL_IO_MEM Read;        //读数据
    EFI_PCI_ROOT_BRIDGE_IO_PROTOCOL_IO_MEM Write;       //写数据
} EFI_PCI_ROOT_BRIDGE_IO_PROTOCOL_ACCESS;
typedef EFI_STATUS (EFIAPI *EFI_PCI_ROOT_BRIDGE_IO_PROTOCOL_IO_MEM) (
    IN EFI_PCI_ROOT_BRIDGE_IO_PROTOCOL *This,           //实例
    IN EFI_PCI_ROOT_BRIDGE_IO_PROTOCOL_WIDTH Width,     //读写宽度
    IN UINT64 Address,  //IO空间/Memory空间/配置空间的地址
    IN UINTN Count,     //读写的数据个数，单位为读写宽度Width
    IN OUT VOID *Buffer //对读操作，这是目的缓冲区；对写操作，这是要写的数据缓冲区
);
```

访问3种空间的接口都包含读数据和写数据两种操作，并且使用了同样的数据结构EFI_PCI_ROOT_BRIDGE_IO_PROTOCOL_IO_MEM。在此结构中，Width是指读写宽度，其值由枚举类型EFI_PCI_ROOT_BRIDGE_IO_PROTOCOL_WIDTH给出，一般包括8位、

16位、32位和64位几种。

需要注意的是，参数Address在访问IO空间、Memory空间和配置空间时，其含义是不同的。对配置空间而言，Address由BDF地址和Register偏移决定，即总线号、设备号、功能号和Register共同给出的寻址用索引。这是一个64位长的参数，一般使用宏EFI_PCI_ADDRESS来组合BDF和Register偏移。在EDK2中，这个宏定义于头文件MdePkg\Include\Protocol\PciRootBridgeIo.h中，其内容如下。

```
#define EFI_PCI_ADDRESS(bus, dev, func, reg) \
    (UINT64) ( \
    (((UINTN) bus) << 24) | \
    (((UINTN) dev) << 16) | \
    (((UINTN) func) << 8) | \
    (((UINTN) (reg)) < 256 ? ((UINTN) (reg)): (UINT64) (LShiftU64 ((UINT64)\
(reg), 32))))
```

对IO空间而言，参数Address是指PCI设备IO空间的IO地址；对Memory空间而言，参数Address是指PCI设备Memory空间的Memory地址。参考4.2.1节可知，IO地址和Memory地址是由BAR和偏移决定的，每个地址的作用还需要查看对应芯片的说明手册。

2. 使用EFI_PCI_IO_PROTOCOL

在PCI/PCIE设备驱动中，一般使用EFI_PCI_IO_PROTOCOL来访问设备的内部资源，Protocol挂载在PCI/PCIE控制器上，运行在EFI启动服务环境中，对PCI/PCIE设备进行Memory空间和IO空间访问。其函数接口如代码清单7-3所示。

代码清单7-3 EFI_PCI_IO_PROTOCOL函数接口

```
typedef struct _EFI_PCI_IO_PROTOCOL {
    EFI_PCI_IO_PROTOCOL_POLL_IO_MEM PollMem;
    EFI_PCI_IO_PROTOCOL_POLL_IO_MEM PollIo;
    EFI_PCI_IO_PROTOCOL_ACCESS Mem; //读写Memory空间
    EFI_PCI_IO_PROTOCOL_ACCESS Io; //读写IO空间
    EFI_PCI_IO_PROTOCOL_CONFIG_ACCESS Pci; //读写配置空间
    EFI_PCI_IO_PROTOCOL_COPY_MEM CopyMem;
    EFI_PCI_IO_PROTOCOL_MAP Map;
    EFI_PCI_IO_PROTOCOL_UNMAP Unmap;
    EFI_PCI_IO_PROTOCOL_ALLOCATE_BUFFER AllocateBuffer;
    EFI_PCI_IO_PROTOCOL_FREE_BUFFER FreeBuffer;
    EFI_PCI_IO_PROTOCOL_FLUSH Flush;
    EFI_PCI_IO_PROTOCOL_GET_LOCATION GetLocation;
    EFI_PCI_IO_PROTOCOL_ATTRIBUTES Attributes;
    EFI_PCI_IO_PROTOCOL_GET_BAR_ATTRIBUTES GetBarAttributes;
    EFI_PCI_IO_PROTOCOL_SET_BAR_ATTRIBUTES SetBarAttributes;
    UINT64 RomSize;
    VOID *RomImage;
} EFI_PCI_IO_PROTOCOL;
```

与 EFI_PCI_ROOT_BRIDGE_IO_PROTOCOL 不 同，EFI_PCI_IO_PROTOCOL 在 处理访问 PCI/PCIE 的 Memory 空间、IO 空间和配置空间时，使用了两种类型来区分。其中，访问 Memory 空间和 IO 空间使用的类型是 EFI_PCI_IO_PROTOCOL_ACCESS，如代码清单 7-4 所示。

代码清单 7-4 访问 IO 空间和 Memory 空间的接口

```
typedef struct {
    EFI_PCI_IO_PROTOCOL_IO_MEM Read;    //读数据
    EFI_PCI_IO_PROTOCOL_IO_MEM Write;   //写数据
} EFI_PCI_IO_PROTOCOL_ACCESS;
typedef EFI_STATUS (EFIAPI *EFI_PCI_IO_PROTOCOL_IO_MEM) (
    IN EFI_PCI_IO_PROTOCOL *This,        //EFI_PCI_IO_PROTOCOL实例
    IN EFI_PCI_IO_PROTOCOL_WIDTH Width, //读写宽度，8位、16位、32位、64位
    IN UINT8 BarIndex,  //在配置空间中的BAR索引值
    IN UINT64 Offset,   //偏移寄存器，用来进行IO空间/Memory空间读写
    IN UINTN Count,     //读写的数据个数，单位为读写宽度Width
    IN OUT VOID *Buffer //对读操作，这是目的缓冲区；对写操作，这是要写的数据缓冲区
);
```

上述代码中的参数 This 指向的是与 PCI/PCIE 设备本身相关的 EFI_PCI_IO_PROTOCOL 实例，因此，在访问设备时比较直接，不需要通过 BDF 等方式给出设备的地址。

IO 空间读写使用的函数为 Io.Read() 和 Io.Write()；Memory 空间读写使用的函数为 Mem.Read() 和 Mem.Write()。读写数据的时候，所需要访问的地址由 BarIndex 和 Offset 共同规定。图 7-3 所示为 PCI/PCIE 设备的配置空间，从图中可知，BAR 总共有 6 个，BarIndex 值的范围为 0 至 5。最终访问的地址，等于 BarIndex 所指向的 BAR 加上 Offset。至于此地址的含义，仍旧得查看 PCI/PCIE 芯片厂家提供的说明手册。

访问配置空间使用的数据结构为 EFI_PCI_IO_PROTOCOL_CONFIG_ACCESS，其接口说明如代码清单 7-5 所示。

代码清单 7-5 访问配置空间的接口

```
typedef struct {
    EFI_PCI_IO_PROTOCOL_CONFIG Read;  //读数据
    EFI_PCI_IO_PROTOCOL_CONFIG Write; //写数据
} EFI_PCI_IO_PROTOCOL_CONFIG_ACCESS;
typedef EFI_STATUS (EFIAPI *EFI_PCI_IO_PROTOCOL_CONFIG) (
    IN EFI_PCI_IO_PROTOCOL *This,      //EFI_PCI_IO_PROTOCOL实例
    IN EFI_PCI_IO_PROTOCOL_WIDTH Width, //读写宽度，8位、16位、32位、64位
    IN UINT32 Offset,    //偏移，在配置空间内的偏移地址
    IN UINTN Count,      //读写的个数，以Width为单位
    IN OUT VOID *Buffer //对读操作，这是目的缓冲区；对写操作，这是要写的数据缓冲区
);
```

Pci.Read() 和 Pci.Write() 函数用来访问 PCI/PCIE 设备的配置空间。参数 Offset 用来指定在配置空间内的偏移地址，比如 Offset=0x10 时，是指 BAR0 寄存器。

PCI 设备的基本配置空间是由 64 字节（0x00~0x3F）组成的，这是所有 PCI/PCIE 设备必须支持的。此外，PCI/PCIE 设备还扩展了 0x40~0xFF 这段配置空间，主要用来存放于 MSI 中断机制和电源管理相关的 Capability 结构。另外，PCIE 设备还支持 0x100~0xFFF 这段配置空间，这段配置空间用于存放 PCIE 设备独有的 Capability 结构。

这些配置空间的信息，都可以通过 EFI_PCI_IO_PROTOCOL 获取。至于配置空间内寄存器的具体含义，读者可以参考 PCI 标准和 PCIE 标准进行深入学习。

7.1.3　访问 PCI/PCIE 设备示例

本节准备了相应的示例，演示如何使用 7.1.2 节介绍的两种 Protocol 来遍历系统内的 PCI/PCIE 设备。大多数的机器上，只存在一个 PCI 总线域（PCI Segment），即一个主桥。因此，在使用 EFI_PCI_ROOT_BRIDGE_IO_PROTOCOL 的时候，应该只会找到一个实例。我们设计的程序，其主要功能如下。

- 使用 EFI_PCI_ROOT_BRIDGE_IO_PROTOCOL，通过 BDF，遍历所有 PCI/PCIE 设备，打印出设备的相关信息。
- 寻找所有的 EFI_PCI_IO_PROTOCOL 实例，直接访问每个实例的配置空间，将其信息打印出来。

本节提供的示例程序位于随书代码的 RobinPkg\Applications\ListPCIMsg 目录下。示例 7-1 演示了如何获取两类 Protocol 的实例。

【**示例 7-1**】获取 Protocol 的实例。

```
EFI_STATUS LocatePCIRootBridgeIO(void)
{
    EFI_STATUS                          Status;
    EFI_HANDLE                          *PciHandleBuffer = NULL;
    UINTN                               HandleIndex = 0;
    UINTN                               HandleCount = 0;
    //获取PciRootBridgeIOProtocol的所有句柄
    Status = gBS->LocateHandleBuffer(
        ByProtocol,
        &gEfiPciRootBridgeIoProtocolGuid,
        NULL,
        &HandleCount,
        &PciHandleBuffer
    );
    if (EFI_ERROR(Status))    return Status;
    Print(L"Find PCI Root Bridge I/O Protocol: %d\n",HandleCount);
    //获取PciRootBridgeIOProtocol实例
    for (HandleIndex = 0; HandleIndex < HandleCount; HandleIndex++)
```

```
    {
        Status = gBS->HandleProtocol(
            PciHandleBuffer[HandleIndex],
            &gEfiPciRootBridgeIoProtocolGuid,
            (VOID**)&gPCIRootBridgeIO);
        if (EFI_ERROR(Status))    continue;
        else
            return EFI_SUCCESS;
    }
    return Status;
}
EFI_STATUS LocatePCIIO(void)
{
    EFI_STATUS                          Status;
    EFI_HANDLE                          *PciHandleBuffer = NULL;
    UINTN                               HandleIndex = 0;
    UINTN                               HandleCount = 0;
    //获取PciIoProtocol的所有句柄
    Status = gBS->LocateHandleBuffer(
        ByProtocol,
        &gEfiPciIoProtocolGuid,
        NULL,
        &HandleCount,
        &PciHandleBuffer
    );
    if (EFI_ERROR(Status))    return Status;        //unsupport
    gPCIIO_Count = HandleCount;
    Print(L"Find PCI I/O Protocol: %d\n",HandleCount);
    //获取PciIoProtocol实例，并存储在全局变量gPCIIOArray中
    for (HandleIndex = 0; HandleIndex < HandleCount; HandleIndex++)
    {
        Status = gBS->HandleProtocol(
            PciHandleBuffer[HandleIndex],
            &gEfiPciIoProtocolGuid,
            (VOID**)&(gPCIIOArray[HandleIndex]));
    }
    return Status;
}
```

示例7-1中提供了两个函数——LocatePCIRootBridgeIO()和LocatePCIIO()，用来获取需要测试的两类Protocol的实例。获取实例的方法在3.5节中已经介绍过了，本节的例程用了同样的方法。EFI_PCI_ROOT_BRIDGE_IO_PROTOCOL的实例，在大部分办公用的个人电脑中只存在一个，因此直接用全局指针变量gPCIRootBridgeIO存储；而EFI_PCI_IO_PROTOCOL的实例存在多个，一般有多少个PCI/PCIE设备，就存在多少个实例，因此使用全局指针数组gPCIIOArray[256]来存储这些实例。

为遍历全部的PCI/PCIE设备，可以使用gPCIRootBridgeIO和BDF码，循环查找挂载总线上的设备，代码如示例7-2所示。

【示例 7-2】使用 EFI_PCI_ROOT_BRIDGE_IO_PROTOCOL 遍历 PCI/PCIE 设备。

```
EFI_STATUS ListPCIMessage1(void)
{
    EFI_STATUS  Status=EFI_SUCCESS;
    PCI_TYPE00 Pci;
    UINT16 i,j,k,count=0;
    for(k=0;k<=PCI_MAX_BUS;k++)
        for(i=0;i<=PCI_MAX_DEVICE;i++)
            for(j=0;j<=PCI_MAX_FUNC;j++)
            {
                //判断设备是否存在
                Status = PciDevicePresent(gPCIRootBridgeIO,&Pci,\
                    (UINT8)k,(UINT8)i,(UINT8)j);
                if (Status == EFI_SUCCESS)     //找到了设备
                {
                    ++count;
                    Print(L"%02d. Bus-%02x Dev-%02x Func-%02x: ",\
                       count,(UINT8)k,(UINT8)i,(UINT8)j);
                    Print(L"VendorID-%x DeviceID-%x ClassCode-%x",\
                       Pci.Hdr.VendorId,Pci.Hdr.DeviceId,Pci.Hdr.ClassCode[0]);
                    Print(L"\n");
                }
            }
    return EFI_SUCCESS;
}
```

从代码中可以看出，函数使用了 3 个 for 循环调用函数 PciDevicePresent()，依次寻找 PCI/PCIE 设备是否存在。如果存在，则取出已经读取到的配置空间的数据，将设备的一些信息打印出来。

使用 EFI_PCI_IO_PROTOCOL 遍历设备则比较简单，因为之前所得到的此 Protocol 的实例，就是为 PCI/PCIE 设备产生的，实际上相当于找到了设备，只需要将设备的信息打印出来即可。相应的代码见示例 7-3 所示。

【示例 7-3】使用 EFI_PCI_IO_PROTOCOL 遍历 PCI/PCIE 设备。

```
EFI_STATUS ListPCIMessage2(void)
{
    UINTN i,count=0;
    PCI_TYPE00 Pci;
    for(i=0;i<gPCIIO_Count;i++)
    {
        gPCIIOArray[i]->Pci.Read(gPCIIOArray[i],EfiPciWidthUint32,0,\
            sizeof (PCI_TYPE00) / sizeof (UINT32),&Pci);
        ++count;
        Print(L"%02d. VendorID-%x DeviceID-%x ClassCode-%x",\
            count,Pci.Hdr.VendorId,Pci.Hdr.DeviceId,Pci.Hdr.ClassCode[0]);
        Print(L"\n");
    }
    return EFI_SUCCESS;
}
```

本节所准备的示例，主要是为了演示如何使用与 PCI/PCIE 相关的两个 Protocol。代码本身还有许多不完善的地方，比如对多个总线域情况的处理、内存的释放、Protocol 的关闭等，都没有考虑。本书的代码，包括本节的代码在内，建议读者只用来学习使用，如果想商用，则应该在代码中将所有情况考虑到。

可参照 2.1.3 节的方法，设置编译的环境变量，并使用如下命令编译程序：

```
C:\UEFIWorkspace\edk2\build -p RobinPkg\RobinPkg.dsc \
    -m RobinPkg\Applications\ListPCIMsg\ ListPCIMsg.inf -a X64
```

所编译的程序最好在实际的机器上测试运行。笔者使用 2.2.2 节搭建的 QEMU 环境来运行编译好的 64 位 UEFI 程序，程序运行的结果如图 7-6 所示。

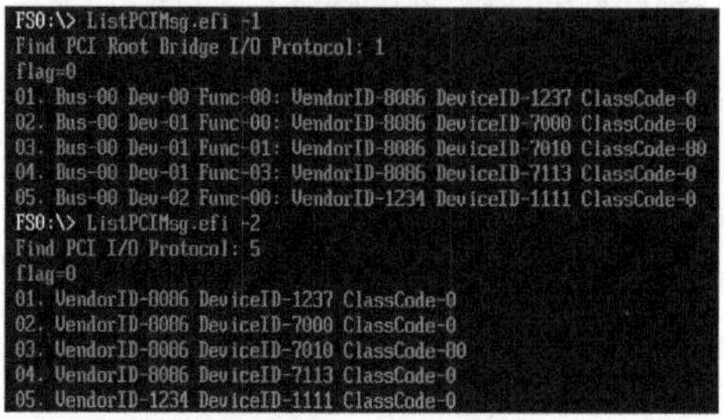

```
FS0:\> ListPCIMsg.efi -1
Find PCI Root Bridge I/O Protocol: 1
flag=0
01. Bus-00 Dev-00 Func-00: VendorID-8086 DeviceID-1237 ClassCode-0
02. Bus-00 Dev-01 Func-00: VendorID-8086 DeviceID-7000 ClassCode-0
03. Bus-00 Dev-01 Func-01: VendorID-8086 DeviceID-7010 ClassCode-80
04. Bus-00 Dev-01 Func-03: VendorID-8086 DeviceID-7113 ClassCode-0
05. Bus-00 Dev-02 Func-00: VendorID-1234 DeviceID-1111 ClassCode-0
FS0:\> ListPCIMsg.efi -2
Find PCI I/O Protocol: 5
flag=0
01. VendorID-8086 DeviceID-1237 ClassCode-0
02. VendorID-8086 DeviceID-7000 ClassCode-0
03. VendorID-8086 DeviceID-7010 ClassCode-80
04. VendorID-8086 DeviceID-7113 ClassCode-0
05. VendorID-1234 DeviceID-1111 ClassCode-0
```

图 7-6 测试 ListPCIMsg 程序

7.2 访问 SMBus 设备

SMBus（System Management Bus）是由 Intel 于 1995 年提出的一种双线通信专利技术，它完全符合系统管理总线规范 1.1 版，与 I2C 串行总线兼容。与当前流行的高速串行协议相比，SMBus 的速度比较慢，但因其工作时需要的硬件少，因此支持此协议的产品非常多，在当前的计算机行业仍然有很广泛的应用。

在笔者主导及参与的几个项目中，遇到过开发的板卡与主板 BIOS 需要进行少量数据传输的需求，当时选择的方案就是使用 SMBus 总线进行传输，从而很好地完成了项目的目标。对于开发人员来说，SMBus 协议也足够简单，在板卡上实现从设备，以及在 BIOS 上实现访问从设备的代码，难度都不大。读者遇到类似的需求，也可以考虑采用同样的方案。

7.2.1 SMBus 协议简介

从技术根源说来说，SMBus 标准是以 Philips 公司的 I2C 总线为基础的，在协议的理解及编程方法方面，两者都非常相似。SMBus 常应用于移动 PC 和桌面 PC 系统中的低速率通信，比如获取电池的使用情况、获取内存的 SPD 参数等。

与 I2C 类似，SMBus 由数据线 SDA 和时钟线 SCL 组成，它们都是双向的。SMBus 的标准时钟频率是 100 ～ 200kHz，但实际上最大可达系统时钟频率的十分之一，这取决于用户的设置。当总线上接有不同速度的器件时，可以采用延长 SCL 低电平时间的方法来同步它们之间的通信。

SMBus 协议有两种可能的数据传输类型：从主发送器到所寻址的从接收器（即写操作），以及从被寻址的从发送器到主接收器（即读操作）。两种数据传输都是由主器件启动，并由主器件控制 SCL，提供串行时钟的。SMBus 接口可以工作于主方式或从方式，总线上可以有多个主器件。如果两个或多个主器件同时启动数据传输，仲裁机制将保证有一个主器件会赢得总线。

SMBus 接口可以被配置为工作在主方式和 / 或从方式。在任一时刻，它将工作于下述 4 种方式之一：主发送器、主接收器、从发送器或从接收器。我们所写的 UEFI 应用程序运行在 PC 上，相当于已经工作在主方式状态了。因此，编程时所要关心的是如何实现主发送器（即主设备写从设备）和主接收器（即主设备读从设备），下面介绍这两个过程。

1. 主设备读从设备

主设备读从设备应用的是主接收器方式，实现的是 SMBus 主设备读取来自 SMBus 从设备的数据。在整个传输过程中，在数据线 SDA 上接收串行数据，在时钟线 SCL 上输出串行时钟。其时序如图 7-7 所示。

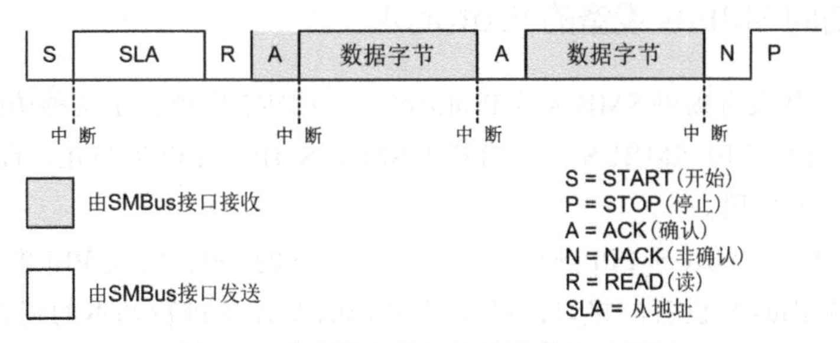

图 7-7 典型的主设备读从设备的时序图

SMBus 接口首先产生一个起始条件，然后发送含有目标从器件地址和数据方向位的第一个字节。在这种情况下数据方向位（R/W）应为逻辑“1”，表示这是一个“读”操作。接着从 SDA 接收来自从器件的串行数据并在 SCL 上输出串行时钟。从器件发送一个或多个字节的串行数据。

图 7-7 所示为接收 2 字节的传输时序，但其可以接收任意多个字节。在实际运用中，主设备也可以向从设备发送多个字节，并由从设备返回相应的数据。多个数据的发送，可以在“读”操作发送前进行。

2. 主设备写从设备

主设备写从设备应用的是主发送器方式，实现的是 SMBus 主设备向 SMBus 从设备写数据的功能。与主接收器方式一样，在数据线 SDA 上接收串行数据，在时钟线 SCL 上输出串行时钟。其时序如图 7-8 所示。

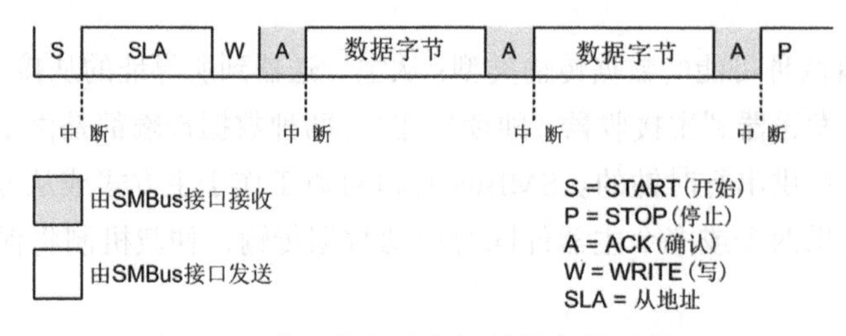

图 7-8 典型的主设备写从设备的时序图

在主发送器方式下数据方向位（R/W）应为逻辑“0”，表示这是一个“写”操作。主发送器会发送一个或多个字节的串行数据。

要想在 Legacy BIOS 上实现 SMBus 通信，或者在嵌入式设备上实现 SMBus 通信，需要更深入地了解与 SMBus 相关的寄存器的用法，这样才能实现需要的功能。UEFI 系统把这些细节基本都屏蔽了，在完成本节的学习后，可建立起访问 SMBus 设备的基本概念，使用 UEFI 提供的 Protocol 轻松构建 SMBus 访问程序。

7.2.2 支持访问 SMBus 设备的 Protocol

UEFI 规范中并没有提供 SMBus 的 Protocol，在 EDK2 中提供了两种访问 SMBus 设备的方式，分别为 EFI_PEI_SMBUS_PPI 和 EFI_SMBUS_HC_PROTOCOL，前者用于 PEI 阶段，后者用于 DXE 阶段。

其中，EFI_PEI_SMBUS_PPI 是运行于 PEI 环境下的 PPI，它是 PEI 模块通过 SMBus 主控制器访问 SMBus 从设备的接口，可以对 SMBus 从设备进行基本的资源访问。此 PPI 常用来支持电池管理子系统。

本节主要介绍 EFI_SMBUS_HC_PROTOCOL，它屏蔽了 7.2.1 节介绍的访问 SMBus 设备的细节，以及更复杂的与 SMBus 相关的寄存器的细节，为 UEFI 程序提供了统一的抽象接口。注意，在 UEFI 规范中，并没有提供关于这个 Protocol 的说明。以下内容，主要来自 EDK2 中的源码以及 Intel 提供的文档——*SMBus Host Controller Protocol Specification*[⊖]，这是 Intel 早期在发展 EFI 的过程中编制的规范，其内容仍适用于 EDK2。

在系统平台上，每个 SMBus 主控制器对应一个 EFI_SMBUS_HC_PROTOCOL 实例。不过，大多数平台上，只会有一个 SMBus 主控制器，即一个 EFI_SMBUS_HC_PROTOCOL 实例。EFI_SMBUS_HC_PROTOCOL 的函数接口如代码清单 7-6 所示。

⊖ 下载地址：https://www.intel.com/content/dam/www/public/us/en/zip/platform-innovation-framework-for-uefi-complete-specifications-v0.90-v0.97.zip。

代码清单 7-6　EFI_SMBUS_HC_PROTOCOL 函数接口

```
typedef struct _EFI_SMBUS_HC_PROTOCOL {
    EFI_SMBUS_HC_EXECUTE_OPERATION Execute;      //执行操作
    EFI_SMBUS_HC_PROTOCOL_ARP_DEVICE ArpDevice; //分配唯一地址
    EFI_SMBUS_HC_PROTOCOL_GET_ARP_MAP GetArpMap;//获取地址解析列表
    EFI_SMBUS_HC_PROTOCOL_NOTIFY Notify;         //注册回调函数
} EFI_SMBUS_HC_PROTOCOL;
typedef EFI_STATUS (EFIAPI *EFI_SMBUS_HC_EXECUTE_OPERATION) (
    IN EFI_SMBUS_HC_PROTOCOL *This,              //EFI_SMBUS_HC_PROTOCOL实例
    IN EFI_SMBUS_DEVICE_ADDRESS SlaveAddress,    //SMBus从地址
    IN EFI_SMBUS_DEVICE_COMMAND Command,         //主控制器发往从设备的命令
    IN EFI_SMBUS_OPERATION Operation,            //操作方式
    IN BOOLEAN PecCheck,                         //包检验
    IN OUT UINTN *Length,                        //操作中的数据字节长度
    IN OUT VOID *Buffer                          //执行过程中的缓冲区
);
```

在 SMBus 总线上，任何一个从设备都有一个唯一的地址，名为 SMBus 从地址。SMBus 从地址由 1 字节的高 7 位组成，最低位不属于地址的一部分，此位用来在传输中表明是“读”还是“写”。从 2.0 开始，SMBus 支持在地址冲突中为每个从设备动态分配一个新的唯一地址，这个功能就是地址解析协议（ARP）。

代码清单 7-6 中所示的 EFI_SMBUS_HC_PROTOCOL 提供了 4 种接口函数——Execute()、ArpDevice()、GetArpMap() 和 Notify()。对于地址解析协议的应用，以及回调函数的使用，本节不展开讨论，读者可以参考 SMBus 规范以及 Intel 提供的相关文档。接口函数 Execute() 的函数类型为 EFI_SMBUS_HC_EXECUTE_OPERATION，可用来对从设备进行数据访问。

代码清单 7-6 中所示的参数 SlaveAddress 为从设备的地址，如前所述，它的高 7 位为有效位，在 UEFI 中使用了 C 语言中的位段进行定义，具体如下。

```
typedef struct _EFI_SMBUS_DEVICE_ADDRESS {
    UINTN SMBusDeviceAddress:7; //SMBus从地址
} EFI_SMBUS_DEVICE_ADDRESS;
```

代码清单 7-6 中所示的参数 Command 由 SMBus 主控制器发往 SMBus 从设备，它可以用来指明 SMBus 从设备内部寄存器的偏移。当然，不是所有的从设备都支持这一特性，到底如何使用，取决于从设备自己的定义。笔者曾经开发的 SMBus 从设备，在内部划分了 32 个寄存器供主控制器访问，接收到主控制器发送过来的参数 Command 后，就将其作为这些寄存器的索引值。

代码清单 7-6 中所示的参数 Operation 是枚举类型的变量，用来规定 SMBus 传输中的操作方式，其定义如下。

```
typedef enum _EFI_SMBUS_OPERATION {
    EfiSMBusQuickRead,          //快速读
```

```
    EfiSMBusQuickWrite,        //快速写
    EfiSMBusReceiveByte,       //接收字节数据
    EfiSMBusSendByte,          //发送字节数据
    EfiSMBusReadByte,          //读字节数据
    EfiSMBusWriteByte,         //写字节数据
    EfiSMBusReadWord,          //读字数据
    EfiSMBusWriteWord,         //写字数据
    EfiSMBusReadBlock,         //读块数据
    EfiSMBusWriteBlock,        //写块数据
    EfiSMBusProcessCall,       //过程调用
    EfiSMBusBWBRProcessCall    //写块和读过程调用
} EFI_SMBUS_OPERATION;
```

Operation 参数提供了 12 种操作方式，对应 SMBus 协议中提供的 12 种协议格式，具体可以在 SMBus 协议中了解。在本书提供的示例中，主要使用了 EfiSMBusReadByte 和 EfiSMBusWriteByte 两种操作方式。

代码清单 7-6 所示参数 PecCheck 用来定义是否打开 PEC（Packet Error Code），即是否在传输过程中进行包错误检测。SMBus 的 PEC 采用了 8 位的循环冗余校验，校验值在传输过程中发送，供接收方检测接收到的数据是否有误。

代码清单 7-6 所示参数 Length 和 Buffer 比较容易理解，是传输过程中的数据长度和数据缓冲区。需要注意的是，读过程中，Length 为输入参数，Buffer 为输出参数；写过程中，Length 为输出参数，Buffer 为输入参数。

完成了 EFI_SMBUS_HC_PROTOCOL 的学习，下面我们将使用此 Protocol，对实际的 SMBus 从设备进行数据访问。

7.2.3 访问 SMBus 设备示例

为了访问 SMBus，需要找一个可访问的 SMBus 设备。可以使用相关的芯片自己做一个，笔者就曾在某些项目中使用 C8051F320 芯片制作了 SMBus 从设备。当然，也可以访问 PC 上本来就存在的 SMBus 从设备。在本节中，将在 Intel 的 X86 平台上，演示如何通过 SMBus 访问内存的 SPD。

SPD（Serial Presence Detect，串行存在检测）芯片一般是一颗 8 针的 EEPROM 芯片，芯片内记录了内存芯片及模组厂商、工作频率、工作电压、速度、容量等参数。内存的规范中，记有 SPD 每个字节的含义。不过，内存规格不同，SPD 的含义也可能不相同。目前市场上最流行的内存规格是 DDR4，各种规格的内存规范可以在网站 www.jedec.org 上下载。

主板 BIOS 在启动时，会根据内存 SPD 芯片中的信息，自动配置相应的内存工作时序和控制寄存器，以充分发挥内存的性能。在平常使用时，没有 SPD 的内存也可以运行，不会影响正常的工作。SPD 的信息可以通过 SMBus 总线进行访问，其从地址一般从 0xA0 开

始，依次为0xA2、0xA4等。

本节的示例程序将实现以下功能。

- 找到系统中的EFI_SMBUS_HC_PROTOCOL实例，使得SMBus主控制器可以访问SMBus从设备。
- 实现读写SMBus从设备的函数。
- 使用读SMBus从设备的函数，依次访问从地址0xA0、0xA2、0xA4、0xA6，读取内存的SPD信息，并打印到屏幕上。

在本节示例程序中，只是简单地将SPD信息打印出来，并没有对数据进行分析。EDK2中提供了SPD完整的数据结构，定义在文件夹MdePkg\Include\IndustryStandard下，包括头文件SdramSpd.h、SdramSpdDdr3.h、SdramSpdDdr4.h和SdramSpdLpDdr.h，有兴趣的读者可以研究一下。

本节提供的示例程序位于随书代码的RobinPkg\Applications\ListSPD目录下。示例7-4演示了如何获取EFI_SMBUS_HC_PROTOCOL实例。

【示例7-4】获取EFI_SMBUS_HC_PROTOCOL实例。

```
EFI_STATUS LocateSMBusHc(void)
{
    EFI_STATUS                          Status;
    EFI_HANDLE                          *SMBusHcHandleBuffer = NULL;
    UINTN                               HandleIndex = 0;
    UINTN                               HandleCount = 0;
    //获取EFI_SMBUS_HC_PROTOCOL所有句柄
    Status = gBS->LocateHandleBuffer(
        ByProtocol,
        &gEfiSMBusHcProtocolGuid,
        NULL,
        &HandleCount,
        &SMBusHcHandleBuffer
    );
    if (EFI_ERROR(Status))     return Status;
    Print(L"Find SMBus HC Handle:%d\n",HandleCount);
    //找到EFI_SMBUS_HC_PROTOCOL实例
    for (HandleIndex = 0; HandleIndex < HandleCount; HandleIndex++)
    {
        Status = gBS->HandleProtocol(
            SMBusHcHandleBuffer[HandleIndex],
            &gEfiSMBusHcProtocolGuid,
            (VOID**)&gSMBusHcProtocol);
        if (EFI_ERROR(Status))     continue;
        else
            return EFI_SUCCESS;
    }
    return Status;
}
```

获取实例的方法，与 3.5 节介绍的方法是一样的，这里不再解释其实现过程了。得到 EFI_SMBUS_HC_PROTOCOL 实例后，可以使用相应的函数接口，实现读写 SMBus 从设备的函数，如示例 7-5 所示。

【示例 7-5】读写 SMBus 从设备的函数。

```
UINT8 ReadSMBusByte(IN UINT8 SlaveAddress,IN UINT8 RegisterIndex)
{
    EFI_STATUS    STATUS = EFI_SUCCESS;
    EFI_SMBUS_DEVICE_ADDRESS device;
    UINTN Length = 0x01;
    UINT8 buffer8;
    EFI_SMBUS_DEVICE_COMMAND index;
    device.SMBusDeviceAddress = (SlaveAddress >> 1);
    index=RegisterIndex;
    STATUS = gSMBusHcProtocol->Execute( gSMBusHcProtocol,device,index,
        EfiSMBusReadByte, //读字节数据
        FALSE, &Length,  &buffer8 );
    return buffer8;      //返回读到的数据
}
VOID WriteSMBusByte(UINT8 SlaveAddress, UINT8 RegisterIndex,UINT8 Value)
{
    EFI_STATUS    STATUS = EFI_SUCCESS;
    EFI_SMBUS_DEVICE_ADDRESS device;
    UINTN Length = 0x01;
    UINT8 buffer8;
    EFI_SMBUS_DEVICE_COMMAND index;
    device.SMBusDeviceAddress = (SlaveAddress >> 1);
    index=RegisterIndex;
    buffer8=Value;
    STATUS = gSMBusHcProtocol->Execute( gSMBusHcProtocol,device,index,
        EfiSMBusWriteByte, //写字节数据
        FALSE, &Length, &buffer8);
    return;
}
```

读写 SMBus 从设备，主要是使用接口函数 Execute 来实现的。从上述示例代码中可以看出，由于从设备地址是 7 位的，因此对传入的从设备地址进行了右移 1 位的操作。其余的参数在 7.2.2 节中已经详细解释过了，可以对照参考。

完成读写函数后，可以对实际的 SMBus 从设备进行访问。所实现的代码在源文件 ListSPD.c 中，其详细内容就不列出了。参照 2.1.3 节介绍的方法，设置编译的环境变量，使用如下命令编译程序。

```
C:\UEFIWorkspace\edk2\build -p RobinPkg\RobinPkg.dsc \
    -m RobinPkg\Applications\ListSPD\ ListSPD.inf -a X64
```

在 UEFI 模拟器和虚拟机下，一般都没有实现对 EFI_SMBUS_HC_PROTOCOL 的支持，故所编译的程序只能在实际的机器上进行测试。笔者所测试的机器为 Intel NUC6CAYNUC，

安装了 4GB 的 DDR3 内存，测试结果如图 7-9 所示。

```
Tool: List SPD.  Author: Robin.
*****Slave Address: 0xA0***********
   |00 01 02 03 04 05 06 07 08 09 0A 0B 0C 0D 0E 0F
---|-----------------------------------------------
00 |92 11 0B 03 04 21 02 01 03 11 01 08 0A 00 FE 00
01 |69 78 69 30 69 11 18 81 20 08 3C 3C 00 F0 83 81
02 |00 00 00 00 00 00 00 00 00 00 00 00 00 00 00 00
03 |00 00 00 00 00 00 00 00 00 00 00 0F 11 61 00
```

图 7-9　测试 ListSPD 程序截图

从图 7-9 中可以看出，其中所访问的 SPD 的 SMBus 从地址为 0xA0。所得到的数据中，偏移 0x02 的值为 0x0B，偏移 0x04 的值为 0x04。查看 DDR3 SPD 的规范，可知其表示 4GB 的 DDR3 内存。笔者所提供的示例代码中，只提取了前 64 字节的 SPD 信息。读者可以修改程序，将其余的 SPD 信息都提取出来，对照 SPD 规范进行学习。

7.3　访问串口设备

20 世纪 60 年代，美国电子工业协会（EIA）与贝尔等公司联合制定了 RS232 规范，开启了串口这一古老设备超长的应用时间。串口早期主要用于连接数据终端设备和数据通信设备，比如连接计算机和调制解调器。它的应用非常广泛，IBM PC 出现的时候，就采用了串口作为它的外设之一。后面的故事大家都知道了，IBM PC 成为业界的标准，串口也成为 PC 的标准配置。

另外，在嵌入式开发中，51 单片机很早就内置了串口，使得串口逐渐成为嵌入式设备与外界通信的基础接口。单片机的发展，从 8 位到如今的 64 位，芯片处理速度呈指数级增长，但大部分都提供了串口接口，以满足各类串口应用。

根据笔者平常的工作经验，在工业控制领域，串口的应用仍非常广泛。UEFI 中也提供了完整的串口支持，其调试的信息也是通过串口输出的。考虑到在工控领域和嵌入式领域，串口仍有强大的生命力，学习在 UEFI 下通过串口访问外设，还是非常有必要的。

7.3.1　串口协议简介

串口通信标准发展多年，已经有了多种协议，比如 RS485、RS422 等，但都是在 RS232 标准的基础上经过改进形成的。所派生的协议，很多方面保持与 RS232 的兼容，从编程的角度来看，这些协议基本也是一致的。本节主要介绍 RS232 标准，如在主机上用到其他兼容协议，应参考厂商提供的资料进行编程开发。

在 PC 上，早期使用 8250 芯片作为串行通信的控制器，后来使用 16450 芯片，目前一般使用 16550 芯片了。这些芯片具有相同的功能，一般通称为 UART（通用同步接收器），使用 9 针或 25 针的接插件将串口的信号送出。25 针的接插件即 25 芯 D 型插头座（DB25），现在使用较少了，其简化版的 9 针接插件（DB9）使用较多。图 7-10 为 DB9 的引脚图。

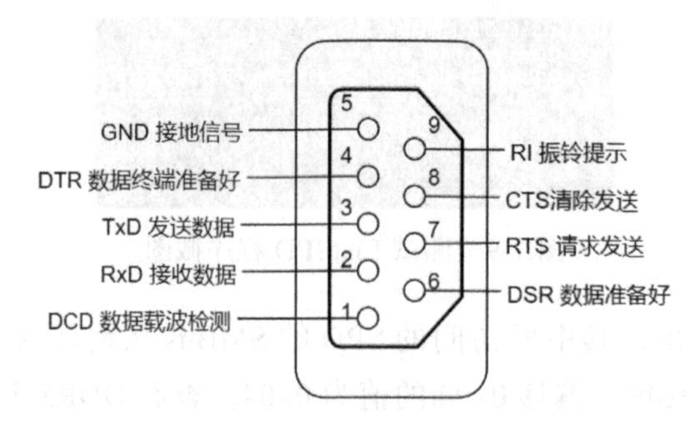

图 7-10　RS232 DB9 的引脚图

RS232 标准中，对各个引脚的逻辑电平和信号线功能都进行了规定。对于 TxD 和 RxD，逻辑 1 的电平范围是 –3 ～ –15V；而逻辑 0 的电平范围是 +3 ～ +15V。而在 RTS、CTS、DCD、DTR 等控制线上，信号有效（即接通，ON 状态）的电平范围是 +3 ～ +15V；信号无效（即断开，OFF 状态）的电平范围是 –3 ～ –15V。

串口的通信协议分为同步协议和异步协议，同步协议一般用在高速传送的应用场景中，在 PC 上常用的是异步通信协议。异步通信以一个字符为传输单位，通信中的两个字符间的传输时间间隔不固定，同一字符间两个相邻位的传输时间间隔是固定的。双方传输的时间间隔，可以通过波特率（信号单元变化频率，即每秒传输的数据位数）来规定，常用的波特率包括 4800 波特、9600 波特、115 200 波特等。

在传输中，通信双方约定相同的规则，对字符的信息格式规定包含起始位、数据位、奇偶校验位、停止位，图 7-11 所示为一个典型的串口传输数据帧。

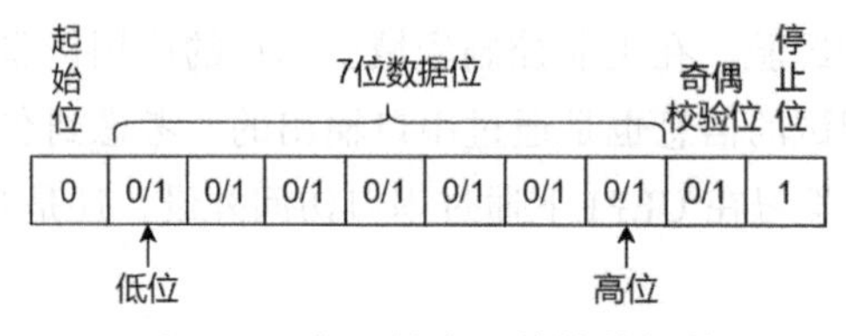

图 7-11　典型的串口传输数据帧

串口传输中，数据帧中各位的含义如下。

- **起始位**。发送逻辑 0 的信号，表示传输字符的开始。它是作为联络信号附加进来的，用来告诉接收方传送开始。
- **数据位**。紧接着起始位的是数据位，它可以设定为 5、6、7 或 8，用于构成一个字符。一般采用扩展的 ASCII 码，值的范围是 0 ~ 255，使用 8 位表示，从低位开始传输。
- **奇偶校验位**。奇偶校验是串口通信中一种简单的检错方式，实际使用中也可以不使用奇偶校验。数据位加上这一位后，以“1”的位数为偶数（偶校验）还是奇数（奇校验)，来校验数据传送的正确性。例如，如果数据是 01000001，那么对于奇校验，校验位应该为 1。

- **停止位**。字符数据结束的标志，可以是 1 位、1.5 位或 2 位的高电平。由于数据在传输时是定时的，并且每个设备都有自己的时钟，很可能在通信中出现不同步。因此，停止位除了表示传输结束，也提供了设备校正时钟同步的机会。停止位的位数越多，时钟同步的容忍度越大，数据传输率也会越慢。

在 Legacy BIOS 中，为了进行串口通信，必须了解串口寄存器的各种细节。在 X86 系统上，第一个串口的 IO 寄存器组为 0x3F8~0x3FF，第二个串口的 IO 寄存器为 0x2F8~0x2FF，这些信息都存储于 BIOS 数据区 0x40:0 处。在 Legacy BIOS 上编写和调试串口代码，是相当复杂的工作。

相比较而言，在 UEFI 下编程比较轻松。UEFI 提供了标准的接口函数，对串口寄存器的细节进行了屏蔽，下一节详细介绍 UEFI 下访问串口的 Protocol。

7.3.2 支持访问串口设备的 Protocol

在 UEFI 环境中，串口设备的识别是通过 3 个驱动之间的互动实现的，包括串口设备驱动（Serial Device Driver）、平台串口设备识别驱动（Platform Serial Device Identification Driver）和串口端口驱动（Serial Port Driver）。与串口设备的硬件绑定的是串口端口驱动，它提供了可访问串口设备的 Protocol，即 EFI_SERIAL_IO_PROTOCOL，如代码清单 7-7 所示。

代码清单 7-7 EFI_SERIAL_IO_PROTOCOL 函数接口

```
typedef struct {
    UINT32 Revision;                                  //版本号，向后兼容
    EFI_SERIAL_RESET Reset;                           //重启硬件设备
    EFI_SERIAL_SET_ATTRIBUTES SetAttributes;          //设置通信属性，如波特率等
    EFI_SERIAL_SET_CONTROL_BITS SetControl;           //设置控制位
    EFI_SERIAL_GET_CONTROL_BITS GetControl;           //获取控制位
    EFI_SERIAL_WRITE Write;                           //写串口
    EFI_SERIAL_READ Read;                             //读串口
    SERIAL_IO_MODE *Mode;                             //指向通信属性的指针
    CONST EFI_GUID *DeviceTypeGuid;                   //指向识别设备的GUID
} EFI_SERIAL_IO_PROTOCOL;
```

串口通信程序的过程一般分为如下几步。

步骤 1　找到串口设备的句柄以及对应的 EFI_SERIAL_IO_PROTOCOL 实例。

步骤 2　设置串口通信的属性，包括波特率、数据位的位数、奇偶校验等。

步骤 3　配合串口控制位的状态，对串口设备进行读写操作。

根据 3.5 节介绍的知识，我们知道步骤 1 可以通过 LocateHandleBuffer() 和 Handle-

Protocol()，或者其他类似功能的函数实现。步骤 2 用于设置串口通信的属性，约定通信双方的格式，其可以通过 EFI_SERIAL_IO_PROTOCOL 的访问接口 SetAttributes() 实现。代码清单 7-8 给出了 SetAttributes() 的原型和相关的数据结构。该函数是与串口通信属性相关的接口函数。

代码清单 7-8　与串口通信属性相关的接口函数和数据结构

```
EFI_STATUS (EFIAPI *EFI_SERIAL_SET_ATTRIBUTES) (
    IN EFI_SERIAL_IO_PROTOCOL *This,       // EFI_SERIAL_IO_PROTOCOL实例
    IN UINT64 BaudRate,                    //波特率
    IN UINT32 ReceiveFifoDepth,            //接收串口数据的FIFO深度，默认值可设为0
    IN UINT32 Timeout,                     //超时设置，默认值可设为0
    IN EFI_PARITY_TYPE Parity,             //奇偶校验位
    IN UINT8 DataBits,                     //数据位
    IN EFI_STOP_BITS_TYPE StopBits         //停止位
);
typedef enum {
    DefaultParity,                         //缺省
    NoParity,                              //不校验
    EvenParity,                            //奇校验
    OddParity,                             //偶校验
    MarkParity,                            //高校验，校验位始终为1
    SpaceParity                            //低校验，校验位始终为0
} EFI_PARITY_TYPE;                         //设置奇偶校验位可用的值
typedef enum {
    DefaultStopBits,
    OneStopBit,                            // 1 停止位
    OneFiveStopBits,                       // 1.5 停止位
    TwoStopBits                            // 2 停止位
} EFI_STOP_BITS_TYPE;                      //设置停止位可用的值
```

在其他平台编写过串口通信程序的读者，很容易理解 SetAttributes() 函数。它提供了设置串口通信各项属性的能力，只需要按照通信双方约定的参数填写即可。与之相关的两个枚举类型 EFI_PARITY_TYPE 和 EFI_STOP_BITS_TYPE，也列在了代码清单 7-8 中，它们分别包含了奇偶校验位和停止位可以使用的值。

停止位所用的值比较容易理解，分别对应 7.3.1 节描述过的 1 位、1.5 位或 2 位。奇偶校验位可选的项较多，它包括 5 种方式：奇校验、偶校验、高校验、低校验和无校验。奇校验和偶校验的概念在 7.3.1 节中介绍过；高校验和低校验不是真正的检查数据，它们简单置位逻辑高或者逻辑低，方便对方进行检查，接收设备能够根据此位的状态，有机会判断是否有噪声干扰了通信或者传输和接收数据是否不同步。

传输过程中，对串口状态的检查也是必不可少的，UEFI 中定义了各种控制状态，方便通信双方确定后续的动作。设置和获取状态位的接口函数分别为 SetControl() 和 GetControl()，代码清单 7-9 中给出了两个函数的原型以及控制位可用的值。

代码清单 7-9 控制位接口函数及可选值

```
typedef EFI_STATUS (EFIAPI *EFI_SERIAL_SET_CONTROL_BITS) (
    IN EFI_SERIAL_IO_PROTOCOL *This,      // EFI_SERIAL_IO_PROTOCOL实例
    IN UINT32 Control                     //控制位
);
typedef EFI_STATUS (EFIAPI *EFI_SERIAL_GET_CONTROL_BITS) (
    IN EFI_SERIAL_IO_PROTOCOL *This,      // EFI_SERIAL_IO_PROTOCOL实例
    OUT UINT32 *Control                   //控制位
);
#define EFI_SERIAL_CLEAR_TO_SEND 0x0010                    //只读
#define EFI_SERIAL_DATA_SET_READY 0x0020                   //只读
#define EFI_SERIAL_RING_INDICATE 0x0040                    //只读
#define EFI_SERIAL_CARRIER_DETECT 0x0080                   //只读
#define EFI_SERIAL_REQUEST_TO_SEND 0x0002                  //只写
#define EFI_SERIAL_DATA_TERMINAL_READY 0x0001              //只写
#define EFI_SERIAL_INPUT_BUFFER_EMPTY 0x0100               //只读
#define EFI_SERIAL_OUTPUT_BUFFER_EMPTY 0x0200              //只读
#define EFI_SERIAL_HARDWARE_LOOPBACK_ENABLE 0x1000         //可读写
#define EFI_SERIAL_SOFTWARE_LOOPBACK_ENABLE 0x2000         //可读写
#define EFI_SERIAL_HARDWARE_FLOW_CONTROL_ENABLE 0x4000     //可读写
```

设置和获取控制位的参数，可以是代码清单 7-9 中宏定义值的各种组合。所定义的宏，定义了控制位的各种情况，包含只读、只写和可读写 3 种类型。只读的含义是，此值不能通过 SetControl() 去设置，只能通过 GetControl() 获取；只写则只能设置，该值用来通知通信的对方的设备；可读写的值表示既可设置，也可以获取。

另外，EFI_SERIAL_IO_PROTOCOL 还提供了接口指针 *Mode，允许应用程序获取串口的通信属性和控制位状态。其相关的数据结构如代码清单 7-10 所示。

代码清单 7-10 控制位接口函数及可选值

```
typedef struct {
    UINT32 ControlMask;         //控制掩码
    UINT32 Timeout;             //超时的时间
    UINT64 BaudRate;            //波特率
    UINT32 ReceiveFifoDepth;    //数据接收深度
    UINT32 DataBits;            //数据位
    UINT32 Parity;              //奇偶校验
    UINT32 StopBits;            //停止位
} SERIAL_IO_MODE;
```

上述数据结构中的各项成员变量，对应了接口函数 SetAttributes() 设置的各项属性。唯一不对应的成员变量 ControlMask，表示串口设备所支持的控制位。串口设备必须支持输入缓冲区为空的位，即上述的值 EFI_SERIAL_INPUT_BUFFER_EMPTY，该值用来表示有数据可以接收。

完成串口的通信属性设置后，就可以进行第3步的串口读写了。读写的接口函数如代码清单7-11所示。

代码清单7-11 串口读写的接口函数

```
typedef  EFI_STATUS (EFIAPI *EFI_SERIAL_READ) (
    IN EFI_SERIAL_IO_PROTOCOL *This,  // EFI_SERIAL_IO_PROTOCOL实例
    IN OUT UINTN *BufferSize,         //需要读的数据字节长度或读到的数据字节长度
    OUT VOID *Buffer                  //读缓冲区
)
typedef EFI_STATUS (EFIAPI *EFI_SERIAL_WRITE) (
    IN EFI_SERIAL_IO_PROTOCOL *This, // EFI_SERIAL_IO_PROTOCOL实例
    IN OUT UINTN *BufferSize,        //缓冲区字节长度或实际写入的字节长度
    IN VOID *Buffer                  //写缓冲区
);
```

上述两个函数比较简单，根据参数要求，直接调用即可。下面将根据本节介绍的内容，编写与串口设备通信的示例程序。

7.3.3 访问串口设备示例

现在的市场上已经很难找到带有串口的PC了。工控领域的PC大部分都带有串口，不过很多读者都没有对应的硬件设备。因此，我们准备的示例程序是使用VMware虚拟机进行测试的。虚拟机上的系统为Windows 10，使用EDK2提供的UEFI模拟环境。

主机操作系统通过命名管道与虚拟机操作系统的串口进行通信，为VMware虚拟机添加串口设备的步骤如下；

1）打开虚拟机的配置界面，选择“编辑虚拟机设置”→“硬件”→“添加(A)···”，选择添加串口。

2）在添加串口的对话框中，连接项选择“使用命名的管道”，然后输入管道的名字“\\.\pipe\com_1”。

3）选择的命名管道项，其下有两个下拉菜单，分别是“该端是服务器”和“另一端是虚拟机”。

至此，就完成了虚拟机的串口添加。如果需要添加多个串口，重复上述步骤即可。注意管道的名字不能重复。

本节所准备的代码，是在虚拟机内进行编译的，并使用了UEFI模拟器进行测试。示例程序位于随书代码的RobinPkg\Applications\RwUart目录下。

在运行的系统中，可能存在多个串口。一个串口设备，在UEFI系统中会存在一个句柄（Handle）与之对应，可以使用类似7.1.3节介绍的寻找PCI设备的方法，找到这些句柄。在本节示例中，为方便演示，找到了第一个串口后，就停止往下寻找了。读者如果想对其

他串口进行操作，可以修改这部分代码，其实现函数位于 Common.c 的 LocateSerialIO() 函数中。

示例 7-6 列出了访问串口设备相关的其他函数。

【示例 7-6】访问串口设备相关函数。

```
//设置串口通信属性，包括波特率、数据位、奇偶校验位和停止位
EFI_STATUS SetSerialPortAttrib(UINT64 BaudRate, \
    EFI_PARITY_TYPE Parity,UINT8 DataBits, EFI_STOP_BITS_TYPE StopBits)
{
    return gSerialIO->SetAttributes(gSerialIO,BaudRate,0,0,\
        Parity,DataBits,StopBits);
}
//串口发送数据
EFI_STATUS SendDataToSerial(UINTN length,VOID *buffer)
{
    UINTN BufferSize;
    BufferSize=length;
    EFI_STATUS Status = gSerialIO->Write(gSerialIO,&BufferSize,buffer);
    return Status;
}
//串口接收数据
EFI_STATUS GetDataFromSerial(UINTN *length,VOID *buffer)
{
    EFI_STATUS Status = gSerialIO->Read(gSerialIO,length,buffer);
    return Status;
}
EFI_STATUS GetSerialControlBits(UINT32 *control)
{//获取控制位的信息
    UINT32 bitControl;
    EFI_STATUS  Status = gSerialIO->GetControl(gSerialIO, &bitControl);
    *control = bitControl;
}
```

与串口通信相关的函数包括设置通信属性函数、发送数据函数、接收数据函数、获取控制位函数。这些函数只是对 EFI_SERIAL_IO_PROTOCOL 的接口函数进行了封装，以方便调用。

工程 RwUart 使用了示例 7-6 中所示的 4 个函数构建了测试函数，程序逻辑如下：

1）向主机串口发送测试字符串，待用户按键后再发送测试字符串。

2）进入等待主机串口数据的循环模式，收到字符后，将其十六进制值以及 ASCII 值打印出来。

3）收到 Q 字符，退出测试程序。

以上代码逻辑，在工程 RwUart 的 RwUart.c 中实现了，读者可以对照阅读。本节的示例程序，准备在 UEFI 模拟器上测试，因此应该编译成 32 位的 UEFI 程序。参照 2.1.3 节介绍的方法，设置编译的环境变量，使用如下命令编译程序。

```
C:\UEFIWorkspace\edk2\build -p RobinPkg\RobinPkg.dsc \
    -m RobinPkg\Applications\RwUart\RwUart.inf -a IA32
```

在虚拟机内，编译好的程序可复制到 UEFI 模拟器所在的目录。参照 2.1.4 节介绍的内容，运行 32 位的 RwUart.efi 程序。

而在主机端，可以运行支持访问命名管道的工具，可将其作为串口通信工具，与虚拟机的串口进行通信。笔者的系列博客中提供了一个访问命名管道的工具 PipeTool[⊖]，它支持字符串发送，读者可以直接使用此工具来进行测试。当然，也可以用其他工具，比如 PuTTY，下面介绍使用 PuTTY 进行测试的方法。

打开 PuTTY，选择连接类型为"Serial"，并填入连接目标为"\\.\pipe\com_1"，在 Speed 编辑框中填入 115200（UEFI 模拟器中串口的默认波特率），如图 7-12 所示。实际上，波特率也可以不填写，命名管道本身并没有波特率的概念。

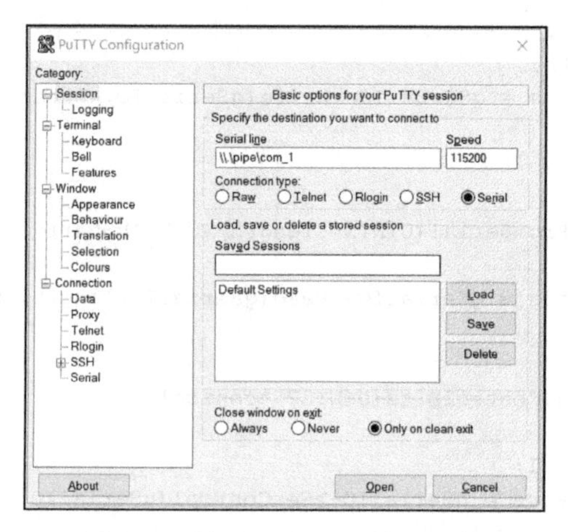

图 7-12　设置 Putty 访问命名管道

填写完成后，点击"Open"按钮，启动 PuTTY 终端。如果之前在虚拟机的 UEFI 模拟器中已经启动了示例程序，PuTTY 终端将直接显示 UEFI Shell。在 PuTTY 终端输入字符，将通过串口发送到虚拟机内，在 UEFI 模拟器的 UEFI Shell 中显示出来。不过，由于 PuTTY 是交互式工具，每接收到一个字符，就直接发送到虚拟机内，因此只能看到单个字符的接收。如果需要观察字符串的发送情况，请使用笔者的命名管道访问工具 PipeTool 进行测试。

7.4　本章小结

与外设的通信，是所有项目中必不可少的环节。不同的项目需求，应该采用不同的通

⊖ https://blog.csdn.net/luobing4365/article/details/100942826。

信方式，这决定了产品的开发难度以及成本。

本章介绍了在UEFI环境中，使用Protocol访问各种外设的方法，包括PCI/PCIE设备、SMBus设备和串口设备。访问这些外设的流程都差不多，主要包括如下步骤。

1）寻找设备在UEFI中的句柄，并通过句柄和GUID获得相应的Protocol实例。

2）根据Protocol提供的接口函数，对设备进行访问，获取其属性或读写其内部的资源。

3）关闭Protocol。

本章介绍的PCI/PCIE设备、SMBus设备和串口设备，都是笔者在项目中经常用到的，相信对读者完成相关项目有所帮助。另外一种常用设备——USB设备涉及的概念和技术细节较多，将单独开辟一章讲述（第9章）。

Chapter 8 第8章

UEFI驱动与Option ROM

UEFI作为连接操作系统和硬件体系的桥梁，其囊括了完整的框架，可驱动大量的硬件，并提供了非常丰富的Protocol。这些功能很大程度上是由UEFI驱动来完成的。从类型上来看，UEFI驱动可以分为启动服务驱动（Boot Service Drivers）和运行时驱动（Runtime Drivers）。两者的区别在于，在UEFI BIOS的RT阶段操作系统加载器获得平台控制权后，运行时驱动仍然有效。

从功能上划分，UEFI驱动可以分为以下类别。

- **符合UEFI驱动模型（UEFI Driver Model）的驱动**。这类驱动包括总线驱动（Bus Drivers）、设备驱动（Device Drivers）和混合驱动（Hybrid Drivers），一般用来驱动对应的硬件设备。
- **服务型驱动（Service Drivers）**。这类驱动不管理任何设备，一般用来产生Protocol。
- **初始化驱动（Initializing Drivers）**。它不会产生任何句柄，也不增加任何Protocol到系统数据库，主要用来进行一些初始化操作，执行完就会从系统内存中卸载。
- **根桥型驱动（Root Bridge Drivers）**。它用来初始化平台上的根桥控制器，并产生一个设备地址Protocol，以及访问总线设备的Protocol，一般用来通过总线驱动访问设备。在7.1节中，我们使用的支持访问PCI/PCIE设备的EFI_PCI_ROOT_BRIDGE_IO_PROTOCOL，就是一个典型的例子。

符合UEFI驱动模型的驱动和服务型驱动，在实际项目中使用较多，其他两种则使用较少。本章主要介绍如何使用服务型驱动产生Protocol，以及如何编写符合UEFI驱动模型的驱动，并详细介绍一种特殊的PCI驱动——Option ROM。Option ROM一般被第三方厂商用来提供PCI/PCIE设备的访问接口，或者开发一些有特别功能的产品，比如物理隔离卡、还原卡等。

8.1　服务型驱动

经过前 7 章的学习，从使用者的角度，我们已经非常熟悉 Protocol 的用法了。但站在提供者的角度，我们仍不清楚 Protocol 是如何产生的、接口函数如何组织以及如何提供给使用者。Protocol 由各类驱动提供，其中，服务型驱动不需遵循 UEFI 驱动模型，也不需要管理任何硬件设备。其主要的目的就是产生一个或多个 Protocol，并将这些 Protocol 安装到相应的服务句柄上。

本节将演示如何使用服务型驱动提供 Protocol，还会准备相关的接口函数和相应的测试程序，以实际体验 Protocol 的产生过程。

8.1.1　安装与卸载 Protocol

Protocol 由一个 128 位的全局唯一 ID（GUID）和 Protocol 接口的结构体组成，结构体中包含了 Protocol 的接口函数，可以用来访问对应的设备。在 UEFI 的系统中，其句柄数据库维护了设备句柄、Protocol 接口和镜像句柄、控制器句柄之间的关系。对于 Protocol 接口的增加、移除或者替代，都可以在句柄数据库中跟踪到，如图 8-1 所示。

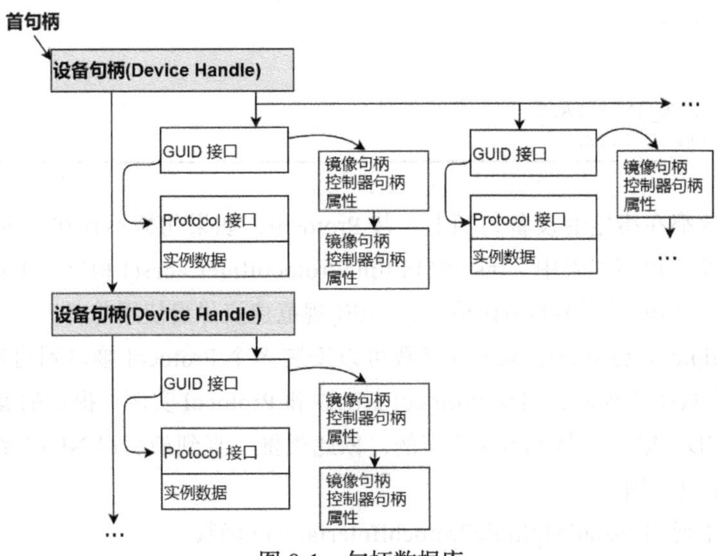

图 8-1　句柄数据库

表 3-7 给出了启动服务中处理 Protocol 的函数，主要分为使用 Protocol 和产生 Protocol 两种接口函数。我们已经详细介绍了使用 Protocol 的接口函数，本节将详细介绍产生 Protocol 的接口函数，包括安装单个和多个 Protocol 的接口函数、卸载单个和多个 Protocol 的接口函数，以及重新安装 Protocol 的接口函数。

1. 安装 Protocol 的接口函数

UEFI 的启动服务中提供了 InstallProtocolInterface() 和 InstallMultipleProtocolInterfaces() 函数，用于将单个或多个 Protocol 安装到设备控制器上，它们的函数原型如代码清单 8-1 所示。

代码清单 8-1 启动服务中安装 Protocol 的函数原型

```
typedef EFI_STATUS (EFIAPI *EFI_INSTALL_PROTOCOL_INTERFACE) (
    IN OUT EFI_HANDLE *Handle,          //设备句柄，Protocol安装到此处
    IN EFI_GUID *Protocol,              //需要安装的Protocol的GUID
    IN EFI_INTERFACE_TYPE InterfaceType, //接口类型，为EFI_NATIVE_INTERFACE
    IN VOID *Interface                  //Protocol实例
);
typedef EFI_STATUS EFIAPI *EFI_INSTALL_MULTIPLE_PROTOCOL_INTERFACES) (
    IN OUT EFI_HANDLE *Handle,          //设备句柄，Protocol安装到此处
    ...                                 //成对出现的Protocol GUID和Protocol实例
);
//相关的数据结构
typedef struct {
    UINT32 Data1;
    UINT16 Data2;
    UINT16 Data3;
    UINT8 Data4[8];
} EFI_GUID;
typedef enum {
    EFI_NATIVE_INTERFACE
} EFI_INTERFACE_TYPE;
```

这两个函数都在指定的设备句柄上安装 Protocol，如果句柄不存在，则会创建对应句柄并添加到系统的句柄列表中。InstallMultipleProtocolInterfaces() 相比于 InstallProcotocol-Interface() 函数，会进行更多的错误检查，UEFI 规范建议尽量使用前者。

InstallMultipleProtocolInterfaces() 函数可以安装多个 Protocol 接口到启动服务环境中，在使用时，其参数中必须成对出现 Protocol GUID 和 Protocol 实例。提供的参数中，第一项是 Protocol GUID，第二项是 Protocol 实例，依此类推，直到最后以 NULL 结尾。示例 8-1 所示为使用此函数的例子。

【示例 8-1】使用 InstallMultipleProtocolInterfaces() 函数。

```
EFI_STATUS Status;
EFI_HANDLE ChildHandle;
EFI_DEVICE_PATH_PROTOCOL *DevicePath;
EFI_PCI_IO_PROTOCOL *PciIo;
ChildHandle = NULL;
Status = gBS->InstallMultipleProtocolInterfaces (
    &ChildHandle,                   //设备句柄
    &gEfiDevicePathProtocolGuid,    //第一个GUID
```

```
        DevicePath,                     //第一个Protocol实例
        &gEfiPciIoProtocolGuid,         //第二个GUID
        PciIo,                          //第二个Protocol实例
        NULL                            //结束标志
    );
    if (EFI_ERROR (Status)) {
        return Status;
    }
```

示例 8-1 所示代码共安装了两个 Protocol 到指定的设备句柄，而且由于设备句柄为空，函数 InstallMultipleProtocolInterfaces() 将会创建一个新的句柄，并将其添加到系统的句柄数据库中。实际上，在安装 Protocol 时，此函数内部还是调用了 InstallProtocolInterface()。需要注意的是，最后一个参数 NULL 是必不可少的，它是 Protocol GUID 和 Protocol 实例组结束的标志，缺少这个参数将导致无法预料的运行结果。

2. 卸载 Protocol 的接口函数

对应于安装 Protocol 接口函数，启动服务中提供了两个用于卸载 Protocol 的接口函数，分别是卸载单个 Protocol 的 UninstallProtocolInterface() 函数，以及卸载多个 Protocol 的 UninstallMultipleProtocolInterfaces() 函数。它们的函数原型如代码清单 8-2 所示。

代码清单 8-2　启动服务中卸载 Protocol 的函数原型

```
typedef EFI_STATUS (EFIAPI *EFI_UNINSTALL_PROTOCOL_INTERFACE) (
    IN EFI_HANDLE Handle,     //设备句柄，Protocol安装到此处
    IN EFI_GUID *Protocol,    //Protocol GUID
    IN VOID *Interface        //Protocol实例
);
typedef EFI_STATUS EFIAPI *EFI_UNINSTALL_MULTIPLE_PROTOCOL_INTERFACES) (
    IN EFI_HANDLE Handle,    //设备句柄
    ...                      //成对出现的Protocol GUID和Protocol实例
);
```

在卸载 Protocol 的时候，有可能有其他驱动仍在使用此 Protocol。因此，盲目地直接从系统中卸载 Protocol 是比较危险的。比较安全的做法是在移除 Protocol 之前，先尝试通知其他驱动停止使用此 Protocol，这可以通过启动服务的 DisconnectController() 函数来实现。

UninstallMultipleProtocolInterfaces() 函数用来卸载多个 Protocol，所传入的参数必须是成对的 Protocol GUID 和 Protocol 实例。这一点与 InstallMultipleProtocolInterfaces() 函数相同，最后一个参数必须为 NULL，标志 Protocol GUID 和 Protocol 实例组的结束。

3. 重新安装 Protocol 接口函数

重新安装 Protocol 的接口函数为 ReinstallProtocolInterface()，该函数通常用在设备更换、设备路径改变或更新的时候。比如产生网络 Protocol 的 UEFI 驱动，在使用 StationAddress() 接口函数修改网络接口的 MAC 地址时，就需要用到此函数。ReinstallProtocolInterface() 函

数的原型如代码清单 8-2 所示。

代码清单 8-3 启动服务中重新安装 Protocol 的函数原型

```
typedef EFI_STATUS (EFIAPI *EFI_REINSTALL_PROTOCOL_INTERFACE) (
    IN EFI_HANDLE Handle,  //设备句柄，Protocol安装到此处
    IN EFI_GUID *Protocol, //需要安装的Protocol的GUID
    IN VOID *OldInterface, //原来的Protocol实例
    IN VOID *NewInterface  //新的Protocol实例
);
```

从代码清单 8-2 中可以看出，ReinstallProtocolInterface() 函数在设备句柄 Handle 上，使用 Protocol 实例 NewInterface 替代 OldInterface。当然这两个 Protocol 实例也可以是同一个，只不过此时的 Protocol 不会被替代，但是通知事件仍会触发。

实际使用中，在重新安装的过程中，有可能会有 UEFI 驱动仍在使用此 Protocol。这种情况下，UEFI 驱动可能会在安装了新的 Protocol 后，仍旧使用原有 Protocol，这将导致不稳定的状态产生，程序结果无法预测。建议在使用此函数前，先调用 UninstallProtocol-Interface() 函数，卸载旧的 Protocol。这样能确保所有在使用旧 Protocol 的驱动停止使用，防止不稳定的状态产生。

8.1.2 构建服务型驱动

本节所构建的示例工程 ServiceDrv，位于随书代码的 RobinPkg\Drivers\ServiceDrv 文件夹下。这是一个比较典型的服务型驱动示例，在其中实现了演示用的 Protocol，以及相应的接口函数。

服务型驱动的结构比较简单，在 Image 初始化的时候（即执行模块接口函数时），将 Protocol 安装到自身的句柄即可。我们可以按照如下步骤构建和加载 Protocol 接口函数。

1. 示例 Protocol 接口函数设计

示例工程 ServiceDrv 包括 4 个文件：MyProtocol.c、MyProtocol.h、ServiceDrv.c 和 Service.inf。构建的处理 Protocol 接口函数的代码主要在 MyProtocol.c 和 MyProtocol.h 中。根据 UEFI 命名规范，将准备实现的示例 Protocol 命名为 EFI_MYSAMPLE_PROTOCOL，如示例 8-2 所示。

【示例 8-2】EFI_MYSAMPLE_PROTOCOL 结构体。

```
struct _EFI_MYSAMPLE_PROTOCOL{
    UINT64           Revision;              //版本号
    EFI_MYSAMPLE_IN  MySample_In;           //第一个接口函数
    EFI_MYSAMPLE_OUT MySample_Out;          //第二个接口函数
    EFI_MYSAMPLE_DOSTH MySample_DoSth;      //第三个接口函数
};
typedef struct _EFI_MYSAMPLE_PROTOCOL EFI_MYSAMPLE_PROTOCOL;
```

为了便于演示，在自制的 Protocol 中准备了 3 个接口函数：MySample_In()、MySample_Out() 和 MySample_DoSth()，预备用它们来展示接口函数的基本用法。

从之前的学习中可以得知，每个 Protocol 都必须有一个 GUID，这个 GUID 必须唯一，不能与其他 Protocol 重复。GUID 是微软对 UUID（Universally Unique Identifier，通用唯一识别码）标准的实现，广泛应用于 Windows 系统中，用来管理设备、驱动、块设备等。它是一种 16 字节长的数值标识符，可以使用微软的工具 GUIDGEN 生成。在平常用来编译 UEFI 程序的 Visual C++ 产品中，就带有这个工具。在笔者的工作笔记本上，它安装在 \\ Microsoft Visual Studio 14.0\Common7\Tools 文件夹下。当然，也可以手动修改现有的 GUID，只要保证与其他 GUID 不冲突即可。示例中所使用的 GUID 如示例 8-3 所示。

【示例 8-3】EFI_MYSAMPLE_PROTOCOL 的 GUID 宏和变量。

```
#define EFI_MYSAMPLE_PROTOCOL_GUID \
{ \
    0xce345181,0xabad,0x11e2,{0x8e,0x5f,0x0,0xa0,0xc9,0x69,0x72,0x3b } \
}
//GUID变量
EFI_GUID gEfiMYSampleProtocolGUID = EFI_MYSAMPLE_PROTOCOL_GUID ;
```

最后，需要为 Protocol 的接口函数声明函数类型。这些接口函数必须遵循如下几个准则。

- 函数使用 EFIAPI 调用约定，即 cdecl 的调用约定。在这种调用方式下，函数的参数是从右往左入栈的，且由调用者负责平衡堆栈[⊖]。
- 可以不使用返回值，但是最好使用类型为 EFI_STATUS 的返回值，用于返回错误代码。
- 为了便于理解，所传入的函数参数应加上 IN 和 OUT 宏，输入参数前加 IN，输出参数前加 OUT。这两个宏定义为空，没有实际意义，仅用来提示使用者参数的作用。
- 函数的第一个参数必须是指向 Protocol 自身的 This 指针。

示例 8-4 中列出了示例 Protocol 接口函数的函数声明。

【示例 8-4】EFI_MYSAMPLE_PROTOCOL 接口函数的函数声明。

```
/**   示例接口函数1
    @param  This          This指针，指向上下文内容
    @param  UserString    用户输入的字符串
    @retval EFI_SUCCESS 执行成功
**/
typedef EFI_STATUS (EFIAPI* EFI_MYSAMPLE_IN)(
        IN EFI_MYSAMPLE_PROTOCOL* This,
        IN CHAR16* UserString
        );
```

⊖ 可参考 https://blog.csdn.net/luobing4365/article/details/107244012。

```
/**   示例接口函数2
    @param  This          This指针，指向上下文内容
    @param  UserString  用户输入的字符串
    @retval EFI_SUCCESS 执行成功
**/
typedef EFI_STATUS  (EFIAPI* EFI_MYSAMPLE_OUT)(
    IN EFI_MYSAMPLE_PROTOCOL* This
);
/**   示例接口函数3
    @param  This          This指针，指向上下文内容
    @param  UserString  用户输入的字符串
    @retval EFI_SUCCESS 执行成功
**/
typedef EFI_STATUS  (EFIAPI* EFI_MYSAMPLE_DOSTH)(
    IN EFI_MYSAMPLE_PROTOCOL* This,
    IN CHAR16* UserString
);
```

2. 示例 Protocol 接口函数实现和数据共享

设计完示例 Protocol 的接口函数后，就可以着手进行函数功能的实现了。在此之前，我们还需要考虑一个问题：服务型驱动产生了 Protocol 以供 UEFI 应用程序使用，那么如何在 UEFI 应用程序和 Protocol 接口函数，以及 Protocol 接口函数之间共享私有数据？

在实际应用中，这种需求非常常见。比如 EDK2 在实现图形显示的 Protocol 时，就准备了一个内部函数使用的数据结构 GRAPHICS_OUTPUT_PRIVATE_DATA，它保存了图形显示的 Protocol 实例、设备路径、显示设备的 Protocol 等信息。我们将使用类似的技巧，实现自己的私有数据，并供内部函数使用。

这种数据共享的方式是通过建立私有数据的结构，并将 This 指针包含其中实现的。所有的接口函数，都可以通过 This 指针发现定位私有数据的内存位置，从而获得需要共享的私有数据。首先设计私有数据的结构体，如示例 8-5 所示。

【示例 8-5】 设计 Protocol 的私有数据结构体及变量。

```
typedef struct {
    UINTN          Signature;                    //私有数据结构体签名
    EFI_MYSAMPLE_PROTOCOL  myProtocol;    //Protocol实例
    UINT16         myWord;                       //演示用结构体成员变量
    UINT32         myDword;                      //演示用结构体成员变量
} MY_PRIVATE_DATA;
MY_PRIVATE_DATA gMyData;                         //全局私有数据的变量
#define MY_PRIVATE_DATA_SIGNATURE  SIGNATURE_32 ('U', 'E', 'F', 'I') //签名
```

为方便演示，设计的私有数据结构体中并没有准备复杂的成员变量，读者可以根据应用需求添加。所准备的全局私有数据变量，可以通过 This 指针得到内存地址，实现方法类似于图形显示的私有数据，即借助 EDK2 中的 CR 宏来实现。根据 CR 宏，我们可以设计宏 MY_PRIVATE_DATA_FROM_THIS(This)，该宏用来将 This 指针转为私有数据区的内存地

址，如示例 8-6 所示。

【示例 8-6】This 到私有数据区的转换。

```
#define MY_PRIVATE_DATA_FROM_THIS(a) \
    CR (a, MY_PRIVATE_DATA, myProtocol, MY_PRIVATE_DATA_SIGNATURE)
```

将宏展开后可以看出，它实际上是用 This 指针的地址减去 Protocol 实例 myProtocol 在结构体 MY_PRIVATE_DATA 中的偏移，从而到的数据区的内存位置。使用 This 指针代入，宏展开后将变为：

```
((MY_PRIVATE_DATA *) ((CHAR8 *) (This) - \
    (CHAR8 *) &(((MY_PRIVATE_DATA *) 0)->myProtocol)))
```

完成共享私有数据的设计后，可以直接在接口函数中使用。示例工程 ServiceDrv 准备的 Protocol 接口函数并没有实现复杂的功能，其主要将用户输入的字符串打印输出。示例 8-7 所示给出了 3 个 Protocol 接口函数的实现。

【示例 8-7】EFI_MYSAMPLE_PROTOCOL 接口函数的实现。

```
EFI_STATUS EFIAPI MySample_In(IN EFI_MYSAMPLE_PROTOCOL* This,
                              IN CHAR16* UserString)
{
    MY_PRIVATE_DATA *mydata;
    mydata = MY_PRIVATE_DATA_FROM_THIS(This);
    mydata->myWord = 0x11;
    mydata->myDword = 0x1122;
    Print(L"MySample_In\n");
    Print(L"User's string:%s\n",UserString);
    return EFI_SUCCESS;
}
EFI_STATUS EFIAPI MySample_Out(IN EFI_MYSAMPLE_PROTOCOL* This )
{
    MY_PRIVATE_DATA *mydata;
    mydata = MY_PRIVATE_DATA_FROM_THIS(This);
    Print(L"mydata: myWord=0x%x,myDowrd=0x%x\n",\
        mydata->myWord,mydata->myDword);
    Print(L"MySample_Out.\n");
    return EFI_SUCCESS;
}
EFI_STATUS EFIAPI MySample_DoSth(IN EFI_MYSAMPLE_PROTOCOL* This,
                                 IN CHAR16* UserString)
{
    MY_PRIVATE_DATA *mydata;
    mydata = MY_PRIVATE_DATA_FROM_THIS(This);
    mydata->myWord = 0xAA;
    mydata->myDword = 0x55AA;
    Print(L"User's string:%s\n",UserString);
    Print(L"Do something... MySample_DoSth\n");
    return EFI_SUCCESS;
}
```

从示例 8-7 中可以看出，函数使用 MY_PRIVATE_DATA_FROM_THIS 宏根据 This 指针获得了 MY_PRIVATE_DATA 指针，从而得到自定义的私有数据。为了区分 3 个函数的功能，MySample_In() 函数和 MySample_DoSth() 函数对私有数据进行了不同的处理，在 MySample_Out() 函数中将私有数据的值打印了出来。

3. 服务型驱动框架搭建

实现服务型驱动框架，主要做的工作包括修改 INF 文件，以及安装构建的示例 Protocol。修改 INF 文件主要需要做的工作如下。

- 在 INF 文件的 [Defines] 下，将 MODULE_TYPE 设置为 UEFI_DRIVER 或 DXE_DRIVER。
- 将 [Defines] 下的 BASE_NAME 改为示例工程的主函数入口 ServiceDrv。
- 在 [LibraryClasses] 中加入 UEFIDriverEntryPoint。

为了安装我们构建的 Protocol，即 EFI_MYSAMPLE_PROTOCOL，首先需要对与 Protocol 对应的接口函数进行初始化。由于需要在示例中用到私有数据，所以初始化的 Protocol 实例直接使用了 MY_PRIVATE_DATA 型全局变量 gMyData 的成员变量 myProtocol，如示例 8-8 所示。

【示例 8-8】初始化需安装的 Protocol。

```
EFI_STATUS MySampleProtocolInit(VOID)
{
    MY_PRIVATE_DATA *mydata =&gMyData;
    mydata->Signature = MY_PRIVATE_DATA_SIGNATURE;
    mydata->myProtocol.Revision=0x101;                  //Protocol版本
    mydata->myProtocol.MySample_In=MySample_In;         //第一个接口函数
    mydata->myProtocol.MySample_Out=MySample_Out;       //第二个接口函数
    mydata->myProtocol.MySample_DoSth=MySample_DoSth;  //第三个接口函数
    return EFI_SUCCESS;
}
```

完成初始化工作后，就可以使用之前介绍的启动服务的接口函数 InstallProtocol-Interface() 安装 EFI_MYSAMPLE_PROTOCOL 了。如示例 8-9 所示，Protocol 安装在驱动的 ImageHandle 上了。

【示例 8-9】安装 Protocol。

```
EFI_STATUS EFIAPI MyProtocolEntry (
    IN EFI_HANDLE                   ImageHandle,
    IN EFI_SYSTEM_TABLE             *SystemTable
    )
{
    EFI_STATUS                      Status;
    MySampleProtocolInit();
    Status = gBS->InstallProtocolInterface (
        &ImageHandle,                   //镜像句柄
```

```
        &gEfiMYSampleProtocolGUID,      //Protocol的GUID
        EFI_NATIVE_INTERFACE,           //接口类型
        &gMyData.myProtocol             //安装的Protocol实例
    );
    return Status;
}
```

4. 驱动编译和加载

UEFI 驱动的编译方法与 UEFI 应用的编译方法是一样的。本节的示例工程 ServiceDrv 使用了包 RobinPkg 进行编译。首先在 RobinPkg.dsc 的 [Components] 中添加编译路径，具体方法如下。

```
RobinPkg/Drivers/ServiceDrv/ServiceDrv.inf
```

然后按照 2.1.3 节介绍的步骤，启动 UEFI 的编译环境，运行如下命令即可编译 IA32 的 UEFI 驱动。

```
C:\UEFIWorkspace>build -t VS2015x86 -p RobinPkg\RobinPkg.dsc \
    -m RobinPkg\Drivers\ServiceDrv\ServiceDrv.inf -a IA32
```

编译出来的目标程序也是 efi 格式的文件。不过，UEFI 驱动不能像 UEFI 应用一样直接在模拟器中运行，必须借助 UEFI Shell 命令来加载。

要用到的 UEFI Shell 命令包括 load 和 dh，它们的用法如下。

1）load 命令用于加载 UEFI 驱动，其语法格式如下。

```
load [-nc] file [file…]
```

此命令用于将 UEFI 驱动加载到内存中，它可以一次处理单个或多个驱动文件，文件名支持使用通配符。如果命令后跟参数“-nc”，则代表驱动只加载到内存，不连接到设备，这种方式常用来加载服务型驱动。

2）dh 命令用于列出系统中设备句柄的信息，以及设备相关的信息，比如设备路径、驱动名称等。其语法格式如下。

```
dh [-l <lang>] [handle | -p <port_id>] [-d] [-v]
```

对于此命令的参数说明如下。

- -p <port_id>：列出所有安装了指定 GUID 的句柄。
- -d：列出 UEFI 驱动相关的信息。
- -l<lang>：用指定语言表示，比如 ISO 639-2。
- -sfo：使用标准格式化输出显示信息。
- -v：输出 verbose 信息。
- handle：UEFI 句柄在系统中的编号，如果使用此命令时不指定句柄，则会列出所有句柄信息。

编译完示例工程 ServiceDrv 之后，可以在 UEFI 模拟器中使用 load 命令加载驱动，并使用 dh 命令查看加载后的情况，如图 8-2 所示。

```
FS0:\> load -nc ServiceDrv.efi
Install RobinSampleProtocol...
Success!
Image 'FS0:\ServiceDrv.efi' loaded at 6255000 - Success
FS0:\> dh -p CE345181-ABAD-11E2-8E5F-00A0C969723B
Handle dump by protocol 'CE345181-ABAD-11E2-8E5F-00A0C969723B'
85: CE345181-ABAD-11E2-8E5F-00A0C969723B ImageDevicePath(..81,00000000)/\Service
Drv.efi) LoadedImage(\ServiceDrv.efi)
```

图 8-2 加载服务型驱动

8.1.3 访问示例 Protocol

完成了服务型驱动和相应示例 Protocol 的构建后，下面编写访问示例 Protocol 的 UEFI 应用。本节准备的示例工程 TestServiceDrv 位于随书代码的 RobinPkg\Applications\TestServiceDrv 文件夹下。

编写测试示例 Protocol 的代码的步骤如下。

步骤 1 将示例工程 ServiceDrv 的头文件 MyProtocol.h 复制到示例工程 TestServiceDrv 的文件夹下。同时修改 TestServiceDrv.inf 文件，在 [Sources] 下添加此头文件名。

步骤 2 在 TestServiceDrv 的主程序所在源文件 TestServiceDrv.c 中添加 GUID 的声明和定义，如示例 8-3 所示。

步骤 3 在主程序中添加测试用的代码。

在我们准备的服务型驱动示例中，准备了 3 个接口函数。其中，接口函数 My_SampleIn() 和 MySample_DoSth() 对私有数据进行了不同赋值，接口函数 My_SampleOut() 则将私有数据打印了出来。我们可以据此编写测试用的代码，如示例 8-10 所示。

【示例 8-10】测试示例 Protocol。

```
EFI_STATUS EFIAPI UefiMain (IN EFI_HANDLE ImageHandle,
    IN EFI_SYSTEM_TABLE  *SystemTable)
{
    EFI_STATUS      Status;
    EFI_MYSAMPLE_PROTOCOL *myProtocol;
    Status=gBS->LocateProtocol(&gEfiMYSampleProtocolGUID,//示例Protocol GUID
        NULL,
        (VOID **)&myProtocol);
    if(EFI_ERROR(Status))
    {
        Print(L"LocatProtocol error: %r\n", Status);
        return Status;
    }
    //测试示例Protocol的接口函数
    myProtocol->MySample_In(myProtocol,L"Hello,My Protocol!");
```

```
    myProtocol->MySample_Out(myProtocol);
    myProtocol->MySample_DoSth(myProtocol,L"Enjoy UEFI!");
    myProtocol->MySample_Out(myProtocol);
    return EFI_SUCCESS;
}
```

编译 UEFI 应用的方法可以参考 2.1.3 节介绍的内容。示例应用 TestServiceDrv 是配合之前构建的服务型驱动 ServiceDrv 工作的，如果 ServiceDrv 没有加载，则提示找不到 Protocol；如果 ServiceDrv 成功加载，则会如示例 8-10 所示，依次调用示例 Protocol 的接口函数。请读者将编译好的 UEFI 应用 TestServiceDrv 和 UEFI 驱动 ServiceDrv，在 UEFI 模拟器上进行实验，实际查看示例 Protocol 的运行效果。

8.2　UEFI 驱动模型

一个完整的符合 UEFI 驱动模型的驱动程序，大致可以分为两个部分：EFI Driver Binding Protocol 和驱动本身提供的服务。前者用来管理驱动，后者才是用户需要使用的部分，所提供的服务一般为一个或多个 Protocol。比如 UEFI 的 USB 主控制器驱动提供了两个 Protocol 供用户使用，包括 EFI_USB_HC_PROOCOL 和 EFI_USB2_HC_PROTOCOL，这两个 Protocol 用来访问 USB 设备。另外，为了方便用户使用，驱动程序一般还会包含 EFI Component Name Protocol，这个 Protocol 用来显示驱动信息。

本节将以驱动框架示例 BlankDrv 为蓝本[⊖]，介绍 UEFI 驱动模型的框架结构，主要内容包括驱动的管理以及驱动名称的实现。然后以 UEFI 驱动 GopRotate 和 UEFI 应用 TestGopRotate 为例，介绍 UEFI 驱动的编写过程及访问方法。

8.2.1　EFI Driver Binding Protocol

示例工程 BlankDrv 包含 4 个文件：

- BlankDrv.c，用于实现 EFI Driver Binding Protocol（名为 EFI_DRIVER_BINDING_PROTOCOL）及其接口函数，并安装 EFI_DRIVER_BINDING_PROTOCOL 和 EFI_COMPONENT_NAME_PROTOCOL。
- BlankDrv.h，定义了驱动所需数据结构以及 Protocol 接口函数原型。
- ComponentName.c，实现了 EFI_COMPONENT_NAME_PROTOCOL 的接口函数。
- BlankDrv.inf，编译 UEFI 驱动的 INF 文件。

BlankDrv.c 的文件中实现的 EFI_DRIVER_BINDING_PROTOCOL 接口函数，是 UEFI 驱动能够被系统管理的核心所在。EFI_DRIVER_BINDING_PROTOCOL 的结构体如代码清单 8-4 所示。

⊖　下载地址为 https://sourceforge.net/projects/edk2/files/EDK%20II%20Releases/Demo%20apps/。

代码清单 8-4 EFI_DRIVER_BINDING_PROTOCOL 的结构体

```
typedef struct _EFI_DRIVER_BINDING_PROTOCOL {
    EFI_DRIVER_BINDING_PROTOCOL_SUPPORTED Supported;    //检查设备控制器是否支持驱动
    EFI_DRIVER_BINDING_PROTOCOL_START Start;            //安装驱动并启动设备
    EFI_DRIVER_BINDING_PROTOCOL_STOP Stop;              //停止设备并卸载驱动
    UINT32 Version;                                     //版本
    EFI_HANDLE ImageHandle;                             //镜像句柄
    EFI_HANDLE DriverBindingHandle;                     //Protocol实例安装其上
} EFI_DRIVER_BINDING_PROTOCOL;
```

EFI_DRIVER_BINDING_PROTOCOL 有 3 个接口函数和 3 个接口变量。其中，接口变量 ImageHandle 是产生此 Protocol 实例的镜像句柄，而 DriverBindingHandle 是安装了 Protocol 实例的句柄，大多数情况下两者相同。当然，如果驱动产生了多个 Protocol 实例，则两者就不相同了。

接口变量 Version 表示驱动的版本号，启动服务的 ConnectController() 函数用它来确定使用哪个驱动的服务，版本高的优先被安装到设备上。0x0~0x0f 和 0xfffffff0~0xffffffff 保留给平台和 OEM 驱动，0x10~0xffffffef 则留给第三方独立硬件商（IHV）开发的驱动使用。

EFI_DRIVER_BINDING_PROTOCOL 的 3 个接口函数——Supported()、Start() 和 Stop() 是此 Protocol 的核心，分别用来检测驱动、安装驱动和卸载驱动。

1. Supported() 接口函数

Supported() 接口函数用来检测给定的设备控制器是否支持某驱动，其函数原型如代码清单 8-5 所示。

代码清单 8-5 Supported() 接口函数原型

```
typedef EFI_STATUS (EFIAPI *EFI_DRIVER_BINDING_PROTOCOL_SUPPORTED) (
    IN EFI_DRIVER_BINDING_PROTOCOL *This,   //Protocol实例
    IN EFI_HANDLE ControllerHandle,         //设备控制器句柄
    //如果非NULL，总线驱动使用此参数；此参数对设备驱动无效
    IN EFI_DEVICE_PATH_PROTOCOL *RemainingDevicePath OPTIONAL
);
```

此函数在平台初始化的时候可能被调用多次。因此为了缩短启动时间，检测流程和使用的时间应该尽可能短。在函数的执行过程中，不能修改硬件设备的状态。另外，实现此函数时，应时刻意识到设备控制器句柄有可能已经被其他驱动或者本驱动使用了。

另外，编写驱动时，需要注意成对函数的匹配使用。一般来说，使用 AllocatePages() 时必须使用 FreePages()，使用 AllocatePool() 时必须使用 FreePool()，使用 OpenProtocol() 时则必须使用 CloseProtocol()，否则很容易发生资源泄露。因函数匹配使用导致的问题很难调试。示例工程 BlankDrv 中，Supported() 函数的实现如示例 8-11 所示，其中就成对使用了 OpenProtocol() 和 CloseProtocol()。

【示例 8-11】BlankDrv 中的 Supported() 接口函数。

```
EFI_STATUS EFIAPI BlankDrvDriverBindingSupported (
    IN EFI_DRIVER_BINDING_PROTOCOL  *This,
    IN EFI_HANDLE                   Controller,
    IN EFI_DEVICE_PATH_PROTOCOL     *RemainingDevicePath   OPTIONAL
)
{
    EFI_STATUS Status;
    UINT16 lVendorID = 0;
    UINT16 lDeviceID = 0;
    EFI_PCI_IO_PROTOCOL  *PciIo;
    Status = gBS->OpenProtocol (
        Controller,
        &gEfiPciIoProtocolGuid,
        (VOID **) &PciIo,
        This->DriverBindingHandle,
        Controller,
        EFI_OPEN_PROTOCOL_BY_DRIVER
    );
    if (EFI_ERROR (Status))
        return Status;
    gBS->CloseProtocol (                //与OpenProtocol()成对使用
        Controller,
        &gEfiPciIoProtocolGuid,
        This->DriverBindingHandle,
        Controller
    );
    Print(L"lVendorID: 0x%08x   lDeviceID: 0x%08x",lVendorID, lDeviceID);
    if (lVendorID == 0xFFFF && lDeviceID == 0xFFFF)
        return EFI_SUCCESS;
    else
        return EFI_UNSUPPORTED;
}
```

2. Start() 接口函数

Start() 接口函数用来将驱动安装到设备上，并启动硬件设备。UEFI 驱动所提供的 Protocol，一般在此函数中使用 InstallProtocolInterface() 或 InstallMultipleProtocolInterfaces() 函数进行安装。其函数原型如代码清单 8-6 所示。

代码清单 8-6　Start() 接口函数原型

```
typedef EFI_STATUS (EFIAPI *EFI_DRIVER_BINDING_PROTOCOL_START) (
    IN EFI_DRIVER_BINDING_PROTOCOL *This,  //Protocol实例
    IN EFI_HANDLE ControllerHandle,          //驱动所安装的控制器句柄
    IN EFI_DEVICE_PATH_PROTOCOL *RemainingDevicePath OPTIONAL
);
```

上述代码中，第三个参数 RemainingDevicePath 由总线驱动使用，用来指明如何创建子

设备句柄；对于设备驱动来说，此参数可以忽略。

需要注意的是，在 Start() 接口函数中申请的资源，必须在 Stop() 函数中释放。即在 Start() 接口函数中使用 AllocatePool()、AllocatePages()、OpenProtocol() 或 InstallProtocolInterface() 时，在 Stop() 接口函数中，应该分别使用 FreePool()、FreePages()、CloseProtocol() 或 UninstallProtocolInterface() 与之对应。

在示例工程 BlankDrv 中，Start() 接口函数并没有实现具体的功能，只是打印了表明函数运行的字符串，并返回 EFI_UNSUPPORTED，如示例 8-12 所示。

【示例 8-12】BlankDrv 中的 Start() 接口函数。

```
EFI_STATUS EFIAPI BlankDrvDriverBindingStart (
    IN EFI_DRIVER_BINDING_PROTOCOL  *This,
    IN EFI_HANDLE                   Controller,
    IN EFI_DEVICE_PATH_PROTOCOL     *RemainingDevicePath   OPTIONAL )
{
    Print (L"Started of Blankdrv\n");
    return EFI_UNSUPPORTED;
}
```

3. Stop() 接口函数

Stop() 接口函数用于停止硬件设备，并卸载驱动，它与 Start() 接口函数是互为镜像的关系。其函数原型如代码清单 8-7 所示。

代码清单 8-7 Stop() 接口函数原型

```
typedef EFI_STATUS (EFIAPI *EFI_DRIVER_BINDING_PROTOCOL_STOP) (
    IN EFI_DRIVER_BINDING_PROTOCOL *This,        //Protocol实例
    IN EFI_HANDLE ControllerHandle,              //停止此控制器句柄上对应的驱动
    IN UINTN NumberOfChildren,                   //子控制器数量
    IN EFI_HANDLE *ChildHandleBuffer OPTIONAL   //子控制器数组
);
```

此函数根据子控制器的数量，会进行不同的操作。对设备驱动来说，子控制器数量为 0，此时子控制器数组为 NULL；对总线驱动来说，如果子控制器数量不为 0，则子控制器数组中所保存的子节点句柄都要被释放。

由于示例工程 BlankDrv 的 Start() 接口函数中并没有实现具体功能，相应的 Stop() 接口函数也不需要释放任何资源，其代码如示例 8-13 所示。

【示例 8-13】BlankDrv 中的 Stop() 接口函数。

```
EFI_STATUS EFIAPI BlankDrvDriverBindingStop (
    IN  EFI_DRIVER_BINDING_PROTOCOL       *This,
    IN  EFI_HANDLE                        Controller,
    IN  UINTN                             NumberOfChildren,
    IN  EFI_HANDLE                        *ChildHandleBuffer   OPTIONAL  )
```

```
{
    Print (L"stop of Blankdrv\n");
    return EFI_UNSUPPORTED;
}
```

8.2.2 EFI Component Name Protocol

为方便用户使用，UEFI驱动通常会提供名字，以便于向用户显示驱动信息。此功能可以由EFI Component Name Protocol提供，它有两种Protocol——EFI_COMPONENT_NAME_PROTOCOL和EFI_COMPONENT_NAME2_PROTOCOL。这两种Protocol的功能相同，其结构体也完全相同，仅语言代码的格式不同。前者使用的是ISO 639-2语言代码，后者使用的是RFC 4646语言代码。

代码清单8-8所示为EFI_COMPONENT_NAME2_PROTOCOL的结构体。

代码清单8-8 EFI_COMPONENT_NAME2_PROTOCOL结构体

```
typedef struct _EFI_COMPONENT_NAME2_PROTOCOL {
    EFI_COMPONENT_NAME_GET_DRIVER_NAME GetDriverName; //取得驱动名
    EFI_COMPONENT_NAME_GET_CONTROLLER_NAME GetControllerName; //取得控制器名
    CHAR8 *SupportedLanguages;  //所支持的语言代码列表，此Protocol的语言代码为RFC 4646
} EFI_COMPONENT_NAME2_PROTOCOL;
//根据指定的语言代码返回驱动的名字
typedef EFI_STATUS (EFIAPI *EFI_COMPONENT_NAME_GET_DRIVER_NAME) (
    IN EFI_COMPONENT_NAME2_PROTOCOL *This,        //Protocol实例
    IN CHAR8 *Language,                           //语言代码
    OUT CHAR16 **DriverName                       //返回驱动的名字
);
//根据指定的语言代码返回控制器或子控制器的名字
typedef EFI_STATUS (EFIAPI *EFI_COMPONENT_NAME_GET_CONTROLLER_NAME) (
    IN EFI_COMPONENT_NAME2_PROTOCOL *This,        //Protocol实例
    IN EFI_HANDLE ControllerHandle,               //控制器句柄
    IN EFI_HANDLE ChildHandle OPTIONAL,           //子控制器句柄
    IN CHAR8 *Language,                           //语言代码
    OUT CHAR16 **ControllerName                   //控制器或子控制器名字
);
```

EFI_COMPONENT_NAME_PROTOCOL的结构体和接口函数，除了支持的语言列表为ISO 639-2外，其余与代码清单8-8中给出的结构体是完全一样的，本书中不再列出。

示例工程BlankDrv中，这两种Protocol所定义的变量如示例8-14所示。

【示例8-14】定义两种Protocol变量。

```
EFI_COMPONENT_NAME_PROTOCOL  gBlankDrvComponentName = {
    BlankDrvComponentNameGetDriverName,
    BlankDrvComponentNameGetControllerName,
    "eng"       //所支持的语言列表
```

```
};
EFI_COMPONENT_NAME2_PROTOCOL gBlankDrvComponentName2 = {
    (EFI_COMPONENT_NAME2_GET_DRIVER_NAME)BlankDrvComponentNameGetDriverName,
    (EFI_COMPONENT_NAME2_GET_CONTROLLER_NAME) \
        BlankDrvComponentNameGetControllerName,
    "en"     //所支持的语言列表
};
```

EFI_COMPONENT_NAME_PROTOCOL 和 EFI_COMPONENT_NAME2_PROTOCOL 的接口函数的实现，如示例 8-15 所示。

【示例 8-15】接口函数的实现。

```
EFI_UNICODE_STRING_TABLE mBlankDrvDriverNameTable[] = { //驱动名
    { "eng;en", (CHAR16 *) L"My Blank Driver" },
    { NULL , NULL }
};
EFI_STATUS EFIAPI BlankDrvComponentNameGetDriverName (
    IN  EFI_COMPONENT_NAME_PROTOCOL  *This,
    IN  CHAR8                        *Language,
    OUT CHAR16                       **DriverName  )
{
    return LookupUnicodeString2 (Language,
          This->SupportedLanguages,
          mBlankDrvDriverNameTable,
          DriverName,
          (BOOLEAN)(This == &gBlankDrvComponentName)
          );
}
EFI_STATUS EFIAPI BlankDrvComponentNameGetControllerName (
    IN  EFI_COMPONENT_NAME_PROTOCOL               *This,
    IN  EFI_HANDLE                                ControllerHandle,
    IN  EFI_HANDLE                                ChildHandle        OPTIONAL,
    IN  CHAR8                                     *Language,
    OUT CHAR16                                    **ControllerName  )
{
    return EFI_UNSUPPORTED;
}
```

接口函数 GetDriverName() 调用了 UEFILib 库中的函数 LookupUnicodeString2()，用来返回用户询问的驱动名。而接口函数 GetControllerName() 直接返回了 EFI_UNSUPPORTED，表示不支持此函数的调用。

8.2.3 完成驱动框架及其测试

BlankDrv 是 UEFI 驱动模型的框架示例工程，除了在 8.2.1 节和 8.2.2 节中完成的 3 种 Protocol 的实现外，要想正常工作，还需要完成其他的框架代码。本节将继续介绍驱动框架的编写，以及驱动的测试。

1. 完成 UEFI 驱动模型框架代码

在完成了核心的 EFI_DRIVER_BINDING_PROTOCOL，以及获取驱动名 Protocol 的处理后，整个 UEFI 驱动框架还有两项工作等待完成：

- 安装 UEFI 驱动所提供的 Protocol。
- 因为驱动加载后是常驻内存的，所以应该提供 UEFI 驱动的卸载函数，以支持将驱动从系统中移除的功能。

安装 Protocol 可以使用 InstallMultipleProtocolInterfaces() 函数，由于 BlankDrv 中有 3 种 Protocol 需要安装，所以使用了库函数 EfiLibInstallDriverBindingComponentName2() 来安装所有的 Protocol。如示例 8-16 所示。

【示例 8-16】 安装 BlankDrv 所提供的 Protocol。

```
EFI_STATUS EFIAPI UefiMain(
    IN EFI_HANDLE              ImageHandle,
    IN EFI_SYSTEM_TABLE        *SystemTable
    )
{
    EFI_STATUS           Status;
    .....
    //安装需要提供的3种Protocol
    Status = EfiLibInstallDriverBindingComponentName2 (
        ImageHandle,
        SystemTable,
        &gBlankDrvDriverBinding,
        ImageHandle,
        &gBlankDrvComponentName,
        &gBlankDrvComponentName2
    );
    return Status;
}
```

驱动的卸载函数，在使用 UEFI Shell 命令 unload 的时候会被调用。此函数的入口在 UEFI 工程的 INF 文件中添加，由 [Defines] 的 UNLOAD_IMAGE 字段给出。在示例工程 BlankDrv 的 BlankDrv.inf 中，驱动的卸载函数按照如下方式进行了定义。

```
[Defines]
    ......
    ENTRY_POINT                         = UefiMain          //驱动的入口函数
    UNLOAD_IMAGE                        = DefaultUnload     //驱动的卸载函数
```

从上述代码中可以看出，BlanDrv 的卸载函数为 DefaultUnload()，它定义在源文件 BlankDrv.c 中。在函数中，它主要实现了如下功能：

1）遍历系统的句柄数据库，并将所有设备句柄存储在缓冲区数组中。

2）对缓冲区数组中的句柄，即对系统中所有设备句柄进行判断，如果使用了驱动，则断开其与控制器的连接。

3）卸载驱动安装的所有 Protocol，包括 EFI_DRIVER_BINDING_PROTOCOL、EFI_COMPONENT_NAME_PROTOCOL 和 EFI_COMPONENT_NAME2_PROTOCOL。

DefaultUnload() 函数的代码较长，在此就不列出了，读者可以直接去源文件中查看。至此，UEFI 驱动模型的框架代码就完成了。将 BlankDrv 的工程文件复制到文件夹 RobinPkg\Drivers 下，并在 RobinPkg.dsc 的 [Components] 中添加如下编译路径。

```
RobinPkg/Drivers/BlankDrv/BlankDrv.inf
```

然后按照 2.1.3 节介绍的步骤，启动 UEFI 的编译环境，运行如下命令即可编译 IA32 的 UEFI 驱动。

```
C:\UEFIWorkspace>build -t VS2015x86 -p RobinPkg\RobinPkg.dsc \
-m RobinPkg\Drivers\BlankDrv\BlankDrv.inf -a IA32
```

2. 测试驱动

由于 UEFI 驱动模型框架并没有指定硬件设备，因此仍然可以在 UEFI 模拟器中测试。测试中除了用到 8.1.2 节介绍的 UEFI Shell 命令 load 和 dh 外，还要用到命令 drivers 和 unload，对后两个命令的使用方法介绍如下。

1）drivers 命令用于列出系统的驱动，其语法格式如下。

```
drivers [-l XXX] [-sfo]
```

参数 -l 用于指定所使用的语言代码，比如 ISO 639-2；参数 -sfo 使用标准格式化输出显示信息。drivers 命令是以列表的形式，将符合 UEFI 驱动模型的驱动信息打印出来。打印的信息中，包括如下几项。

- ❑ DRV 项表示驱动句柄的编号。
- ❑ VERSION 项表示驱动的版本号。
- ❑ TYPE 项表示驱动的类型，B 为总线驱动，D 为设备驱动。
- ❑ CFG 项表示该驱动是否支持 Driver Configuration Protocol。
- ❑ DIAG 项表示该驱动是否支持 Driver Diagnostics Protocol。
- ❑ #D 项表示该驱动控制的设备数量。
- ❑ #C 项表示子设备的数量。
- ❑ DRIVER NAME 项表示驱动名称。
- ❑ IMAGE PATH 表示驱动来源。

2）unload 命令用于卸载 UEFI 驱动，其语法格式如下。

```
unload [-n] [-v|-verbose] Handle
```

unload 命令用于将驱动从内存中清除，所要清除的驱动，由其加载后的句柄表示。unload 命令提供了两种参数，-n 表示执行过程中跳过所有提示信息；-v 表示在执行过程中列出指定句柄相关的信息，包括驱动文件名、驱动文件的符号文件、镜像加载基地址等。

启动UEFI模拟器，使用load命令加载驱动，然后可以使用drivers或dh命令查看驱动加载情况，最后使用unload命令卸载驱动，如示例8-17所示。

【示例8-17】在UEFI模拟器中测试BlankDrv。

```
FS0:\> load BlankDrv.efi              //加载驱动
Image 'FS0:\BlankDrv.efi' loaded at 6211000 - Success
FS0:\> drviers                        //列举系统中所有驱动
......                                //其他驱动信息
87 0000000A ? - - - - My Blank Driver            \BlankDrv.efi
FS0:\> dh 87                          //显示设备句柄的信息
87: ComponentName2 ComponentName DriverBinding ImageDevicePath
(..8881,00000000)\BlankDrv.efi) LoadImage(\BlankDrv.efi)
FS0:\> unload -v 87
    Revision......: 0x00001000
    ParentHandle..: 6B50B90
    ......                            //驱动的其他信息
FS0:\> unload 87                      //卸载驱动
Unload - Handle [52E0290].  [y/n]?
y
Unload - Handle [52E0290] Result Success
```

8.2.4　构建UEFI驱动及其测试程序

通过学习UEFI驱动框架BlankDrv，我们已经了解了UEFI驱动的基本架构。本节将在此基础上，实现一个比较有趣的UEFI驱动，以演示构建UEFI驱动的过程。

本节所选择的示例来源于Github上的开源项目GopRotate[⊖]，这是一个很有意思的开源项目，它可以将UEFI Shell界面旋转90度、180度和270度。为方便在本书给出的包（也即RobinPkg）下进行编译，笔者对GopRotate所提供的UEFI驱动进行了少量修改。修改后的UEFI驱动位于随书附赠代码的RobinPkg\Drivers\GopRotate文件夹下。另外，为了配合此驱动的测试，本节也准备了测试用的应用程序TestGopRotate，其位于随书附赠代码的RobinPkg\Applications\TestGopRotate文件夹下。下面介绍这两个UEFI示例工程的编写过程。

1. UEFI驱动GopRotate

示例工程GopRotate包含5个源文件——ComponentName.c、GopRotate.c、GopRotate.h、GopRotateBlt.c和GopRotate.inf。这几个文件的作用分别如下。

- ComponentName.c，实现了EFI_COMPONENT_NAME_PROTOCOL的接口函数，提供UEFI驱动的名称。
- GopRotate.c，实现EFI_DRIVER_BINDING_PROTOCOL及其接口函数，安装EFI_

⊖ https://github.com/apop2/GopRotate。

DRIVER_BINDING_PROTOCOL 和 EFI_COMPONENT_NAME_PROTOCOL，以及实现 UEFI Shell 界面旋转功能的 Protocol。

- GopRotate.h，定义了驱动所需数据结构以及 Protocol 接口函数原型。
- GopRotateBlt.c，实现 UEFI Shell 界面旋转的函数，以及提供此功能的 Protocol 接口函数实现。
- GopRotate.inf，编译 UEFI 驱动的 INF 文件。

其中，ComponentName.c 用来实现 UEFI 驱动的名称，实现过程在 8.2.2 节中已经介绍过，本节就不重复介绍了。

为实现 UEFI Shell 界面的旋转，示例工程 GopRotate 主要做了以下工作。

1）找到安装了 EFI_GRAPHICS_OUTPUT_PROTOCOL 的控制器，且其不能是虚拟设备。

2）将 EFI_GRAPHICS_OUTPUT_PROTOCOL 的 Blt() 接口函数更换为 GopRotate 中实现旋转显示的函数 BltRotate()。

3）UEFI Shell 界面旋转多少度，由内部私有结构体的成员变量 Rotation 决定。实现控制此变量的 GRAPHICS_OUTPUT_PROTOCOL_ROTATE_PROTOCOL 提供了两个接口函数，以获取 Rotation 值和设置 Rotation 值。

示例工程 GopRotate 的私有结构体如示例 8-18 所示。

【示例 8-18】GopRotate 的私有结构体。

```
typedef struct
{
    UINTN                                     Signature;   //私有数据结构体签名
    EFI_HANDLE                                Handle;      //管理设备的句柄
    EFI_GRAPHICS_OUTPUT_PROTOCOL_BLT          Blt;         //原始的Blt()接口函数
    EFI_GRAPHICS_OUTPUT_PROTOCOL              *Gop;        //Gop实例
    GRAPHICS_OUTPUT_PROTOCOL_ROTATE_PROTOCOL GopRotate;    //用户使用的Protocol
    ROTATE_SCREEN                             Rotation;    //控制屏幕旋转角度
} GRAPHICS_OUTPUT_ROTATE_PRIVATE;
typedef enum
{
    Rotate0 = 0,      //不旋转
    Rotate90 = 1,     //旋转90度
    Rotate180 = 2,    //旋转180度
    Rotate270 = 3,    //旋转270度
    RotateMax = 4
} ROTATE_SCREEN;
```

GRAPHICS_OUTPUT_PROTOCOL_ROTATE_PROTOCOL 用来设置和获取屏幕旋转的角度，它提供了两个接口函数，如示例 8-19 所示。

【示例 8-19】GRAPHICS_OUTPUT_PROTOCOL_ROTATE_PROTOCOL 接口函数。

```
typedef struct _GRAPHICS_OUTPUT_PROTOCOL_ROTATE_PROTOCOL \
```

```
        GRAPHICS_OUTPUT_PROTOCOL_ROTATE_PROTOCOL;
struct _GRAPHICS_OUTPUT_PROTOCOL_ROTATE_PROTOCOL
{
    GRAPHICS_OUTPUT_PROTOCOL_ROTATE_GET_ROTATION GetRotation; //获取旋转角度
    GRAPHICS_OUTPUT_PROTOCOL_ROTATE_SET_ROTATION SetRotation; //设置旋转角度
};
typedef EFI_STATUS (EFIAPI *GRAPHICS_OUTPUT_PROTOCOL_ROTATE_GET_ROTATION)(
    IN  GRAPHICS_OUTPUT_PROTOCOL_ROTATE_PROTOCOL  *This,      //Protocol实例
    IN  ROTATE_SCREEN                             *Rotation   //旋转的角度
    );
typedef EFI_STATUS (EFIAPI *GRAPHICS_OUTPUT_PROTOCOL_ROTATE_SET_ROTATION)(
    IN  GRAPHICS_OUTPUT_PROTOCOL_ROTATE_PROTOCOL  *This,      //Protocol实例
    IN  ROTATE_SCREEN                             Rotation    //旋转的角度
    );
```

为了实现旋转 UEFI Shell 界面的功能，示例工程 GopRotate 中实现了大量的代码，这些代码主要围绕私有结构体 GRAPHICS_OUTPUT_ROTATE_PRIVATE 来构建逻辑。核心逻辑有两个：一是替换原有 Blt() 接口函数，使得其他 UEFI 应用或驱动在调用 Blt() 接口函数时，实际上是调用了我们准备的 BltRotate() 函数；二是根据用户指定的旋转角度，实现 UEFI Shell 界面的转换显示，此功能主要由 BltRotate() 函数实现。

替换 Blt() 接口函数的操作，在驱动的 Start() 函数中实现，示例 8-20 给出了关键实现代码。

【示例 8-20】替换 Blt() 接口函数及其他操作。

```
EFI_STATUS EFIAPI GraphicsOutputRotateDriverStart (
    IN EFI_DRIVER_BINDING_PROTOCOL     *This,
    IN EFI_HANDLE                      Controller,
    IN EFI_DEVICE_PATH_PROTOCOL        *RemainingDevicePath
)
{
    ......//代码略
    // 获取EFI_GRAPHICS_OUTPUT_PROTOCOL实例
    Status = gBS->OpenProtocol( Controller,
        &gEfiGraphicsOutputProtocolGuid,
        (VOID**)&Gop,
        This->DriverBindingHandle,
        Controller,
        EFI_OPEN_PROTOCOL_GET_PROTOCOL);
    ......// 代码略
    if(!EFI_ERROR(Status))
    {
        Private->Signature = GRAPHICS_OUTPUT_ROTATE_DEV_SIGNATURE;
        Private->Handle = Controller;
        Private->Gop = Gop;             // EFI_GRAPHICS_OUTPUT_PROTOCOL实例
        Private->Blt = Gop->Blt;        //保存原来的Blt()接口函数
        Private->GopRotate.GetRotation = GopRotateGetRotation;
        Private->GopRotate.SetRotation = GopRotateSetRotation;
        Private->Gop->Blt = BltRotate;  //替换Blt()接口函数
```

```
        Private->Rotation = Rotate0;      //初始旋转角度
        //安装管理屏幕旋转角度的Protocol
        Status = gBS->InstallMultipleProtocolInterfaces(&Controller,
                          &gGraphicsOutputProtocolRotateProtocolGuid,
                          &(Private->GopRotate),
                          NULL);
    ...... //代码略
```

经过 Start() 函数的操作后，当用户调用 Blt() 接口函数时，实际上调用的是 BltRotate() 函数。在 BltRotate() 函数中，调用了 PerformTranslations() 函数，它针对不同的旋转角度，对显示进行了处理。实现代码如示例 8-21 所示。

【示例 8-21】BltRotate () 函数的实现。

```
EFI_STATUS EFIAPI BltRotate(IN  EFI_GRAPHICS_OUTPUT_PROTOCOL *This,
    IN  EFI_GRAPHICS_OUTPUT_BLT_PIXEL  *BltBuffer, OPTIONAL
    IN  EFI_GRAPHICS_OUTPUT_BLT_OPERATION  BltOperation,
    IN UINTN SourceX,       IN UINTN SourceY,
IN UINTN DestinationX, IN UINTN DestinationY,
    IN UINTN Width,         IN UINTN Height,
    IN UINTN Delta OPTIONAL
)
{
    GRAPHICS_OUTPUT_ROTATE_PRIVATE *Private = NULL;
    Private = GetPrivateFromGop(This);
    if(Private != NULL)
        return PerformTranslations(This, &BltBuffer, BltOperation,
            &SourceX, &SourceY,&DestinationX, &DestinationY,
            &Width, &Height, &Delta, Private);
    return EFI_DEVICE_ERROR;
}
EFI_STATUS PerformTranslations
(
    EFI_GRAPHICS_OUTPUT_PROTOCOL *This,
    EFI_GRAPHICS_OUTPUT_BLT_PIXEL **BltBuffer,
    EFI_GRAPHICS_OUTPUT_BLT_OPERATION BltOperation,
    UINTN *SourceX,UINTN *SourceY,UINTN *DestinationX,UINTN *DestinationY,
    UINTN *Width,UINTN *Height,UINTN *Delta,
    GRAPHICS_OUTPUT_ROTATE_PRIVATE *Private
)//处理不同旋转角度的显示
{
    ...... //代码略
    switch(Private->Rotation)
    {
        case Rotate0:  //不旋转时的处理
            ...... //代码略
            break;
        case Rotate90: //旋转90度时的处理
            ...... //代码略
            break;
```

```
        case Rotate180: //旋转180度时的处理
            ...... //代码略
            break;
        case Rotate270: //旋转270度时的处理
            ...... //代码略
            break;
        default:
            break;
}
return EFI_SUCCESS;
}
```

由于篇幅原因，BltRotate() 函数和 PerformTranslations() 函数的实现代码在这里没有全部列出，读者可以在随书代码中查看。从示例 8-20 中能够清楚地看出处理逻辑，函数根据用户设定的旋转角度，对显示进行了变换处理。

完成了上述两个核心逻辑，并实现设置旋转角度和获取旋转角度两个接口函数，以及其他管理驱动的代码后，就实现了 GopRotate 的所有功能。这些编写过程，与驱动框架 BlankDrv 的编写过程类似，大家可参考 8.2.1 节和 8.2.3 节的内容，阅读示例工程 GopRotate 的其余代码。

2. UEFI 应用 TestGopRotate

UEFI 驱动 GopRotate 提供了 GRAPHICS_OUTPUT_PROTOCOL_ROTATE_PROTOCOL，以及此 Protocol 的两个接口函数，供用户设定 UEFI Shell 界面旋转的角度，以及获取旋转的角度。为了测试 GopRotate，笔者编写了应用程序 TestGopRotate，该应用程序可通过命令行指定旋转的角度，源代码位于随书代码的 RobingPkg\Applications\TestGopRotate 文件夹下。

TestGopRotate 可以读取当前设定的旋转角度，设定旋转角度是通过不同的命令行参数来实现的，其用法如示例 8-22 所示。

【示例 8-22】TestGopRotate 的用法。

```
FS0:\> TestGopRotate    //不带参数，获取当前旋转角度
Rotate90                //旋转90度
FS0:\> TestGopRotate 3//可选择参数0,1,2,3，分别表示旋转0度,90度,180度和270度
```

TestGopRotate 的编写方法，与 8.1.3 节示例工程 TestServiceDrv 的编写方法类似。将需要访问的 Protocol 的头文件 GopRotate.h 复制到 TestGopRotate 的文件夹下，然后编写访问 Protocol 及其接口函数的代码就可以了。代码的核心部分如示例 8-23 所示。

【示例 8-23】设置旋转的角度。

```
EFI_STATUS        Status;
GRAPHICS_OUTPUT_PROTOCOL_ROTATE_PROTOCOL *GopRotate = NULL;
    ...... //代码略
Status=gBS->LocateProtocol(&gGraphicsOutputProtocolRotateProtocolGuid,
```

```
        NULL, (VOID **)&GopRotate);//获取Protocol实例
    ...... //代码略
if(Argc == 2)
{
    switch(Argv[1][0])
    {
        case '0':
            GopRotate->SetRotation(GopRotate, Rotate0); //不旋转
            break;
        case '1':
            GopRotate->SetRotation(GopRotate, Rotate90); //旋转90度
            break;
        case '2':
            GopRotate->SetRotation(GopRotate, Rotate180); //旋转180度
            break;
        case '3':
            GopRotate->SetRotation(GopRotate, Rotate270); //旋转270度
            break;
        default:
            break;
    }
}
return EFI_SUCCESS;
```

8.2.5 测试UEFI驱动

8.2.4节准备的UEFI驱动GopRotate，以及测试驱动的UEFI应用TestGopRotate，是可以编译为IA32的UEFI程序，在UEFI模拟器或QEMU下进行测试的。在第2章中，我们已经介绍过这两种测试方法。考虑到第10章中需要在VirtualBox中进行网络测试，本节将初步尝试在VirtualBox下进行UEFI程序测试。

本节介绍的内容可分为两部分：在Windows系统上搭建VirtualBox的UEFI环境，以及在此环境下测试UEFI驱动GopRotate和UEFI应用TestGopRotate。

1. 搭建VirtualBox的UEFI环境

笔者所使用的系统为Windows10，使用的VirtualBox版本为6.1.4，可在其官网[⊖]下载Windows系统的安装包进行安装。下载安装包后，直接安装到默认目录下就可以了。相比于QEMU而言，VirtualBox的操作更容易上手，其UEFI环境的搭建比较简单，主要步骤如下。

（1）创建VHD格式的磁盘文件

VirtualBox支持多种虚拟磁盘镜像格式，包括VDI格式、VMDK格式、VHD格式等，这里我们采用VHD格式的磁盘文件进行实验。

⊖ https://www.virtualbox.org/。

VHD格式的磁盘文件，可以使用Windows10自带的磁盘管理工具创建，也可以使用VirtualBox所提供的工具创建。前一种方式，在2.2.2节中已经介绍过了，读者可以参考其中的介绍进行操作。后一种方式，可以在VirtualBox的主界面下，选择"Tools"→"Medium"命令，接着选中标签页"Hard disks"。然后点击"Create"按钮，在弹出的对话框中选择创建VHD格式的文件。

所创建的VHD文件，在Windows10下是可以作为磁盘分区加载的。操作方法很简单，双击VHD文件，或者用鼠标右击文件，在弹出的右键菜单中选择"装载"，即可将此文件装载为最后一个磁盘分区。我们可以将efi文件复制到此分区中，进行后续的各种实验。

需要特别注意的是，加载后的分区，操作完后必须从系统中分离，才能被VirtualBox创建的虚拟机使用。分离的方法，可以参考2.2.2节给出的操作步骤。

（2）创建VirtualBox虚拟机

在VirtualBox的主界面上，选择菜单"Machine"下的"New…"，将弹出"Create Virtual Machine"对话框。在此对话框中，填入虚拟机的名字，并选择虚拟机文件存储的位置，其他选项都不用修改。

创建虚拟机的过程共有3步：第一步是设置虚拟机名称和虚拟机文件的存储位置，以及需要安装虚拟机的操作系统类型。第二步是选择内存大小，可根据自己的配置情况选择，笔者的虚拟机内存设置为2048MB。第三步选择虚拟机所用的虚拟磁盘，直接选定步骤（1）中所创建的VHD磁盘文件，点击"Create"即可完成虚拟机的创建过程。

（3）打开UEFI的支持

在VirtualBox主界面上，选中创建的虚拟机。点击"Settings"按钮，在弹出的对话框中选择"System"→"Motherboard"选项。此页面框上提供了扩展特征（Extended Features）的设置，将扩展特征中"Enable EFI(special OSes Only)"的复选框勾选上，就打开了虚拟机的UEFI支持。

完整上述3个步骤后，打开虚拟机，将会进入UEFI Shell界面。虚拟机所使用的VHD磁盘文件，将作为UEFI Shell下的FS0分区被加载。

2. 使用VirtualBox测试UEFI驱动

VirtualBox的UEFI环境是64位的，需要将UEFI驱动和UEFI应用编译为X64的目标程序，只有这样才能进行测试。可以按照2.1.3节提供的方法，设置编译的环境变量，并使用如下命令编译GopRotate和TestGopRotate。

```
C:\UEFIWorkspace\edk2\build -p RobinPkg\RobinPkg.dsc \
    -m RobinPkg\Drivers\GopRotate\GopRotate.inf -a X64
C:\UEFIWorkspace\edk2\build -p RobinPkg\RobinPkg.dsc \
    -m RobinPkg\Applications\TestGopRotate\TestGopRotate.inf -a X64
```

将虚拟机使用的VHD磁盘文件加载为操作系统的分区，并将编译好的GopRotate.efi

和 TestGopRotate.efi 复制到此分区中，然后弹出加载的分区。启动 VirtualBox 的虚拟机，进入 UEFI Shell 环境，对 UEFI 驱动进行测试。测试的命令如示例 8-23 所示。

【示例 8-24】测试 UEFI 驱动。

```
FS0:\> load GopRotate.efi     //加载驱动
Image 'FS0:\ GopRotate.efi' loaded at 3DD41000 - Success
FS0:\> TestGopRotate 2        //设置旋转角度为180度
FS0:\> TestGopRotate
Rotate180
```

加载 UEFI 驱动 GopRotate 之后，可以使用 TestGopRotate 设置不同的旋转角度。

8.3 编写 Option ROM

设备厂商有 3 种发布设备 UEFI 驱动的途径：第一种是与平台厂商（即 BIOS 厂商）合作，将设备驱动以源代码或者二进制的形式包含在 UEFI 固件中，与 UEFI 固件一同发布；第二种是通过 EFI 系统分区（EFI System Partition，ESP）来发布；第三种则是通过 PCI Option ROM，将 UEFI 设备驱动编译为 PCI Option ROM，写入 PCI/PCIE 板卡设备的存储 ROM 中，UEFI BIOS 将自动加载设备驱动。

也就是说，在 UEFI 规范中，PCI Option ROM 实际上是一种特殊的 UEFI 下的 PCI 驱动，它是设备厂商提供设备驱动的重要方式。作为用途比较广泛的 PCI 驱动，本节将详细介绍 Option ROM 的作用和结构，以及如何编写 UEFI 下的 Option ROM，以满足各种应用需求。

8.3.1 PCI Option ROM 简介

在 PCI 或 PCIE 规范中，Option ROM 又被称为 Expansion ROM（扩展 ROM），它用来对 PCI/PCIE 设备进行初始化，或者用来实现一些特定的功能。比如在网络启动、系统还原等实际应用中，都能看到 Option ROM 的身影。图 7-3 所示给出了 PCI/PCIE 设备配置空间，其偏移 0x30 处为 Expansion ROM Base Address，这 4 字节的地址就是 Option ROM 在内存空间的基地址。

Option ROM 可以看作 BIOS 和 PCI/PCIE 设备之间的一种约定，设备厂商按照规范的要求准备代码，BIOS 则按照规范将这些代码复制到内存中执行。一般来说，独立的板卡，比如网卡、还原卡、物理隔离卡等 PCI/PCIE 设备，都有自己的 ROM 芯片，Option ROM 代码都存储在 ROM 芯片中。而板载的设备，会将 Option ROM 包在 BIOS 内，以节省成本。

随着 BIOS 的发展，Option ROM 的编写方式也发生了很大的变化。为方便后面的描述，Legacy BIOS 时代的 Option ROM 被称为 Legacy Option ROM；UEFI BIOS 下的 Option ROM 被称为 UEFI Option ROM。这两者的代码结构有一定的差别，由于 BIOS 机制的不同，双方运行的方式也不相同。下面对这两种 Option ROM 的结构及其运行方式进行介绍。

1. Legacy Option ROM

对于 Legacy Option ROM 来说，可以参考的资料有 PCI 规范以及 *Plug and Play BIOS Specification*（《即插即用 BIOS 规范》）。从中可以得知，除了 PCI/PCIE 设备外，ISA 设备和 EISA 设备也带有 Option ROM。ISA 总线和 EISA 总线目前已经淘汰，我们只讨论 PCI/PCIE 设备的 Option ROM。

PCI 规范允许在同一 ROM 包中，包含几种为不同系统和处理器结构设计的镜像。每个 ROM 镜像必须开始于一个 512 字节边界，并包含 PCI 扩展 ROM 的头结构。多个 ROM 镜像组合在一起成为一个 ROM 包。每个 ROM 镜像的开始位置，取决于前一镜像的长度，最后一个镜像的头结构中必须包含一个特殊的编码，以表示这里是最后一个。

每个 ROM 镜像除去执行代码之外，还包含两个用来表示其信息的结构体，一个是 ROM 头结构，另一个是 PCI 数据结构体（PCI Data Structure）。ROM 头结构必须位于 ROM 镜像的开头，而 PCI 数据结构体的位置由 ROM 头结构指定，必须放置在 ROM 镜像的第一个 64KB 空间内，并且必须是 4 字节对齐的。

PCI 扩展 ROM 头结构的内容如表 8-1 所示。

表 8-1　PCI 扩展 ROM 的头结构

偏　移	长　度	值	说　明
0x0	1	0x55	Option ROM 标志
0x1	1	0xAA	Option ROM 标志
0x2	1		Option ROM 长度，以 512 字节为单位
0x3	3	EB xxxx	Jmp near xxxx，程序入口，BIOS 会远程调用此位置，代码中应以 RETF 的方式实现平衡堆栈
0x6~0x17	0x12		保留
0x18~0x19	2		指向 PCI 数据结构体位置的指针，一般紧跟在 ROM 头结构后，值为 0x1A

Legacy BIOS 在 POST（上电自检）阶段，会对 PCI/PCIE 设备的 Option ROM 进行检查。对于 ROM 头结构的检查，主要检查起始两字节的标志值 0x55AA，然后 POST 程序会直接调用偏移 0x3 处的指令。偏移 0x3 处一般会放置跳转指令，当 BIOS 远程调用此处的指令时，Option ROM 将跳转到自己实际的代码执行位置。另外，由于 BIOS 是使用远程的方式调用（即形如“ Call far ptr xxxx”的形式）此位置的指令，堆栈的平衡必须由 Option ROM 来保证，即在 Option ROM 代码结束处，应该使用 RETF 指令，回到 BIOS 调用 Option ROM 时的下一指令处。

在 ROM 头结构的偏移 0x18 处，给出了 PCI 数据结构体位于 Option ROM 的指针偏移。PCI 结构体必须位于 ROM 镜像的第一个 64KB 空间内，一般紧跟在 ROM 头结构的后面。PCI 数据结构体的内容，如表 8-2 所示。

表 8-2　PCI 数据结构体

偏　移	长　度	值	说　明
0x0	4	PCIR	标志
0x4	2		供应商识别码 Vendor ID
0x6	2		设备识别码 Device ID
0x8	2		保留
0xA	2		本 PCI 数据结构体的长度，一般为 0x18
0xC	1		本 PCI 数据结构体的版本号，一般为 0
0xD	3		设备分类代码 ClassCode
0x10	2		ROM 镜像长度，以 512 字节为单位。一般与 ROM 头结构体中的 Option ROM 长度一致
0x12	2		代码版本
0x14	1		代码类型，表明代码运行于何种架构
0x15	1		镜像标识。如果该值为 0x80，则表明这里是最后一个 ROM 镜像。其他情况下，该值为 0
0x16	2		保留

Option ROM 中 PCI 数据结构体的供应商识别码和设备识别码，必须与 PCI 配置空间中的相应字段一致，否则 Option ROM 不会被加载。第 7 章中介绍过的 PCIE 芯片 CH366 稍有不同，它允许用户通过 Option ROM 来定义供应商识别码和设备识别码等，芯片内部对这块进行了处理，保证了 Option ROM 和 PCI 空间中相应字段的一致。

偏移 0xD 开始的 3 字节用于表示设备分类代码，它用来定义设备的基本功能、设备子类型（如 IDE 大容量存储控制器），以及在一些情况下寄存器指定的编程接口（如 IDE 寄存器组的指定格式），对此在 PCI 规范中有详细的定义，请读者自行查阅。对设备分类代码的检测，BIOS 并不会特别严格，它不是 ROM 镜像执行的必要条件。BIOS 的 POST 代码主要根据此字段判断设备类型，以进行相应的处理，比如 VGA 设备的 Option ROM 会被复制到内存的 0xC0000 处。

偏移 0x14 的代码类型，用来区分代码运行于哪种架构或平台。其可能的值如表 8-3 所示。

表 8-3　代码类型

值	说　明
0	Intel X86，兼容 PC-AT 的架构
1	PCI 开源固件标准，遵循 IEEE1275

（续）

值	说　明
2	惠普PA RISC架构
3	EFI架构
4-0xFF	保留

总结来说，Option ROM包含3个部分：ROM头结构、PCI数据结构体和ROM代码。其中，ROM代码一般被称为INIT代码（初始化代码），其所在位置也是ROM头结构偏移0x3所跳转的位置。它负责IO设备的初始化，为后续的运行做准备。

BIOS的POST代码并不是直接去执行ROM代码，而是将ROM代码复制到内存后再执行。所复制的代码长度，是由ROM头结构中偏移0x2指定的Option ROM长度决定。对于与PC兼容的系统来说，POST执行Option ROM的步骤如下。

1）使能并将Option ROM映射到内存地址中未占用的区域。

2）根据ROM头结构中的Option ROM长度字段，将Option ROM复制到内存区域（一般是0xC0000到0xDFFFF）。

3）使扩展ROM基地址寄存器失效。

4）将Option ROM复制到的内存区域设置为可写状态，并调用ROM头结构偏移0x3中给出的INIT代码。

5）根据ROM头结构偏移0x2中的值（可能被修改了），确定运行时需要多少内存空间。

在进入系统引导程序前，POST代码必须把含有Option ROM的内存区变为只读。对于含有Option ROM的PCI VGA设备，其Option ROM必须复制到0xC0000处。

在兼容PC架构的ROM镜像结构中有3种长度：运行长度、初始化长度和镜像长度。运行长度表示镜像中所包含运行代码的总量，也是系统运行时，POST代码保留在内存中的代码数据，数据的校验和必须为0；初始化长度表示镜像中所含的初始化代码和运行代码的数量，即执行初始化程序前，POST代码复制到内存区的数据总量，这部分数据的校验和必须为0；镜像长度是指ROM镜像的总长度，它大于或等于初始化长度。

这3种长度的概念有点难以区分，但我们只要记住ROM镜像中的代码并不一定需要全部在内存中运行即可。大家可参考图8-3所示的ROM镜像结构进行理解、学习。

实际编程中，不一定会做成图8-3所示的结构。比如在还原卡或者物理隔离卡的Option ROM中，只有一个ROM镜像，并且会全部加载到内存，因此镜像长度、运行长度、初始化长度三者是相同的。另外，根据笔者的经验，有些BIOS不仅会要求Option ROM用字节校验和为0，还会要求字校验和为0。在将Option ROM生成二进制文件时，需要通过文件处理的算法满足这些需求。

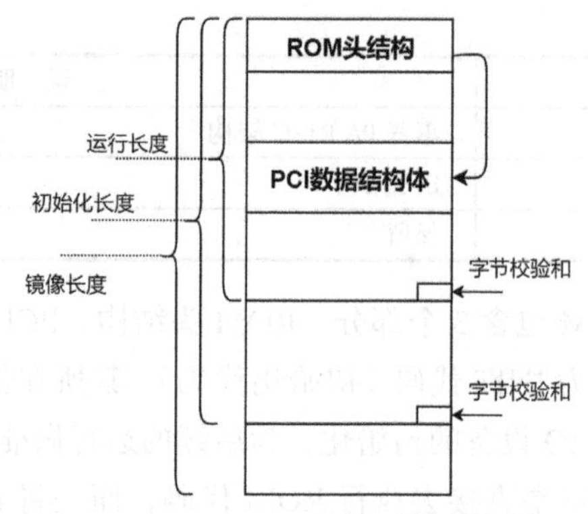

图 8-3　ROM 镜像结构图

UEFI BIOS 的 CSM（Compatibility Support Module）可以支持 Legacy Option ROM 的运行。不过随着 UEFI 的发展，这些模块也会逐渐消失。本节介绍 Legacy Option ROM 的目的是让读者了解 Option ROM 的发展历程。对于 Legacy Option ROM 的代码编写，本章没有安排相应的内容，有兴趣的读者可以参考笔者的系列博客[⊖]。

2. UEFI Option ROM

UEFI Option ROM 是在 Legacy Option ROM 的基础上发展而来的，在 UEFI 规范中，它归类在 PCI 设备驱动中。UEFI 规范中规定，PCI 设备驱动应该成可以存储在任何地方。它可以存在于 PCI Option ROM、系统主板 ROM、硬盘或光盘等媒介中。所有的 PCI 设备驱动都会被编译成 PE/COFF 镜像，如果此镜像被编译成 PCI Option ROM，它必须遵循如下要点。

- PCI Option ROM 不能超过 16MB。
- 一个 PCI Option ROM 中可以包含一个或者多个镜像。
- 每个镜像的长度必须是按 512 字节对齐的，并且是 512 字节的倍数。
- UEFI Option ROM 镜像以 EFI 扩展 ROM 的头结构（EFI PCI Expansion ROM Header）开始，如表 8-4 所示。
- 每个镜像必须包含 PCI 数据结构体，并且位于镜像最开始的 64KB 数据中。所包含的 PCI 数据结构体必须是 4 字节对齐的。
- 如果 PCI Option ROM 中包含 Legacy Option ROM，则必须是第一个镜像。

从上述内容中可以看出，UEFI Option ROM 有不少内容与 Legacy Option ROM 相同。

在表 8-4 中，EFI 镜像头结构的子系统值用来表示 Option ROM 中包含的镜像类型，比如 UEFI 应用、UEFI 服务型驱动等。而 EFI 镜像头结构的机器类型，则表示 Option ROM 的目标平台，包括 IA32、X64、AARCH64 等。代码清单 8-9 给出了它们可取的值。

⊖ https://blog.csdn.net/luobing4365/article/details/102577066。

表 8-4　EFI PCI 扩展 ROM 的头结构

偏　移	长　度	值	说　明
0x0	1	0x55	Option ROM 标志
0x1	1	0xAA	Option ROM 标志
0x2	2		Option ROM 长度，以 512 字节为单位
0x4	4	0xEF1	EFI 镜像头结构的标记
0x8	2		EFI 镜像头结构的子系统值
0xA	2		EFI 镜像头结构的机器类型
0xC	2		压缩类型 0x0000 表示镜像没有压缩 0x0001 表示镜像被压缩了 0x0002~0xFFFF 保留
0xE	8		保留
0x16	2		EFI 镜像的偏移
0x18	2		PCI 数据结构体的偏移

代码清单 8-9　EFI 镜像头结构的子系统值和机器类型

```
//子系统值
#define EFI_IMAGE_SUBSYSTEM_EFI_APPLICATION        10
#define EFI_IMAGE_SUBSYSTEM_EFI_BOOT_SERVICE_DRIVER 11
#define EFI_IMAGE_SUBSYSTEM_EFI_RUNTIME_DRIVER     12
#define EFI_IMAGE_SUBSYSTEM_SAL_RUNTIME_DRIVER     13
//机器类型
#define EFI_IMAGE_MACHINE_IA32                0x014c   //IA32
#define EFI_IMAGE_MACHINE_IA64                0x0200   //Itanium处理器
#define EFI_IMAGE_MACHINE_EBC                 0x0EBC   //EFI字节码（EBC）
#define EFI_IMAGE_MACHINE_X64                 0x8664   //X64
#define EFI_IMAGE_MACHINE_ARMTHUMB_MIXED      0x01c2   //ARM
#define EFI_IMAGE_MACHINE_AARCH64             0xAA64   //64位ARM
```

代码清单 8-9 中的内容来自 EDK2 中的源代码。以笔者所了解的情况，得益于 EDK2 的开源，目前龙芯平台的 MIPS 架构也能运行 UEFI BIOS 了。因此，EFI 镜像头结构的机器类型中，也支持 MIPS 架构。随着发展，相信 UEFI 可以支持更多的 CPU 架构。

图 8-4　典型的 PCI 驱动的镜像结构图

比较表 8-1 和图 8-4 可知，UEFI Option ROM 的 ROM 头结构，与 Legacy Option ROM 的 ROM 头结构不同。不过，两者的 PCI 数据结构体是完全一样的。图 8-4 给出了一个典型的 PCI 驱动的镜像结构图。

从图 8-4 所示中可以看出，为了实现 PCI 数据结构体 4 字节对齐，在 EFI PCI 扩展

ROM 头结构和 PCI 数据结构体之间，填充了 2 字节的 0。而实际的 EFI 镜像，紧跟在 PCI 数据结构体后面，它是 512 字节对齐的。

PCI 设备的 Option ROM 可以有几种形态，它可以只支持传统的 PC-AT 平台（即只支持 Legacy BIOS），还可以只支持 EFI 兼容平台（即只支持 UEFI BIOS），或者两种都支持。比如，PCI Option ROM 可以是 Legacy Option ROM、X64 的 UEFI 驱动、AARCH64 的 UEFI 驱动，以及其他组合。当然，考虑到现在 Intel 的 CPU 基本上都是 64 位的，国产飞腾、鲲鹏以及龙芯的 CPU 也是 64 位的，所以我们主要开发的是 X64、AARCH64 和 MIPS64 的 UEFI Option ROM。

在实际运行中，PCI 总线驱动必须扫描所有 PCI 设备的 Option ROM，以判定是否加载 OptionROM。这项工作发生于 PCI 枚举阶段，PCI 总线驱动会寻找设备分类代码（CodeType，位于 PCI 数据结构体中）为 3 且标志位为 0xEF1（位于 EFI PCI 扩展 ROM 头结构中）的 Option ROM。然后检查 EFI 镜像头结构的子系统值，如果该值为 11 或者 12(表示启动服务驱动或运行时驱动)，那么 PCI 总线驱动会将 Option ROM 加载到内存中，作为 PCI 设备驱动运行。

至此，我们已经了解了 UEFI Option ROM 的结构，以及其运作过程。下面我们通过一个实际的示例工程，体会如何编写及编译 UEFI Option ROM。

8.3.2 编写 UEFI Option ROM

UEFI Option ROM 是 PCI 设备驱动的一种，其构建方法与 8.2 节介绍的 UEFI 驱动的构建方法是完全一样的。作为 PCI 设备驱动，UEFI Option ROM 必须配合 PCI 硬件设备才能进行测试。本节所使用的设备，是笔者自制的 PCIE 开发板 YIE001，它采用了沁恒电子的 PCIE 芯片 CH366，以及 1Mb 的 Flash ROM 芯片 SST25VF010A，能很好地满足我们的需求。

1. 开发板 YIE001 介绍

开发板 YIE001 主要就是为开发 UEFI Option ROM 而制作的，其目的是演示 Option ROM 代码如何调用 Protocol、如何控制硬件。它是一块 PCIE 的板卡，提供了拨动开关控制、LED 灯控制以及 I2C 接口，其产品结构如图 8-5 所示。

YIE001 的主芯片为 CH366，在 7.1.1 节介绍 UEFI 环境下与 PCI/PCIE 设备通信时，曾经介绍过其部分内部寄存器的功能。CH366 是 PCI-Express 总线的扩展 ROM 控制卡的专用芯片，它支持容量为 64KB ～ 1MB 的可电擦写只读存储器 Flash ROM。开发板中所用的 Flash ROM 为 SST 公司的 SST25VF010A，容量为 1Mb，即 128KB。

在 YIE001 上，提供的硬件资源有 2 个拨动开关、4 个 LED 灯及 1 个 I2C 接口。开发板上的 CH366，采用的是 LQFP-44 无铅封装。其中，拨动开关分别连接了 CH366 的引脚

GPI1 和 GPI2；LED 灯通过低电平触发，LED1、LED2、LED3、LED4 分别连接到 CH366 的引脚 SW0、SW1、GPO 和 RSTO；I2C 接口则直接将 CH366 中兼容 I2C 的 4 个引脚引出，以方便连接其他 I2C 设备。

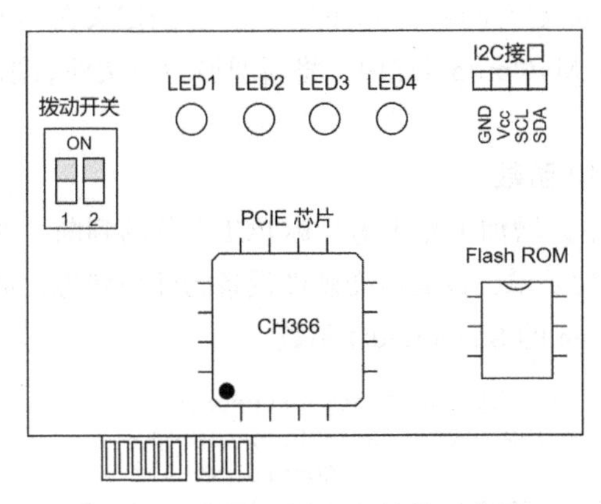

图 8-5　YIE001 开发板结构示意图

在本节准备的 Option ROM 示例代码中，主要使用 LED1 和 LED2 来演示开发板的使用方法。查看 CH366 的芯片手册可知，这两个引脚对应 CH366 的控制寄存器的位 0 和位 1。将控制寄存器的位 0 的值设置为 0，即可点亮 LED1；设置为 1，即可关闭 LED1。LED2 的亮灭，可同样通过设置控制寄存器位 1 的值来实现。

由图 7-5 可知，控制寄存器的 IO 地址可通过 CH366 的基地址加上偏移值 0x01 得到。得到了控制寄存器的 IO 地址，就可以按照第 7 章介绍的方法，对其各个位进行访问了。具体的代码编写，可以参考本节示例代码。

另外，LED3 和 LED4 对应辅助寄存器的位 0 和位 7；两个拨动开关则对应输入寄存器的位 1 和位 2。这些引脚的控制方法，在 CH366 的芯片手册中提供了详细的说明。本节的示例没有用到这些硬件资源，就不再详细介绍了。

2. 编写 Option ROM 代码

本节准备的示例工程为 MyOprom，其位于随书代码的 RobinPkg\Drivers\MyOprom 文件夹下。它是基于 8.2 节的驱动框架 BlankDrv 进行改造的，需要修改的代码不多，主要步骤如下。

（1）添加图形显示、汉字显示、键盘控制等源文件

在前几章的编程实践中，对图形显示、汉字显示、键盘控制的代码已经开发得比较完善了。这里所要做的工作是将之前示例工程中的源文件复制到 MyOprom 的文件夹下，再修改 MyOprom 的 INF 文件。MyOprom 的 INF 文件实际上就是驱动框架 BlankDrv 的 INF 文件，是直接改名得来的。

需要复制的源文件包括 Common.c、Common.h、Keyboard.c、Keyboard.h、Graphic.c、Graphic.h、Font.c、Font.h、Window.c 和 Window.h。这几个源文件的功能，在前几章的示例工程中已经陆续介绍过了，本节就不再重复了。然后根据 MyOprom 需要用到的汉字，使用 4.2 节的方法，重新提取汉字字模。相应的字模，已经定义在 Font.c 和 Font.h 中了。

做完这些工作后，在 MyOprom.inf 中，将新增加的源文件名添加在 [Sources] 下，就完成了源文件添加的工作了。

（2）修改 Supported() 函数

在 Supported() 函数中，增加了是否为目标 PCI 设备的判断。对于该函数，基本上是遵从 UEFI 驱动编程手册中的要求，没有改变硬件设备的任何状态，如示例 8-25 所示。

【示例 8-25】 MyOprom 的 Supported() 函数。

```
EFI_STATUS EFIAPI BlankDrvDriverBindingSupported (
    IN EFI_DRIVER_BINDING_PROTOCOL  *This,
    IN EFI_HANDLE                   Controller,
    IN EFI_DEVICE_PATH_PROTOCOL     *RemainingDevicePath   OPTIONAL)
{
    EFI_STATUS Status;
    UINT16 MyVendorID, MyDeviceID;
    EFI_PCI_IO_PROTOCOL  *PciIo;
    Status = gBS->OpenProtocol (Controller, &gEfiPciIoProtocolGuid,
        (VOID **) &PciIo,This->DriverBindingHandle,
        Controller,EFI_OPEN_PROTOCOL_BY_DRIVER);
    if (EFI_ERROR (Status)) return Status;
    Status = PciIo->Pci.Read(PciIo,EfiPciIoWidthUint16,0,1,&MyVendorID);
    if (EFI_ERROR (Status)) goto Done; //获取厂商ID
    Status = PciIo->Pci.Read(PciIo,EfiPciIoWidthUint16,2,1,&MyDeviceID);
    if (EFI_ERROR (Status)) goto Done; //获取设备ID
    Status = EFI_SUCCESS;
    //通过厂商ID和设备ID，判断是否为目标设备
    if (MyVendorID != CH366_VENDOR_ID || MyDeviceID != CH366_DEVICE_ID)
        Status = EFI_UNSUPPORTED;
    Done:  //关闭所用的Protocol
    gBS->CloseProtocol(Controller,&gEfiPciIoProtocolGuid,
        This->DriverBindingHandle,Controller);
    return Status;
}
```

在 Supported() 函数中，首先使用 OpenProtocol() 打开 PCI IO Protocol，如果打开失败，则返回 EFI_UNSUPPORTED。然后使用得到的 PCI IO Protocol 实例，从 PCI 设备的配置空间获得厂商 ID 和设备 ID。如果所得到的厂商 ID 及设备 ID 与目标设备的一致，则返回 EFI_SUCCESS，否则返回 EFI_UNSUPPORTED。

（3）修改 Start() 函数

示例工程 MyOprom 的演示功能是在 Start() 函数中实现的。MyOprom 主要实现了两个功能——显示图形界面和控制开发板 YIE001 上的 LED 灯。为访问 PCI 设备上的寄存器，

需要使用设备的IO基地址，在示例工程中是使用全局变量MyIoBaseAddr来保存基地址的值。Start()函数在函数起始处通过PCI IO Protocol的实例，在设备的PCI空间中将此基地址取到，如示例8-26所示。

【示例8-26】MyOprom的Start()函数。

```
EFI_STATUS EFIAPI BlankDrvDriverBindingStart (
    IN EFI_DRIVER_BINDING_PROTOCOL   *This,
    IN EFI_HANDLE                    Controller,
    IN EFI_DEVICE_PATH_PROTOCOL      *RemainingDevicePath    OPTIONAL  )
{
    ...... //代码略
    Status = PciIo->Pci.Read(PciIo,EfiPciIoWidthUint16,16,1,&MyIoBaseAddr);
    if (EFI_ERROR (Status)) goto Done;
    MyIoBaseAddr=(MyIoBaseAddr&0x0ffe);          //得到IO基地址
    HelloUEFI();                                  //MyOprom的演示函数
    Status = EFI_SUCCESS;
    Done: ......  //代码略
    return Status;
}
```

演示函数HelloUEFI()，主要是在屏幕上显示3行字符串，并等待用户按ESC键退出界面。另外，与PCIE芯片CH366通信，是通过控制开发板上的LED灯来演示的，实现代码如示例8-27所示。

【示例8-27】演示函数HelloUEFI()的实现。

```
#define LED1 1
#define LED2 2
#define LEDON 0   //低电平点亮灯
#define LEDOFF 1 //高电平关闭灯
VOID HelloUEFI(VOID)
{
    EFI_INPUT_KEY key={0,0};
    UINT8 *s_text = "Alasse' aure,";
    UINT8 *s_text1 = "欢迎进入UEFI的世界! ";
    UINT8 *s_text2 = "按'ESC'键退出此界面";
    InintGloabalProtocols(GRAPHICS_OUTPUT);
    SwitchGraphicsMode(TRUE);
    SetBKG(&(gColorTable[DEEPBLUE]));     //设置为1024*768，并绘制背景色
    draw_string(s_text, 110, 60, &MyFontArray, &(gColorTable[WHITE]));
    draw_string(s_text1, 80, 100, &MyFontArray, &(gColorTable[WHITE]));
    draw_string(s_text2, 135, 140, &MyFontArray1, &(gColorTable[YELLOW]));
    while(key.ScanCode!=0x17)             //按ESC键退出
    {
        GetKey(&key);
        if(key.ScanCode ==1 )             //方向键的向上键，消去s_text1显示
            draw_string(s_text1,80,100,&MyFontArray, &(gColorTable[DEEPBLUE]));
        else if(key.ScanCode ==2 ) //方向键的向下键，显示s_text1
            draw_string(s_text1, 80, 100, &MyFontArray, &(gColorTable[WHITE]));
```

```
        if(key.UnicodeChar == 0x31)  //按'1'点亮LED1
            SetLed(MyIoBaseAddr,LED1,LEDON);
        if(key.UnicodeChar == 0x32)  //按'2'点亮LED2
            SetLed(MyIoBaseAddr,LED2,LEDON);
        if(key.UnicodeChar == 0x33)  //按'3'关闭LED1
            SetLed(MyIoBaseAddr,LED1,LEDOFF);
        if(key.UnicodeChar == 0x34)  //按'4'关闭LED2
            SetLed(MyIoBaseAddr,LED2,LEDOFF);
    }
    SetMyMode(OldGraphicsMode);        //还原原始的显示模式
    SwitchGraphicsMode(FALSE);
}
```

从上述代码中容易看出，HelloUEFI() 函数在显示了界面信息后，会进入按键判断的循环。当按下方向键的上下键时，会分别消除或显示字符串 s_text1；按数字键 1、2 会分别点亮开发板上的 LED1 和 LED2，按数字键 3 和 4 则会分别关闭 LED1 和 LED2。

8.3.3 编译及测试 Option ROM

所编写的示例工程 MyOprom，目前还是 UEFI 驱动，我们需要将其编译成 Option ROM，并写入开发板 YIE001 的 Flash ROM，只有这样其才能运行。在 EDK2 工具集中，提供了两种将 UEFI 驱动编译为 Option ROM 的方法：使用 EfiRom 工具直接转换，在 EDK2 的 INF/FDF 文件中指定编译。

至于测试 Option ROM，需要将 ROM 文件写入 Flash ROM，写入的要求和方法一般都是由 PCIE 芯片厂商提供的。下面详细介绍这些过程。

1. 使用 EfiRom 转换 Option ROM

EDK2 中提供了 EfiRom 的源码，允许用户在任何支持 EDK2 的操作系统上编译。源代码位于 \BaseTools\Source\C\EfiRom 下，以笔者的开发机器为例（操作系统为 Windows 10），编译后的执行文件位于 \BaseTools\Bin\Win32。

EfiRom 工具的语法格式如下。

```
EfiRom -f VendorId -i DeviceId [options] [file name<s>]
```

它可以将 UEFI 驱动（efi 格式）转换为 Option ROM 文件（rom 格式）。在使用中，必须指定厂商 ID 和设备 ID。EfiRom 工具的参数解释如下。

- -o FileName 或 --output FileName：用于设置生成的文件名。生成的文件名最好是 *.rom 格式的，否则使用 -d 参数时无法识别。
- -e EfiFileName：用于指定转换的文件为 EFI PE32 镜像格式，即 UEFI 驱动。
- -ec EfiFileName：用于指定类似于 -e 参数，只是该参数下输出的 Option ROM 文件会被压缩。

- -b BinFileName：用于指定转换的文件为传统二进制文件。
- -l ClassCode：用于设置 Option ROM 文件中 PCI 数据结构体中的设备分类代码。
- -r Rev：用于设置 Option ROM 文件中 PCI 数据结构体中的代码版本（偏移 0x12 处）。
- -n：默认情况下，EfiRom 会自动将 Option Rom 中 PCI 数据结构体中的偏移 0x15 设为 0x80，即表示最后一个镜像。使用此参数后，EfiRom 将不会执行上述操作。
- -f VendorID：用于设置 Option ROM 文件中 PCI 数据结构体的厂商 ID。
- -i DeviceID：用于设置 Option ROM 文件中 PCI 数据结构体的设备 ID。
- -d 或 --dump：用于列出 Option ROM 镜像文件的信息，包括 ROM 头信息和 PCI 数据结构体。
- -h 或 --help：用于列出 EfiRom 工具的帮助信息。

以示例工程 MyOprom 为例，假如生成的 UEFI 驱动为 MyOprom.efi，则将其转换为 UEFI Option ROM，设定厂商 ID 为 0x1C00、设备 ID 为 0x4349、设备分类代码为 0x020000。可以使用如下命令实现相关目标。

```
EfiRom -f 0x1C00 -i 0x4349 -l 0x020000 -o MyOprom.rom -e MyOprom.efi
```

生成的 Option ROM 为 MyOprom.rom，可以使用 -d 查看其信息，命令如下：

```
EfiRom -d MyOprom.rom
```

2. 使用 INF/FDF 文件编译 Option ROM

使用 EfirRom 工具转换 Option ROM，可以非常灵活地设定 ROM 文件中的信息，但是操作比较复杂。在平常开发中，笔者一般是在 INF 文件中设定各种参数，将转换的工作交给 EDK2 的编译工具自动去处理。

所设定的参数可以在 INF 文件的 [Defines] 下添加，主要包括厂商 ID、设备 ID、设备分类号、代码版本和是否压缩几个参数。在表 3-6 中列出了这些变量，本节的示例工程 MyOprom 中定义了这些参数，如示例 8-28 所示。

【示例 8-28】MyOprom 的 INF 文件。

```
[Defines]
    ......                        //其他变量，略去
    PCI_VENDOR_ID = 0x1C00        //厂商ID
    PCI_DEVICE_ID = 0x4349        //设备ID
    PCI_CLASS_CODE = 0x020000     //设备分类号
    PCI_REVISION = 0x0003         //代码版本
    PCI_COMPRESS = TRUE           //是否压缩，TRUE为压缩
```

当管理数量较多的 UEFI 驱动和 Option ROM 时，相比于使用 EfiRom 工具和 INF 文件，使用 FDF 文件更为方便。FDF 文件支持一个或多个 PCI Option ROM 的格式化定义，与 INF 文件不同，它支持编译出多种架构的 Option ROM。

FDF 文件定义在 DSC 文件中，典型的例子如示例 8-29 所示。

【示例 8-29】在 DSC 文件中定义 FDF 文件。

```
[Defines]
    PLATFORM_NAME = AbcDriver
    PLATFORM_GUID = 14893C02-5693-47ab-AEF5-61DFA089508A
    PLATFORM_VERSION = 0.10
    DSC_SPECIFICATION = 0x00010005
    OUTPUT_DIRECTORY = Build/AbcDriver
    SUPPORTED_ARCHITECTURES = IA32|IPF|X64|EBC|ARM
    BUILD_TARGETS = DEBUG|RELEASE
    SKUID_IDENTIFIER = DEFAULT
    FLASH_DEFINITION = AbcDriver/AbcDriver.fdf
```

示例 8-29 中定义了 AbcDriver.fdf，其用来描述固件在 Flash 中的布局和位置。当然，FDF 文件同样可以用来描述 Option ROM。FDF 文件支持生成多种架构的 Option ROM，比如 IA32、X64 或 AARCH 等。其定义方法在 3.2.5 节介绍 FDF 文件的 [OptionRom] 时已经详细介绍过了，读者可自行参考。

3. 测试 Option ROM

本节准备的示例 MyOprom，使用的 PCIE 设备为开发板 YIE001。笔者是在 MSI 的一款机器上对 Option ROM 进行测试的，这台机器的主板为 A88XM-E45 V2，搭配的 CPU 为 AMD A8-7650K，使用的是 UEFI BIOS。

测试 Option ROM 的方法有两种：一是在 UEFI Shell 下，使用 load 命令或者 loadpcirom 命令，直接将驱动挂载在设备控制器的句柄上，显示 MyOprom 的界面和点亮 LED1；二是将二进制 ROM 文件，按照 CH366 的要求，以二进制的形式写入 YIE001 上的 Flash ROM 中。这两种测试方法，都要求 YIE001 开发板插在实际机器上运行。

示例工程 MyOprom 中，采用的是 INF 文件的方式将 UEFI 驱动编译为 Option ROM。使用的编译命令与编译 UEFI 驱动是一样的，具体如下。

```
C:\UEFIWorkspace>build -t VS2015x86 -p RobinPkg\RobinPkg.dsc \
    -m RobinPkg\Drivers\MyOprom\ MyOprom.inf -a X64
```

编译完成之后，将在输出目录中生成 MyOprom.efi 和 MyOprom.rom 两个文件。使用 EfiRom 工具运行“-d”命令，可以查看 MyOprom.rom 的信息。可以看到 MyOprom.rom 已经是一个有效的 UEFI Option ROM 文件，其厂商 ID、设备 ID 等信息，与 INF 文件中设定的一致。

下面介绍在 64 位的 X64 计算机上如何使用 YIE001 开发板对 MyOprom 进行测试。

（1）使用 UEFI Shell 测试

将编译好的 64 位 efi 程序和 rom 文件，即 MyOprom.efi 和 MyOprom.rom 复制到 UEFI 启动 U 盘中（UEFI 启动盘的制作方法可参考 2.5 节），然后把 UEFI 启动 U 盘插在测试用的计算机上。

把开发板YIE001插在主板的PCIE槽上，然后启动测试用的计算机，进入UEFI Shell环境。在UEFI Shell环境下，可以使用Shell命令“pci”列举出所有PCI设备，查看开发板YIE001是否被系统识别出来。YIE001的厂商ID是0x1C00，设备ID是0x4349，可在列举出的PCI设备中我们需要的设备寻找是否存在。

使用如下命令进行测试。

```
load MyOprom.efi
```

也可使用如下命令进行测试。

```
loadpcirom MyOprom.rom
```

加载驱动（或者Option ROM）后，屏幕上会显示示例工程中准备好的界面，并点亮开发板YIE001上的灯LED1。显示的界面如图8-6所示。

图8-6 MyOprom的界面

（2）刷写Flash ROM进行测试

一般来说，提供PCIE芯片的厂商，对于如何将Option ROM文件刷入Flash ROM，都会提供相应的方法和工具。开发板YIE001所使用的PCIE芯片为CH366，在厂商的官网上提供了刷写Option ROM的工具，读者可在此处下载：http://www.wch.cn/downloads/CH366PGM_ZIP.html。

厂商提供了DOS下刷写Flash ROM的工具CH364PGM.COM，以及Windows下刷写工具CH364PGM.EXE，目前没有提供UEFI下的刷写工具。可以使用U盘制作DOS启动盘，或者直接使用Windows系统来进行刷写。笔者一般是使用DOS启动盘来刷写Flash ROM的，DOS启动盘的制作方法，网上资料比较多，读者可以自己查找。

需要注意的是，CH366的Option ROM，其ROM头结构中表示镜像大小的值必须为0x40，即表示Option ROM为32KB。此位置位于ROM文件的偏移0x02处，可以使用任何一种二进制编辑工具，手动将MyOprom.rom文件偏移0x2处的值改为0x40。修改后，将ROM文件MyOprom.rom及刷写工具CH364PGM.COM复制到DOS启动U盘中，准备进行刷写。

将开发板YIE001插在测试机器上，启动U盘上的DOS系统，运行如下命令进行刷写。

```
C:\FLASH\CH364PGM.COM MyOprom.BIN
* Program CH364/CH366/CH367/CH368 Flash-ROM, V2.0
......   //其他提示信息
* OK! Written & verified
```

刷写成功后，重启系统，UEFI Option ROM将会自动启动，显示图8-6所示的界面。

至此，我们介绍完了编写和测试UEFI Option ROM的过程。读者可以在本节提供的示例工程的基础上，构建更多有趣的应用。笔者的系列博客中，使用开发板YIE001做了些比较有意思的实验，有兴趣的读者可以看一看，大家对照博客中的介绍自己动手实验[⊖]。

⊖ https://blog.csdn.net/luobing4365/article/details/112228197。

8.4 本章小结

本章详细介绍了 UEFI 驱动，包括服务型驱动和 UEFI 驱动模型。服务型驱动一般用来提供 Protocol，它不需要驱动硬件，可以安装在任意控制器上。

UEFI 驱动模型更为复杂，它通过 Driver Binding Protocol 管理驱动，需要用户实现此 Protocol 的 Supported()、Start() 和 Stop() 函数。本章以 UEFI 驱动框架 BlankDrv 为例，介绍了 UEFI 驱动模型的架构。然后以驱动 GopRotate 为例，介绍了符合 UEFI 驱动模型的 UEFI 驱动的编写过程。UEFI 驱动 GopRotate 可以按照一定角度旋转 UEFI Shell 界面，它提供了 Protocol 供 UEFI 应用来控制界面的旋转。

本章还详细介绍了 Option ROM，包括 Legacy Option ROM 和 UEFI Option ROM，并深入介绍了如何编写及测试 UEFI Option ROM。作为一种特殊的 PCI 设备驱动，UEFI Option ROM 是第三方厂家常用的发布驱动的方式。本章以 PCIE 开发板 YIE001 及其配套示例工程 MyOprom 为例，描述了 PCI 设备驱动的编写过程，以及如何将驱动转换为 Option ROM。

我们在第 7 章介绍了在 UEFI 下访问 SMBus、串口设备等外设的方法，第 8 章则介绍了 UEFI 驱动和 Option ROM 的编写。接下来的章节，将利用这两章以及前面几章知识，介绍访问更为复杂接口的方法。下一章将讲述 UEFI 对 USB 的支持，介绍在 UEFI 下如何使用 USB 接口与设备通信。

第9章 Chapter 9

UEFI与USB

通用串行总线（Universal Serial Bus，USB）由Intel、IBM、微软等公司，于1995年联合制定，目的是解决旧有接口的问题，以适应当时计算机的飞速发展。作为一种高速串行总线，其极高的传输速度可以满足高速数据传输的要求。另外，由于它具有供电简单、支持热插拔、扩展端口简单以及传输方式多样化等特点，目前广泛应用于各种计算机、手机等电子设备中。

相比于RS232、PS/2等传统接口，USB最突出的特点是扩展性极强。RS232等传统接口，一个预留接口只能用来连接一个相关设备，当需要扩展时，必须占用大量的计算机内部资源（如系统IO口、中断向量和总线地址等）。而一个USB，可以通过USB集线器连接127个设备。USB简便的外设连接方式，以及优良的数据传输功能，为计算机外设接口带来了革命性的变化。

USB标准规范包括USB 1.0、USB 1.1、USB 2.0、USB 3.0，以及2019年9月发布的USB4™。表9-1从推出时间、传输速率等方面，对USB规范的各版本进行了描述。

表9-1 USB规范各版本信息

USB版本	最大传输速率	名 称	推出时间
USB 1.0	1.5Mbps ⊖	低速（Low-Speed）	1996年1月
USB 1.1	12Mbps	全速（Full-Speed）	1998年9月
USB 2.0	480Mbps	高速（High-Speed）	2000年4月
USB 3.0(USB3.2 Gen 1)	5Gbps	超高速（Super-Speed）	2008年11月
USB 3.1(USB3.2 Gen 2)	10Gbps	超高速（Super-Speed 10Gbps）	2013年12月

⊖ bps即bit/s，为与开发人员日常工作中常用形式保持一致，本书保留bps的形式。

（续）

USB 版本	最大传输速率	名　称	推出时间
USB 3.2(USB3.2 Gen 2x2)	20Gbps	超高速（Super-Speed 20Gbps）	2017 年 9 月
USB4™ (USB4 Gen 2x2)	20Gbps	USB4™ 20Gbps	2019 年 9 月
USB4™ (USB4 Gen 3x2)	40Gbps	USB4™ 40Gbps	2019 年 9 月

USB 规范在 20 多年的发展历程中，其软件架构表现出非常良好的一致性及兼容性。比如，使用 USB 1.1 协议开发的键盘设备，在 USB 3.0 的接口上仍然能很好地工作；USB 2.0 的 U 盘，也可以在 USB 3.0 的接口上使用。这种兼容性，大大减少了软件工程师的工作。

即便如此，理解 USB 规范、开发 USB 产品，仍旧是一项非常困难的工作。主要是因为 USB 规范涵盖的内容非常广，除了 USB 1.x、USB 2.0、USB 3.0 等基本协议外，USB-IF（USB Implementers Forum，USB 实施者论坛）根据不同的应用领域，拟定了不同的 USB 设备类规范，如 HID（Humane Interface Device）类规范、大容量存储设备（Mass Storage Device）类规范等。需要程序员针对不同的设备类，研究其实现原理。

在 UEFI BIOS 中，UEFI 驱动准备了完整的 USB 规范栈，其中涉及 USB 主控制器驱动、USB 总线驱动以及 USB 设备驱动。其对应的功能如表 9-2 所示。

表 9-2　UEFI 下的 USB 驱动

USB 驱动类别	描　述
USB 主控制器驱动	使用安装在 USB 主控制器句柄上的 PCI IO Protocol，产生 USB2 主控制器 Protocol（EFI_USB2_HC_PROTOCOL）
USB 总线驱动	使用 USB2 主控制器 Protocol，在 USB 总线上为每个 USB 控制器创建子句柄，并在每个子句柄上安装设备路径 Protocol，以及 USB IO Protocol（EFI_USB_IO_PROTOCOL）
USB 设备驱动	使用 USB IO Protocol，并产生为控制台设备和启动设备提供服务的抽象 IO

USB 规范涵盖的内容太广，短短一章是无法介绍清楚的。本章仍旧沿用以实践为主的学习方式，通过在 UEFI 下访问自制的 USB HID 设备，学习访问 USB 设备的编程方法。

9.1 USB 规范简介

USB 规范包括 USB 基本规范、USB 主控制器规范和 USB 设备类规范。其中，USB 基本规范描述了 USB 1.0、USB 1.1、USB 2.0 等各代 USB 的协议规范，以及 USB OTG 协议规范；USB 主控制器规范描述了 USB 主控制器的协议内容；USB 设备类规范则描述了 USB 设备的协议内容。

本章以 UEFI 下访问 USB HID 设备为例，讲述与 UEFI、USB 相关的知识。因此，我们在介绍 USB 系统的框架时，将重点介绍 USB 设备类规范的内容。

USB 系统一般由 USB 主机（USB Host）、一个或多个 USB 集线器（USB Hub）以及一个或多个USB设备节点（Node）组成。图9-1所示为USB总线拓扑结构，其中给出了USB各类设备的物理连接示意。

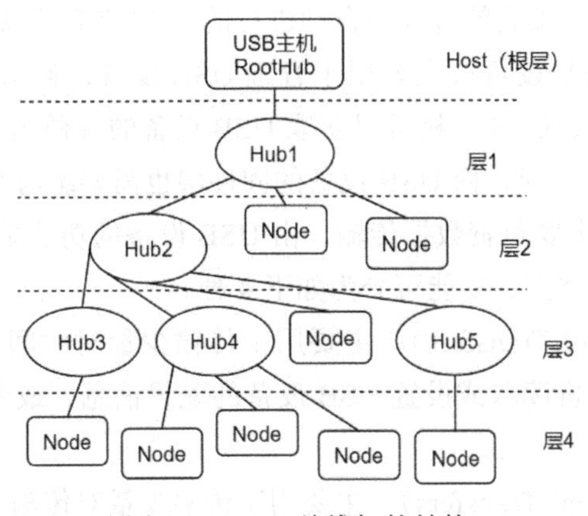

图9-1　USB总线拓扑结构

USB的物理连接采用的是层次性的星形结构，在系统中，有且仅有一个USB主机，而与主机直接连接的Hub一般称为根集线器（即RootHub）。USB系统中，USB集线器实际上就是一个具有特殊功能的USB设备。所有的USB设备都连接在USB集线器上，同时集线器有责任为每个连接其上的USB设备提供电源支持。

USB总线采用的是树形结构、主从工作模式。USB主机根据各个设备的属性，周期性访问各个设备。而USB设备则是被动响应USB主机的访问请求，这样避免了USB设备主动发送数据时可能导致的总线冲突。当然，这样就导致在没有USB主机的情况下，USB设备之间是无法通信的。为解决此问题，在制定USB 2.0规范时，USB-IF提出了USB OTG（USB On-The-Go）技术，拓展了USB在嵌入式设备，如手机、PDA等方面的应用。

在软件层面，从系统设计和逻辑连接关系方面考虑，USB总线系统具有明确的分层结构。USB设备与主机的驱动/应用程序通信，是通过特定的USB端点来实现的。整个USB系统可以分为USB总线接口层、USB设备层和功能层，如图9-2所示。

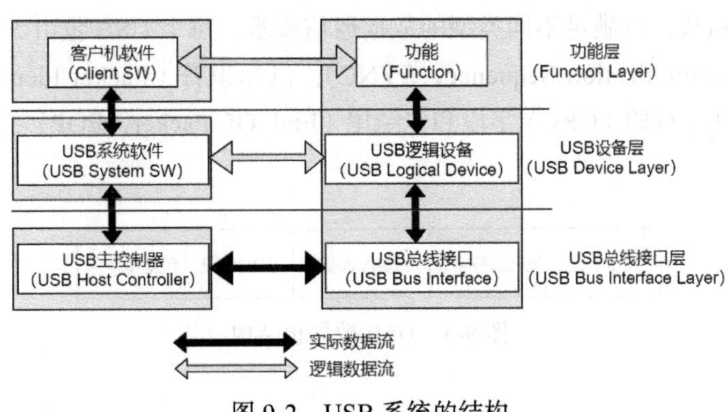

图9-2　USB系统的结构

1）**USB 总线接口层**：USB 总线接口层主要用于实现 USB 主机和 USB 设备之间的数据传输，实际的数据流是在此层流通的。USB 规范中，USB 总线接口使用 NRZI 编码（反向归零编码）来传输数据。编码的过程是自动进行的，由 USB 系统硬件完成。

2）**USB 设备层**：USB 设备层主要用于管理 USB 设备，包括分配 USB 地址、读取设备描述符等。在这一层中，USB 主机可以获取 USB 设备的各种属性或能力。这部分功能由 USB 主机通过驱动软件来完成，而 USB 设备的固件层也需要编写对应的代码进行支持。

3）功能层：功能层主要负责数据传输，由 USB 设备的功能单元和对应的 USB 主机程序实现。按照双方通信的类型，功能可分为如下 4 种。

- 控制传输（Control Transfers）。主要用于传输少量对时间和速率没有要求的数据，一般用于 USB 主机读取或设置 USB 设备的配置信息，或者与其他简单操作相关的数据。
- 中断传输（Interrupt Transfers）。主要用于传输少量对传输时间具有周期性要求的数据，在鼠标、键盘等 USB HID 设备中经常使用。
- 批量传输（Bulk Transfers）。用于传输大量对传输时间和速率没有严格要求的数据。
- 实时传输（Isochronous Transfers）。用于传输大量对传输时间具有周期性、速率恒定要求的数据。

下面将从 USB 通信原理、USB 设备描述符、USB 命令以及 USB HID 设备 4 个层面介绍 USB 的运作方式，为后续的实践内容做好准备。

9.1.1 USB 通信原理

本节介绍的是 USB 通信的底层数据呈现，可帮助程序员理解 USB 传输过程和数据往来情况。笔者在开发 USB 产品时，会使用 USB 逻辑分析仪，或者 Bus Hound、USBlyzer 等工具抓取 USB 数据包，以调试、分析产品功能的实现情况。在开发过程中，了解 USB 通信的底层数据结构是非常有用的。

根据 USB 规范，USB 总线上的数据是以 USB 包的形式在总线上进行传输的，每个包都由不同的字段组成，以满足不同类型的数据通信要求。每个 USB 包由 5 个部分组成，包括同步字段（Synchronization Sequenec，SYNC）、包标识符（Packet Identification，PID）、数据字段、循环冗余校验（CRC）字段和包结尾（End Of Packet，EOP）字段。图 9-3 所示为包的基本格式。

图 9-3　USB 数据包结构

USB 的数据传输中，所有传输都是以包为基础的，包起始于同步字段，接着是包标识符、数据信息、CRC 信息，最后以包结尾作为结束标志。接下来，对数据包各字段的含义逐一介绍。

1. 同步字段

USB 主机和 USB 设备之间通过 USB 总线通信，而 USB 总线是两线的串行信号线，因此，通信的双方没有共用的时钟。这样会导致数据错位，收到的数据不同步。USB 规范中，使用了同步字段对信息包进行同步，以解决此问题。

任何类型的 USB 包都必须以同步字段作为起始。在低速 / 全速传输中，同步字段长度为 8 位，数据为 0x80，采用 NRZI 编码，数据总线上先发送低位，再发送高位。高速传输中，同步字段与低速 / 全速传输类似，只不过同步字段的长度为 32 位，数据为 0x80000000，即连续发送 31 个 0，最后发送 1 个 1。

2. 包标识符字段

在 USB 规范中，根据包标识符的不同，USB 包有不同的类型。包标识符字段长度为 8 位，由低 4 位的类型字段和高 4 位的校验字段组成，其定义格式如图 9-4 所示。

D7	D6	D5	D4	D3	D2	D1	D0
$\overline{\text{PID3}}$	$\overline{\text{PID2}}$	$\overline{\text{PID1}}$	$\overline{\text{PID0}}$	PID3	PID2	PID1	PID0

图 9-4　包标识符字段定义格式

包标识符是 USB 包类型的唯一标志，USB 主机和 USB 设备在接收 USB 包后，必须首先对包标识符解码以得到包的类型，并判断其含义以做出下一步的反应。包标识符中，高 4 位的校验字段是通过低 4 位的类型字段的每位取反得到的。校验字段用来保证包标识符译码的可靠性，如果 4 个校验位不是它们各自对应类型位的反值，说明标识符中的信息有误。

表 9-3 中列出了 USB 1.1 支持的包类型，更高版本的 USB 规范支持更多的包类型，读者可以查阅对应的规范文档。

表 9-3　USB 包标识符类型

PID 类型	名　称	编码 [3:0]	描　述
令牌	输出 (OUT)	0001B	从主机到设备的数据传输
	输入 (IN)	1001B	从设备到主机的数据传输
	帧起始 (SOF)	0101B	帧的开始标志和帧号
	设置 (SETUP)	1101B	从主机到设备，表示要进行控制传输
数据（DATA）	数据 (DATA0)	0011B	同步切换位为 0 的数据包
	数据 (DATA1)	1011B	同步切换位为 1 的数据包

（续）

PID 类型	名 称	编码 [3:0]	描 述
握手（Handshake）	确认 (ACK)	0010B	接收段收到无差错的数据包
	不确认 (NAK)	1010B	接收设备不能接收数据，或发送设备不能发送数据
	停止 (STALL)	1110B	设备的端点挂起，或一个控制传输的命令得不到设备的支持
专用（Special）	前同步 (PRE)	1100B	由主机发送的前同步字，表示将进行低速设备的总线通信

3. 数据字段

数据字段用来携带 USB 主机与 USB 设备之间需要传递的信息，其内容和长度根据包标识符、传输类型的不同而各有差异。而且，并非所有的 USB 包都有数据字段，比如握手包、专用包和 SOF 令牌包，就没有数据字段。

USB 包中，数据字段可以是设备地址、端点号、帧序列号以及数据等内容。传输过程中，总是首先传输字节的最低位，最后传输最高位，采用的是小端方式。图 9-5 所示为各种类型数据字段的格式。

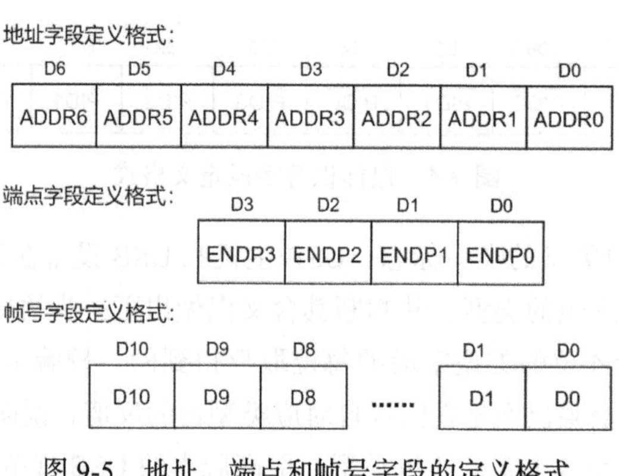

图 9-5 地址、端点和帧号字段的定义格式

对各种字段的功能和结构介绍如下。

- **设备地址**。USB 主机是通过唯一的设备地址与总线上特定的 USB 设备进行数据传输的，它使用 7 位表示，USB 设备最多可以拥有 128 个不同的设备地址。其中，地址 0 被系统保留，用来进行 USB 设备的枚举。因此，USB 总线上最大只可支持 127 个 USB 设备，其地址可取值为 1 至 127。
- **端点号**。USB 总线以数据管道的方式进行数据传输，设备地址、设备相关的端点号是数据管道的组成部分。由图 9-5 可以看出，端点号由 4 位组成，数据字段最多可以支持 16 个端点号。端点 0 用来进行控制传输，进行 USB 设备的配置，因而每个 USB 设备必须支持端点 0。全速设备最大可以支持所有 16 个端点；而低速设备最多只能拥有 3 个端点，一个用于控制传输的端点 0，以及两个附加的其他传输端点（比如两个中断端点）。

- **帧序列号**。当 USB 包为帧起始包时，其数据字段必须为 11 位的帧序列号。帧号由 USB 主机产生，最大数值为 0x7FF，达到最大值后将自动从 0 开始循环。
- **数据**。当 USB 包为数据类型时，其数据字段包含了需要传输的有效数据信息，其最大长度为 1024 字节（全速端点的数据包小于等于 1023 字节，而高速、超速端点的数据则小于等于 1024 字节）。

4. CRC 字段

CRC 字段用来对 USB 包中的数据信息进行校验保护，不对其他字段进行校验。它只存在于令牌包和数据包中，握手包中没有 CRC 字段。USB 包中有两种方式的 CRC 校验，其中，对令牌包采用 5 位 CRC 校验，数据包采用 16 位 CRC 校验。

5. 包结尾字段

在 USB 包的结尾发出包结尾信号，它由 2bit 低位时间和 1bit 空闲位时间组成。表 9-4 中给出的 USB 包的类型中，前同步包没有包结尾字段，其他类型的包都有包结尾字段。

由前面的介绍可以知道，USB 的通信分为控制传输、中断传输、批量传输和实时传输。本章使用的示例中，主要用的是控制传输。下面简单介绍控制传输的内容，其他的传输方式，请参考其他介绍 USB 规范的资料。

USB 规范中，为控制传输保留了一定总线带宽，USB 主机的系统软件可以为其动态调整所需的帧时间，以确保其能够尽快得到传输。控制传输主要用于 USB 主机和 USB 设备之间的配置信息通信，配置信息、包括设备地址、设备描述符和接口描述符等。用户也可以自定义操作来传输其他用途的数据。

控制传输一般包括两到 3 个事务处理阶段，即设置阶段、数据阶段和状态阶段。图 9-6 所示为控制传输的数据流管理过程（图中省去了同步字段和包结尾字段）。

在设置阶段，主机采用 SETUP 包向 USB 设备发送控制请求。由图 9-6 可以看出，设置阶段的数据包中包含 8 字节的 Setup 数据，这其实就是 USB 规范中定义的命令请求，一般称为 USB 命令，9.1.3 节将详细介绍 USB 命令的内容。

控制数据流管理的数据阶段是可选的，它可以包含一个或多个 IN/OUT 包，传输 USB 规范定义的格式、设备类信息或供应商自定义格式的数据。

最后一个阶段为状态阶段，USB 设备向主机（包括控制传输的设置阶段和数据阶段）传输结果。USB 设备使用表 9-4 所示的应答类型，向主机报告上一阶段的传输结果。

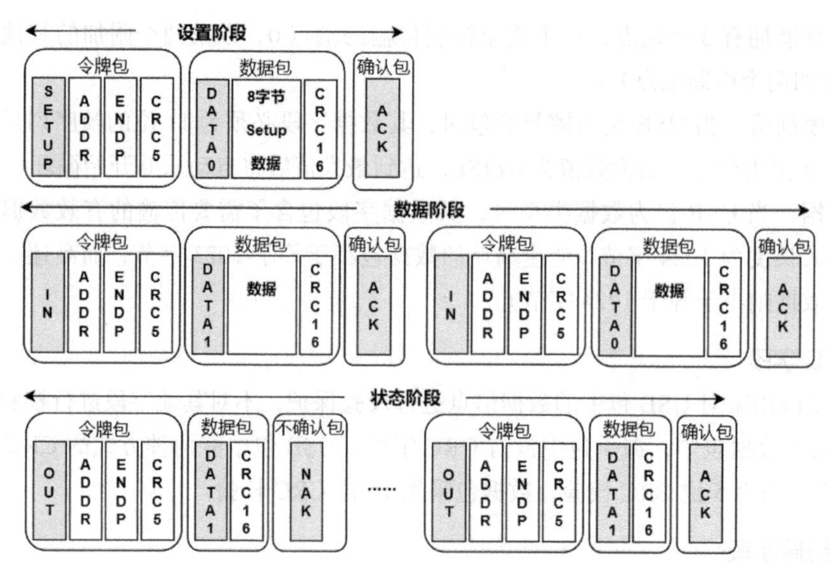

图 9-6 控制传输的数据流管理

表 9-4 控制传输状态阶段的响应

USB 设备的状态	控制 OUT 传输	控制 IN 传输
设备忙	NAK	NAK
有错误	STALL	STALL
成功处理	零长度的数据包	ACK

另一个需要注意的地方是，控制传输所支持的最大数据包长度。在 USB 规范中，最大数据包长度信息包含在设备描述符的 bMaxPacketSize0 字段中（9.1.2 节将详细介绍）。USB 设备上电时，主机 USB 系统软件将读取设备描述符的前 8 字节，并得到默认控制端点（一般是端点 0）所支持的最大数据包长度，后续的控制传输中，就使用此值进行工作。

最大数据包长度的值，不同版本的 USB 规范规定也不一样。对于低速端点，最大值必须为 8；对于全速端点，可以为 8、16、32 或 64；对于高速端点，只能为 64；而超速端点，最大数据包长度为 512。

9.1.2 USB 描述符

为了方便 USB 主机对 USB 设备进行管理，USB-IF 对 USB 设备的功能采用了分层结构，该结构包括设备层、配置层、接口层和端点层。图 9-7 所示为一个复合设备的例子，其展示了 USB 设备的分层结构。

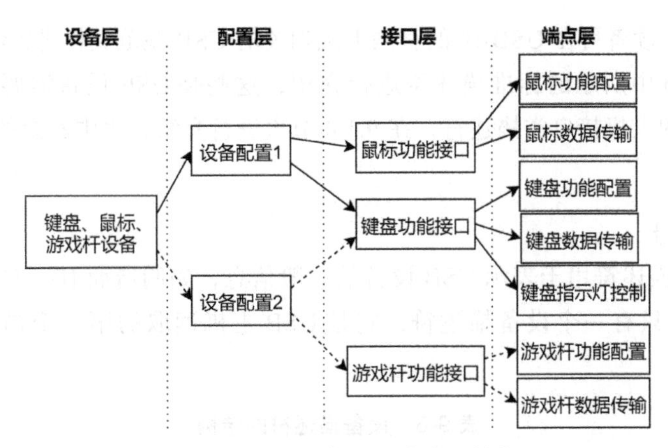

图 9-7 USB 设备的功能分层结构

图 9-7 所示的 4 层的作用分别如下。

- **设备层**。说明 USB 设备的主要类型特征（如设备类别、接口、端点等属性），保障设备枚举过程的正常进行。
- **配置层**。选择不同的失败配置，满足 USB 主机对设备功能的选择，可选择复式的设备接口功能，如图 9-7 所示的选择鼠标、键盘和游戏杆的复合功能。
- **接口层**。将具体功能分类，不同的功能对应不同的操作方式。
- **端点层**。针对特定的设备功能，选择不同的端点，提供不同的数据管道，与 USB 主机进行数据通信。

为了描述 USB 设备的特征，USB 规范定义了相应结构的描述符，包括设备描述符、配置描述符、接口描述符、端点描述符和字符串描述符等。表 9-5 给出了 USB 1.1 下各种 USB 描述符的类型值。

表 9-5 USB 1.1 的描述符类型值

类 型	描述符	类型值
标准描述符	设备描述符（Device Descriptor）	0x01
	配置描述符（Configuration Descriptor）	0x02
	字符串描述符（String Descriptor）	0x03
	接口描述符（Interface Descriptor）	0x04
	端点描述符（Endpoint Descriptor）	0x05
类描述符	集线器类描述符（Hub Descriptor）	0x29
	人机接口类描述符（HID）	0x21
厂商自定义		0xFF

其他版本的 USB 规范，还定义了其他类型的描述符，比如 USB 2.0 中的设备限定描述符（Device_Qualifier）、USB 3.2 中的二进制设备对象存储描述符（Binary Device Object

Store，BOS）等。读者可在 USB-IF 的官网下载相关的 USB 规范文档进行学习。

下面对表 9-5 中所示的标准描述符进行介绍，这些是 USB 设备需要支持的基本描述符。类描述符中的人机接口类描述符，在 9.1.4 节再进行介绍，表中其余的描述符在本章中不会涉及。

1. 设备描述符

USB 的设备描述符用于表示 USB 设备的一般信息，如制造商 ID、产品序列号等。一个 USB 设备有且只有一个设备描述符，它是 USB 主机读取的第一个描述符，其结构如表 9-6 所示。

表 9-6　设备描述符的结构

偏　移	域	大　小	值	描　述
0	bLength	1	数字	描述符字节长度（0x12）
1	bDescriptor	1	常量	描述符的类型（0x01）
2	bcdUSB	2	BCD 码	USB 设备支持的协议版本号
4	bDeviceClass	1	类	设备类代码
5	bDeviceSubClass	1	子类	子类代码，由 bDeviceClass 决定
6	bDeviceProtocol	1	协议	协议码
7	bMaxPacketSize0	1	数字	端点 0 的最大包长度
8	idVendor	2	ID	厂商 ID（由 USB-IF 赋值）
10	idProduct	2	ID	产品 ID（由厂商赋值）
12	bcdDevice	2	BCD 码	设备发行号（BCD 码）
14	iManufacturer	1	索引	厂商信息的字符串描述符索引值
15	iProduct	1	索引	产品信息的字符串描述符索引值
16	iSerialNumber	1	索引	设备序列号信息的字符串描述符索引值
17	bNumConfigurations	1	数字	配置描述符数目

设备描述符结构中的 bMaxPacketSize0 在 9.1.1 节已经详细介绍过了，它用来告知 USB 主机设备所支持的最大数据包长度。

bDeviceClass 表示设备所属的类别，如果此值为 0，则表示每一个配置中的每个接口都可指明自身所属的类别（即在接口描述符中给出设备类），并且各接口独立工作。如果此值为 0xFF，则由供应商自定义该设备类。介于两者之间的值 0x1~0xFE，表示 USB 规范中定义的某个设备类，比如 0x03 表示 HID 设备类。它和 bDeviceSubClass、bDeviceProtocol 共同规定了设备的类别和采用的协议，更具体的分类定义可以参考 USB-IF 官网[⊖]。

设备描述符中的 iManufacturer、iProduct 和 iSerialNumber，均使用字符串描述符的索引值来进行描述，索引值为 0 表示没有字符串描述符对其进行描述。通过此索引值和 USB

⊖ https://www.usb.org/defined-class-codes。

命令 Get_Descriptor，可以得到对应的字符串描述符。

2. 配置描述符

USB 规范中，USB 设备可以有一个或者多个配置描述符，每个配置描述符提供了设备特定的配置。设备描述符中的 bNumConfigurations 提供了配置描述符的个数，任何时刻只有一种配置处于工作状态。

配置描述符中提供了在某配置下设备的接口数目，一个设备的不同配置描述符可能包含不同数目和特性的设备接口。图 9-7 所示的设备配置 1，就包含了鼠标功能接口和键盘功能接口。此外，配置描述符中还会描述设备的供电方式（自供电 / 总线供电）、最大耗电量等信息。其结构如表 9-7 所示。

表 9-7 配置描述符的结构

偏移	域	大小	值	描述
0	bLength	1	数字	描述符的字节长度（0x09）
1	bDescriptorType	1	常量	配置描述符的类型（0x02）
2	wTotalLength	2	BCD 码	配置信息的总长（包括配置、接口、端点和设备类及厂商定义的描述符）
4	bNumInterfaces	1	类	该设备所支持的接口数目
5	bConfigurationValue	1	子类	配置值
6	iConfiguration	1	协议	描述该配置的字符串描述符索引值
7	bmAttributes	1	数字	配置特性，D7 保留 D6 表示自供电 D5 表示远程唤醒 D4..0 保留
8	MaxPower	1	数字	该配置下所需最大总线电流 (2mA 为单位)

3. 接口描述符

USB 设备的接口是端点的集合，负责完成该设备的特定功能，比如数据的输入和输出。接口描述符用来表示在 USB 设备中，各个接口的特性，包括接口的端点个数、所述的设备类和子类等。

拥有多个接口的 USB 设备，如果设备描述符中的 bDeviceClass 不为 0，则表示接口之间是互斥关系，否则接口相互独立，即每个接口有自己的类号、子类号和协议号。类号、子类号和协议号的定义，与设备描述符中的定义是一致的。接口描述符的结构如表 9-8 所示。

4. 端点描述符

在 USB 规范中，端点描述符用于指出 USB 设备端点的特性，包括其所支持的传输类型、传输方向等。端点 0 没有端点描述符，其他端点必须包含端点描述符。

表 9-8 接口描述符的结构

偏 移	域	大 小	值	描 述
0	bLength	1	数字	描述符的字节长度（0x09）
1	bDescriptorType	1	常量	接口描述符的类型（0x04）
2	bInterfaceNumber	1	数字	接口号（从 0 开始）
3	bAlternateSetting	1	数字	可选设置的索引值
4	bNumEndpoint	1	数字	此接口的端点数量（不计默认端点 0）
5	bInterfaceClass	1	类	接口所属类的值
6	bInterfaceSubClass	1	子类	接口所属子类的值
7	bInterfaceProtocol	1	协议	协议码，根据上面的两个值而定
8	iInterface	1	索引	表示此接口的字符串描述符的索引值

端点是设备与主机之间进行数据传输的逻辑接口，除配置使用的端点 0 为双向外，其他均为单向。端点描述符描述了数据的传输类型、传输方向、数据包大小，以及端点地址，其结构如表 9-9 所示。

表 9-9 端点描述符的结构

偏 移	域	大 小	值	描 述
0	bLength	1	数字	描述符的字节长度（0x07）
1	bDescriptorType	1	常量	端点描述符的类型（0x05）
2	bEndPointAddress	1	端点	描述了端点的地址、方向 Bit3..0：端点号 Bit6..4：保留，为 0 Bit7：传输方向，如果是控制端点则忽略 0：输出端点（主机到设备） 1：输入端点（设备到主机）
3	bmAttributes	1	位图	端点传输类型 Bit1..0：传送类型 00B= 控制传送 01B= 实时传送 10B= 批量传送 11B= 中断传送
4	wMaxPacketSize	2	数字	接收 / 发送的最大数据包长度
6	bInterval	1	数字	周期数据传输端点的时间间隙

5. 字符串描述符

字符串描述符是可选的，它描述了制造商、设备名称或序列号等信息。它使用的是 Unicode 编码，并支持多语言。USB 主机要求获得字符串描述符，需要用一个 16 位的语言标识符表示语言类别。比如，常用的语言标识符 1033 表示美国英语，而 2052 表示中文。其他的语言标识符，可以在微软的网站上找到[⊖]。

⊖ https://docs.microsoft.com/en-us/openspecs/windows_protocols/ms-lcid/70feba9f-294e-491e-b6eb-56532684c37f。

USB 主机分两步请求得到某个字符串描述符：首先向 USB 设备发送 USB 命令 Get_Descriptor，命令的 wIndex 字段设置为 0，设备将返回描述语言标识符的字符串描述符；然后，USB 主机根据需要的语言，向 USB 设备发送命令 Get_Descriptor，在命令对应的字段中设置字符串的索引值和语言标识符，得到需要的字符串描述符。

字符串描述符有两种格式。第一种用来指明所用的语言标识符，如表 9-10 所示。

表 9-10 指明语言标识符的字符串描述符

偏 移	域	大 小	值	描 述
0	bLength	1	N+2	描述符的字节长度（N+2 字节）
1	bDescriptorType	1	常量	字符串描述符的类型（0x03）
2	wLANGID[0]	2	数字	语言标识符（LANGID），码 0
…	…	…	…	…
N	wLANGID[x]	2	数字	语言标识符（LANGID），码 x

第二种为 Unicode 字符串描述符，包含了非 NULL 结尾的 Unicode 字符串，如表 9-11 所示。

表 9-11 Unicode 字符串描述符

偏 移	域	大 小	值	描 述
0	bLength	1	N+2	描述符的字节长度（N+2 字节）
1	bDescriptorType	1	常量	字符串描述符的类型（0x03）
2	bString	N	数字	Unicode 编码的字符串

9.1.3 USB 标准命令

USB 规范定义了设备请求（USB Device Request），以更好地完成 USB 主机对总线上所有 USB 设备的统一控制。此设备请求由 USB 主机发往 USB 设备。为方便理解 USB 主机和设备间的主从关系，后续行文中一律将设备请求称为 USB 命令。

USB 命令包括 USB 标准命令、类命令和厂商命令。这些命令的格式都是相同的，如表 9-12 所示。

表 9-12 USB 命令的结构

偏 移	字 段	长 度	数 值	描 述
0	bmRequesType	1	位图	D7：数据的传输方向 0= 主机 -> 设备 1= 设备 -> 主机 D6..5：命令的类型 0= 标准命令 1= 类命令 2= 厂商命令 3= 保留 D4..0：接收对象 0= 设备 1= 接口 2= 端点 3= 其他 4..31= 保留

（续）

偏 移	字 段	长 度	数 值	描 述
1	bRequest	1	值	命令的序号
2	wValue	2	值	根据不同的命令，含义也不同
4	wIndex	2	索引或偏移	根据不同的命令，含义不同，主要用于传送索引或者偏移
6	wLength	2		如果有数据阶段，此字段为数据的字节数

USB 1.1 的规范中，规定了 11 种 USB 标准命令，这些命令用来完成各种功能。根据不同的命令，相应的字段含义也有所不同。表 9-13 列出了 11 个 USB 标准命令的功能。

表 9-13 USB 标准命令

命 令	请求号	功能描述
Get_Status	0x00	读取 USB 设备、接口或者端点的状态
Clear_Feature	0x01	清除或禁止 USB 设备、接口或端点的某些特征
Set_Feature	0x03	设置或使能 USB 设备、接口或端点的某些特征
Set_Address	0x05	分配 USB 设备地址
Get_Descriptor	0x06	读取描述符
Set_Descriptor	0x07	更新已有的描述符或添加新的描述符
Get_Configuration	0x08	读取 USB 设备的当前配置值
Set_Configuration	0x09	为 USB 设备选择一个合适的配置值
Get_Interface	0x0A	获得 USB 设备当前工作的接口
Set_Interface	0x0B	激活 USB 设备的某个接口
Synch_Frame	0x0C	设置并报告端点的同步帧号

USB 规范中要求，对于这些标准的 USB 命令，所有的 USB 设备必须都支持，并能够对命令进行响应。如果不需要对命令进行操作，也必须准备一个空的响应。除了这些标准的 USB 命令，对于不同的类，也有与之相关的 USB 命令。比如人机接口类设备有 Set_Report、Get_Report 等命令，集线器类设备有 GetHubStatus、GetBusState 等命令。在开发相应类设备的时候，也需要熟悉这些类本身特有的 USB 命令。

对于本章准备的嵌入式示例程序中，主要需要了解的 USB 标准命令是 Get_Descriptor，其余的命令基本是由框架代码生成的，了解其处理过程就可以了。下面详细介绍 Get_Descriptro 命令，其余的命令可以参考 USB 规范中的描述。

表 9-14 给出了 Get_Descriptor 命令的结构。

Get_Descriptor 命令用来获取 USB 设备的各种描述符，包括设备描述符、配置描述符、接口描述符、端点描述符和字符串描述符。需要获取的描述符类型，由 wValue 字段给出。wValue 由 2 字节组成，高字节表示描述符的类型，其值可参考表 9-5 给出的描述符类型值；低字节表示描述符的索引值。

表 9-14 Get_Descriptor 命令的结构

偏 移	字 段	内 容
0	bmRequesType	值为 10000000B，设备到主机
1	bRequest	GET_DESCRIPTOR，0x06
2	wValue	描述符的类型和描述符的索引值
4	wIndex	0 或语言标识符（LANGID）
6	wLength	描述符的长度

wIndex 字段除去获取字符串描述符之外，其他情况下都设置为 0。获得字符串描述符的过程分为两步：第一次发送命令后获得语言标识符，第二次发送命令时，将语言标识符赋给 wIndex 字段，需要获取的字符串描述符的索引值赋给 wValue 字段，即可获得所需要的字符串。

Get_Descriptor 命令中的字段 wLength，表示描述符的字节长度，由 USB 主机指定。当指定 wLength 比实际的描述符长度小时，USB 设备严格按照主机指定的字节长度返回描述符信息；当 wLength 比实际的描述符长度大时，USB 设备值返回描述符长度的信息。比如在访问配置描述符时，USB 主机不清楚配置信息的总长，可以将 Get_Descriptor 命令中的 wLength 设置为 4，得到配置描述符中的 wTotalLength。然后，重新发送 Get_Descriptor 命令，此时将 wLength 设置为 wTotalLength 的值，从而获得整个配置描述符信息。

9.1.4 USB HID 设备

HID（Human Interface Devices）为人机接口设备，是 USB 规范中最早提出并支持的一种设备类。我们日常使用的键盘、鼠标等，都属于 HID 设备，这是一种使用非常广泛的 USB 设备。

现在的桌面操作系统，包括 Windows、Linux 和 Mac OSX，都已经内置了 HID 设备类驱动，一般不需要再安装驱动，各操作系统也提供了访问 HID 设备的 API 接口。因此，在需要传输少量数据的应用场合，HID 设备是非常不错的选择。本章所准备的 UEFI 下访问 USB 设备的示例，就是使用 HID 设备来演示的。

USB 规范中，HID 类设备的全名为 Device Definiton for Human Interface Devices，每个 HID 设备都必须符合该规范中对描述符、传输类型等的定义。另外，USB-IF 还提供了 HID 的用例规范，名为 HID Usage Tables，该规范定义了 HID 设备和 USB 主机之间通信的 HID 数据。所有的 HID 传输都使用的都是默认控制管道或一个中断管道，HID 设备必须有一个中断输入端点来传送数据到主机，中断输出端点则不是必需的。

对于 HID 设备，其设备描述符的类代码、子类代码和协议代码都需要设置为 0；接口描述符的类代码设为 0x03，子类代码为 0 或者 0x01，协议码为 0、0x01 或 0x02。

另外，HID 设备也有自己特有的类描述符及类命令，下面介绍这两部分的内容。

1. HID 类描述符

HID 设备支持 3 种类描述符：HID 描述符、报告描述符和物理描述符。一个 USB 设备只能包含一个 HID 描述符，可以支持多个报告描述符，而物理描述符是可选的。在本章的示例中，只用到了 HID 描述符和报告描述符，没有使用物理描述符，一般的 HID 设备也不使用该描述符，故这里不再进行介绍了。

（1）HID 描述符

HID 描述符主要用来识别 HID 设备通信时所使用的额外信息（如 HID 版本号、报告描述符长度等）。表 9-15 给出了 HID 描述符的定义结构。

表 9-15　HID 描述符的结构

偏　移	域	大　小	值	描　述
0	bLength	1	数字	描述符的长度
1	bDescriptorType	1	常量	描述符的类型，0x21
2	bcdHID	2	BCD 码	HID 规范版本号（BCD 码）
4	bCountryCode	1	数字	国家代码
5	bNumDescriptor	1	数字	支持的其他类描述符的数量
6	bDescriptorType	1	常量	类别描述符的类型
7	wDescriptorLength	2	数字	报表描述符的总长度
9	bDescriptorType	1	常量	识别描述符类型的常数，存在多个描述符时使用
10	wDescriptorLength	2	数字	描述符总长度，存在多个描述符时使用

其中，bCountryCode 表示的是国家代码，一般将其设置为 0 就可以了。0 表示的是 HID 设备不是本土化的，其他的值可以查看 HID 规范。bDescriptorType 识别 HID 描述符附属的描述符的类型，报表描述符的类型为 0x22，物理描述符的类型为 0x23。每一个 HID 设备都必须至少支持一个报表描述符。一个接口可以支持多个报表描述符，以及一个或多个实体描述符。HID 描述符的偏移量为 9 和 10 的 bDescriptorType 和 wDescriptorLength 可以存在多个。

在 USB 主机发送标准命令 Get_ Configuration，获取配置描述符的时候，将按照配置描述符、接口描述符、HID 描述符、端点描述符的顺序，返回数据。即主机此时可用获取 HID 描述符，可以据其信息再去获取相关的描述符（如报告描述符）。

（2）报告描述符

HID 设备的报告描述符是一种数据报表，主要用来定义 HID 设备和 USB 主机之间的数据交换格式。与标准描述符不同，它没有固定的长度，根据设备不同的用途，需要准备不同的结构和数据描述。

报告描述符由多个不同的项目（item）组成，它有两种编码——短项目（short item）和长项目（long item）。长项目留给未来使用，本节不对它进行介绍。HID 短项目的字节格式如图 9-8 所示。

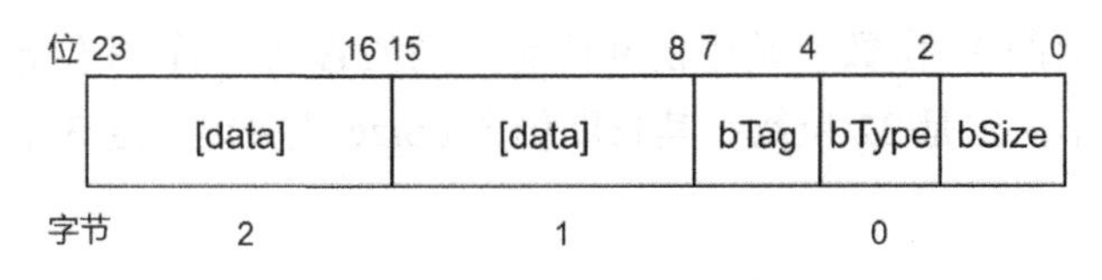

图 9-8 HID 短项目

如图 9-8 所示，最低位的 bSize 用来指出项目所需要的数据字节（即 data 部分的字节长度），其值可为 0（bSize=0）、1（bSize=1）、2（bSize=2）和 4（bSize=3）。注意没有 3 字节长的数据，大部分项目只需要 1 字节数据。

bType 表示项目的类型，用来表示是主（Main）项目、全局（Global）项目还是局部（Local）项目。主项目用来定义报告中数据的种类和格式；局部项目表示所定义的内容只适用于其下的第一个主项目，不能扩展到其他主项目；全局项目则适用于其下所有主项目，除非被另一个相同标签的全局项目替代。bType=0 时，表示项目为主项目；bType=1 时，表示项目为全局项目；bType=2 时，表示项目为局部项目。

bTag 为标签，用来标记各项目的作用。表 9-16 给出了 HID 项目的标签定义。

表 9-16 HID 项目的标签描述

主项目		全局项目		局部项目	
标签	代码	标签	代码	标签	代码
Input	0x8?	Usage Page	0x0?	Usage	0x0?
Output	0x9?	Logical Minimum	0x1?	Usage Minimum	0x1?
Feature	0xB?	Logical Maximum	0x2?	Usage Maximum	0x2?
Collection	0xA?	Physical Minimum	0x3?	Designator Index	0x3?
End Collection	0xC?	Physical Maximum	0x4?	Designator Minimum	0x4?
		Unit Exponent	0x5?	Designator Maximum	0x5?
		Unit	0x6?	String	0x7?
		Report Size	0x7?	String Minimum	0x8?
		Report ID	0x8?	String Maximum	0x9?
		Report Count	0x9?	Delimiter	0xA?
		Push	0xA?		
		Pop	0xB?		

HID 短项目的 data 部分是可选的，其长度由 bSize 决定。比如集合结束（End Collection）项目，其值一般为 0xC0，后面不带任何数据。

表 9-16 给出的各种 HID 项目的含义都不相同。下面只对其由常用的几种项目进行解释，更详细的内容可以参考 HID 类规范文档，以及专门解释 Usage Page 和 Usage 项目的文档（即 *HID Usage Tables for USB*）。

主项目中的 Input、Output 和 Feature 用来定义报告中的数据通信字段，每个项目标签之后是用来描述特性的 32 位数，其中前 9 位有不同的含义，后 23 位被保留。当然，HID 项目中的 data 部分不一定是 32 位数，其长度仍由 bSize 值决定。这 3 个项目的特性描述如表 9-17 所示。

表 9-17 Input、Output 和 Feature 的特性描述

偏 移	描 述
0	0= 数据，表示项目内容可改；1= 常数，项目内容不可改
1	0= 数组，表示项目描述每个控制的状态；1= 变量，项目只报告作用中的控制
2	0= 绝对，表示数值以固定值为基准；1= 相对，当前数值以上一数值为基准
3	0= 没有折行，数据不进行折返处理；1= 有折行，遇到最大最小界限时折返
4	0= 线性，测量与报告数据为线性关系；1= 非线性，测量与报告数据为非线性关系
5	0= 优选状态，无交互时，回到特定状态；1= 非优选状态
6	0= 没有空位置；1= 空状态
7	0= 非挥发；1= 挥发，设备可以自己改变数值。此位对 Input 无效
8	0= 位字段，表示每一位或每一字节内的群组位可代表一份数据； 1= 缓冲字节，表示信息包含一个或者多个字节，缓冲字节的报告大小必须为 8
9 ～ 23	保留

表 9-16 中所示的 Usage Page 和 Usage 是最复杂的项目，为此 USB-IF 专门为它们准备了参考文档。Usage Page 是全局项目，用来定义数据的用法或功能；Usage 是局部项目，用来描述项目或集合的用途。

Usage Page 一般和 Usage，或者和 Usage Minimum、Usage Maximum 共同决定设备的用途。示例 9-1 所示是一个常见的 Usage Page 和 Usage 的定义项目。

【示例 9-1】Usage Page 和 Usage 的示例。

```
unsigned char MyHidReportDescriptor[]={
    0x05, 0x01          //Usage Page (Generic Desktop)
    0x09, 0x02          //Usage (Mouse)
    ……                  //其他数据
}
```

示例 9-1 中，Usage Page 项目的数据部分为 0x01，即 Generic Desktop（通用桌面项）。而 Usage 项目的数据部分为 0x02，参照文档 *HID Usage Tables for USB* 中通用桌面项的部分可知，0x02 对应的是 Mouse（鼠标）。

另外需要注意的是，HID 设备通过 Usage Page:Usage ID 的形式来确定设备的类型。当 Usage 项目的 bSize 部分为 1 或 2 时，可以认为 Usage 项目就是 Usage ID。如果 Usage 项目的 bSize 部分为 3，即 Usage 项目的数据部分有 4 字节，此时高 2 字节将被解释为 Usage Page，低 2 字节将被解释为 Usage ID。即 Usage 项目的数据部分重新决定了设备用途。

上述解释同样适用于 Usage Minimum 项目和 Usage Maximum 项目。

2. HID的类命令

HID设备除了支持标准的USB命令外，还支持6个HID特定的类命令，如表9-18所示。

表9-18 HID的类命令

命 令	请求号	功能描述
Get_Report	0x01	USB主机接收HID设备发来的报告
Get_Idle	0x02	用于读取HID设备当前空闲速率
Get_Protocol	0x03	用于读取HID设备的协议值
Set_Report	0x09	USB主机向HID设备发送报告
Set_Idle	0x0A	用于设置HID设备的空闲速率
Set_Protocol	0x0B	用于设置HID设备的协议值

HID的类命令的数据结构与USB的标准命令类似，而且也是采用控制传输发送的。本章准备的HID示例中，主要用到了Get_Report和Set_Report两个命令。

Get_Report命令用于获取HID设备发送来的报告，它主要在HID设备初始化和读取HID报告时使用。此命令是所有HID设备都必须支持的，其结构如表9-19所示。

表9-19 Get_Report命令的结构

偏 移	字 段	内 容
0	bmRequesType	值为10100001B，设备到主机
1	bRequest	GET_REPORT，0x01
2	wValue	报告类型及报告ID
4	wIndex	用于指明支持此命令的接口号
6	wLength	报告长度

其中，wValue用来指明报告的类型。它由2字节组成，低字节表示报告ID。高字节值为1时，表示Input报告；值为2时，表示Output报告；值为3时，表示Feature报告。

Set_Report命令用于USB主机向HID设备发送报告数据，它与Get_Report命令类似，只是数据传输的方向不同。Set_Report命令并不是所有HID设备都必须支持的，其结构如表9-20所示。

表9-20 Set_Report命令的结构

偏 移	字 段	内 容
0	bmRequesType	值为00100001B，主机到设备
1	bRequest	SET_REPORT，0x09
2	wValue	报告类型及报告ID
4	wIndex	用于指明支持此命令的接口号码
6	wLength	报告长度

9.2 支持 USB 访问的 Protocol

在本章开始处，我们介绍了 USB 主控制器驱动、USB 总线驱动和 USB 设备驱动的作用，它们共同工作构建了 UEFI 平台的 USB 驱动协议栈。USB 驱动协议栈的模型如图 9-9 所示，图中演示了 USB 驱动的关系和使用的 Protocol。

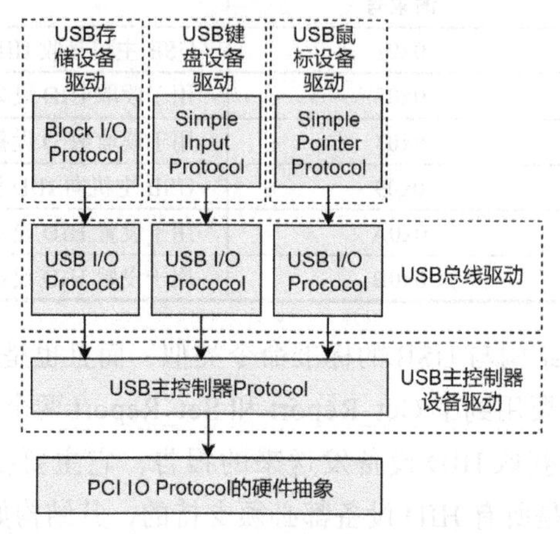

图 9-9 USB 驱动协议栈

由图 9-9 所示可以看出，平台硬件的 PCI 总线上有一个单独的 USB 控制器。PCI 总线驱动为 USB 主控制器句柄安装 Protocol，包括 EFI_DEVICE_PATH_PROTOCOL 和 EFI_PCI_IO_PROTOCOL。而 USB 主控制器使用 EFI_PCI_IO_PROTOCOL，在其句柄上安装 EFI_USB2_HC_PROTOCOL。

USB 总线驱动则使用 EFI_USB2_HC_PROTOCOL 提供的服务，与 USB 总线上的 USB 设备进行通信。在图 9-9 所示中，USB 总线驱动检测到 3 个设备——USB 键盘、USB 鼠标和 USB 大容量存储设备。USB 总线驱动会为这 3 个设备创建 3 个子句柄，并且为它们安装 Protocol，即 EFI_DEVICE_PATH_PROTOCOL 和 EFI_USB_IO_PROTOCOL。

这些设备会使用对应句柄的 EFI_USB_IO_PROTOCOL，并产生对应的 Protocol。以 USB 鼠标驱动为例，它会使用 EFI_USB_IO_PROTOCOL 并且产生 EFI_SIMPLE_POINTER_PROTOCOL。其他设备的处理过程差不多，从图 9-9 中可以看出它们各自产生的 Protocol。

本节将介绍 EFI_USB2_HC_PROTOCOL 和 EFI_USB_IO_PROTOCOL 的用法，并使用这两种 Protocol 构建示例，在 UEFI 环境下枚举 USB 设备。

9.2.1 EFI_USB2_HC_PROTOCOL

USB 主控制器驱动属于设备驱动，遵循 UEFI 驱动模型。在 EDK2 的 MdeModulePkg 中，准备了各类 USB 主控制器驱动，所支持的 USB 主控制器包括：

- Open Host Controller Interface，简称OHCI（USB 1.0和USB 1.1）。
- Universal Host Controller Interface，简称UHCI（USB 1.0和USB 1.1）。
- Enhanced Host Controller Interface，简称EHCI（USB 2.0）。
- Extended Host Controller Interface，简称XHCI（USB 3.0）。

USB主机控制器驱动使用EFI_PCI_IO_PROTOCOL提供的服务，并且在主机控制器句柄上安装EFI_USB2_HC_PROTOCOL。我们知道，USB2主控制器是与通用串行总线（USB）连接的硬件组件，它在USB上产生传输事件，并在系统内存和设备之间传输数据。因此，此Protocol一般由USB总线驱动使用，用来管理USB根集线器以及各类USB设备。

EFI_USB2_HC_PROTOCOL的接口函数如代码清单9-1所示。

代码清单9-1　EFI_USB2_HC_PROTOCO接口函数

```
typedef struct _EFI_USB2_HC_PROTOCOL {
    EFI_USB2_HC_PROTOCOL_GET_CAPABILITY GetCapability;  //获取USB主控制器的属性
    EFI_USB2_HC_PROTOCOL_RESET Reset;                   //软重启USB主控制器
    EFI_USB2_HC_PROTOCOL_GET_STATE GetState;            //获取当前USB主控制器的状态
    EFI_USB2_HC_PROTOCOL_SET_STATE SetState;            //设置USB主控制器状态
    EFI_USB2_HC_PROTOCOL_CONTROL_TRANSFER ControlTransfer;
                                                        //向目标USB设备发送控制传输
    EFI_USB2_HC_PROTOCOL_BULK_TRANSFER BulkTransfer;    //向目标USB设备发送批量传输
    EFI_USB2_HC_PROTOCOL_ASYNC_INTERRUPT_TRANSFER \
                        AsyncInterruptTransfer;         //异步中断传输
    EFI_USB2_HC_PROTOCOL_SYNC_INTERRUPT_TRANSFER  \
                        SyncInterruptTransfer;          //同步中断传输
    EFI_USB2_HC_PROTOCOL_ISOCHRONOUS_TRANSFER       \
                        IsochronousTransfer;            //实时传输
    EFI_USB2_HC_PROTOCOL_ASYNC_ISOCHRONOUS_TRANSFER
                         AsyncIsochronousTransfer;      //异步实时传输
    EFI_USB2_HC_PROTOCOL_GET_ROOTHUB_PORT_STATUS
                        GetRootHubPortStatus;           //获得根USB集线器端口状态
    EFI_USB2_HC_PROTOCOL_SET_ROOTHUB_PORT_FEATURE
                        SetRootHubPortFeature;          //设置根USB集线器端口状态
    EFI_USB2_HC_PROTOCOL_CLEAR_ROOTHUB_PORT_FEATURE
                        ClearRootHubPortFeature;        //清除特征
    UINT16 MajorRevision;     //主版本号
    UINT16 MinorRevision;     //次版本号
  } EFI_USB2_HC_PROTOCOL;
```

在EDK2的目录MdeModulePkg/Bus/Usb/UsbBusDxe下，可以查看USB总线驱动如何使用此Protocol。我们主要使用EFI_USB2_HC_PROTOCOL来枚举USB控制器，要用到的接口函数包括GetCapability()和GetState()，下面介绍这两个函数的用法。

接口函数GetCapability()用来获取主控制器的属性，其原型如代码清单9-2所示。

代码清单 9-2　接口函数 GetCapability()

```
typedef EFI_STATUS (EFIAPI *EFI_USB2_HC_PROTOCOL_GET_CAPABILITY) (
    IN EFI_USB2_HC_PROTOCOL *This,        //Protocol实例
    OUT UINT8 *MaxSpeed,                  //最大传输速度
    OUT UINT8 *PortNumber,                //根集线器端口号
    OUT UINT8 *Is64BitCapable             //是否支持64位内存地址
);
#define EFI_USB_SPEED_FULL  0x0000        //全速，12Mb/s
#define EFI_USB_SPEED_LOW   0x0001        //低速，1.5Mb/s
#define EFI_USB_SPEED_HIGH  0x0002        //高速，480Mb/s
#define EFI_USB_SPEED_SUPER 0x0003        //超高速，4.8GMb/s
```

此函数可通过 EFI_USB2_HC_PROTOCOL 实例取得主控制器的属性。其中，MaxSpeed 为控制器的最大传输速率，可以是低速、全速、高速和超高速中的一种。PortNumber 为根集线器端口号，USB 总线驱动在执行总线枚举时需要此参数。而 Is64BitCapable 用来显示控制器是否支持 64 位内存访问，主控制器软件可据此判断是否使用 4GB 以上的内存进行数据传输。

接口函数 GetState() 用来获得当前 USB 主控制器状态，其原型如代码清单 9-3 所示。

代码清单 9-3　接口函数 GetState ()

```
typedef EFI_STATUS (EFIAPI *EFI_USB2_HC_PROTOCOL_GET_STATE) (
    IN EFI_USB2_HC_PROTOCOL *This, //Protocol实例
    OUT EFI_USB_HC_STATE *State    //指向EFI_USB_HC_STATE数据类型，USB主控制器状态
);
typedef enum {
    EfiUsbHcStateHalt,             //停止状态
    EfiUsbHcStateOperational,      //运行中的状态
    EfiUsbHcStateSuspend,          //挂起状态
    EfiUsbHcStateMaximum
} EFI_USB_HC_STATE;
```

USB 主控制器可以是 3 种状态之一：停止、运行和挂起。只有在运行状态，主控制器才可以执行总线通信。当总线通信超过 3s 没有发生时，主控制器将进入挂起状态，此状态也可以由软件设定。在主控制器硬件重启或者发生致命错误时（比如一致性校验错误），主控制器将进入停止状态。当然，停止状态也可以由软件设定进入。

9.2.2 EFI_USB_IO_PROTOCOL

EFI_USB_IO_PROTOCOL 由 USB 总线驱动产生，可由 UEFI 应用和 UEFI 驱动使用，用来访问各种 USB 设备，比如 USB 键盘、USB 鼠标和大容量存储设备等。EFI_USB_IO_PROTOCOL 所提供的接口，可提供 4 种传输方式与 USB 设备进行通信，即 9.1 节介绍过的

控制传输、中断传输、批量传输和实时传输。

EFI_USB_IO_PROTOCOL 的接口函数如代码清单 9-4 所示。

代码清单 9-4 EFI_USB_IO_PROTOCOL 接口函数

```
typedef struct _EFI_USB_IO_PROTOCOL {
    EFI_USB_IO_CONTROL_TRANSFER UsbControlTransfer;                   //控制传输
    EFI_USB_IO_BULK_TRANSFER UsbBulkTransfer;                         //批量传输
    EFI_USB_IO_ASYNC_INTERRUPT_TRANSFER  \
                          UsbAsyncInterruptTransfer;                  //异步中断传输
    EFI_USB_IO_SYNC_INTERRPUT_TRANSFER UsbSyncInterruptTransfer //同步中断传输
    EFI_USB_IO_ISOCHRONOUS_TRANSFER UsbIsochronousTransfer;         //实时传输
    EFI_USB_IO_ASYNC_ISOCHRONOUS_TRANSFER \
                          UsbAsyncIsochronousTransfer;                //异步实时传输
    EFI_USB_IO_GET_DEVICE_DESCRIPTOR UsbGetDeviceDescriptor;        //获取设备描述符
    EFI_USB_IO_GET_CONFIG_DESCRIPTOR UsbGetConfigDescriptor;        //获取配置描述符
    EFI_USB_IO_GET_INTERFACE_DESCRIPTOR \
                        UsbGetInterfaceDescriptor;                    //获取接口描述符
    EFI_USB_IO_GET_ENDPOINT_DESCRIPTOR UsbGetEndpointDescriptor;
                                                                      //获取端点描述符
    EFI_USB_IO_GET_STRING_DESCRIPTOR UsbGetStringDescriptor;        //获取字符串描述符
    EFI_USB_IO_GET_SUPPORTED_LANGUAGES UsbGetSupportedLanguages;//获取支持语言
    EFI_USB_IO_PORT_RESET UsbPortReset;                               //重启USB控制器
} EFI_USB_IO_PROTOCOL;
```

对照 9.1 节的介绍，很容易理解 EFI_USB_IO_PROTOCOL 所提供的各类接口函数。限于篇幅，下面只介绍本章需要使用的两个接口函数 UsbGetDeviceDescriptor() 和 UsbControlTransfer()，其他接口函数的说明，请参考 UEFI 规范中 USB 相关的章节。

接口函数 UsbGetDeviceDescriptor() 用来获取 USB 设备的设备描述符，其原型如代码清单 9-5 所示。

代码清单 9-5 接口函数 UsbGetDeviceDescriptor()

```
typedef EFI_STATUS (EFIAPI *EFI_USB_IO_GET_DEVICE_DESCRIPTOR) (
    IN EFI_USB_IO_PROTOCOL *This,         //Protocol实例
    OUT EFI_USB_DEVICE_DESCRIPTOR *DeviceDescriptor //设备描述符指针变量
);
typedef struct {
    UINT8 Length;                         //描述符长度(0x12)
    UINT8 DescriptorType;                 //描述符类型(0x01)
    UINT16 BcdUSB;                        //USB设备支持的协议版本号
    UINT8 DeviceClass;                    //类代码
    UINT8 DeviceSubClass;                 //子类代码
    UINT8 DeviceProtocol;                 //协议码
    UINT8 MaxPacketSize0;                 //端点0最大包长度
    UINT16 IdVendor;                      //厂商ID
    UINT16 IdProduct;                     //产品ID
    UINT16 BcdDevice;                     //设备发行号
```

```
    UINT8 StrManufacturer;                  //厂商信息
    UINT8 StrProduct;                       //产品信息
    UINT8 StrSerialNumber;                  //设备序列号
    UINT8 NumConfigurations;                //配置描述符数目
} EFI_USB_DEVICE_DESCRIPTOR;
```

UsbGetDeviceDescriptor() 所获取的设备描述符的各成员变量与 9.1.2 节介绍的设备描述符是完全一样的，其细节就不再解释了。

接口函数 UsbControlTransfer() 用来进行控制传输，包括 USB 标准命令、类命令，都是通过控制传输来进行的。该接口函数的原型如代码清单 9-6 所示。

代码清单 9-6 接口函数 UsbControlTransfer()

```
typedef EFI_STATUS (EFIAPI *EFI_USB_IO_CONTROL_TRANSFER) (
    IN EFI_USB_IO_PROTOCOL *This,           //Protocol实例
    IN EFI_USB_DEVICE_REQUEST *Request,     //USB命令（标准命令、类命令、厂商命令）
    IN EFI_USB_DATA_DIRECTION Direction,    //方向
    IN UINT32 Timeout,                      //超时时间，单位为毫秒
    IN OUT VOID *Data OPTIONAL,             //发往或接收自USB设备的数据缓冲区
    IN UINTN DataLength OPTIONAL,           //数据缓冲区的长度
    OUT UINT32 *Status                      //USB传输的结果
);
typedef enum {
    EfiUsbDataIn,                           //接收自USB设备，即从USB设备往USB主机发送
    EfiUsbDataOut,                          //发往USB设备，即从USB主机发往USB设备
    EfiUsbNoData
} EFI_USB_DATA_DIRECTION;
typedef struct {
    UINT8 RequestType;                      //命令类型
    UINT8 Request;                          //命令序号
    UINT16 Value;                           //不同的命令，含义不同
    UINT16 Index;                           //不同的命令，含义不同
    UINT16 Length;                          //如果有数据阶段，此字段为数据的字节数
} EFI_USB_DEVICE_REQUEST;                   //USB命令结构体
```

UsbControlTransfer() 搭建了 USB 设备驱动与 USB 设备间的传输通道。从代码清单 9-6 中可以看出，它的功能主要是执行各类 USB 命令，包括 USB 标准命令、类命令和厂商命令。其参数 Request 的数据结构，与 9.1.3 节给出的 USB 命令的结构是完全一样的，含义也完全相同。

参数 Status 给出的是 USB 传输的结果，与函数执行后的返回值是不一样的。函数返回值用来反映函数执行情况，比如参数是否错误、执行是否超时等。而参数 Status 给出的传输中错误的类型，比如 CRC 校验错误等，Status 可能的值如下所示。

```
#define EFI_USB_NOERROR          0x0000
#define EFI_USB_ERR_NOTEXECUTE 0x0001
```

```
#define EFI_USB_ERR_STALL       0x0002
#define EFI_USB_ERR_BUFFER      0x0004
#define EFI_USB_ERR_BABBLE      0x0008
#define EFI_USB_ERR_NAK         0x0010
#define EFI_USB_ERR_CRC         0x0020
#define EFI_USB_ERR_TIMEOUT     0x0040
#define EFI_USB_ERR_BITSTUFF    0x0080
#define EFI_USB_ERR_SYSTEM      0x0100
```

9.2.3 列举USB控制器和设备

为演示EFI_USB2_HC_PROTOCOL和EFI_USB_IO_PROTOCOL的用法，本节准备了示例工程ListUSB，用来列举USB主控制器和USB设备的信息。所准备的示例工程ListUSB位于随书代码的RobinPkg\Applications\ListUSB文件夹下，其编写过程如下。

1）在公共头文件Common.h中添加支持USB访问的头文件，包括UsbHostController.h和UsbIo.h。

2）在INF文件的[Protocols]部分添加支持USB访问Protocol的GUID，包括gEfiUsbIoProtocolGuid和gEfiUsb2HcProtocolGuid。

3）编写获取Protocol实例的函数，所编写的函数位于Common.c文件中。

4）在主文件ListUSB.c中，编写获取USB主控制器信息和获取USB设备信息的函数，构建列举USB信息的代码。

其中，第3步获取Protocol实例的函数的编写方法，在第7章已经详细介绍过了，获取EFI_USB2_HC_PROTOCOL和EFI_USB_IO_PROTOCOL实例的方法是一样的，本节就不重复介绍了。

获取的实例存储在数组gUsb2HC[]和gUsbIO[]中，可以直接使用它们来获取USB主控制器信息和USB设备信息。获取USB主控制器信息的代码如示例9-2所示。

【示例9-2】获取USB主控制器信息。

```
VOID lsUsb2HC(void)
{
    EFI_STATUS Status;
    UINTN i;
    UINT8 maxSpeed,portNumber,is64BC;
    EFI_USB_HC_STATE state;
    CHAR16 *speed[]={L"FULL ",L"LOW  ",L"HIGH ",L"SUPER"};
    CHAR16 *hcState[]={L"Halt",L"Operational",L"Suspend"};
    if(gUsb2HCCount == 0)    //没有Protocol实例，直接退出
        return;
    Print(L"Usb HC: %d \n",gUsb2HCCount);
    Print(L"No. MaxSpeed PortNumber Is64BitCapable State\n");
    for(i=0;i<gUsb2HCCount;i++)
    {
```

```
        Print(L"%03d ",i);
        Status = gUsb2HC[i]->GetCapability(gUsb2HC[i],&maxSpeed, \
            &portNumber,&is64BC); //获取属性
        if(EFI_ERROR(Status))
            Print(L"???");
        else
            Print(L"%*S %*d %*d ",8,speed[maxSpeed],10,portNumber,14,is64BC);
        Status = gUsb2HC[i]->GetState(gUsb2HC[i],&state);    //获取状态
        if(EFI_ERROR(Status))
            Print(L" ???\n");
        else
            Print(L"%S \n",hcState[state]);
    }
}
```

上述代码的逻辑比较简单，主要是调用EFI_USB2_HC_PROTOCOL的接口函数GetCapability()和GetState()，得到USB主控制器的属性和状态。

获取USB设备信息的方式与示例9-2类似，使用EFI_USB_IO_PROTOCOL的接口函数UsbGetDeviceDescriptor()得到USB设备的设备描述符。将设备描述符中的类、子类、厂商ID和产品ID打印出来接口函数的实现代码如示例9-3所示。

【示例9-3】获取USB设备信息。

```
VOID lsUsbIO(void)
{
    EFI_STATUS Status;
    UINTN i;
    EFI_USB_DEVICE_DESCRIPTOR UsbDevDesc;
    if(gUsbIOCount == 0)   //没有Protocol实例，直接退出
        return;
    Print(L"Usb Device: %d \n",gUsbIOCount);
    Print(L"No. DevClass SubClass IdVendor IdProduct \n");
    for(i=0;i<gUsbIOCount;i++)
    {
        Print(L"%03d ",i);
        Status = gUsbIO[i]->UsbGetDeviceDescriptor(gUsbIO[i], &UsbDevDesc);
        if(EFI_ERROR(Status))
            Print(L"Get Device Descriptor Error!\n");
        else
        {
            Print(L"     %03d       %03d ", \
                UsbDevDesc.DeviceClass,UsbDevDesc.DeviceSubClass);
            Print(L"  0x%04x     0x%04x\n", \
                UsbDevDesc.IdVendor,UsbDevDesc.IdProduct);
        }
    }
}
```

这两个函数构建好之后，在主程序中直接调用，即可完成获取USB信息的代码的构建工作。参照2.1.3节的方法，设置编译的环境变量，使用如下命令编译程序。

```
C:\UEFIWorkspace\edk2\build -p RobinPkg\RobinPkg.dsc \
    -m RobinPkg\Applications\ListUSB\ListUSB.inf -a X64
```

EDK2 的 UEFI 模拟器，以及 QEMU 或 VirtualBox 的虚拟环境，都不支持 USB Protocol 的访问。因此，所编译的 EFI 执行程序，只能在实际的机器上运行。可按照如下命令运行，以得到相应的信息。

```
FS0:\> ListUSB.efi hc    //获取USB主控制器信息
FS0:\> ListUSB.efi io    //获取USB设备信息
```

9.3 访问 USB HID 设备

从 9.1.4 节的介绍中我们了解到，USB HID 设备非常适合用于需要少量数据传输的场合。本节就准备使用单片机，制作一个 USB HID 设备，使它具备基本的通信能力，并在 UEFI 环境下与之通信。

笔者所管理的项目中，经常需要在 Windows 或 Linux 操作系统下与单片机所制作的 USB HID 设备通信，并通过单片机控制其他硬件资源。在 Windows 操作系统中，准备了非常完整的 USB HID 的驱动支持以及 API 接口。一般来说，Windows 操作系统可以通过以下 3 种方式访问 HID 设备。

- 使用 HidD_SetOutputReport() 和 HidD_GetInputReport() 函数，通过 Output 和 Input 型的报告访问 USB HID 设备。
- 使用 HidD_SetFeature() 和 HidD_GetFeature() 函数，通过 Feature 型的报告访问 USB HID 设备。
- 使用 ReadFile() 和 WriteFile() 函数，通过控制端点向 USB HID 设备发送数据或接收来自 USB HID 设备的数据。

在 UEFI 环境下，也可以通过类似的方法对 HID 设备进行访问。当然，为了实现与上位机（即 Windows 操作系统、Linux 操作系统、UEFI 系统等控制 USB 主机的系统）的通信，单片机所实现的 USB HID 设备的固件中，也需要提供相应的支持。

本节的示例中，使用的是 Output 和 Input 型报告描述符进行通信的。读者完全可以在本节示例的基础上，实现另外两种通信方式。另外，为了方便测试，笔者编写了用于 USB HID 设备通信的工具 UsbHID.exe，通过该工具可以在 Windows 系统下访问 USB HID 设备。该工具放在了随书代码的 chap09 文件夹下。

下面详细介绍制作 USB HID 设备的过程，以及如何在 UEFI 环境下访问 HID 设备。

9.3.1 制作 USB HID 设备

对于用来制作 USB HID 设备的单片机，并没有特别的要求，只要支持 USB 从机的芯片即可。笔者使用过 Crypress 公司的 CY7C63823、Cygnal 公司的 C8051F320 以及 STMicroelectronics 公司的多款 STM32 单片机来开发 USB HID 设备，开发过程都差不多。下面以笔者开发的 USB 开发板 YIE002 为例，介绍开发 USB HID 设备的过程。

本节的示例工程 YIE002STM32F1-UsbHID 位于随书代码的文件夹 chap09 下，可以使用 Keil MDK 编译工具对其进行编译。本示例工程所开发的设备支持上述 3 种通信方式，配合测试工具 UsbHID.exe，可以直接查看通信效果。

提示 本节提供的 Keil MDK 工程示例，以及上位机测试工具 UsbHID.exe，都是为了制作可以在 UEFI 环境下访问的 USB HID 设备。它们的编写方法超出了本书的讨论范围，这里不再展开，具体的实现细节在笔者的系列博客中提供了。

---

1. 开发板 YIE002 简介

开发板 YIE002 是笔者为了学习 USB 协议和开发 USB 设备而制作的。其产品结构如图 9-10 所示。

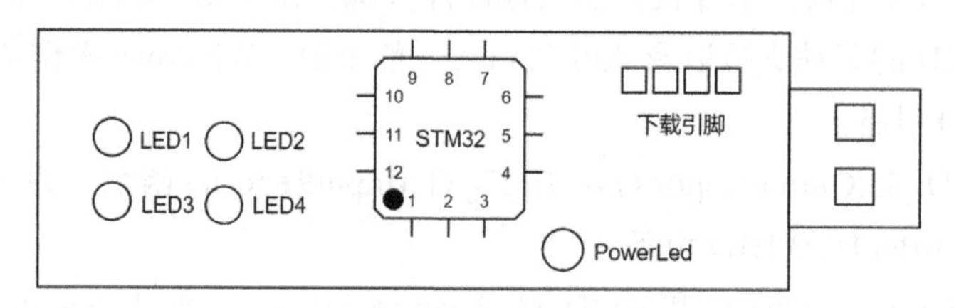

图 9-10 YIE002 开发板结构示意图

为适应不同的项目需求，开发板 YIE002 会更换各种单片机，本书中所用开发板，使用的主芯片为 STM32F103C8T6。这是一款基于 ARM Cortex-M3 核心的处理器，内嵌一个兼容全速 USB 的设备控制器，遵循全速 USB 设备（12Mbps）标准。

为便于使用，YIE002 被设计为类似 U 盘的形状，可直接插在计算机的 USB 口上进行实验。它提供了若干 LED 灯，以供用户调试使用。其内部提供了产生随机数的硬件机制，所产生的随机数可以通过 USB 通道传送给上位机。

本章主要使用 YIE002 制作 USB HID 设备，其余的硬件资源，本节的示例都没有用到。关于 YIE002 的结构，就介绍到这里，更多的内容，请读者参考笔者的系列博客中的介绍[⊖]。

2. 制作 USB HID 设备

本章介绍的制作 USB HID 设备的方法，虽然是在开发板 YIE002 上实现的，但对 STM32 的其他单片机同样有效。使用其他厂家单片机开发的 USB 设备，也可以参照本节的

⊖ https://blog.csdn.net/luobing4365/article/details/112972928。

内容，开发出需要的 USB HID 设备。

制作 USB HID 设备的过程如下。

（1）准备标准描述符

在源文件 usb_desc.c 中，将设备描述符中的厂商 ID 和产品 ID 等信息修改为自己需要的值。这些信息在源文件中是以宏定义的形式存在的，直接修改即可。笔者所准备的示例中，厂商 ID 为 0x8765，产品 ID 为 0x4321。

另外，由于所制作的是 USB HID 设备，可以设备描述符中的类代码、子类代码和协议代码都需要设置为 0，设备类型由接口描述符给出。修改位于源文件 usb_desc.c 中的接口描述符，类代码设为 0x03（表明是 USB HID 设备），子类代码和协议代码都设置为 0。

（2）设计报告描述符

为支持 3 种通信方式，需要在报告描述符中准备 3 种主项目来进行数据通信，即 Input、Output 和 Feature。具体的实现定义在源文件 usbd_ desc.c 中，如示例 9-4 所示。

【示例 9-4】USB HID 设备的报告描述符。

```
const uint8_t CustomHID_ReportDescriptor[CUSTOMHID_SIZ_REPORT_DESC] =
{
    0x05, 0x01, // USAGE_PAGE (Generic Desktop)
    0x09, 0x00, // USAGE (0)
    0xa1, 0x01, // COLLECTION (Application)
    0x15, 0x00, // LOGICAL_MINIMUM (0)
    0x25, 0xff, // LOGICAL_MAXIMUM (255)
    0x19, 0x01, // USAGE_MINIMUM (1)
    0x29, 0x10, // USAGE_MAXIMUM (16)
    0x95, 0x10, // REPORT_COUNT (16)
    0x75, 0x08, // REPORT_SIZE (8)
    0x81, 0x02, // INPUT (Data,Var,Abs)
    0x19, 0x01, // USAGE_MINIMUM (1)
    0x29, 0x10, // USAGE_MAXIMUM (16)
    0x91, 0x02, // OUTPUT (Data,Var,Abs)
    0x19, 0x01, // USAGE_MINIMUM (1)
    0x29, 0x10, // USAGE_MAXIMUM (16)
    0xB1, 0x02, // Feature(Data,Var,Abs)
    0xc0           // END_COLLECTION
}
```

示例 9-4 所示的报告描述符中，定义了 Input、Output 和 Feature 这 3 种报告。全局项 LOGICAL_MINIMUM 定义了数据最小值为 0，LOGICAL_MAXIMUM 定义了数据的最大值为 255。主项目 Input 之前，定义了 REPORT_SIZE 为 8，REPORT_COUNT 为 16（即 16 字节的 Input 报告）。而且主项目 Input 的每个字节是独立、可变的变量，主项目 Output 和 Feature 定义方法是一样的。至于 USAGE_MINIMUM 和 USAGE_MAXIMUM，是用来表明设备用途的。在我们设计的报告描述符中，只需要有这两个项，它们的值对通信功能影响不大。

报告描述符内容多且繁杂，不管是记忆还是查询，都极不方便。USB-IF 的官网中，提供了 HID 描述符编辑工具，主要用来编辑 HID 的报告描述符，其名称为 HID Descriptor Tool，执行程序名为 DT.exe。它列出了所有报告描述符中的选项，并且可以协助用户检查报告描述符的有效性，并提供错误原因与更改建议。建议读者在修改报告描述符时，直接使用此工具。

（3）编写通信函数

准备好报告描述符后，为支持 USB HID 设备与 USB 主机通信，必须针对上位机不同的访问方式准备不同的响应函数。

本节开始的时候，介绍过 Windows 操作系统下访问 USB HID 设备的 3 种方式。实际上，大部分上位机（比如 UEFI 系统）都可以通过类似的方式访问 USB HID 设备。在单片机的固件中，对应函数 HidD_SetOutputReport() 和 HidD_SetFeature() 的，是类命令 Set_Report 的处理；对应函数 HidD_GetInputReport() 和 HidD_GetFeature() 的，则是类命令 Get_Report 的处理。而对应函数 WriteFile() 和 ReadFile() 的，则是使用端点读写数据的函数。

因此，上位机使用类命令 Set_Report 和 Get_Report 与设备通信时，可以通过两种方式传输数据：

- Output 和 Input 报告方式。
- Feature 报告方式。

在笔者准备的示例 YIE002STM32F1-UsbHID 中，对于上位机发过来的 Set_Report 和 Get_Report 命令，对采用的是第一种方式还是第二种方式进行了区分。具体的实现代码定义在 usb_prop.c 中，如示例 9-5 所示。

【示例 9-5】 HID 类命令 Set_Report 和 Get_Report 处理。

```
//Set_Report的处理函数
uint8_t *CustomHID_SetReport_Feature(uint16_t Length)
{
    if(pInformation->USBwValues.bw.bb1 == OUT_REPORT)
        Report_InOut_Flag=1;
    else if(pInformation->USBwValues.bw.bb1 == FEATURE_REPORT)
        Report_Feature_Flag=1;
    if (Length == 0)
    {
         pInformation->Ctrl_Info.Usb_wLength = 16;
         return NULL;
    }
    else
        return &Report_Buf[pInformation->Ctrl_Info.Usb_wOffset];
}
//Get_Report的处理函数
uint8_t *CustomHID_GetReport_Feature(uint16_t Length)
{
    if(pInformation->USBwValues.bw.bb1 == IN_REPORT)
```

```
        Report_InOut_Flag=0;
    else if(pInformation->USBwValues.bw.bb1 == FEATURE_REPORT)
        Report_Feature_Flag=0;
    if (Length == 0) //此处报告需要发送的长度
    {
        pInformation->Ctrl_Info.Usb_wLength = 16;
        return NULL;
    }
    else  //此处返回需要处理的数据
    {
        if(pInformation->USBwValues.bw.bb1 == FEATURE_REPORT)
        {
            if(Report_Buf[0] == 0xA0)    //将第二个字节改为3返回，表示是Feature 报告
                Report_Buf[1]=0x3;
        }
        else
        {
            if(Report_Buf[0] == 0xA0)  //将第二个字节改为2返回，表示是IN/OUT报告
                Report_Buf[1]=0x2;
        }
        return Report_Buf;
    }
}
```

示例 9-5 给出了类命令 Set_Report 和 Get_Report 的处理函数。从代码中可以看出，上位机通过 Set_Report 命令发送报告数据，USB HID 设备将数据缓存到数组 Report_Buf 中，并根据收到 Set_Report 命令的 wValue 字段，区分是 Output 型报告还是 Feature 型报告，然后置位相应的标志位。

返回给上位机的数据，则在 Get_Report 的处理函数中处理：在收到的第一字节数据为 0xA0 的情况下，如果是通过 Output 和 Input 型的报告访问 USB HID 设备，则返回的数据中，第二字节为 0x2；如果通过 Feature 型报告访问 USB HID 设备，则返回的数据中，第二字节为 0x3。

另外一种通信方式是通过端点进行通信，所修改的代码位于源文件 usb_endp.c 中。主要的数据处理在函数 EP1_OUT_Callback() 中完成，如示例 9-6 所示。

【示例 9-6】通过控制端点接收和发送数据。

```
uint8_t Receive_Buffer[0xff];
void EP1_OUT_Callback(void)
{
    uint32_t DataLength = 0;
    DataLength=USB_SIL_Read(EP1_OUT, Receive_Buffer); //读取端点得到的数据
    SetEPRxStatus(ENDP1, EP_RX_VALID);
    if (Receive_Buffer[0] == 0xA0) //将第二个字节改为1返回
        Receive_Buffer[1]=0x1;
    USB_SIL_Write(EP1_IN,Receive_Buffer,DataLength);
    SetEPTxStatus(ENDP1,EP_TX_VALID);
}
```

当上位机使用 ReadFile()、WriteFile() 函数与 USB HID 设备通信时，将通过控制端点把数据发往 USB HID 设备，而 USB HID 设备也通过控制端点将数据返回。从示例 9-6 中可以看出，在这种通信方式下，USB HID 设备中接收到的数据，如果第一个字节为 0xA0，则返回给上位机的数据的第二个字节为 0x1。

本节提供的示例工程，是使用端点 1 进行数据传输的。这部分功能可以用在 USB 设备的配置描述符中将端点的使用方式给出来实现。具体的实现方法，可以参考示例工程的源代码。

本节所提供的示例工程 YIE002STM32F1-UsbHID，可以在 Keil MDK-ARM 5.14 及以上版本中进行编译。我们可以将编译后的生成文件下载到开发板 YIE002 中，然后在 Windows 系统上使用笔者提供的 UsbHID 工具进行测试。

UsbHID 工具位于随书代码的 chap09 文件夹下，它是专为本节示例工程编写的上位机软件。此工具支持 3 种通信方式，读者可以选择不同的通信方式与制作好的 USB HID 设备进行通信。实际上，参考本节介绍的制作步骤，完全可以使用其他单片机制作 USB HID 设备。只需要保证所使用的 3 种报告是 16 字节的，就可以使用 UsbHID 工具来进行测试。

图 9-11 所示为 UsbHID 工具的界面。用户可以在 HID 设备的列表中选择需要通信的设备。我们所设计的 USB HID 设备，厂商 ID 和产品 ID 分别为 0x8765 和 0x4321，可以在列表中找到并选中。

对于 UsbHID 工具，选中指定的设备后，选择任一通信方式即可进行测试。比如，将第一个字节改为 0xA0，点击“单次发送”按钮，使用 FeatureReport 方式进行通信，可以看到图 9-11 所示效果：收到的返回数据中，第二个字节变为了 0x03。

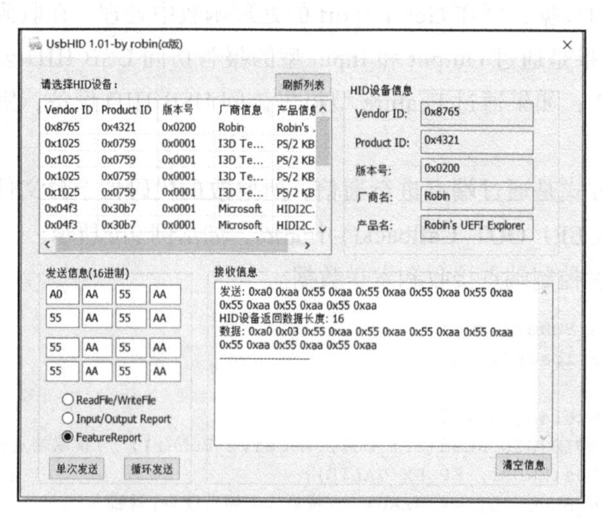

图 9-11　HID 设备测试工具 UsbHID

关于 UsbHID 工具的编写方法，不在本书的讨论范围之内。有兴趣的读者，可以关注笔者的UEFI探索系列博客，在其中笔者详细描述了UsbHID工具的原理及编写过程。

9.3.2　在UEFI下访问USB HID设备

我们所制作的USB HID设备，在Windows系统下可以成功通信，这意味着在UEFI环境下也可以通信。本节准备的示例工程，采用了Input和Output报告进行通信，其余两种通信方式没有给出实现代码。参照本节的示例，实现其余两种通信方式并不困难，读者可以自行尝试。

示例工程位于随书代码的RobinPkg\Applications\HelloHid文件夹下，这是在9.2.3节介绍的示例工程ListUSB的基础上实现的。其主要实现步骤如下。

1. 添加访问USB HID设备的库和头文件

在EDK2的MdePkg中，提供了支持USB HID设备访问的库UEFIUsbLib，其库函数定义在头文件\MdePkg\Include\Library\UEFIUsbLib.h中。在UEFIUsbLib中，提供了与HID的标准命令和类命令对应的函数。比如，对应标准命令Get_Descriptor的函数为UsbGetDescriptor()，对应类命令Get_Report的函数为UsbGetReportRequest()，其余的USB命令，都可以根据函数名找到对应的函数。

在访问USB HID设备的时候，我们可以直接使用这些函数进行通信。因此，需要将库声明和头文件声明添加到示例工程中。在示例工程的INF文件中添加如下声明。

```
[Packages]
    MdePkg/MdePkg.dec
    ......              //其他包
[LibraryClasses]
    UEFIUsbLib          //添加支持USB HID设备访问的函数库
    ......              //其他库
```

在头文件Common.h中按如下方法添加包含头文件声明。

```
#include <Library/UEFIUsbLib.h>
```

完成上述工作后，即可在代码中调用访问USB HID设备的函数了。

2. 定位USB HID设备

类似于上位机的测试工具UsbHID，我们通过USB HID设备的厂商ID和产品ID来定位设备。当扫描到厂商ID为0x8765且产品ID为0x4321的设备时，就说明所找到的设备就是我们制作的USB HID设备。其实现代码如示例9-7所示。

【示例9-7】定位自己的USB HID设备。

```
BOOLEAN findMyHidDevice(OUT INT16 *index,IN UINT16 MyVID,IN UINT16 MyPID)
{
    EFI_STATUS Status;
```

```
    INT16 i;
    EFI_USB_DEVICE_DESCRIPTOR      UsbDevDesc;
    if(gUsbIOCount == 0)  //没有USB设备
        return FALSE;
    for(i=0;i<gUsbIOCount;i++) //轮询是否为指定的设备
    {
        Status = gUsbIO[i]->UsbGetDeviceDescriptor(gUsbIO[i], &UsbDevDesc);
        if(Status == EFI_SUCCESS)
        {
            if((UsbDevDesc.IdVendor == MyVID) && (UsbDevDesc.IdProduct == MyPID))
            {
                *index = i;
                return TRUE;
            }
        }
    }
    return FALSE;
}
```

示例 9-7 中的函数 findMyHidDevice()，从全局数组 gUsbIO[] 中找到厂商 ID 为 MyVID、产品 ID 为 MyPID 的 USB HID 设备。数组 gUsbIO[] 是 EFI_USB_IO_PROTOCOL 型指针数组，每个元素相当于是一个 USB HID 设备的接口。我们所制作的 USB HID 设备只有一个接口，因此在数组中只占据一个元素。

在找到对应的设备后，函数将返回相应的数组下标（参数 INT16 *index）。由此，我们得到了 USB HID 设备对应的 EFI_USB_IO_PROTOCOL Protocol 实例，至此就可以调用其接口函数与 USB HID 设备通信了。

3. 与 USB HID 设备通信

得到 USB HID 设备的 Protocol 实例后，可以使用与类命令 Set_Report 和 Get_Report 对应的函数，向 USB HID 设备发送数据和接收来自 USB HID 设备的数据。实现代码如示例 9-8 所示。

【示例 9-8】与 USB HID 设备通信。

```
VOID connectMyHidDevice(IN INT16 index)
{
    EFI_STATUS Status;
    UINT8   ReportId, myBuffer[16];
    INTN i;
    gBS->SetMem(myBuffer,16,0xA5);
    ReportId = 0;
    Status = UsbSetReportRequest(
        gUsbIO[index],            //Protocol实例
        0,                        //接口
        ReportId,                 //报告ID
        HID_OUTPUT_REPORT,        //报告类型
        16,                       //缓冲区长度
```

```
        myBuffer                     //缓冲区
    );
    if(EFI_ERROR(Status)) return;
    gBS->SetMem(myBuffer,16,0x00);
    Status = UsbGetReportRequest(
        gUsbIO[index],               //Protocol实例
        0,                           //接口
        ReportId,                    //报告ID
        HID_INPUT_REPORT,            //报告类型
        16,                          //缓冲区长度
        myBuffer                     //缓冲区
    );
    if(EFI_ERROR(Status)) return;
    Print(L"Get data from MyHidDevice:\n");
        for(i=0;i<16;i++)
        Print(L"0x%02x ",myBuffer[i]);
    Print(L"\n");
}
```

在示例 9-8 所示的函数 connectMyHidDevice() 中，我们调用了 UsbSetReportRequest() 和 UsbGetReportRequest() 函数，并通过 Output 型报告、Input 型报告与 USB HID 设备通信。需要注意的是，在调用这两个函数的时，报告 ID（也即 ReportID）必须设置为 0。这是因为在我们设计 USB HID 设备时，报告描述符中并没有设置报告 ID 的项，因此将其设置为 0 即可。

库函数 UsbSetReportRequest() 和 UsbGetReportRequest() 的实现代码在 EDK2 的源文件 \MdePkg\Library\UEFIUsbLib\Hid.c 中。这两个函数是通过调用 EFI_USB_IO_PROTOCOL 的接口函数 UsbControlTransfer() 来实现与 USB HID 设备通信的。

至此，我们完成了与 USB HID 设备通信的核心代码。在主函数中，直接调用 findMyHidDevice() 和 connectMyHidDevice()，即可访问 USB HID 设备。

参照 2.1.3 节介绍的方法，设置编译的环境变量，使用如下命令编译程序。

```
C:\UEFIWorkspace\edk2\build -p RobinPkg\RobinPkg.dsc \
    -m RobinPkg\Applications\ListUSB\HelloHid.inf -a X64
```

与 9.2.3 节介绍的示例工程类似，HelloHid 程序只能在实际的机器上运行。读者可将自制的 USB HID 设备插入计算机，进入 UEFI Shell 环境，按照如下命令运行，观察其与 USB HID 设备通信的结果。

```
FS0:\> HelloHid  //向USB HID设备发送数据，并打印接收到的数据
```

9.4　本章小结

本章首先简单介绍了 USB 规范，主要包括 USB 通信原理、USB 描述符，以及对 USB

标准命令和 USB HID 设备。本章着重介绍了 USB 软件框架，以及示例中需要用到的 USB 描述符和 USB 命令。

然后介绍了 UEFI 规范中对 USB 的支持，包括 USB 驱动协议栈的构成、用来访问 USB 根集线器及各类 USB 设备的 EFI_USB2_HC_PROTOCOL，以及支持 USB 设备通信的 EFI_USB_IO_PROTOCOL，并使用这两种 Protocol 实现了列举 USB 控制器和 USB 设备的示例。

最后使用单片机构建了 USB HID 设备，并使之支持 3 种通信方式，即支持通过端点、通过 Input 型报告和 Output 型报告，以及通过 Feature 型报告传输数据。本章还以自制的 USB HID 设备为访问目标，使用 UEFI 示例程序 HelloHID，演示了如何在 UEFI 下访问 USB HID 设备。

下一章我们将讲解在 UEFI 下如何构建网络程序，让 UEFI 程序进入信息时代的高速公路。

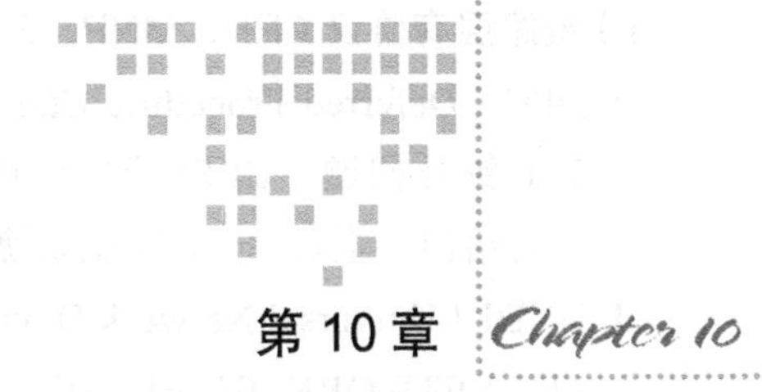

第 10 章 Chapter 10

UEFI 与网络

2019 年 12 月 24 日，43 亿个 IPv4 地址分配完毕，也就是说，已经没有新的地址可以分配给 ISP 和其他大型网络基础设施提供商了。这意味着，20 世纪 70 年代诞生的互联网协议第四版（Internet Protocol version 4，IPv4），将逐渐让位于互联网协议第六版（Internet Protocol version 6，IPv6）。

当然，预计在很长的一段时间内，IPv4 和 IPv6 会共同存在，目前的网络开发，仍旧是以 IPv4 为主。本章将重点介绍 IPv4 的编程，同时用一定的篇幅介绍如何使用 Socket 在 UEFI 下进行 IPv6 的编程。UEFI 在架构的设计中，对 IPv4 和 IPv6 都提供了支持，其整个网络协议栈如图 10-1 所示。

应用层	MTFTP - 多播小型文件传输协议 PXE - 预启动执行环境 DHCP - 动态主机配置协议 iSCSI - 网络小型计算机系统接口 HTTP(s) - 超文本传输协议 TLS - 安全网络传输
传输层	DNS - 域名解析服务 TCP - 传输控制协议 UDP - 用户数据报协议
网络层	IP - 网际互联协议
链路层	ARP - 地址解析协议 MNP - 网络管理协议 SNP - 简单网络协议 UNDI - 通用网络设备接口 DPC - 延迟过程调用

图 10-1　UEFI 网络协议栈

需要注意的是，网络的“协议”与 UEFI 的 Protocol 是不同的术语，前者指代互联网的通信标准，后者是 UEFI 的接口，它们所适用的领域不同，不能混淆。

1）链路层有协议 ARP、MNP、SNP、UNDI 和 DPC。

- DPC（Deferred Procedure Call），延迟过程调用，可用来解决 UEFI 网络协议栈中的 TPL 锁死问题。UEFI 接口协议为 EFI_DPC_PROTOCOL，此接口在 UEFI 规范中没有给出，主要由 UEFI 驱动使用。
- UNDI（Universal Network Device Interface），通用网络设备接口。UEFI 接口协议为 EFI_NETWORK_INTERFACE_IDENTIFIER_PROTOCOL。
- SNP（Simple Network Protocol），初始化和关闭网络接口，接收和发送网络帧。配合 UNDI 向上提供物理层服务，以规范的接口屏蔽硬件细节。UEFI 接口协议为 EFI_SIMPLE_NETWORK_PROTOCOL。
- MNP（Managed Network Protocol），提供异步的网络数据包的 IO 服务。UEFI 接口协议为 EFI_MANAGED_NETWORK_PROTOCOL。
- ARP（Address Resolution Protocol），地址解析协议，根据 IP 地址获取物理 MAC 地址。UEFI 接口协议为 EFI_ARP_PROTOCOL。

2）网络层有协议 IP（Internet Protocol）。其是网际互联协议，提供一种无连接、不可靠的端到端数据报传输服务。UEFI 接口协议为 EFI_IP4_PROTOCOL 和 EFI_IP6_PROTOCOL。

3）传输层有协议 TCP、UDP 和 DNS。

- TCP（Transmission Control Protocol），面向连接的、可靠的基于字节流的数据传输网络协议，可保证数据到达目的地。UEFI 接口协议为 EFI_TCP4_PROTOCOL 和 EFI_TCP6_PROTOCOL。
- UDP（User Datagram Protocol），提供无连接的、面向事务的不可靠信息传送服务。UEFI 接口协议为 EFI_UDP4_PROTOCOL 和 EFI_ UDP6_PROTOCOL。
- DNS（Domain Name Server），域名解析服务，是一种使域名和 IP 地址相互映射的数据库系统。UEFI 接口协议为 EFI_DNS4_PROTOCOL 和 EFI_DNS6_PROTOCOL。

4）应用层有协议 TLS、HTTP(s)、iSCSI、DHCP、PXE 和 MTFTP 等。

- TLS（Transport Layer Security），安全网络传输，用于保证两个应用程序间的通信的保密性和数据完整性。UEFI 接口协议为 EFI_TLS_PROTOCOL。
- HTTP(s)（HyperText Transfer Protocol w/(s)），超文本传输协议，用于在 Web 浏览器和网站服务器之间传递信息。此协议从 UEFI Spec V2.5 开始被支持。UEFI 接口协议为 EFI_HTTP_PROTOCOL。
- iSCSI（Internet Small Computer System Interface），基于互联网和 SCSI-3 协议的存储技术，将原来只用于本地的 SCSI 协议，通过 TCP/IP 网络发送，使得传输距离无限延展。UEFI 接口协议为 EFI_ISCSI_INITIATOR_NAME_PROTOCOL。
- DHCP（Dynamic Host Configuration Protocol），动态主机配置协议，用于集中管理、分配 IP 地址，使得网络环境中的主机能够获得 IP 地址、网关和 DNS 服务器地址等信息。UEFI 接口协议为 EFI_DHCP4_PROTOCOL 和 EFI_ DHCP6_PROTOCOL。

- PXE（PreBoot eXecution Environment），预启动环境，提供了一种使用网络接口启动计算机的机制。UEFI 接口协议为 EFI_PXE_BASE_CODE_PROTOCOL。
- MTFTP（Multicast Trivial File Transfer Protocol），建立在 UDP 之上的多播小型文件传输协议。UEFI 接口协议为 EFI_ MTFTP 4_PROTOCOL 和 EFI_ MTFTP 6_PROTOCOL。

UEFI 还在不断地发展中，其针对网络的接口协议也在不断丰富，更多内容可以参考 UEFI 规格文档。

UEFI 的网络应用程序，主要使用 TCP、UDP 等传输层协议，以及 iSCSI、MTFTP 等应用层协议。下面以两种方式展示如何进行网络应用程序的编写，一是以 EFI_TCP4_PROTOCOL 为例，介绍如何直接使用 UEFI Protocol 进行网络编程；二是使用 StdLib 的 Socket 接口，编写 IPv4 和 IPv6 的应用程序。

为行文方便，本章将在 IPv4 下的 TCP/UDP 编程称为 TCP4/UDP4；将在 IPv6 下的 TCP/UDP 编程称为 TCP6/UDP6。

编程之前，需要先配置好 UEFI 的网络测试环境。

10.1 准备 UEFI 网络测试环境

在进行网络编程之前，需要准备好 UEFI 网络测试环境。笔者平常使用的网络测试环境有 3 种：第一种是使用 TianCore 的 Nt32 模拟环境；第二种是运行在计算机上的真实的 UEFI 环境；第三种则是使用虚拟机的 UEFI 环境，比较常用的是 VirtualBox 和 QEMU。

另外，IPv4 和 IPv6 的网络测试环境的搭建方法也略有不同，下面将分别描述各种情况下的搭建方法。

10.1.1 搭建 Nt32 模拟器的网络环境

配置之前，请确保 Nt32 模拟器已经编译好了，编译命令如下。

```
c:\MyWorkspace> edksetup.bat --nt32
c:\MyWorkspace> build -p Nt32Pkg\Nt32Pkg.dsc -a IA32
```

笔者使用 VS2015 编译，生成的目录为 C:\MyWorkspace\Build\NT32IA32\DEBUG_VS2015x86\IA32，模拟器软件也在此目录下，名称为 SecMain.exe，双击即可运行。如果使用较新的模拟器，即使用 EmulatorPkg 编译的模拟器，可参考 2.1.3 节的内容进行准备。

对于 UEFI 下的网络配置，包括 Nt32 模拟器的网络配置，可以参考官方提供的文档 *UEFI Network Stack Getting Started Guid*。这篇文章有点老了，某些细节和现在的环境有出入，下面对配置过程进行简略说明。

步骤 1　下载并安装 Winpcap。Winpcap 是一款用于网络抓包的专业软件，是一个免费、公共的网络访问系统。它能为 win32 应用程序提供访问网络底层的能力，在模拟器中，相当于网卡的驱动。下载地址为 https://www.winpcap.org/default.htm。

步骤 2　下载 SnpNt32Io 源码并编译。代码可以从 GitHub 上下载（https://github.com/tianocore/edk2-NetNt32Io）。在 C 盘下建立文件夹 NetNt32Io，并将源代码复制进去。

下载 Winpcap 的开发包 WpdPack，下载地址为 https://www.winpcap.org/devel.htm。下载后将 WpdPack 的压缩文件解压并复制到 C:\NetNt32Io 目录下。

打开 Visual Studio 的命令行（与编译 UEFI 代码的命令行相同），进入源码目录，输入如下命令进行编译。

```
C:\NetNt32Io> nmake TARGET=RELEASE
```

编译后，在 NetNt32Io 文件夹中会自动生成目录 Release_IA32，将此目录下的 SnpNt32Io.dll 复制到 Nt32 模拟器的目录下，命令如下。

```
C:\NetNt32Io>copy /y c:\NetNt32IoRelease_IA32\SnpNt32Io.dll C:\MyWorkspace
\Build\NT32IA32\DEBUG_VS2015x86\IA32\
```

步骤 3　启动 Nt32 模拟器。启动的方法很多，笔者比较习惯的是直接在目录下点击 SecMain.exe 执行文件（若使用 EmulatorPkg 编译的模拟器，则其名称为 WinHost.exe）启动模拟器。也可以打开 VS2015 的命令行，用下面的方式启动。

```
C:\MyWorkspace> edksetup.bat --nt32
C:\MyWorkspace> build -p Nt32Pkg\Nt32Pkg.dsc -a IA32 run
```

步骤 4　进入 UEFI Shell，加载网络协议。在编译 Nt32Pkg 的过程中，与网络相关的 32 位 IPv4 的驱动都已经编译好了，可以直接加载。加载命令如下所示。

```
Shell> fs0:
FS0:\> load SnpNt32Dxe.efi MnpDxe.efi ArpDxe.efi Ip4Dxe.efi VlanConfigDxe.efi Udp4Dxe.
    efi Dhcp4Dxe.efi Mtftp4Dxe.efi Tcp4Dxe.efi
```

步骤 5　配置网卡。笔者的工作环境是通过 dhcp 动态分配 IP 地址的，可以使用 ifconfig 命令设置，将 Nt32 模拟器下的网卡设为动态分配地址，命令如下。

```
FS0:\>ifconfig -s eth0 dhcp
```

如果并非动态分配地址，也可通过以下命令将 IP 地址设置为静态 IP 地址。

```
FS0:\>ifconfig -s eth0 static 192.168.1.188 255.255.255.0 192.168.1.1
```

其中，192.168.1.188 为本机 IP 地址，255.255.255.0 为子网掩码，192.168.1.1 为网关 IP 地址。当然，读者也可根据自己的网络情况进行配置，包括 DNS 地址在内都可以指定，具体的用法可通过命令“ifconfig -? -b”查看。

IP 地址是否分配成功，可通过命令“ifconfig -l eth0”查看。

步骤 6　测试网络连接。通过 ping 命令可以测试网络连接情况，命令如下（192.168.1.42 为笔者工作的局域网内另外一台机器的 IP 地址）。

```
FS0:\>ping 192.168.1.42
```

10.1.2　在真实 UEFI 环境下使用网络

在真实 UEFI 环境下使用网络，需要了解计算机上所使用的网卡型号，然后加载相应的网卡驱动和 UEFI 网络协议驱动，因为只有这样才可完成环境搭建。

步骤 1　下载 UEFI 下的网卡驱动。可在地址 https://downloadcenter.intel.com/download/29137/Ethernet-Intel-Ethernet-Connections-Boot-Utility-Preboot-Images-and-EFI-Drivers 处下载 UEFI 的网卡驱动。在此网页上，可以下载 PREBOOT.exe，目前最新版本为 25.0。

将其解压安装，在目录 /APPS/EIF/EFIx64 中有相应的驱动。驱动是按照 EnnnnXm 的形式命名的，nnnn 为版本号，m 指代不同的网卡类型。比如，E9112X3.EFI 表示 PCI-E 的千兆网卡驱动，E7512X4.EFI 表示 10Gbps 的网卡驱动。

笔者所用的实验平台为 Intel 的 NUC6CAYH，所需要的驱动是 E9112X3.EFI，将其复制到 UEFI 启动盘中。

注意　经过实验发现，在 Windows 10 下，PREBOOT.exe 安装在 C 盘根目录会出现各种文件权限的问题。笔者一般是直接安装在桌面上，用完后删除即可。

步骤 2　编译 X64 的网络协议驱动。对于 UEFI 的网络协议驱动，IPv4 的源码在 MdeModulePkg 下，IPv6 的源码在 NetworkPkg 下。我们目前主要针对 IPv4 进行实验，所以需要编译 MdeModulePkg。

打开 Visual Studio 的命令行，按如下方式进行编译。

```
C:\MyWorkspace> edksetup.bat
C:\MyWorkspace> build -p MdeModulePkg\MdeModulePkg.dsc -a X64
```

编译完成后，在目录 C:\MyWorkspace\Build\MdeModule\DEBUG_VS2015x86\X64 下，将以下驱动复制到 U 盘启动盘中：SnpDxe.efi、MnpDxe.efi、ArpDxe.efi、Ip4Dxe.efi、VlanConfigDxe.efi、Udp4Dxe.efi、Dhcp4Dxe.efi、Mtftp4Dxe.efi、Tcp4Dxe.efi。

步骤 3　加载网卡驱动和网络协议的驱动。使用 UEFI 启动盘进入 UEFI Shell 测试环境。

```
Shell>fs0:
fs0:>load E9112X3.EFI
fs0:> load SnpDxe.efi MnpDxe.efi ArpDxe.efi Ip4Dxe.efi VlanConfigDxe.efi Udp4Dxe.efi
    Dhcp4Dxe.efi Mtftp4Dxe.efi Tcp4Dxe.efi
```

步骤 4　配置网卡。使用如下 ifconfig 命令配置网卡。

```
fs0:\>ifconfig -s eth0 dhcp
```

这个步骤和 10.1.1 节介绍的步骤 5 一样，相关的命令可以参考 10.1.1 节。

步骤 5　测试网络连接。使用同一局域网机器的 IP 地址（比如另一台机器为 192.168.1.44），通过如下 ping 命令测试网卡。

```
fs0:\>ping 192.168.1.44
```

如收到网络回传包，则表明环境搭建成功，此时就可以进行相关的网络测试了。

10.1.3　在虚拟机 UEFI 环境下使用网络：VirtualBox

之前的章节中已经介绍了如何在 VirtualBox 中搭建 UEFI Shell 环境。本节是在此基础之上，让 VirtualBox 的 UEFI Shell 具有访问网络的功能。

步骤 1　安装网络驱动和网络协议驱动。笔者使用的是 VirtualBox 6.1.4，其虚拟网卡为 Intel Pro/1000MT Desktop。网卡驱动下载地址为 https://downloadcenter.intel.com/download/27539/Ethernet-Intel-Ethernet-Connections-Boot-Utility-Preboot-Images-and-EFI-Drivers。

下载版本为 22.10 的 PREBOOT.exe，双击安装。将目录 /APPS/EIF/EFIx64 下的驱动 E3522X2.EFI 复制到虚拟机的硬盘中。同时，按照 10.1.2 节的方法编译网络协议驱动，将编译好的 X64 型 IPv4 网络协议驱动也复制到虚拟机的硬盘中。

启动虚拟机，进入 UEFI Shell，执行如下命令，加载网卡驱动和网络协议驱动。

```
Shell>fs0:
fs0:>load E3522X2.EFI
fs0:> load SnpDxe.efi MnpDxe.efi ArpDxe.efi Ip4Dxe.efi VlanConfigDxe.efi Udp4Dxe.efi
    Dhcp4Dxe.efi Mtftp4Dxe.efi Tcp4Dxe.efi
```

步骤 2　配置网卡。使用如下 ifconfig 命令配置网卡。

```
fs0:\>ifconfig -s eth0 dhcp
```

也可以按照 10.1.1 中步骤 5 介绍的方法，设置为静态的 IP 地址。

步骤 3　测试网络连接。笔者的主机 IP 地址为 192.168.1.42，VirtualBox 虚拟机通过 NAT 方式与主机相连。使用如下 ping 命令测试网络连接情况。

```
fs0:\>ping 192.168.1.42
```

10.1.4　在虚拟机 UEFI 环境下使用网络：QEMU

在官方文档中，UEFI 有很多实验是配合 QEMU 进行的，比如 OVMF 镜像实验。QEMU 的功能很强大，也非常灵活，不过配置相对 VirtualBox 来说较复杂。

本节的实验是在 Ubuntu16.04LTS 的宿主机上进行的。

步骤 1　编译 OVMF 镜像。按照 10.1.3 节给出的下载地址，在 Intel 网站上下载 E3522X2.EFI，这是网卡 E1000 的驱动。进入 UEFI 的编译目录，新建目录 Intel3.5/EFIX64，把 E3522X2.EFI 复制到这个目录下。

编译 OVMF 镜像，编译命令如下。

```
$ . edksetup.sh
$ build -p OvmfPkg/OvmfPkgX64.dsc -a X64 -D E1000_ENABLE -D DEBUG_ON_SERIAL_PORT
```

同时按照之前的方法编译 UEFI 下 64 位 IPv4 的网络协议，将编译好的镜像 OVMF.fd 和网络协议驱动复制出来，准备下面的步骤。

步骤 2　安装 QEMU 和必要的网络工具。使用 apt-get 安装，具体命令如下。

```
$ sudo apt-get install qemu
$ sudo apt-get install bridge-utils  #虚拟网桥设置工具
$ sudo apt-get install uml-utilities  #UML(User-mod linux)工具
```

步骤 3　搭建 QEMU 的网络通道。在之前的编译中，已经将网卡驱动包含在 OVMF 镜像所启动的 UEFI Shell 中了。如果不指定任何网络设置，QEMU 将使用带有内置 DHCP 服务器的用户模式（user）网络。当虚拟机运行时，可设定为 DHCP 模式，它能够通过 QEMU 伪装的 IP 地址来访问物理主机的网络。

不过，这种情况下，能通信的仅限于 TCP 和 UDP 协议，ICMP 协议（ping 命令依赖于此协议）将不起作用。因此，我们准备采用 tap 模式，并使用桥接的方法，让虚拟机和外部进行通信。

首先使用命令 ifconfig 获取本机的网络接口，笔者的网络接口为 ens33。然后按照下面的方法进行操作，当然也可以写个批处理文件，批量处理。

```
$sudo ifconfig ens33 down                  # 先关闭ens33接口
$sudo brctl addbr br0                      # 增加一个虚拟网桥br0
$sudo brctl addif br0 ens33                # 在br0中添加一个接口ens33
$sudo brctl stp br0 off                    # 只有一个网桥，所以关闭生成树协议
$sudo brctl setfd br0 1                    # 设置br0的转发延迟
$sudo brctl sethello br0 1                 # 设置br0的hello时间
$sudo ifconfig br0 0.0.0.0 promisc up      # 打开br0接口
$sudo ifconfig ens33 0.0.0.0 promisc up    # 打开ens33接口
$sudo dhclient br0                         # 从DHCP服务器获得br0的IP地址

$sudo tunctl -t tap0 -u root               # 创建一个tap0接口，只允许root用户访问
$sudo brctl addif br0 tap0                 # 在虚拟网桥中增加一个tap0接口
$sudo ifconfig tap0 0.0.0.0 promisc up     # 打开tap0接口
```

上述方法的作用为创建虚拟网桥 br0 和虚拟网卡接口 tap0，并将 tap0 和宿主机的网络接口（ens33）作为网桥的两个接口。这样，宿主机的接口作为网桥接口，与外部网络连接；tap 设备作为网桥的另一个接口，与 QEMU 虚拟机中的 VLAN 连接。

步骤 4 配置虚拟机内 UEFI 网卡。按照 10.1.2 节步骤 2 介绍的方法，编译 X64 的 UEFI 网络协议驱动，并将其复制到 QEMU 的启动磁盘 hda.img 中。按如下方法启动虚拟机。

```
$sudo qemu-system-x86_64 -bios OVMF.fd -hdd hda.img -net nic -net
tap,ifname=tap0 -serial stdio
```

进入 UEFI Shell 后，按照 10.1.2 节步骤 3 介绍的方法，加载网络协议驱动，然后设置网卡的 IP 地址，注意该地址要与宿主机的网卡地址处于同一网段。

```
FS0:\> ifconfig -s eth0 static 192.168.171.111 255.255.255.0
192.168.171.141
```

至此，就完成了所有的配置过程，虚拟机的网卡和宿主机网卡连通完毕。

步骤 5 测试网络连接。可在宿主机上使用如下 ping 命令，测试宿主机和虚拟机之间网络是否畅通。

```
$ping 192.168.171.111
```

10.1.5 IPv6 网络测试环境搭建

10.1.1 节～ 10.1.4 节中给出了各种情况下的 UEFI 网络测试环境搭建的方法，不过针对的都是 IPv4。本节给出 UEFI 的 IPv6 网络测试环境的搭建方法，大部分处理步骤与 IPv4 的相同，主要差别在于驱动部分。

如果想直接使用真实 UEFI 环境进行 IPv6 程序的测试，最好使用支持 IPv6 的路由器搭建局域网。而现在大部分家庭中，很少使用支持 IPv6 的路由器，笔者建议直接使用虚拟机（比如 VMware）配合 Nt32 模拟器来进行测试。

笔者使用的是 VMware15+Nt32 模拟器的组合，VMware 上安装了 Windows 10/Ubuntu16.04，然后在 Windows 10/Ubuntu16.04 上搭建了 UEFI 的开发环境，并编译好了 Nt32 的模拟环境。

为了支持 IPv6 的通信，必须打开 VMware 上相应的选项，设置方法：打开 VMware 的菜单栏，选择“编辑”→“虚拟机网络编辑器”→“更改设备”，在弹出的对话框中选择 Vmnet8，这是 NAT 模式的虚拟网卡。仍旧在此对话框界面上，选择“NAT 设置”，勾选“启用 IPv6”选项，点击“确定”按钮即可。

当然，也可以使用其他的虚拟机来完成上述功能。笔者的 CSDN 博客[⊖]上还介绍了 VirtualBox 支持 IPv6 的方法，有需要的读者可以看看。

对于 Nt32 模拟器，按照下面的步骤进行操作即可支持 IPv6 的通信。

步骤 1 编译网络协议驱动。可参照 10.1.1 节中 Nt32 模拟器搭建网络环境的步骤，安

⊖ https://blog.csdn.net/luobing4365/article/details/105443737。

装 Winpcap 以及编译 SnpNt32Io 源码。IPv6 协议的驱动在 NetworkPkg 中。因此，需要编译出 IA32 版本的驱动，具体编译命令如下。

```
c:\MyWorkspace>build -p NetworkPkg\NetworkPkg.dsc -a IA32
```

编译好的驱动位于目录 C:\MyWorkspace\Build\NetworkPkg\DEBUG_VS2015x86\IA32 下。

步骤 2　加载驱动。将编译好的 IPv6 驱动复制到 Nt32 模拟器目录下，加载 IPv6 网络协议驱动，命令如下。

```
FS0:\>load Mtftp6Dxe.efi Ip6Dxe.efi VlanConfigDxe.efi Udp6Dxe.efi
    Dhcp6Dxe.efi Mtftp6Dxe.efi TcpDxe.efi
```

步骤 3　配置网卡。将网卡的 IP 地址设置为自动获取，针对 IPv6 的设置命令为 ifconfig6，具体实现如下。

```
FS0:\>ifconfig6 -s eth0 auto
```

可通过命令 ifconfig6 -l eth0 查看地址是否分配成功。

步骤 4　测试网络连接。笔者使用的虚拟机系统是 Windows 10，其 IPv6 地址为 fd15:4ba5:5a2b:1008:90dc:7877:8cd3:620，测试 IPv6 的 UEFI Shell 命令为 ping6，具体测试方法如下。

```
FS0:\>ping6 fd15:4ba5:5a2b:1008:90dc:7877:8cd3:620
```

如果收到回传的网络包，则表明 IPv6 的环境搭建成功了，接下来就可以进行与 IPv6 应用程序相关的测试了。

10.2　使用 UEFI Protocol 开发网络程序

搭建好网络测试环境之后，就可以着手进行网络编程了。UEFI 下提供了相应的 Protocol，可以进行 TCP 和 UDP 的编程，并且针对 IPv4 和 IPv6 都提供了相应的支持。另外，也可以通过 StdLib 中封装好的 Socket 接口进行编程。

本节将以 TCP4 的 Protocol 为例，介绍如何使用 UEFI Protocol 开发网络程序。UEFI 提供的 TCP4 Protocol 为 EFI_TCP4_PROTOCOL，其提供了设置 TCP 地址和端口、建立连接、发送和接收 TCP 数据包等功能，其结构体如代码清单 10-1 所示。

代码清单 10-1　EFI_TCP4_PROTOCOL

```
typedef struct _EFI_TCP4_PROTOCOL {
    EFI_TCP4_GET_MODE_DATA GetModeData;          //获取当前协议栈状态
    EFI_TCP4_CONFIGURE Configure;                //配置TCP地址、端口等属性
    EFI_TCP4_ROUTES Routes;                      //添加或删除此TCP实例的路由
    EFI_TCP4_CONNECT Connect;                    //初始化TCP三次握手，建立TCP连接
    EFI_TCP4_ACCEPT Accept;                      //侦听TCP连接请求
```

```
    EFI_TCP4_TRANSMIT Transmit;                    //发送数据
    EFI_TCP4_RECEIVE Receive;                      //接收数据
    EFI_TCP4_CLOSE Close;                          //关闭连接
    EFI_TCP4_CANCEL Cancel;                        //取消当前连接上的异步操作
    EFI_TCP4_POLL Poll;                            //完成当前连接上的发送或接收操作
} EFI_TCP4_PROTOCOL;
```

从代码清单10-1中可以看出，Connect、Accept、Receive和Transmit等接口函数，与Socket的接口函数很相似。我们将使用这些接口函数，仿照Socket编程的方式，构建Socket的各个接口函数，实现TCP的通信。

为方便讲解，笔者将开发名为“回声壁”的服务端-客户端代码。其基本功能为：客户端向服务端发出数据，服务端在收到数据后，不改变内容，直接将数据原样返回。

这种简化的处理方式，可以让我们专注于理解UEFI网络编程本身。在本节的例程中，服务端在Windows平台上，使用Visual Studio进行开发，客户端使用UEFI编写。

10.2.1 开发Windows的TCP4服务端程序

根据数据传输方式的不同，传输层的网络协议套接字一般分为TCP套接字和UDP套接字。其中，TCP套接字是面向连接的，又称基于流（stream）的套接字。

服务端采用Socket接口进行编程，其编程流程如下。

1）使用socket()创建Socket。

2）使用bind()把Socket和本机的IP、TCP端口绑定。

3）调用listen()，为客户端的连接创建等待队列。

4）循环处理连接，通过accept()接收客户端的连接。

5）使用recv()或send()接收、发送数据。

6）使用close()关闭Socket，终止通信。

下面根据流程，详细讲解编程过程。

1. 创建Windows工程

Windows提供的套接字（简称Winsock）大部分是参考BSD系UNIX套接字设计的，很多地方与Linux套接字类似。为了在Windows上开发网络程序，需要做如下工作。

- ❑ 创建Win32 Console Application工程。
- ❑ 添加Winsock的头文件。
- ❑ 导入ws2_32.lib库。
- ❑ 初始化Winsock。
- ❑ 使用完后注销Winsock的库。

下面的示例是在VS2015中执行的，这里所涉步骤适用于VS2013或者更高版本的

Visual Studio。

1）**创建 Win32 Console Application 工程**。可打开 Visual Studio，点击 File → New → Project…，选择 Visual C++ 的 Win32 Console Application 工程，填写工程名称，即可创建。

2）**添加 Winsock 的头文件**。在已经创建的源文件中包含如下头文件即可。

```
#include <WinSock2.h>
#include <Ws2tcpip.h>
```

3）**导入 ws2_32.lib 库**。有两种方法：一种是在项目属性中依次选择 Linker → Input → Additional Dependencies 选项后添加 ws2_32.lib；另一种是在源代码中引入库函数，添加的语句如下。

```
#pragma comment(lib,"ws2_32")//引入库函数
```

4）**初始化 Winsock**。可通过调用 WSAStartup() 函数实现，该函数原型如代码清单 10-2 所示。

代码清单 10-2　WSAStartup() 函数

```
int WSAStartup(
    WORD       wVersionRequired, //Winsock版本信息
    LPWSADATA lpWSAData          //WSADATA结构体变量地址
);
```

WSAStartup() 函数的参数说明如下。

- 参数 wVersionRequired，通过 WORD 型（双字节，16 位字长）来定义套接字版本信息。如果版本为 1.2，则 1 为主版本号，2 为副版本号，此时应该传递的是 0x0201。一般可借助 MAKEWORD 宏来定义，表示为 MAKEWORD(1,2)。
- 参数 lpWSAData，需传入 WSADATA 型结构体变量地址。调用完函数后，相应参数中将填充已初始化的库信息。

使用完 Winsock 库之后需要注销它，可使用 WSACleanup() 函数实现，参见示例 10-1。

【示例 10-1】Winsock 的使用。

```
int main(int argc, char* argv[])
{
    WSADATA wsaData;
    ....
    if (WSAStartup(MAKEWORD(2, 2), &wsaData) != 0)
        ErrorOutput("Start WSA error,Quit!");
    ....
    WSACleanup();
    return 0;
}
```

2. 基于 Windows 的套接字相关函数

本节开始时，介绍了使用 Socket 接口编程的流程，将使用的函数包括 socket()、bind()、listen()、accept()、recv() 和 send()。下面介绍这些函数的使用方法。

创建 Socket 套接字的函数为 socket()，其函数原型如代码清单 10-3 所示。

代码清单 10-3 socket() 函数

```
SOCKET WSAAPI socket(
   int  af,           //协议族，PF_INET为IPv4，PF_INET6为IPv6
   int  type,         //类型，支持SOCK_STREAM、SOCK_DGRAM等
   int  protocol      //指定传输层所用协议
);
```

如果没有错误发生，函数返回新的 Socket 句柄；否则，返回 INVALID_SOCKET，程序也可通过 WSAGetLastError() 获取发生的错误的类型。

Socket 创建之后，需要将其与服务端的本地 IP 和用户指定的端口绑定，让客户端可以访问。实现此功能的函数是 bind()，函数原型如代码清单 10-4 所示。

代码清单 10-4 bind() 函数

```
int WSAAPI bind(
    SOCKET          s,           //socket句柄
    const sockaddr *name,        //指向sockaddr 结构体的指针，代表要绑定的地址
    int             namelen      // sockaddr结构体的字节长度
);
```

此函数执行成功后，返回 0；否则返回 SOCKET_ERROR，可通过 WSAGetLastError() 获取发生的错误的类型。

作为 TCP 连接，服务端在完成绑定工作后，应申请监听创建好的连接，这是通过函数 listen() 实现的，如代码清单 10-5 所示。

代码清单 10-5 listen() 函数

```
int WSAAPI listen(
    SOCKET          s,          //socket句柄
    int        backlog,         //等待连接队列的最大长度
);
```

此函数执行成功后，返回 0；否则返回 SOCKET_ERROR，可通过 WSAGetLastError() 获取发生的错误的类型。

listen() 函数只适用于支持连接的套接字，如 SOCK_STREAM 类型套接字。调用完后，创建的 Socket 进入被动模式，等待客户端的连接，可连接的最大客户端数目由参数 backlog 决定。

完成上述工作后，服务端可建立循环，接收客户端的连接，并接收客户端数据或者向客户端发送数据。这些工作可以通过 accept()、recv() 和 send() 函数完成。accept() 函数原型如代码清单 10-6 所示。

代码清单 10-6　accept() 函数

```
SOCKET WSAAPI accept(
    SOCKET          s,          //socket句柄
    sockaddr     *addr,         //接收到的客户端地址
    int         *addrlen        //客户端地址的字节长度
);
```

如果没有错误发生，accept() 函数返回新的 Socket 句柄，这是服务端和客户端已经连接后产生的句柄，发送和接收数据应该在此句柄上进行。函数执行失败将返回 INVALID_SOCKET，程序可通过 WSAGetLastError() 获取发生的错误的类型。

接收数据由 recv() 函数完成，其函数原型如代码清单 10-7 所示。

代码清单 10-7　recv() 函数

```
int WSAAPI recv(
    SOCKET          s,          //socket句柄
    char         *buf,          //接收数据的缓冲区地址
    int           len,          //buf的字节长度
    int          flags          //控制接收方式的标志
);
```

recv() 函数执行成功，返回接收到的数据字节长度；否则返回 SOCKET_ERROR，可通过 WSAGetLastError() 获取发生的错误的类型。

发送数据由 send() 函数完成，其函数原型代码清单 10-8 所示。

代码清单 10-8　send() 函数

```
int WSAAPI send(
    SOCKET          s,          //socket句柄
    const char   *buf,          //发送数据的缓冲区地址
    int           len,          //buf的字节长度
    int          flags          //控制接收方式的标志
);
```

如果没有错误发生，send() 函数将返回发送出去的数据字节长度，发送的数据字节长度有可能小于参数 len；否则将返回 SOCKET_ERROR，可通过 WSAGetLastError() 获取发生的错误的类型。

需要注意的是，在循环处理客户端连接的过程中，当调用 recv() 函数获取客户端数据时，如果返回值为 SOCKET_ERROR，则很有可能客户端已经断开。之前通过 accept()

得到的Socket句柄已经无效了，不能再通过它发送数据，应该调用closesocket()关闭此Socket句柄。

3. Windows服务端程序

熟悉了Socket套接字的函数后，可以很容易地编写出服务端的程序。服务端程序主要起到“回声壁”的作用，它建立Socket连接，等待客户端的接入，并将客户端发过来的数据原样返回（完整的工程位于随书代码的chap10\ WindowsIPV4\EchoServerTCP4下），如示例10-2所示。

【示例10-2】Windows下TCP4服务端程序。

```
#include "stdafx.h"
#include <stdio.h>
#include <stdlib.h>
#include <WinSock2.h>
#include <Ws2tcpip.h>      //InetPton() 头文件
#pragma comment(lib,"ws2_32") //引入库函数
void ErrorOutput(char * msg);
#define BUFFER_SIZE 1024
int main(int argc, char* argv[])
{
    WSADATA wsaData;
    SOCKET hServSock, hClntSock;
    char message[BUFFER_SIZE];
    int strLen, i, clntAdrSize;
    SOCKADDR_IN servAdr, clntAdr;
    if (argc != 2) {
        printf("TCP4 Server by robin. Usage: %s <port>", argv[0]);
        exit(1);
    }
    else{
        printf("Ready to start TCP4 Server. port=%d\n", atoi(argv[1]));
    }
    if (WSAStartup(MAKEWORD(2, 2), &wsaData) != 0)
        ErrorOutput("Start WSA error,Quit!");
    hServSock = socket(AF_INET, SOCK_STREAM, 0);
    if (hServSock == INVALID_SOCKET) ErrorOutput("socket() error!");
    memset(&servAdr, 0, sizeof(servAdr));
    servAdr.sin_family = AF_INET;
    servAdr.sin_addr.s_addr = htonl(INADDR_ANY);
    servAdr.sin_port = htons(atoi(argv[1]));
    if (bind(hServSock, (SOCKADDR *)&servAdr, sizeof(servAdr)) ==\ SOCKET_ERROR)
        ErrorOutput("bind() error");
    if (listen(hServSock, 10) == SOCKET_ERROR)   //可以接入10个连接
        ErrorOutput("listen() error");
    clntAdrSize = sizeof(clntAdr);
    for (i = 0; i < 10; i++){ //对连接进行处理
        hClntSock = accept(hServSock, (SOCKADDR*)&clntAdr, &clntAdrSize);
```

```
        if (hClntSock == -1) ErrorOutput("accept() error");
        else printf("Connect client %d (port: %d)\n", i+1, clntAdr.sin_port);
        while ((strLen = recv(hClntSock, message, BUFFER_SIZE, 0)) != 0) {
            if (strLen == SOCKET_ERROR) break;
            message[strLen] = '\0';
            printf("Receive from client(port:%d):%s\n",clntAdr.sin_port,\
                message);
            send(hClntSock, message, strLen, 0);
    }
        closesocket(hClntSock);
    }
    closesocket(hServSock);
    WSACleanup();
    return 0;
}

void ErrorOutput(char * msg)
{
    fputs(msg, stderr);
    fputc('\n', stderr);
    exit(1);
}
```

服务端进入循环，调用 accept() 从队头取 1 个连接请求与客户端建立连接，获取成功则返回创建的套接字描述符，即新的 Socket 句柄；如果队列为空，则 accept() 函数不会返回，直到队列中出现新的客户端连接。

另外，为了便于理解，程序中对接收客户端数据，即调用 recv() 返回错误的处理很简单，出错则关闭与此客户端相关的 Socket。实际开发中，应该获取错误的类型，针对不同类型的错误分别进行处理。

处理完所有的连接后，记得把最早创建的 Socket 句柄也关闭，并销毁加载的 Windows Socket 库。

程序编译之后，可在命令行中启动，加上端口作为参数即可，比如：

```
C:\user\robin>EchoServerTCP4 8888
```

执行后，启动了监听端口 8888 的服务端程序，等待客户端的连接。

10.2.2 开发 UEFI 的 TCP4 客户端程序

完成服务端程序后，我们继续完成客户端程序的编写。本节开发的客户端程序时使用 EFI_TCP4_PROTOCOL，仿照 Windows Socket 的方式进行编写。

使用 Windows Socket 编写客户端的流程如下。

1）使用 socket() 创建 Socket。

2）使用 connect() 向服务端发送连接请求，等待回应，并向下执行。

3）循环处理连接，使用 recv () 或 send() 接收、发送数据。

4）使用 closesocket() 关闭 Socket，终止通信。

客户端所使用的 socket 函数包括 socket()、connect()、recv()、send() 和 closesocket()。在本章的例程 WindowsIPV4 中，也编写了 Windows 的客户端程序 EchoClientTCP4，大家可以对照学习。

我们准备在 UEFI 的环境中使用 UEFI 的接口协议，实现上述 5 个网络接口函数。示例代码位于随书代码的文件夹 RobinPkg\Applications\EchoTcp4 下。

1. 创建 Socket 对象

为便于各个接口函数访问内部资源，我们构建了自己的数据结构 MYTCP4SOCKET，并定义了全局的数组，该数组用来保存所需的内部资源。

【示例 10-3】MYTCP4SOCKET 结构和全局数组。

```
    typedef struct MyTCP4Socket{
        EFI_HANDLE                      m_SocketHandle;
        EFI_TCP4_PROTOCOL*             m_pTcp4Protocol;
        EFI_TCP4_CONFIG_DATA*          m_pTcp4ConfigData;
        EFI_TCP4_TRANSMIT_DATA*        m_TransData;
        EFI_TCP4_RECEIVE_DATA*          m_RecvData;
        EFI_TCP4_CONNECTION_TOKEN    ConnectToken;
        EFI_TCP4_CLOSE_TOKEN           CloseToken;
        EFI_TCP4_IO_TOKEN               SendToken, RecvToken;
}MYTCP4SOCKET;
static MYTCP4SOCKET* TCP4SocketFd[32]; //全局TCP4 Socket数组
```

本示例代码中，对应 socket() 的函数为 CreateTCP4Socket()。它主要完成下面几项工作。

- 生成 EFI_TCP4_PROTOCOL 实例，供后续的函数调用。
- 初始化 MYTCP4SOCKET 数组，并为其申请所需的内存。
- 创建 EFI_TCP4_PROTOCOL 接口函数 Connect()、Transmit() 和 Receive() 所需的 Event。

UEFI 的网络协议接口，与其他的协议接口处理稍有不同。大部分 UEFI Protocol 可通过设备的 GUID 找到，直接访问即可，而网络需要频繁地生成新的 Socket，故不能采用这种方式。

以 TCP4 为例，UEFI 为其提供了两种 Protocol：一是 EFI_TCP4_PROTOCOL，可以进行 TCP 的网络配置和通信，这之前已经介绍过；二是 EFI_TCP4_SERVICE_BINDING_PROTOCOL，用来生成 EFI_TCP4_PROTOCOL 实例。

不过，在 UEFI 的实现中，并没有提供 EFI_TCP4_SERVICE_BINDING_PROTOCOL，而是为所有的网络协议提供了 EFI_SERVICE_BINDING_PROTOCOL。也就是说，虽然在 UEFI 规范中提供了各种名为 EFI_XXXX_SERVICE_BINDING_PROTOCOL（XXXX

代表 TCP4、UDP4 等网络协议）的 Protocol，其实都是使用的 EFI_SERVICE_BINDING_PROTOCOL。

EFI_SERVICE_BINDING_PROTOCOL 的接口说明如代码清单 10-9 所示。

代码清单 10-9　EFI_SERVICE_BINDING_PROTOCOL 成员函数

```
typedef struct _EFI_SERVICE_BINDING_PROTOCOL{
    EFI_SERVICE_BINDING_CREATE_CHILD  CreateChild;  //生成子设备，并安装接口
    EFI_SERVICE_BINDING_DESTROY_CHILD DestroyChild; //销毁生成的子设备
}EFI_SERVICE_BINDING_PROTOCOL;
typedef EFI_STATUS (EFIAPI *EFI_SERVICE_BINDING_CREATE_CHILD) (
    IN EFI_SERVICE_BINDING_PROTOCOL  *This,  //实例
    IN OUT EFI_HANDLE  *ChildHandle          //创建的子设备句柄
    );
typedef EFI_STATUS (EFIAPI *EFI_SERVICE_BINDING_DESTROY_CHILD) (
IN EFI_SERVICE_BINDING_PROTOCOL  *This,      //实例
IN EFI_HANDLE   ChildHandle                  //需要销毁的子设备句柄
);
```

对 TCP4 来说，可以调用 LocateProtocol 函数，通过 gEfiTcp4ServiceBindingProtocolGuid 找到 EFI_SERVICE_BINDING_PROTOCOL 的实例。然后通过其成员函数 CreateChild 创建子设备句柄，并调用 OpenProtocol 函数，使用 gEfiTcp4ProtocolGuid 在子设备上安装 EFI_TCP4_PROTOCOL。

另外，在 CreateTCP4Socket() 中，调用了函数 InitTcp4SocketFd()。这是初始化 MYTCP4SOCKET 数组的函数，在这个函数中也创建了接口函数 Connect()、Transmit() 和 Receive() 所需的 Event, 如示例 10-4 所示。

【示例 10-4】对应 socket() 的 CreateTCP4Socket()。

```
UINTN CreateTCP4Socket(VOID)
{
    EFI_STATUS                          Status;
    EFI_SERVICE_BINDING_PROTOCOL*  pTcpServiceBinding;
    MYTCP4SOCKET *CurSocket = NULL;
    INTN i;
    INTN MyFd = -1;

    for (i = 0; i < 32; i++)
    {
        if(TCP4SocketFd[i]==NULL)
        {
            CurSocket=(MYTCP4SOCKET *) AllocatePool(sizeof(MYTCP4SOCKET));
            TCP4SocketFd[i] = CurSocket;
            MyFd = i;
            break;
        }
    }
```

```
    if(CurSocket==NULL) return MyFd;
    gBS->SetMem((void*)CurSocket, 0, sizeof(MYTCP4SOCKET));
    CurSocket->m_SocketHandle                = NULL;
    Status = gBS->LocateProtocol ( &gEfiTcp4ServiceBindingProtocolGuid,
        NULL,
        (VOID **)&pTcpServiceBinding );
    if(EFI_ERROR(Status))  return Status;

    Status = pTcpServiceBinding->CreateChild ( pTcpServiceBinding,
        &CurSocket->m_SocketHandle );
    if(EFI_ERROR(Status)) return Status;

    Status = gBS->OpenProtocol ( CurSocket->m_SocketHandle,
        &gEfiTcp4ProtocolGuid,
        (VOID **)&CurSocket->m_pTcp4Protocol,
        gImageHandle,
        CurSocket->m_SocketHandle,
        EFI_OPEN_PROTOCOL_BY_HANDLE_PROTOCOL );

    if(EFI_ERROR(Status)) return Status;
    InitTcp4SocketFd(MyFd);
    return MyFd;
}
```

InitTcp4SocketFd() 的代码功能已经解释过了，代码就不在这里列出了，读者可以对照随书代码理解学习。

2. 连接服务端

创建 Socket 之后，客户端可以向服务端发起连接请求。Socket 编程中使用的函数是 connect()，我们所编写的代码中，对应的函数是 ConnectTCP4Socket()。它主要完成如下两项工作。

- 配置所创建的 Socket，包括设置连接的服务端 IP、端口等。
- 调用接口函数 connect()，向服务端发起连接。

示例 10-5 展示了 ConnectTCP4Socket() 的代码。

【示例 10-5】对应 connect() 的 ConnectTCP4Socket()。

```
EFI_STATUS ConnectTCP4Socket(UINTN index, UINT32 Ip32, UINT16 Port)
{
    EFI_STATUS Status = EFI_NOT_FOUND;
    MYTCP4SOCKET *CurSocket = TCP4SocketFd[index];
    UINTN waitIndex=0;
    ConfigTCP4Socket(index, Ip32, Port);
    if(CurSocket->m_pTcp4Protocol == NULL) return Status;
    Status =
        CurSocket->m_pTcp4Protocol->Connect(CurSocket->m_pTcp4Protocol, \
        &CurSocket->ConnectToken);
    if(EFI_ERROR(Status))  return Status;
```

```
    Status = gBS->WaitForEvent(1,\
        &(CurSocket->ConnectToken.CompletionToken.Event), &waitIndex);
    return Status;
}
```

ConnectTCP4Socket() 中调用了配置函数 ConfigTCP4Socket()，该配置函数用来设置准备连接的服务端的 IP 地址、端口等参数，这是通过调用 EFI_TCP4_PROTOCOL 的接口函数 Configure() 实现的。代码清单 10-10 中展示了 Configure() 的函数原型，以及与其相关的结构体信息。

代码清单 10-10 接口函数 Configure() 及相关结构体

```
typedef EFI_STATUS (EFIAPI *EFI_TCP4_CONFIGURE) (
    IN EFI_TCP4_PROTOCOL   *This,                        //TCP4实例
    IN EFI_TCP4_CONFIG_DATA  *TcpConfigData OPTIONAL      //配置数据
 };
 typedef struct {
    UINT8   TypeOfService;                  //服务类型
    UINT8   TimeToLive;                     //生存周期
    EFI_TCP4_ACCESS_POINT  AccessPoint;     //本地和服务端IP地址、端口等参数
    EFI_TCP4_OPTION *  ControlOption;       //控制选项，默认设置可赋值为NULL
} EFI_TCP4_CONFIG_DATA;
```

配置数据主要在参数 TcpConfigData 中填充。其中，TypeOfService 填充到 IP 头的第二字节，可以指定特殊的报文处理方式，我们将其设置为 0。TimeToLive（简称 TTL）表示生存周期，即数据包被路由器转发的次数。比如常用的 ping 命令中，会显示 TTL 的值，它主要用来防止路由器成环时，IP 被无限次转发，代码中我们将其设置为 64。

示例 10-6 所示为 ConfigTCP4Socket() 的实现代码。

【示例 10-6】 ConfigTCP4Socket() 函数。

```
EFI_STATUS ConfigTCP4Socket(UINTN index, UINT32 Ip32, UINT16 Port)
{
    EFI_STATUS Status = EFI_NOT_FOUND;
    MYTCP4SOCKET *CurSocket = TCP4SocketFd[index];

    if(CurSocket->m_pTcp4ConfigData == NULL) return Status;
    CurSocket->m_pTcp4ConfigData->TypeOfService = 0;
    CurSocket->m_pTcp4ConfigData->TimeToLive = 64;
    *(UINTN*)(CurSocket->m_pTcp4ConfigData->AccessPoint.RemoteAddress.Addr) = Ip32;
    CurSocket->m_pTcp4ConfigData->AccessPoint.RemotePort = Port;
    *(UINT32*)(CurSocket->m_pTcp4ConfigData->AccessPoint.SubnetMask.Addr)= (255 |
        255 << 8| 255 << 16 | 0 << 24) ;
    CurSocket->m_pTcp4ConfigData->AccessPoint.UseDefaultAddress = TRUE;
    CurSocket->m_pTcp4ConfigData->AccessPoint.StationPort = 60000;
    CurSocket->m_pTcp4ConfigData->AccessPoint.ActiveFlag = TRUE;
    CurSocket->m_pTcp4ConfigData->ControlOption = NULL;
    Status=CurSocket->m_pTcp4Protocol->Configure(\
```

```
        CurSocket->m_pTcp4Protocol,CurSocket->m_pTcp4ConfigData);
    return Status;
}
```

从函数的入口参数可以看出，其只开放了配置服务端的 IP 地址和端口的功能。实际上，可以配置的参数比较多，作为演示程序，很多参数都设置了固定值。比如子网掩码，程序中是固定设为 255.255.255.0 的，读者可以根据自己的需求修改代码。

配置完成后，可以向服务端发起连接。从 ConnectTCP4Socket() 中可以看出，此功能由 EFI_TCP4_PROTOCOL 的接口函数 Connect() 完成。这是一个非阻塞函数，调用完成后立即返回，系统会在处理完后，触发与之相关的 Event。Connect() 的 Event 在函数 InitTcp4SocketFd() 中初始化过，存储在全局变量 TCP4SocketFd[32] 中。

我们简化了处理流程，在发起连接后，调用 WaitForEvent()，等待 Connect() 的 Event 触发，判断连接是否成功。至此，就完成了连接服务端的所有流程。

3. 发送和接收数据

在编写的代码中，对应 send() 和 recv() 的函数分别为 SendTCP4Socket() 和 RecvTCP4-Socket()，它们分别用来发送和接收数据。

SendTCP4Socket() 在发送数据时，是使用 EFI_TCP4_PROTOCOL 的接口函数 Transmit() 来实现的；而 RecvTCP4Socket() 接收数据时，是使用 EFI_TCP4_PROTOCOL 的接口函数 Receive() 实现的。这两个接口函数的原型如代码清单 10-11 所示。

代码清单 10-11 接口函数 Transmit() 和 Receive()

```
typedef EFI_STATUS (EFIAPI *EFI_TCP4_TRANSMIT) (
    IN EFI_TCP4_PROTOCOL  *This,                              //TCP4实例
    IN EFI_TCP4_IO_TOKEN   *Token                             //指向完成令牌的队列
};
typedef EFI_STATUS (EFIAPI *EFI_TCP4_RECEIVE) (
    IN EFI_TCP4_PROTOCOL  *This,                              //TCP4实例
```

可以看出，这两个接口函数的参数是一样的，但是发送数据和接收数据所做的动作完全不同，实际运行中所需结构体当然不可能相同，这些差异实际上隐藏在结构体 EFI_TCP4_IO_TOKEN 中，该结构体包含了接收数据和发送数据的指针。代码清单 10-12 给出了 EFI_TCP4_IO_TOKEN 的结构体原型。

代码清单 10-12 EFI_TCP4_IO_TOKEN 结构体

```
typedef struct {
EFI_TCP4_COMPLETION_TOKEN CompletionToken;      //完成操作的令牌
    union {
        EFI_TCP4_RECEIVE_DATA *RxData;          //接收数据结构体
        EFI_TCP4_TRANSMIT_DATA *TxData;         //发送数据结构体
    } Packet;
```

```
    } EFI_TCP4_IO_TOKEN;
typedef struct {
    EFI_EVENT Event;                                  //此事件在请求完成之后触发
    EFI_STATUS Status;                                //完成操作之后的状态标志
} EFI_TCP4_COMPLETION_TOKEN;
```

在结构体 EFI_TCP4_IO_TOKEN 中，准备了共用体 Packet，发送所需结构体和接收所需结构体在此产生差异。发送数据使用的是 EFI_TCP4_TRANSMIT_DATA 结构体；接收数据使用的是 EFI_TCP4_RECEIVE_DATA 结构体。

而双方都使用的结构体 EFI_TCP4_COMPLETION_TOKEN，实际上该结构体在之前初始化函数 InitTcp4SocketFd() 中已经使用过了。系统通过此结构体的 Event 管理发送 / 接收过程，并通过其成员变量 Status 与应用程序交互，让应用程序得知数据发送是否成功，是否有数据需要接收。

我们先讨论发送数据的流程。数据发送的流程如下。

1）设置发送数据结构体相关参数，配置好发送缓冲区。

2）调用接口函数 Transmit() 发送数据。

3）等待发送 Event，并检查完成状态标志，确定发送结果。

发送数据所使用的接口函数 Transmit()，它进行的异步操作需要传输的数据需提前在发送缓冲区中准备好。发送数据的结构体原型如代码清单 10-13 所示。

代码清单 10-13 发送数据结构体

```
typedef struct {
BOOLEAN Push;                                     //TCP头中的PSH标志位
    BOOLEAN Urgent;                               //TCP头中的URG标志位
    UINT32 DataLength;                            //数据总长度
    UINT32 FragmentCount;                         //数据分段个数
    EFI_TCP4_FRAGMENT_DATA FragmentTable[1];      //数据分段的数组
    } EFI_TCP4_TRANSMIT_DATA;
typedef struct {
    UINT32  FragmentLength;                       //数据分段数组的长度
    VOID  *FragmentBuffer;                        //数据分段数组缓冲区
} EFI_TCP4_FRAGMENT_DATA;
```

进行发送动作前，需要填充 EFI_TCP4_IO_TOKEN 中的域 TxData。如代码清单 10-13 所示，可以准备多个缓冲区。其中，FragmentCount 表示缓冲区的个数，缓冲区本身的长度可通过其成员变量 FragmentLength 给出，所有缓冲区的总长度则由 DataLength 给出。

在发送的函数 SendTCP4Socket() 中，我们只使用了一个缓冲区。将 FragmentCount 的值设置为 1 时，只需要使 FragmentTable[0] 的成员变量 FragmentBuffer 指向我们准备好的发送内存起始地址，就完成了配置工作。

对发送 Event 的处理，与 ConfigTCP4Socket() 函数一样，通过该 WaitForEvent() 等待 Event 触发，获取完成状态。发送函数 SendTCP4Socket() 的实现代码如示例 10-7 所示。

【示例 10-7】对应 send() 的 SendTCP4Socket()。

```
EFI_STATUS SendTCP4Socket(UINTN index, CHAR8* Data, UINTN Length)
{
    EFI_STATUS Status = EFI_NOT_FOUND;
    MYTCP4SOCKET *CurSocket = TCP4SocketFd[index];
    UINTN waitIndex = 0;

    if(CurSocket->m_pTcp4Protocol == NULL){
        Print(L"Send: m_Tcp4Protocol is NULL\n\r");
        return Status;
    }
    CurSocket->m_TransData->Push = TRUE;
    CurSocket->m_TransData->Urgent = TRUE;
    CurSocket->m_TransData->DataLength = (UINT32)Length;
    CurSocket->m_TransData->FragmentCount = 1;
    CurSocket->m_TransData->FragmentTable[0].FragmentLength=\
        CurSocket->m_TransData->DataLength;
    CurSocket->m_TransData->FragmentTable[0].FragmentBuffer =Data;
    CurSocket->SendToken.Packet.TxData=  CurSocket->m_TransData;
    Status=CurSocket->m_pTcp4Protocol->Transmit(\
        CurSocket->m_pTcp4Protocol,&CurSocket->SendToken);
    if(EFI_ERROR(Status))
    {
        Print(L"Send: Transmit fail!\n\r");
        return Status;
    }
    Status = gBS->WaitForEvent(1,\
        &(CurSocket->SendToken.CompletionToken.Event), &waitIndex);
    return CurSocket->SendToken.CompletionToken.Status;
}
```

接收数据的处理流程与发送数据的处理流程类似。

1）设置接收数据结构体的相关参数，配置好接收缓冲区。

2）调用接口函数 Receive() 发送数据。

3）等待接收的 Event 触发，并检查完成状态标志，若成功则从缓冲区读取数据。

相比于发送数据的结构体，接收数据的结构体少了 PUSH 标志，如代码清单 10-14 所示。

代码清单 10-14　接收数据结构体

```
typedef struct {
BOOLEAN UrgentFlag;                                //TCP头中的URG标志位
    UINT32 DataLength;                             //数据总长度
    UINT32 FragmentCount;                          //数据分段个数
    EFI_TCP4_FRAGMENT_DATA FragmentTable[1];       //数据分段的数组
  } EFI_TCP4_RECEIVE_DATA;
```

调用者负责管理 FragmentTable 中的缓冲区，DataLength 代表缓冲区的总字节长度。用户调用接口函数 Receive() 之后，系统会将接收到的数据放入准备好的缓冲区内，并触发接收 Event。为便于理解，在接收函数 RecvTCP4Socket() 中只设置了一个缓冲区，并且在调用接口函数 Receive() 之后，立即调用 WaitForEvent() 等待系统触发 Event。RecvTCP4Socket() 的实现代码如示例 10-8 所示。

【示例 10-8】对应 recv() 的 RecvTCP4Socket()。

```
EFI_STATUS RecvTCP4Socket(IN UINTN index, IN CHAR8* Buffer, IN UINTN\
        Length, OUT UINTN *recvLength)
{
    EFI_STATUS Status = EFI_NOT_FOUND;
    MYTCP4SOCKET *CurSocket = TCP4SocketFd[index];
    UINTN waitIndex = 0;

    if(CurSocket->m_pTcp4Protocol == NULL) return Status;
    CurSocket->m_RecvData->UrgentFlag = TRUE;
    CurSocket->m_RecvData->DataLength = (UINT32)Length;
    CurSocket->m_RecvData->FragmentCount = 1;
    CurSocket->m_RecvData->FragmentTable[0].FragmentLength = \
        CurSocket->m_RecvData->DataLength ;
    CurSocket->m_RecvData->FragmentTable[0].FragmentBuffer = \
        (void*)Buffer;
    CurSocket->RecvToken.Packet.RxData=  CurSocket->m_RecvData;
    Status = CurSocket->m_pTcp4Protocol -> Receive(\
        CurSocket->m_pTcp4Protocol, &CurSocket->RecvToken);
    if(EFI_ERROR(Status))
    {
        Print(L"Recv: Receive fail!\n\r");
        return Status;
    }
    Status = gBS->WaitForEvent(1,\
        &(CurSocket->RecvToken.CompletionToken.Event), &waitIndex);
    *recvLength = CurSocket->m_RecvData->DataLength;

    return CurSocket->RecvToken.CompletionToken.Status;
}
```

4. 关闭 Socket

网络通信完成后，需要收回申请的资源，关闭连接。在 Windows 的 Socket 编程中，实现此功能的函数是 closesocket()，我们编写的对应函数为 CloseTCP4Socket()。实现代码可参照示例 10-9。其处理流程如下。

1）使用 EFI_TCP4_PROTOCOL 的接口函数 Close() 关闭 Socket 连接。

2）销毁创建的 EFI_TCP4_PROTOCOL 实例。

3）关闭通过 InitTcp4SocketFd() 函数创建的 3 个 Event。

4）回收所有申请的内存。

【示例 10-9】对应 closesocket() 的 CloseTCP4Socket()。

```
EFI_STATUS CloseTCP4Socket(UINTN index)
{
    EFI_STATUS Status;
    MYTCP4SOCKET *CurSocket = TCP4SocketFd[index];
        Status = CurSocket -> m_pTcp4Protocol -> Close(\
            CurSocket->m_pTcp4Protocol, &CurSocket->CloseToken);
    DestroyTCP4Socket(index);
    FreePool(CurSocket);
    TCP4SocketFd[index] = NULL;
    return Status;
}
INTN DestroyTCP4Socket(UINTN index)
{
    EFI_STATUS Status;
    MYTCP4SOCKET *CurSocket = TCP4SocketFd[index];

    if(CurSocket->m_SocketHandle){
        EFI_SERVICE_BINDING_PROTOCOL*  pTcpServiceBinding;
        Status = gBS->LocateProtocol(&gEfiTcp4ServiceBindingProtocolGuid,\
                NULL, (VOID **)&pTcpServiceBinding );
        Status = pTcpServiceBinding->DestroyChild ( pTcpServiceBinding,\
                CurSocket->m_SocketHandle );
    }
    if(CurSocket->ConnectToken.CompletionToken.Event)
        gBS->CloseEvent(CurSocket->ConnectToken.CompletionToken.Event);
    if(CurSocket->SendToken.CompletionToken.Event)
        gBS->CloseEvent(CurSocket->SendToken.CompletionToken.Event);
    if(CurSocket->RecvToken.CompletionToken.Event)
        gBS->CloseEvent(CurSocket->RecvToken.CompletionToken.Event);
    if(CurSocket->m_pTcp4ConfigData){
        FreePool(CurSocket->m_pTcp4ConfigData);
    }
    if(CurSocket->SendToken.Packet.TxData){
         FreePool(CurSocket->SendToken.Packet.TxData);
         CurSocket->SendToken.Packet.TxData = NULL;
    }
    if(CurSocket->RecvToken.Packet.RxData){
         FreePool(CurSocket->RecvToken.Packet.RxData);
         CurSocket->RecvToken.Packet.RxData = NULL;
    }
    return 0;
}
```

5. 测试 TCP4 客户端程序

我们使用前面实现的接口函数，实现“回声壁”的 UEFI 客户端程序。程序的编写流程前面已经介绍过了，实现代码如示例 10-10 所示。

【示例 10-10】TCP4 客户端程序。

```
int main ( IN int Argc, IN char **Argv )
{
    TCP4Test(Argc,Argv);
    return 0;
}

EFI_STATUS TCP4Test(IN int Argc,IN char **Argv)
{
    EFI_STATUS Status = 0;
    UINTN myfd;
    CHAR8 *RecvBuffer = (CHAR8*) malloc(1024);
    UINTN recvLen = 0;
    UINT32 ServerIPAddr[4];
    UINT16 ServerPort;
    char msgStr[1024];
    //1 从命令行参数中得到服务端的IP地址和端口
    if(Argc != 3)
    {
        printf("UEFI TCP Client. Usage: %a <ServerIP> <port>\n", Argv[0]);
        Status = EFI_ABORTED;
        return Status;
    }
    else
    {
        sscanf(Argv[1], "%d.%d.%d.%d", &ServerIPAddr[0], &ServerIPAddr[1],\
            &ServerIPAddr[2],&ServerIPAddr[3]);
        sscanf(Argv[2], "%d", &ServerPort);
    }
    //2 连接服务端
    myfd = CreateTCP4Socket();
    Status = ConnectTCP4Socket(myfd,\          MYIPV4(ServerIPAddr[0],ServerIPAddr[1],
        ServerIPAddr[2],ServerIPAddr[3]),\ ServerPort);
    while (1){
        //3 向服务端发送数据，并接收服务端发来的数据
        memset(msgStr, 0, 1024);
        printf("Please input message:");
        gets(msgStr); //get string
        if (!strcmp(msgStr, "q") || !strcmp(msgStr, "Q"))
            break;
        Status = SendTCP4Socket(myfd, msgStr, AsciiStrLen(msgStr));
        Status = RecvTCP4Socket(myfd, RecvBuffer, 1024, &recvLen);
        RecvBuffer[recvLen] = '\0';
        printf("Message from server: %s\n", RecvBuffer);
    }
    Status = CloseTCP4Socket(myfd);
    if(EFI_ERROR(Status))
        Print(L"close socket, %r\n", Status);

    free(RecvBuffer);
    return Status;
}
```

编译代码后，可按照之前介绍的方法，搭建支持网络测试的 Nt32 模拟器环境，并按如下命令行启动客户端程序（假设服务端 IP 地址为 192.168.1.42，端口为 8888）。

```
FS0:\> EchoTcp4.efi 192.168.1.42 8888
```

配合之前已经启动的服务端程序，进行数据的发送和接收测试。

10.3 使用 StdLib 的 Socket 接口开发网络程序

在 10.2.2 节中，我们使用 EFI_TCP4_PROTOCOL 仿照 Socket 编程，开发了 TCP4 的客户端程序。由编程过程可知，使用 UEFI 提供的原生接口进行网络编程，难度还是比较大的。因为有大量的接口函数和数据结构需要了解，同时还要对 TCP/IP 协议比较熟悉，这非常不利于在 UEFI 下开发网络程序。

因此，本节准备使用 StdLib 提供的 Socket 接口，实现 10.2 节中提到的“回声壁”网络程序。

StdLib 中提供的是标准 BSD Socket 接口，它允许不同主机或同一计算机的不同进程之间进行通信，该接口是事实上的连接互联网的标准接口。

BSD Socket 中要用的 API 接口，在 UEFI 的实现中基本都提供了。主要的头文件如下（位于文件夹 StdLib\Include 下）。

- <sys\socket.h> 为 Socket 的核心函数和数据结构。
- <netinet\in.h> 为互联网地址族，包括 AF_INET 和 AF_INET6 地址族和与它们对应的协议族 PF_INET 和 PF_INET6，基中涵盖 IP 地址以及 TCP 和 UDP 端口号。
- <arpa\inet.h> 和 IP 地址相关的一些函数，比如用于地址转换的 inet_pton() 等。

由于 UEFI 并非完整的操作系统，也有很多 BSD Socket 中的 API 没有实现。这些没有实现的函数，大多是与网络通信无关的，对 UEFI 网络编程影响不大。

大部分的 C 语言程序员都编写过 Socket 的代码，这对编写 UEFI 网络程序很有帮助。在 UEFI 下编写网络程序的方法，与在其他平台上编写网络程序其实差不多。特别是 Linux 下的 Socket 代码，几乎不用修改或者仅需做少量修改，就可以在 UEFI 中编译使用了。如果有需要，可以把这些代码直接移植过来，以节省编写代码和调试的时间。

10.3.1 使用 Socket 编写 UEFI TCP4 客户端程序

服务端程序，仍旧使用 10.2.1 节编写的 Windows 服务端程序。客户端程序，我们使用 StdLib 提供的 Sokcet 接口重新编写一遍。

客户端所使用的 Socket 接口函数，包括 socket()、connect()、send()、recv() 和 close()。除去 connect() 外，其他函数在介绍编写 Windows 的 TCP4 服务端程序时已经介绍过了。在

UEFI 平台上，这些函数的参数基本一致，这里就不重复介绍了。这些函数的原型，可以在 <sys\socket.h> 中找到，对照之前的 Windows 平台的 Socket 接口，很容易理解。

虽然使用 EFI_TCP4_PROTOCOL 编写 TCP4 客户端程序时，编写了与 connect() 对应的函数 ConnectTCP4Socket()，但我们一直还没详细介绍过这个函数。代码清单 10-15 列出了 connect() 函数的原型。

代码清单 10-15 connect() 函数

```
int connect (
    int s,                              //Socket句柄，由socket()函数返回
    const struct sockaddr * address,    //需连接的网络地址
    socklen_t address_len               //网络地址的字节长度
    );
```

connect() 用来与服务端建立连接，执行成功后，函数返回 0；如果执行失败，则返回 -1。错误的信息可通过全局变量 errno 获取，errno 的值可以在头文件 <StdLib\Include\sys\errno.h> 中查找。

Socket 客户端程序编写的流程，之前已经介绍过了，按照前面介绍的流程编写就可以了。源文件位于随书代码 RobinPkg\Applications\stdEchoTcp4 下，示例 10-11 所示为 UEFI 下的 Socket TCP4 客户端。

【示例 10-11】 UEFI 的 Socket TCP4 客户端。

```
int main ( IN int Argc, IN char **Argv)
{
    tcp4Client(Argc, Argv);
    return 0;
}

EFI_STATUS tcp4Client(IN int Argc, IN char **Argv)
{
    EFI_STATUS Status = EFI_SUCCESS;
    UINT32 ServerIPAddr[4];
    UINT16 ServerPort;
    struct sockaddr_in ServerIp;
    int socketID,recvLen,RetVal;
    char msgStr[1024],recvStr[1024];
    //1 从命令行参数中得到服务端的IP地址和端口
    if(Argc != 3)
    {
        printf("UEFI TCP4 Client. Usage: %a <ServerIP> <port>\n", Argv[0]);
        Status = EFI_ABORTED;
        return Status;
    }
    else
    {
```

```
        sscanf(Argv[1], "%d.%d.%d.%d", &ServerIPAddr[0], &ServerIPAddr[1],\
            &ServerIPAddr[2], &ServerIPAddr[3]);
        sscanf(Argv[2], "%d", &ServerPort);
    }
    //2 创建Socket套接字
    socketID = socket(AF_INET, SOCK_STREAM, IPPROTO_TCP);
    if (socketID == -1) {
        Status = EFI_ABORTED;
        printf("Can't crate socket, quit the app!\n");
    }
    else{
        memset ( &ServerIp, 0, sizeof ( ServerIp ));
        ServerIp.sin_len = sizeof(ServerIp);
        ServerIp.sin_family = AF_INET;
        ServerIp.sin_addr.s_addr = ( ServerIPAddr[3] << 24 )
            | ( ServerIPAddr[2] << 16 )
            | ( ServerIPAddr[1] << 8 )
            | ServerIPAddr[0];
        ServerIp.sin_port=  htons ( ServerPort );
    }
    //3 连接服务端
    RetVal = connect ( socketID, (struct sockaddr *)&ServerIp, sizeof ( ServerIp ));
    if ( -1 == RetVal ) {
        Status = EFI_ABORTED;
        printf("Connect() error, quit the app!\n");
        return Status;
    }
    while (1) {
        //4 向服务端发送数据，并接收服务端发来的数据
        memset(msgStr, 0, 1024);
        printf("Please input message:");
        gets(msgStr); //get string from keyboard
        if (!strcmp(msgStr, "q") || !strcmp(msgStr, "Q"))
            break;
        send(socketID, msgStr, strlen(msgStr), 0);

        recvLen = (int)recv(socketID, recvStr, sizeof(recvStr), 0);
        recvStr[recvLen] = '\0';
        printf("Message from server: %s\n", recvStr);
    }
    close(socketID);
    return Status;
}
```

相比使用 UEFI Protocol 编写客户端程序，使用这里的方法显然精简了很多，也更容易理解了。当然，由于使用了 StdLib 库，编译出来的程序大了不少。

笔者使用的 StdLib 库，在编译此客户端程序的时候，报了 C4706 的警告。经过查找，发现此警告是由 \StdLib\BsdSocketLib\ns_addr.c 中的第 83 行语句引起的。

```
if ((cp = strchr(buf, ':')) &&
```

由于这条语句在表达式内赋值，所以引发了 C4706 警告。为了不影响 StdLib 库的源程序，笔者修改了编译命令。在 conf\tool_def.txt 中，找到 DEBUG_VS2015x86_IA32_CC_FLAGS 的赋值行（笔者编译时一般采用 debug 编译，也就是使用 -b DEBUG 选项。如果是 Release，则修改 DEBUG_VS2015x86_IA32_CC_FLAGS 的赋值语句），把其中的参数从 "/W4" 改为 "/W3" 即可。

编译通过后，按如下方法启动客户端程序（假设服务端 IP 地址为 192.168.1.42，端口为 8888）。

```
FS0:\> EchoTcp4.efi 192.168.1.42 8888
```

配合 TCP4 的"回声壁"服务端程序，即可进行测试了。

10.3.2　开发 Windows 的 TCP6 服务端程序

从程序员的角度看，IPv6 编程与 IPv4 编程相似，唯一需要注意的是 IP 地址的不同，其余只需要将支持 IPv4 的函数改为支持 IPv6 即可。

与 IPv4 地址相比，IPv6 要长得多，它总共有 128 位，每 16 位分成一段，每段之间用冒号分隔开。比如对一个普通公网的 IPv6 地址" fd15:0023:0000:0000:02AA:0987:FABC:7654"，可以采用压缩前导零的方法表示，压缩后可表示为" fd15:23:0:0:2AA:987:FABC:7654"。

为了进一步精简 IPv6 地址，当冒号隔开的几段中连续出现数值 0 的位段，可以将这些连续段压缩为双冒号。比如上面的这个地址，还可以表示为：" fd15:23::2AA:987:FABC:7654"。

按照上述规则，IPv6 地址"FABC:0:0:0:FF:3BA:811:62C2"可以精简为"FABC::FF:3BA:811:62C2"。需要注意的是，双冒号只能出现一次。

为了演示 UEFI 下的 IPv6 编程，我们仍旧准备实现"回声壁"的服务端 - 客户端程序。服务端还是使用 Windows 平台开发，客户端采用 UEFI StdLib 的 Socket 接口进行开发。本节介绍服务端的开发。

Windows 为了支持 IPv6，对 Windows Socket 的 API 函数做了不少改变，具体如下。

1. 添加协议族常量支持

为了正确地标识和解析地址结构，以及让应用程序使用合适的协议创建套接字，我们的系统需要支持新的 IPv6 地址族的名称。表示 IPv6 的地址族名称和协议族名称的常量如下。

- AF_INET6。AF（Address Family）是地址族的意思，AF_INET6 为 IPV6 的地址族。
- PF_INET6。PF（Protocol Family）是协议族的意思，PF_INET6 为 IPV6 的协议族。

在 Windows 系统中，AF_INET6 和 PF_INET6 是完全一样的；在 Linux 系统中，两

者使用范围不同，在 BSD 系套接字中使用 AF_INET6，而在 POSIX 系套接字中使用 PF_INET6。

2. 地址数据结构

套接字中定义了特定协议的数据结构，用来保存套接字地址。对于 IPv4，使用的数据结构是 sockaddr_in。套接字也为嵌入的特定协议结构定义了一个独立于协议的结构体 sockaddr。特定协议的数据结构中的标识字段（地址家族）会覆盖通用数据结构中的家族字段。而 IPv6 地址与 IPv4 地址不同，因此需要一个针对 IPv6 的新的特定协议的数据结构，这就是 sockaddr_in6，其原型如下。

代码清单 10-16　sockaddr_in6 结构体

```
typedef struct sockaddr_in6 {
    ADDRESS_FAMILY sin6_family;                // AF_INET6
    USHORT sin6_port;                          //端口
    ULONG  sin6_flowinfo;
    IN6_ADDR sin6_addr;                        //地址
    union {
        ULONG sin6_scope_id;
        SCOPE_ID sin6_scope_struct;
    };
};
```

除了地址族、端口和地址信息外，这个结构体中还包括成员变量 sin6_flowinfo 和 sin6_scope_id。sin6_flowinfo 包含 IPv6 头部中的流量类别和流标签；sin6_scope_id 包含范围 ID，这个 ID 用于标志一组适用于地址字段中所含地址的接口。

3. 通配地址

在 IPv4 的服务端程序中，提供给客户端的链接地址是使用常量 INADDR_ANY（通配地址）的 bind() 函数调用的地址。

IPv6 地址类型 (in6_addr) 是一个结构，常量无法用于变量赋值，但是能够对结构进行初始化。有两种方法来提供通配地址。

1）使用全局变量 (in6addr_any) 赋值，例如：

```
servAdr.sin6_addr = in6addr_any;
```

2）使用常量 (IN6ADDR_ANY_INIT) 初始化地址结构（在声明时使用），例如：

```
struct in6_addr anyaddr = IN6ADDR_ANY_INIT;
```

我们使用前一种方法。

其他的接口函数，包括 accept()、recv()、send() 等，由于地址在这些函数中是以不透明的地址指针和长度来传递的，不需要为了 IPv6 而对核心套接字的接口函数进行修改，因此可以直接使用。

了解了以上的变化，就可以进行服务端编程了。当然，如果还希望编写 Windows 客户端的程序，以上的知识是不够的。主要原因是 struct sockaddr 不能用于分配存储空间，此时需要转换为 sockaddr_in6 指针，Windows 为此准备了 struct sockaddr_storge 结构体以及其他的地址转换函数。这些内容已经超出本书的讨论范围，有兴趣的读者可以自己去研究。

示例 10-12 所示为 Windows TCP6 的服务端程序，完整的工程文件位于随书代码的 chap10\WindowsIPv6\EchoServerTcp6 中。

【示例 10-12】 Windows 下 TCP6 服务端程序。

```
int main(int argc, char* argv[])
{
    WSADATA wsaData;
    SOCKET hServSock, hClntSock;
    char message[BUFFER_SIZE];
    int strLen, i;
    SOCKADDR_IN6 servAdr, clntAdr;
    int clntAdrSize;

    if (argc != 2) {
        printf("TCP6 Server by robin. Usage: %s <port>", argv[0]);
        exit(1);
    }
    else{
    printf("Ready to start TCP6 Server. port=%d\n", atoi(argv[1]));
    }
    if (WSAStartup(MAKEWORD(2, 2), &wsaData) != 0)
        ErrorOutput("Start WSA error,Quit!");

    hServSock = socket(AF_INET6, SOCK_STREAM, 0);
    if (hServSock == INVALID_SOCKET)
        ErrorOutput("socket() error!");
    memset(&servAdr, 0, sizeof(servAdr));
    servAdr.sin6_family = AF_INET6;
    servAdr.sin6_addr = in6addr_any;
    servAdr.sin6_port = htons(atoi(argv[1]));

    if (bind(hServSock, (SOCKADDR *)&servAdr, sizeof(servAdr)) == \
        SOCKET_ERROR)
        ErrorOutput("bind() error");
    if (listen(hServSock, 10) == SOCKET_ERROR)
        ErrorOutput("listen() error");
    clntAdrSize = sizeof(clntAdr);

    for (i = 0; i < 10; i++){
        hClntSock = accept(hServSock, (SOCKADDR*)&clntAdr, &clntAdrSize);
        if (hClntSock == INVALID_SOCKET)
            ErrorOutput("accept() error");
```

```
        else
            printf("Connect client %d (port: %d)\n", i + 1, \
            clntAdr.sin6_port);
        while ((strLen = recv(hClntSock, message, BUFFER_SIZE,\
            0)) != 0) {
            if (strLen == SOCKET_ERROR)    break;
            message[strLen] = '\0';
            printf("Receive from client(port:%d):%s\n",\
                clntAdr.sin6_port, message);
            send(hClntSock, message, strLen, 0);
        }
        closesocket(hClntSock);
    }
    closesocket(hServSock);
    WSACleanup();
    return 0;
}
```

与10.2.1节介绍的TCP4服务端程序一样，程序编译之后，可在命令行中启动，加上端口作为参数，启动监听端口8888的服务端程序如下：

```
C:\user\robin>EchoServerTCP4 8888
```

10.3.3 使用Socket编写UEFI TCP6客户端程序

编写TCP6的客户端程序与编写TCP4客户端程序，流程完全相同，几个核心的套接字函数调用也完全相同。

唯一需要注意的是，IPv6的地址与IPv4的地址不同，不能使用直接赋值的方法了，而是要使用函数inet_pton()进行转换。此函数原型如代码清单10-17所示。

代码清单10-17　inet_pton函数

```
int inet_pton(
    int af,                              //协议族，AF_INET或AF_INET6
    const char *src,                     //指向ASCII字符型的地址
    void *dst                            //转换后的数据
);
```

inet_pton()函数返回1表示指定的协议族有效；返回0表示指定的协议族无效，这种情况下参数dst中数据不可用；返回–1表示转换过程中出现了错误，参数dst中数据不可用。

inet_pton()函数能够处理IPv4和IPv6的地址，其是随着IPv6出现的新函数。函数中的字母“p”和“n”分别表示表达（presentation）和数值（numeric），转换后的数值格式是存放到套接字地址结构中的二进制值。

inet_pton函数位于头文件<arpa/inet.h>中，使用前需要在源代码中添加此头文件。除了地址转换外，TCP6客户端的代码与之前的TCP4的代码完全一样，如示例10-13所示。

【示例 10-13】UEFI 的 Socket TCP6 客户端程序。

```
int main (IN int Argc,IN char **Argv)
{
    tcp6Client(Argc, Argv);
    return 0;
}

EFI_STATUS tcp6Client(IN int Argc,IN char **Argv)
{
    EFI_STATUS Status = EFI_SUCCESS;
    struct sockaddr_in6 ServerIp;
    int socketID,recvLen;
    char msgStr[1024],recvStr[1024];

    //1 从命令行获得服务端IP地址和端口
    if(Argc != 3) {
        printf("TCP6 Client.Usage: %s <IP> <port>", Argv[1], atoi(Argv[2]));
        Status = EFI_ABORTED;
        return Status;
    }
    else{
        printf("Ready to start TCP6 Client. IP=%s,port=%d\n", Argv[1],\
            atoi(Argv[2]));
    }
    //2 创建Socket套接字
    if ((socketID = socket(AF_INET6, SOCK_STREAM, 0)) < 0) {        // IPv6
        printf("Socket()");
        Status = EFI_ABORTED;
        return Status;
    }
    memset ( &ServerIp, 0, sizeof ( ServerIp ));
    ServerIp.sin6_family = AF_INET6;
    ServerIp.sin6_port = htons(atoi(Argv[2]));

    if ( inet_pton(AF_INET6, Argv[1], &ServerIp.sin6_addr) < 0 ) {
        printf(Argv[1]);
        Status = EFI_ABORTED;
        return Status;
    }
    //3 连接服务端
    if(connect(socketID,(struct sockaddr *)&ServerIp,sizeof(ServerIp))!=0){
        printf("Connect() ");
        Status = EFI_ABORTED;
        return Status;
    }
    //4 向服务端发送数据，并接收服务端发过来的数据
    while (1) {
        memset(msgStr, 0, 1024);
        printf("Please input message:");
```

```
        gets(msgStr); //get string from keyboard
        if (!strcmp(msgStr, "q") || !strcmp(msgStr, "Q"))
            break;
        send(socketID, msgStr, strlen(msgStr), 0);

        recvLen = (int)recv(socketID, recvStr, sizeof(recvStr), 0);
        recvStr[recvLen] = '\0';
        printf("Message from server: %s\n", recvStr);
    }
    close(socketID);
    return Status;
}
```

程序编译之后，复制到 Nt32 模拟器目录下。按照前面介绍的方法，启动搭建好的 IPv6 网络测试环境，之前已经启动了 TCP6 的服务端程序，输入下命令连接服务端（笔者的服务端 IP 地址为“fd15:4ba5:5a2b:1008:90dc:7877:8cd3:620”）。

```
FS0:\>stdEchoTcp6 fd15:4ba5:5a2b:1008:90dc:7877:8cd3:620 8888
```

10.4 本章小结

本章主要介绍了 UEFI 的网络协议栈，包括对 IPv4 和 IPv6 的支持，并分别使用 UEFI Protocol 和 StdLib 的 Socket 接口，在 UEFI 系统下开发了网络应用。随着 UEFI 的发展，对网络的支持也越来越全面，EDK2 也在 AppPkg 中提供了大量的例子供学习者参考，很值得一读。

为了深入讲解 UEFI 网络编程，本章使用 EFI_TCP4_PROTOCOL 开发了 TCP4 的客户端程序。这种编程方式比较烦琐，笔者平常在开发产品的时候，大部分还是直接使用 StdLib 的 Socket 接口构建代码。为此，本章分别针对 IPv4 和 IPv6 提供了 TCP 的示例程序。

网络编程所需知识比较多，本章只是展示了 TCP 的编程方式，如需开发实际产品，所需了解的知识绝不是短短一章的篇幅就可以讲清楚的。本章所附的代码中，针对 TCP6 和 UDP6，编写了 Windows 和 Linux 平台的服务端和客户端程序，同时也提供了 UEFI 下 UDP4 和 UDP6 的客户端程序。对照本章的介绍，仔细阅读这些代码，相信你会对 UEFI 的网络编程有更深的理解。

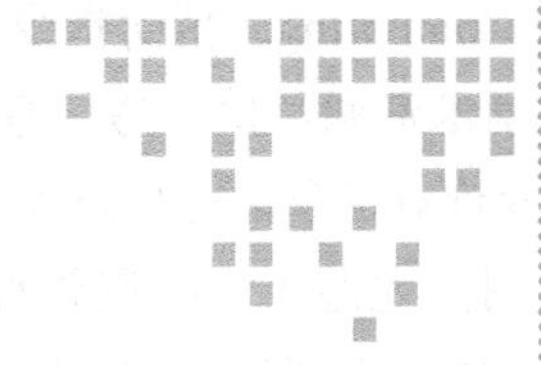

第 11 章 Chapter 11

龙芯平台上开发 UEFI 程序

当前，国际上主流的 CPU 指令集架构有 X86、ARM、MIPS 等。国产 CPU 在指令集方面主要采用两条路线：一是直接使用已有指令集，如飞腾采用的 ARM 架构，兆芯使用的 X86 架构；二是兼容国际已有指令集，逐渐走向自研，如目前龙芯基于 MIPS 架构发展出 LoongISA，然后逐渐开发出自己的 LoongArch。

采用非自研指令集，是需要获得原 CPU 架构厂商授权的，不同的厂商授权方式有所不同。MIPS 的授权分为结构授权和 IP 核授权。购买结构授权后可以基于 MIPS 指令集架构自主设计处理器核；购买 IP 核授权后可在购买的 IP 核的基础上设计处理器。龙芯系列处理器已获得 MIPS 指令集架构的永久授权，并基于 MIPS 架构设计了自主扩展指令集。ARM 的授权方式，在 12 章讲述飞腾架构时候会涉及。

本章以及接下来的第 12 章，将介绍在国产的龙芯和飞腾平台上，如何进行 UEFI 的编程。本章主要介绍龙芯的平台，包括龙芯的发展和产品情况、与其 CPU 架构和指令集有关的知识，以及在龙芯平台上搭建 UEFI 开发环境的方法。

11.1 龙芯平台概述

龙芯课题组于 2001 年由中科院计算机所组建，其目标是研制中国具有自主知识产权的高性能通用 CPU 芯片。芯片被命名为龙芯，英文名 Loongson，旧称 GODSON。在早期的研究阶段，考虑到人员和经费不足，课题组选用了当时比较流行的 MIPS 架构。

当时全球很多大学进行 CPU 架构教学和科研课题时，都选择了 MIPS 架构。与 X86 的 CISC（Complex Instruction Set Computing，复杂指令集）不同，MIPS 是 RISC（Reduced

Instruction Set Computing，精简指令集），来自一个非常有开创性的斯坦福大学的项目。它有非常丰富的学术资源可供参考，且 MIPS 架构已经有相当成功的商业实践，对外授权门槛相对较低，允许对指令集进行修改。

2001 年 8 月，龙芯 1 号的逻辑设计在 FPGA 平台运行起来，并于 2002 年 8 月，龙芯 1 号流片成功。这款主频为 266MHz 的 32 位处理器，采用了自主研发的 LoongISA 指令系统，兼容 MIPS 指令。第一款 CPU 诞生后，龙芯 2 号、龙芯 3 号也相继研发成功，这 3 个系列的处理器，逐渐涵盖了党政军办公、工业控制、航天等领域的应用。

2009 年 9 月，中国首款四核龙芯 3A 流片成功，这意味着商业化的条件已经基本成熟。次年 4 月，中科院和北京市政府共同出资，成立龙芯中科技术有限公司，龙芯正式从研发走向了产业化。商业化促进了龙芯生态的发展，更多的合作厂商、开发者加入了龙芯生态。2019 年，龙芯芯片的出货量已经达到了 50 万颗以上，在国产应用的市场中，其份额遥遥领先。

目前在桌面级计算机上，主要采用的龙芯芯片为 3A3000 和 3A4000。笔者在工作中开发的 UEFI 软件，也主要是在这两种平台上运行。不过，从 2020 年的市场来看，3A4000 已经逐渐成为龙芯桌面级计算机的主流。

为方便在龙芯平台上开发 UEFI 程序，大家对龙芯平台相关的内容必须有一定的了解。下面将简单介绍龙芯各系列的产品，并重点介绍 3A4000 的 CPU 架构。

11.1.1 龙芯产品介绍

龙芯在创立之初，其目标就是做独立自主的 CPU。而在起步之时，主流的几个 CPU 架构中，X86 架构几乎算是非卖品（不授权），ARM 架构不允许更改设计（严格授权），因此龙芯最终选择了 MIPS 架构（开放，可自主加指令）。

龙芯对 MIPS 指令集（MIPS32/MIPS64）进行了相当大的扩展，逐渐发展出了自己的指令集 LoongISA。MIPS 指令集包括基础指令、SIMD 指令和加解密指令，LoongISA 在其基础上添加了基础扩展 LoongEXT、二进制翻译扩展 LoongBT 和向量指令扩展 LoongSIM。或者说，LoongISA 是 MIPS 指令集的超集，除了能直接融入原有 MIPS 的生态外，龙芯也根据市场需要对其进行了各类扩展。

龙芯在推的新指令集 LoongArch，则是完全的自主架构，并非基于 MIPS 扩展。从官方发布的消息来看，LoongArch 是全新的指令集，包含基础指令 337 条、虚拟机扩展指令 10 条、二进制翻译扩展 176 条，以及向量扩展指令等，总计 2565 条原生指令。

新指令集 LoongArch 在设计时，以先进性、扩展性和兼容性为目标。通过软硬件结合的方式，对 MIPS、X86、ARM 和 RISC-V 这几种指令集进行二进制翻译提供支持。这样的话，能保留对龙芯原有平台的支持，也可在龙芯 Linux 平台上运行 Linux 下 X86 的应用，甚至在龙芯 Linux 平台上运行 Windows 操作系统及相关应用。

通过 LoongArch 的这种设计，消除指令系统的壁垒，龙芯希望构建独立于 Wintel 体系（Windows+Intel）和 AA 体系（ARM+Android）的产业生态，实现自主的信息产业体系。这是一个非常远大的目标，基于 LoongArch 指令集的 CPU 目前刚推向市场，具体会如何，我们拭目以待。

经过近 20 年的发展，龙芯发展出龙芯 1 号、龙芯 2 号和龙芯 3 号三大处理器系列，涵盖了小、中、大三类 CPU 产品。龙芯处理器覆盖了国防、政府、教育、物联网等各个领域，并在一些特殊领域取得了突破，比如发展出用于航天的抗辐照处理器、用于石油钻探的耐高温处理器等。表 11-1 列出了龙芯目前产品的情况。

表 11-1　龙芯 CPU 列表

分　类	名　称	基本参数	说　明
3 号系列	3A4000/3B4000	主频 1.5~2.0GHz，4 个 64 位超标量处理器核 GS464V，MIPS64 兼容	功耗为 30 ～ 50W，采用 28nm 工艺制造
	3A3000/3B3000	主频 1.35~1.5GHz，4 个 GS464E 处理器核	功耗为 30W，采用 28nm 工艺制造
	3A2000/3B2000	主频 800MHz~1GHz，4 核 64 位，四发射乱序执行 GS464E	功耗为 15W，采用 40nm 工艺制造
	3A1000	主频 1GHz，4 核 64 位 四发射乱序执行 GS464	功耗为 15W，支持动态降频，采用 65nm 工艺制造
	3B1500	主频 1.2GHz，8 核 64 位 四发射乱序执行 GS464	典型功耗为 30W，采用 32nm 工艺制造
2 号系列	2K1000	主频 1GHz，2 个 GS264 处理器核	功耗为 1 ～ 5W，支持动态降频降压，采用 40nm 工艺制造
	2H	主频 1GHz，单个 GS464 处理器核	功耗为 5W，采用 65nm 工艺制造
	2F	主频 800MHz，单个 GS464 处理器核	功耗为 5W，采用 90nm 工艺制造
1 号系列	1A	主频 266MHz，单个 GS232 处理器核	功耗为 1W，采用 130nm 工艺制造
	1B	主频 200MHz，单个 GS232 处理器核	功耗为 0.5W，采用 130nm 工艺制造
	1C	主频 240MHz，单个 GS232 处理器核	功耗为 0.5W，采用 130nm 工艺制造
	1D	主频 8MHz，单个 GS232 处理器核	待机电流 10μA，采用 130nm 工艺制造
	1C101	主频 8MHz，单个 GS132R 处理器核	功耗小于 0.5W，针对门锁应用，采用 130nm 工艺制造

从表 12-1 中可以看出，从处理器结构来看，龙芯 CPU 可以分为 4 类：单发射 32 位、双发射 32 位、双发射 64 位和四发射 64 位。而在其划分的三大系列中，龙芯 3 号是面向桌面和服务器类应用的“大 CPU”，对标的是 Intel 的酷睿和志强系列；龙芯 2 号为“中 CPU”，面向工控和终端类应用，对标的是 Intel 的凌动系列；龙芯 1 号则为“小 CPU”，面向的是特定的应用，包括抄表业务、门锁应用、工业控制等。

在几个系列中，我们主要关心的是桌面 / 服务器的 CPU，也就是龙芯 3 号。在此系列中，最早的 3A1000 采用的是 65nm 工艺流片，由意法半导体承接，于 2008 年年底交付。随后继续开发的3B1000、3B1500、3A2000/3B2000等，逐渐形成了龙芯指令系统LoongISA。

另外，自3A2000之后，龙芯采用了类似Intel的Tick-Tock策略。Tick指的是结构不变，通过工艺优化提升性能；Tock指的是工艺不变，通过结构优化提升性能。Tick-Tock策略可以把两个芯片流水分别推进，在加快进度的同时降低技术风险。

从目前公开的资料来看，3A4000为Tock，采用28nm工艺，并于2019年年底推向了市场。在Tick阶段的新一代处理器3A5000，有望采用12nm工艺，与3A4000可原位替换。同步规划的3C5000，定位于16核服务器，也采用的是12nm工艺，于2020年第三季度流片。3A4000和3A5000是桌面计算机的主力CPU，而3B4000与3C5000，是服务器的主力CPU，UEFI程序的开发人员应该重点关注。

11.1.2 3A4000的CPU架构简介

龙芯3A4000是一款4核龙芯处理器，于2019年12月发布。它的片内集成4个64位的四发射超标量GS464V高性能处理器核，兼容MIPS64指令集，支持龙芯扩展指令集。龙芯3A4000是第一款基于GS464V微架构的处理器，加强了对虚拟化、向量、加解密等的支持。

在产品定位上，GS464V面向的是高端嵌入式应用和桌面应用，也可以多核的形式面向服务器应用提供支持。龙芯官网给出的3A4000的用户手册[⊖]的第8章中，给出了GS464V的结构图。相比于上一代的GS464E，GS464V的提供了向量支持，流水线得到了进一步优化。从实测结果来看，GS464V与GS464E相比整体性能提升了1倍左右。

龙芯3A4000处理器支持单指令多数据流（Single Instruction Multiple Data，SIMD）指令，可同时对多个数据进行同时操作，这极大地加速了多媒体程序（如图像、视频等）的处理。它在功能上兼容MIPS64指令集的SIMD扩展指令集，即MSA（MIPS SIMD Architecture）。对于SIMD的内容，可参考龙芯的向量指令软件开发手册，以及MIPS公司的*MIPS® Architecture for Programmers IV-j: The MIPS64? SIMD Architecture Module*（Document Number: MD00868, Revision 1.12）。

龙芯3A4000芯片整体架构基于多级互联实现，支持单芯片和多芯片互联两种工作模式，其结构如图11-1所示。

在多级互联的结构中，第一级用于连接4个GS464V处理器核（作为主设备）、4个共享Cache模块（作为从设备），以及1个IO端口连接IO-RING。第二级则连接4个共享Cache模块（作为主设备）、2个DDR3/4内存控制器，以及1个IO端口连接IO-RING。

从图11-1中可以看出，IO-RING包含了8个端口，连接了4个HyperTransport控制器、

⊖ http://www.loongson.cn/product/dc/

MISC 模块、SE 模块与两级交叉开关（L1X 和 L2X）。其中，HyperTransport 控制器用于实现外设连接以及多芯片互联；MISC 模块包含各类混杂设备，比如低速的 SPI 控制器、I2C 控制器等；SE 模块是龙芯与卫士通合作的安全嵌入式模块。

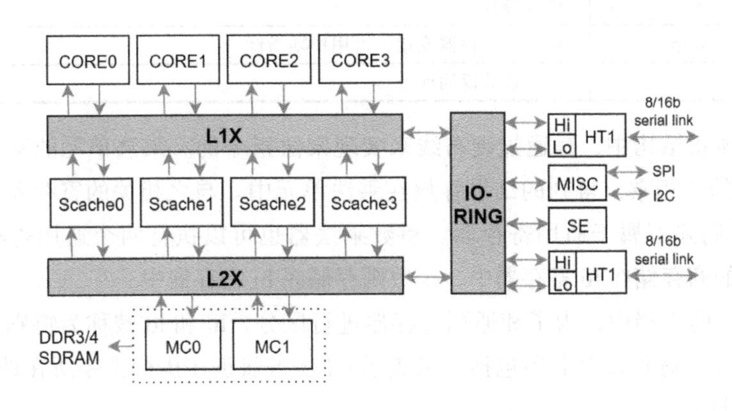

图 11-1　龙芯 3A4000 芯片结构

龙芯 3A4000 的芯片框架就介绍到这里，更多的信息，请读者查看龙芯官网提供的 3A4000 的用户手册。对于软件开发人员来说，除了要了解这些基本框架外，更要熟悉 CPU 的寄存器情况。

龙芯的官网上并没有提供完整的 CPU 手册。不过，除了少数龙芯特有的指令外，3A4000 与 MIPS64 并没有太大的区别。3A4000 兼容 MIPS64 R3，可以直接使用 MIPS64 的 CPU 手册来进行学习。

MIPS64 架构的寄存器相当丰富。它有多达 32 个 64 位通用寄存器，这 32 个寄存器使用美元符号加上数字来表示，范围从 \$0 ～ \$31。为方便记忆，这些寄存器都有对应的助记符号。虽然在硬件中并没有如何使用寄存器的规定，但在实际的软件运作中，这些寄存器都有约定俗成的习惯用法。表 11-2 给出了寄存器的助记符和习惯用法。

表 11-2　龙芯 CPU 列表

编　号	助记符	习 惯 用 法
0	zero	此寄存器永远返回 0
1	at	汇编器的暂存变量
2-3	v0,v1	子函数的返回值
4-7	a0 ～ a3	子函数调用的前几个参数
8 ～ 15	t0 ～ t7	临时变量，子程序使用时不需要保存与恢复
24，25	t8，t9	临时变量，子程序使用时不需要保存与恢复
16 ～ 25	s0 ～ s7	子函数寄存器变量，子程序写入时必须保存其值并在返回前恢复原值
26，27	k0，k1	通常被中断或者异常处理程序使用，保存一些系统变量

（续）

编 号	助记符	习 惯 用 法
28	gp	全局指针，在一些运行系统中维护此指针，以方便存取 static 和 extern 变量
29	sp	堆栈指针
30	s8/fp	第九个寄存器变量，可用作帧指针
31	ra	子函数的返回地址

在 MIPS 体系结构中，是通过硬布线来实现乘法指令的。乘法单元的基本操作是把两个寄存器大小的值相乘，得到的结果存放在乘法单元中。与之相关的寄存器有两个，分别是 hi 和 lo，它们并不属于通用寄存器。整数乘法器也可以执行两个通用寄存器的除法操作，计算得到的商存储在 lo 寄存器中，余数则存储在 hi 寄存器中。

在 MIPS64 的文档中，为了和通用寄存器进行区分，hi 和 lo 被称为特别寄存器。除了这两个寄存器外，特别寄存器还包括用来表示 CPU 当前正在执行指令所在地址的 PC 寄存器（也即程序计数器）。

除了 CPU 寄存器外，MIPS64 中还提供了协处理器（Co-Processor）的寄存器，以实现各类功能。在 MIPS 体系结构中，最多支持 4 个协处理器。其中，协处理器 CP0 用来处理终端、配置选项等，起到控制 CPU 的作用，它是体系结构中必须实现的。MIPS CPU 的 MMU、异常处理、错误检测等功能，都依赖于协处理器 CP0 来实现。CP0 提供了 32 个寄存器，包括错误虚地址寄存器（BadVaddr，8 号）、状态寄存器（Status Register，12 号）、原因寄存器（Cause Register，13 号）和异常返回地址寄存器（EPC Register，14 号）等。

CP1 为浮点处理器，它提供了 32 个浮点寄存器，通常用 \$f0 ～ \$f31 表示。每个浮点寄存器都是 64 位的，能够容纳一个双精度的值。CP2 保留给厂商，一般用来实现一些特色的功能。CP3 原本也是保留的，不过 MIPS 在发展过程中，已经在扩展指令集中使用了。

至此，我们对龙芯 3A4000 的 CPU 架构及其寄存器有了初步的认识。更具体的内容，请读者查阅龙芯提供的用户手册，以及 MIPS64 R3 的 CPU 手册。下面将在以上知识的基础上，学习如何在龙芯平台上编写汇编程序。

11.2 龙芯汇编语言

开发 UEFI 程序的过程中，在涉及体系架构相关的代码时，总会用到汇编代码。在之前的章节中，主要是在 X86 平台上进行实验。在目前的市场上，X86 的机器占据了主流，大部分程序员也是在此平台上进行编程的。因此，学习 X86 架构及其汇编语言时，实验平台和资料是比较容易获得的。

在学习龙芯平台，以及第 12 章要介绍的飞腾平台时，遇到的阻碍远超 X86 平台。以实验平台为例，在国产 PC 仍未普及的情况下，一般的开发者很难去购买龙芯或飞腾的台式计算机进行 UEFI 的程序开发。

笔者在学习各种平台汇编语言的时候，也遇到同样的困难。飞腾作为兼容 ARMv8 指令集的 CPU 架构，还可以使用树莓派 4 等同样架构的开发板进行实验。而龙芯使用的是兼容 MIPS64 的 LoongISA，而 LoongISA 目前并没有授权给其他厂商，同架构的开发板在市场上是找不到的。因此，最合适的方法是使用 QEMU 之类的模拟器，模拟出需要的硬件平台，在模拟器中进行编程实验。

Linux Lab 就是这样的一个实验平台，它是基于 Docker 和 QEMU 搭建的实验环境。它可以模拟十几种流行的开发板，包括 AARCH64 的树莓派 3、MIPS64 的 ls3a7a（即龙芯 3A）、RISC-V 的 virt，以及 X86 的开发平台。LinuxLab 基本涵盖了 X86、ARM、MIPS 等目前主流的桌面 CPU 架构，非常适合用于对多种 CPU 架构的学习。

本节将介绍如何搭建 Linux Lab 实验平台，以及如何使用 LinuxLab 编译龙芯架构的汇编语言。

11.2.1　安装 Linux Lab

Linux Lab 是一个开源项目，它是一个使用 Docker 和 QMEU 搭建的即时开发环境。在其内部，集成了 Linux 内核开发所需的编辑器、调试器、模拟器、根文件系统等，可以用来学习处理器架构、Linux 内核、汇编语言等。当前版本中，已经支持了 7 大处理器架构，包括 X86、ARM、PPC、RISC-V、Loongson 和 CSKY。

本节将介绍如何安装 Linux Lab。Linux Lab 主要是用来学习龙芯的汇编语言，以及下一章要介绍的飞腾的汇编语言（即 ARMv8 指令集）。我们学习龙芯和飞腾的汇编语言，需要的是对应平台的编译器，以及能运行程序的实验环境。这些组件，在 Linux Lab 中都已经预置安装了。

安装 Linux Labb 需要预留足够的硬盘空间，建议预留 50GB 至 100GB 的空间，内存则建议在 4GB 以上。笔者是在 Ubuntu 18.04 上搭建 Linux Lab 的，操作步骤如下。

1. 安装 Git、Docker 和 QEMU

在终端输入以下命令，直接安装 Git 和 QEMU。

```
$ sudo apt-get install qemu git
```

Docker 有几种安装方法，可以在 dockerhub ⊖上下载相应的版本进行安装，也可以直接使用如下命令安装。

```
$ sudo apt-get install docker.io
$ docker -v
Docker version 19.03.6, build 369ce74a3c
```

⊖ https://hub.docker.com/search?type=edition&offering=community。

Linux Lab 的官方文档上，在 Ubuntu 18.04 上验证过的 Docker 版本为 18.09.4，笔者使用的版本是 19.03.6。

必须确保在无须 root 权限的情况下运行 Docker，故可以将普通用户的账户添加到 docker 组，并重启使之生效，命令如下。

```
$ sudo usermod -aG docker <USER> #请将<USER>替换为对应的账户
$ newgrp docker
```

Docker 安装是否成功，可以使用如下命令进行检查。

```
$ docker run hello-world
Hello from Docker!
This message shows that your installation appears to be working correctly.
```

实际安装中，可能会遇到各种问题，在 Linux Lab 的仓库中，对于在 Ubuntu 下安装 Docker 有比较详细的说明，读者可以参考操作⊖。

2. 下载实验环境

下载实验环境前，必须确保在普通用户权限下操作。Linux Lab 不推荐使用 root 账号，会出现各种权限异常的问题。可以使用命令“id -u”来查看是否为普通用户，打印出的值为 1000 表示普通用户，值为 0 则表示 root 用户。

在工作目录中（笔者的工作目录为 Home 目录）下载配套的 Cloud Lab，然后选择 LinuxLab 仓库，命令如下。

```
~$ git clone https://gitee.com/tinylab/cloud-lab.git
~$ cd cloud-lab/ && tools/docker/choose Linux-lab
```

3. 运行并登录 Linux Lab

下载的 Cloud Lab 位于工作目录的 cloud-lab 文件夹下，使用其中的工具登录 Linux Lab。

```
~/cloud-lab$ tools/docker/run Linux-lab
```

上述命令执行后，将自动下载所需要的文件，在之后的打印信息中提供了 5 种登录方式，包括 bash、vnc、ssh、webssh 和 webvnc，这里选择 bash 进行登录，将直接进入 Linux Lab 的终端。

之后的实验中，可以直接使用如下命令，通过 bash 登录 Linux Lab。

```
~/cloud-lab$ tools/docker/bash
```

4. 选择开发板并启动

Linux Lab 中预置的开发板是 vexpress-a9，为方便后面的工作，我们将从开发板上设置为 ls3a7a 启动，使用的命令如下。

⊖ https://gitee.com/tinylab/linux-lab/blob/master/doc/install/ubuntu-docker.md。

```
ubuntu@Linux-lab:/labs/Linux-lab$ make BOARD=MIPS64el/ls3a7a
```

首次使用会自动下载对应开发板的 BSP 代码，其中包含了 Linux 内核与 Buildroot 配置文件、预编译好的内核版本等相关信息。在设置完开发板之后，只要后面没有更换开发板，都可以直接使用如下命令进入开发板上的龙芯操作系统。

```
ubuntu@Linux-lab:/labs/Linux-lab$ make boot
```

实际上，Linux Lab 是使用 QMEU 模拟了龙芯 3A 的 CPU，并加载了对应的操作系统镜像。也就是说，我们完全可以在此操作系统上运行针对龙芯 3A 编译的程序。

至此，就完成了 Linux Lab 的安装，下面可以直接使用它来进行汇编语言的实验了。

11.2.2 龙芯汇编语言实验

如果只是学习龙芯汇编语言，实际上有不少模拟器可以使用，比如 Qtspim、MIPS 等。笔者最初也是用这些模拟器学习龙芯的汇编语言的，然后自己搭建跨平台编译环境，再使用 QEMU 模拟 MIPS64 的 CPU 并启动操作系统。

这样一整套环境搭建下来，非常复杂而且费时。考虑到在学习 UEFI 编程的过程中，需要不断在 ARM、MIPS 和 X86 之间切换，笔者建议所有与汇编学习相关的环境搭建都转到 Linux Lab 下。

本节分为两部分内容：一是关于龙芯汇编指令的基本用法，二是如何在 Linux Lab 下编译龙芯汇编程序，并在 QEMU 模拟的龙芯系统上进行测试。

1. 龙芯汇编指令简介

龙芯的汇编指令固定为 4 字节的指令长度，共分为 3 类：R 类型（R-Type，Register CPU Instruction Format）、I 类型（I-Type，Immediate CPU Instruction Format）和 J 类型（J-Type，Jump CPU Instruction Format）。它们的格式如图 11-2 所示。

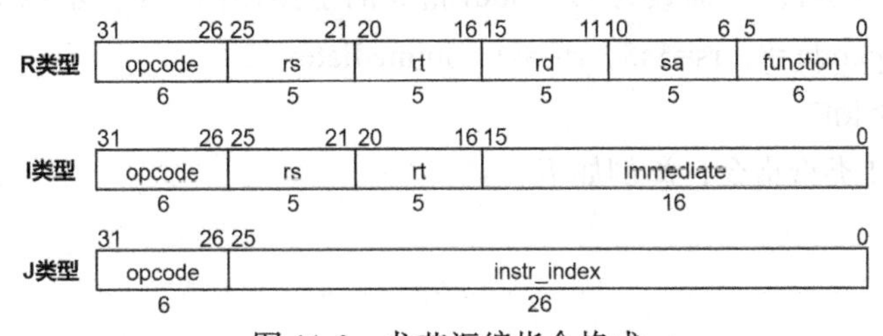

图 11-2 龙芯汇编指令格式

图 11-2 中给出了龙芯 3 种汇编指令的格式，其中各域的解释如下。

- opcode：主操作码，为 6 位长度。J 类型的指令一般都有唯一的主操作码"op"，其他的指令以组为单位共享一个主操作码值，通过别的域来区分。
- rs：长度为 5 位的域，指明源寄存器。

- rt：长度为 5 位的域，指明目标寄存器。对 R 类型指令来说，一般作为第二个源寄存器使用；对 I 类型指令来说，一般作为存储结果的目的寄存器使用。
- rd：长度为 5 位的域，指明存放结果的目的寄存器。
- sa：长度为 5 位的域，指明位移量。
- function：长度为 6 位的域，指明功能码。
- immediate：长度为 16 位的域，指明立即数，一般是相对于基址的偏移量。
- instr_index：长度为 26 位的域，用来指明跳转的目标地址。

如果从功能上划分，J 类型指令用来进行跳转操作，包括指令 j、jal 等；I 类型指令用于带立即数的指令，包括指令 addi、addiu、lw 等；所有其他的指令则使用 R 类型，用于实现计算、位移、CPU 控制等功能，包括指令 add、srl、eret 等。下面分别以 3 条指令为例，实际体验这 3 种类型指令操作过程。

（1）加法指令 add

add 指令属于 R 类型的指令，举例如下。

```
add     $s2,  $s3,  $s4
```

add 指令的第一个操作数是寄存器 $s3；第二个操作数是寄存器 $s4；目的寄存器为 $s2，用来存储计算结果。该指令没有移位，而加法指令主操作码为 0，功能码为 32，对应 R 类型各域的值分别为 opcode=0，rs=$s3，rt=$s4，rd=$s2，sa=0，function=32。

这条命令将寄存器 $s3 和 $s4 中的值相加，所得到的结果存入 $s2 中。

（2）立即数加法指令 addi

指令 addi 属于 I 类型指令，举例如下。

```
addi $s1, $s5, -2
```

这条指令将寄存器 $s5 的值与 –2 相加，并将结果保存在寄存器 $s1 中。即源寄存器为 $s5，目标寄存器为 $s1，立即数为 –2。addi 指令的主操作码为 8，示例中指令对应 I 类型各域的值分别为 opcode=8，rs=$s5，rt=$s1，immediate=–2。

（3）跳转指令 jal

指令 jal 属于 J 类型指令，举例如下。

```
jal  print
print:
```

跳转指令 jal 比较容易理解，其主操作码 opcode 为 3。示例中的目标地址为 print，这条指令执行的结果是，跳转到标志 print 处，继续执行后续的指令。

限于篇幅，无法将所有指令全部列出解释，读者可以查询 MIPS 架构的编程手册，了解每条指令的使用方法。下面将以实际的汇编代码为例，演示如何在 Linux Lab 上进行编译以及运行测试。

2. 在 Linux Lab 上编译及运行龙芯汇编程序

在 Linux Lab 中对于汇编语言的实验环境，准备得比较完备，我们可以直接使用它的环境进行编译。在 11.2.1 节中，我们将 Linux Lab 的目录设置在 ~/cloud-lab 下，与龙芯汇编实验环境相关的文件夹为 ~/cloud-lab/labs/Linux-lab/src/examples/assembly/MIPS64el。在此文件夹下，包含了两个文件——MIPS64el-hello.s 和 Makefile，这是用来进行龙芯汇编实验的源文件。

另外，在文件夹 ~/cloud-lab/labs/Linux-lab/src/examples/assembly/ 下，也包含了 AARCH64、X86 等 CPU 架构的汇编实验环境，可以采用本节类似的方法学习这些平台的汇编语言。

下面开始着手进行龙芯平台的汇编语言实验，具体步骤如下。

（1）编译代码

如示例 11-1 所示，我们准备了用来实验的代码。

【示例 11-1】测试用的龙芯汇编代码。

```
.rdata
helloStr: .asciiz  "Hello, UEFI world!\n"  #需要打印的字符串
lengthStr: .word .-helloStr
    .text
    .globl  main
    .ent  main
main:                                  #主函数
    li $a0,1
    dla $a1,helloStr
    lw $a2,lengthStr
    li $v0,5001
    syscall                            #调用打印函数
    li $a0,0
    li $v0, 5058
    syscall                            #调用退出函数
    .end main
```

所准备的汇编代码，其功能为在控制台打印出字符串“Hello,UEFI world!”。把 Linux Lab 中示例文件 MIPS64el-hello.s 的内容清空，并替换为示例 11-1 所示的代码，准备进行接下来的实验。

通过 bash 登录 Linux Lab，具体命令如下。

```
~/cloud-lab$ tools/docker/bash
```

在 Linux Lab 的环境下，编译新的示例文件，具体命令如下。

```
ubuntu@Linux-lab:/labs/Linux-lab/src/examples/assembly/MIPS64el$ make
```

（2）使用 QEMU 测试程序

编译出来的可执行文件为 MIPS64el-hello，可以直接使用 QEMU 的工具测试。

```
ubuntu@Linux-lab:/labs/Linux-lab/src/examples/assembly/MIPS64el$ qemu-\
MIPS64el ./MIPS64el-hello
Hello, UEFI world!
```

（3）在开发板上测试程序

当然，也可以在实际的开发板上进行测试。另开一个终端，登录 Linux Lab，并在启动开发板的时候，通过 NFS 启动根文件系统，命令如下。

```
ubuntu@Linux-lab:/labs/Linux-lab$ make boot ROOTDEV=nfs
```

在编译汇编程序的终端上，将执行文件复制到开发板的操作系统中，这实际上是在主机和 QEMU 系统之间传输文件。复制文件的命令如下。

```
ubuntu@Linux-lab:/labs/Linux-lab/src/examples/assembly/MIPS64el$ cp \
MIPS64el-hello /labs/Linux-lab/boards/MIPS64el/ls3a7a/bsp/root/2020.08/ \
rootfs/root/
```

进入开发板上的操作系统（使用用户名 root 即可登录），可以发现执行文件已经复制到了根目录下了，直接进行测试。

```
# ./MIPS64el-hello
Hello, UEFI world!
```

至此，我们就完成了 Linux Lab 上的龙芯汇编语言的实验。

本节介绍了龙芯平台的汇编指令，以及如何在 Linux Lab 进行编译和运行测试。限于篇幅，对于龙芯汇编指令，只进行了概括性的介绍。关于内存管理、中断异常、浮点支持等内容，完全没有涉及。

本书的主要目标毕竟是学习 UEFI 编程，汇编语言的学习只是其中一个环节。读者如希望更深入了解龙芯的汇编语言，可以参考《See MIPS Run Linux》《计算机组成原理与接口技术：基于 MIPS 架构实验教程》等书籍，MIPS 官网和龙芯社区也有不少资料可供研究。

11.3 龙芯平台 UEFI 开发环境

在第 2 章中，我们在 Windows 和 Linux 操作系统上，搭建了 X86 架构下的 UEFI 开发环境，并直接使用 EDK2 提供的 UEFI 模拟器，构建了 X86 下 UEFI 程序的测试环境。除了 UEFI 模拟器，也可以使用 EDK2 中 OvmfPkg 生成固件，配合 QEMU 搭建 UEFI Shell 的测试环境。

与第 2 章介绍的类似，ARM 架构是 EDK2 原生支持的，其 UEFI 开发环境的搭建工具，也由 ARM 公司提供了完整地支持。ARM 架构 UEFI 程序的测试环境，可使用 EDK2 中 ArmVirtPkg 生成的固件，配合 QEMU 进行搭建。具体的内容将在第 12 章介绍。

相比于 EDK2 原生支持的 X86 架构或 ARM 架构，龙芯架构 UEFI 开发环境的构建有点麻烦。龙芯（或者说 MIPS）的代码目前并没有进入 EDK2 的代码仓库中，用来配合 QEMU 搭建 UEFI Shell 测试环境的包也没有提供。

从 EDK2 的代码架构来看，与平台相关的代码与工具主要包括如下几项。

- 针对目标架构的跨平台编译器，如针对龙芯架构的 GCC 编译器。
- 平台通用的基本底层库函数、协议和工业标准，这些代码都包含在 MdePkg 中。有些和硬件相关的代码，必须使用汇编语言编写，在目前 EDK2 的代码中，MIPS 架构的支持是缺失的。
- 在 EDK2 的 BaseTools 文件夹下，包含代码编译所需的二进制编译工具集和编译环境配置文件，这些都是与平台架构相关的。

笔者在开发公司产品的 UEFI 软件时，寻求了龙芯公司的帮助。了解到上述代码和工具，除了跨平台编译器已经在社区发布外，其余的代码和工具都没有公开。对于 UEFI 开发环境及龙芯的 UEFI 模拟器固件，龙芯公司有计划将其开源发布。但是具体的时间，并没有向外部公开，笔者会持续关注其进展。

下面我们将使用龙芯公司提供的 MdePkg 和 BaseTools，以及 EDK2 的源代码，搭建龙芯平台的 UEFI 开发环境，并演示示例代码的编译过程。不过，由于龙芯公司并没有将 MdePkg 和 BaseTools 公开，这些代码和工具笔者无法提供，如有类似开发需求的读者，请直接和龙芯公司沟通。

11.3.1　搭建龙芯平台 UEFI 开发环境

龙芯平台的 UEFI 开发环境是在 CentOS 7 上搭建的，使用的 EDK2 版本为 vUDK2018。操作系统的版本号如下所示。

```
$ cat /etc/centos-release
CentOS Linux release 7.6.1810 (Core)
```

由于 BaseTools 下的工具和配置文件，并非像第 2 章一样编译得到，有很多工具可以不必安装。具体的搭建过程如下。

1）建立工作环境，安装必要工具。在主目录下建立文件夹 Loongson，其将作为后续的工作目录，安装 GIT、GCC、MAKE 和 Python。具体命令如下：

```
$ mkdir Loongson
$sudo yum install -y git gcc python
```

在笔者的工作环境中，各个工具的版本如下。

```
$ git --version
git version 1.8.3.1
$ gcc --version
gcc (GCC) 4.8.5 20150623 (Red Hat 4.8.5-44)
```

```
$ make --version
GNU Make 3.82
$ python --version
Python 2.7.5
```

2）准备 EDK2 源码和 StdLib 库。进入文件夹 Loongson，使用 GIT 命令从 Github 上下载对应的源码包。

```
[Loongson]$ git clone --branch vUDK2018 \
    https://github.com/tianocore/edk2.git
[Loongson]$ git clone https://github.com/tianocore/edk2-libc.git
```

下载完成后，Loongson 文件夹下将包含 edk2 和 edk2-libc 两个文件夹。为了简化后续的操作，将 edk2-libc 下的所有文件夹和文件，包括 AppPkg、StdLib 和 StdLibPrivateInternalFiles，都复制到 edk2 的目录下。

进入 edk2 目录，更新子模块。

```
[edk2]$git submodule update -init
```

3）替换 MdePkg 和 BaseTools。将厂家提供的 MdePkg 和 BaseTools 复制到 edk2 文件夹下，替换原来所有的文件。查看这两个文件夹下的内容，可以发现主要提供了与龙芯架构相关的代码和配置工具，并在 EDK2 的编译架构中加入了对 MIPS64EL 的支持。

4）准备跨平台编译器。可在龙芯社区上下载龙芯的跨平台编译器，此工具提供了 4.4.0 版本的 MIPS 跨平台编译器，包括汇编编译器、C/C++ 编译器等。下载地址为 http://ftp.loongnix.org/toolchain/gcc/release/CROSS_COMPILE/gcc-4.4.0-pmon.tgz。

将下载的文件，复制到工作文件夹 Loongson 下，然后解压。

```
[Loongson]$ tar zxvf gcc-4.4.0-pmon.tgz
```

至此，我们就完成了龙芯平台的 UEFI 开发环境的搭建。其搭建过程还是相对简单的，因为我们使用了厂商提供的 BaseTools，减少了安装辅助工具以及编译 BaseTools 的过程。

下面将以随书代码中 RobinPkg 的示例工程 pixelCHS 为例，介绍如何在此开发环境下编译 UEFI 程序。

11.3.2　编译示例工程

将随书代码的开发包 RobinPkg 全部复制到 ~/Loongson/edk2 文件夹下。为了支持编译龙芯平台的 UEFI 程序，在 RobinPkg.dsc 的 [Defines] 中添加对龙芯架构的支持。

```
[Defines]
    ...... //其他声明
    SUPPORTED_ARCHITECTURES = IA32|X64|MIPS64EL      //包支持的CPU架构
```

第 4 章介绍的示例工程 pixelCHS 是在 Windows 10 下使用 VS2015 搭建的开发环境编

译的。对于 UEFI 的源代码，GCC 编译器的要求与微软编译器的要求略有不同。比如对于隐式的类型强制转换，在微软编译器下是不报错的，GCC 编译器会提出警告并导致无法编译，必须进行显式强制转换才行。示例工程 pixelCHS 中已经将编译器提出的问题都修复了，可以直接使用 GCC 编译器编译，其他的示例工程请读者自行修改。

为了设置编译环境，在 edk2 文件夹下新建 sh 文件 myLoongson.sh，添加如下内容。

```
export WORKSPACE=$PWD
export EDK_TOOLS_PATH=$PWD/BaseTools/
export GCC44_MIPS64EL_PREFIX=$PWD/gcc-4.4.0-pmon/bin/MIPSel-Linux-
export PATH=$PATH: $PWD/gcc-4.4.0-pmon/bin
export LD_LIBRARY_PATH=$PWD/gcc-4.4.0-pmon/lib:$LD_LIBRARY_PATH
```

进入 edk2 目录，编译示例工程 pixelCHS，编译命令如下。

```
[edk2]$ source myLoongson.sh
[edk2]$ source edksetup.sh BaseTools
[edk2]$ build -a MIPS64EL -t GCC44 -b DEBUG -p RobinPkg/RobinPkg.dsc \
-m RobinPkg/Applications/RngEvent/RngEvent.inf
```

编译生成的 pixCHS.efi，其位于 ekd2 的 Build/RobinPkg/DEBUG_GCC44/MIPS64EL/文件夹下。

由于目前没有龙芯平台的 UEFI 模拟器，UEFI 程序只能在实际的硬件机器上进行测试。有条件的读者，可以试着在龙芯机器的 UEFI Shell 下运行编译好的 UEFI 程序。

11.4 本章小结

本章介绍了龙芯的发展历史，以及龙芯目前的产品线，包括龙芯 1 号、龙芯 2 号和龙芯 3 号。它们涵盖了嵌入式、桌面办公、服务器等不同的应用，使用的是兼容 MIPS 架构的自主龙芯指令集。

龙芯目前主打的桌面级产品为 3A4000，本章对其 CPU 架构和指令集进行了概括性介绍。为了方便学习龙芯的指令集和汇编语言，本章还介绍了 Linux Lab 学习平台的用法，以及如何在此平台上进行汇编语言的实验。

另外，由于 EDK2 并非原生支持龙芯架构，因此必须在 EDK2 中添加对龙芯的支持。所添加的代码，龙芯公司并没有开源。本章使用厂商提供的代码和工具，搭建了龙芯平台的 UEFI 开发环境，并以实际的示例工程 pixelCHS 演示了完整的编译过程。

下一章，我们将介绍国产计算机的另一主力——飞腾平台的 UEFI 程序开发。

Chapter 12 第 12 章

飞腾平台上开发 UEFI 程序

从第 11 章可以了解到，龙芯初期选择兼容 MIPS 指令集，并在 MIPS 的基础上推出了独立的指令集 LoongArch。从技术路线上来看，龙芯比较强调“完全的”自主研发技术路线，CPU 中所有的功能模块均自主设计。

作为国产芯片的另一龙头企业，飞腾采取的是另外一种策略。在获得 ARM 公司 ARMv8 指令集架构的永久授权后，飞腾兼容并扩展了 ARMv8 指令集架构，拥有了自研的 CPU 内核。经过多年的技术积累，飞腾团队构建了高性能服务器 CPU、高性能桌面 CPU 和高端嵌入式 CPU 三大系列，提供了对从端到云各型设备的支持。

ARMv8 是 ARM 公司第一个 64 位指令集处理器架构，拥有 AARCH64 和 AARCH32 两种主要执行状态，于 2011 年发布。ARMv8 的架构继承了 ARMv7 与之前处理器的技术，扩充了基于 64 位的 AARCH64 架构，新增了 A64 指令集，并且支持 16/32 位的 Thumb2 指令集，向前兼容了现有的 A32 指令集。经过多年的发展，ARMv8 已经占据了非常大的市场份额。

ARM 公司在指令集的授权上一直非常谨慎，特别是 ARM 32 位指令集，得到该授权的 IC 公司非常少。但是为了快速推广 64 位指令集和建立相应的软件生态，在 64 位指令集的授权上，ARM 公司大方很多。华为、飞腾、华芯通等企业都得到了 ARM 64 位指令集的授权。

EDK2 中很早就对 ARM 架构进行了原生态的支持，针对 ARM 平台提供了 ArmPkg、ArmPlatformPkg 等包。2.1.3 节介绍了 BUILD 命令的参数，程序运行目标架构中，也包含了 ARM 和 AARCH64 两种 32 位和 64 位的 ARM 架构。

采用 ARM 架构的国产计算机，包括飞腾、华为鲲鹏等厂商的产品，大部分采用的是

UEFI BIOS。本章将以飞腾平台为例，介绍在 ARM 64 架构 UEFI 系统下的编程。另外，目前市场上飞腾或者华为鲲鹏的台式机价格偏高，用户很少会直接购买。因此，笔者也使用 QEMU 搭建了 ARM 64 的虚拟机环境，在该环境下可以直接测试大部分 UEFI 程序。

12.1　飞腾平台概述

芯片设计环节会用到指令集、电路设计（主要为 IP 核，Intellectual Property Core）、EDA（Electronic Design Automation）工具和验证工具。指令集和 IP 核是芯片设计环节的关键，一般厂商都不具备自主研发的能力，想使用特定指令集和 IP 核，就需要原厂授权。飞腾、华为鲲鹏等采取的是 ARM 64 架构，所以需要得到 ARM 公司的相关授权。

ARM 公司对于芯片的授权给出了 3 种模式：

- **架构 / 指令集层授权**。可对 ARM 架构进行大幅改造，如扩展或者缩减 ARM 指令集。苹果公司 2020 年发布的 M1 处理器就是基于这种授权模式进行研发的。
- **内核层级授权（IP 授权）**。可以以内核为基础，加上自己的外设，比如 SPI、ADC 等，形成自己的 MCU。
- **使用层级授权**。这是最基本的授权，使用厂商提供的定义好的 IP 嵌入到要设计的产品中，在这个过程中不能更改 IP，也不能使用 IP 创造基于该 IP 的封装产品。

飞腾使用的是架构 / 指令集层授权，从目前公布的资料来看，获得的是 ARMv8 指令集架构的永久授权。

由于飞腾在 ARM 架构的部署和业务方面发展较早，目前已经研制成功十余款自主 CPU 产品，其产品线布局、商业化和生态都做得很好。笔者平常开发的 UEFI 程序主要针对的就是飞腾桌面级 CPU，包括 FT-1500A/4 和 FT-2000/4。为方便在飞腾平台上开发，有必要对其产品情况以及 CPU 架构有所了解。下面针对这两部分内容进行介绍。

12.1.1　飞腾产品介绍

20 世纪 90 年代末，飞腾组建了团队，开始进行国产芯片的研发。飞腾早期选择的 CPU 架构是 SPARC（Scalable Processor Architecture）架构。它由 SUN 公司于 1986 年推出，是 RISC 指令集架构，可扩展性极佳。但随着其周边软硬件生态的逐渐萎缩，飞腾于 2011 年重换赛道，转到了软硬件生态更完备、人才更丰富的 ARM 架构。

目前世界上主流的生态系统有 Wintel（Windows 系统 +Intel CPU）和 AA（Android 系统 +ARM CPU），其余的生态都比较弱小。在计算机信息系统领域，商业竞争高度发达，具有明显的马太效应。飞腾之所以选择 ARM 架构，也是想以开放的姿态融入世界主流的技术体系，逐步占据产业链的一个或多个关键节点，成为整个生态系统中重要且不可或缺的角色。

作为一家独立的芯片供应商，飞腾是从嵌入式 CPU 开始起步的，经过了 20 多年的发展，产品线涵盖了高性能计算、服务器、桌面终端和嵌入式工控等领域，并推出了从终端到云端的全栈式国产化解决方案。

表 12-1 列出了飞腾 CPU 产品目前的情况。

表 12-1　飞腾 CPU 产品列表

分　类	名　称	基本参数	说　明
高性能服务器芯片	S2500	64 个 FTC663 处理器核 主频 2.0~2.2GHz 典型功耗 150W	采用片上并行系统（PSoC）体系结构，主要应用于高性能、高吞吐率服务器领域
	FT-2000+/64	64 个 FTC662 处理器核 主频 1.8GHz、2.0GHz、2.2GHz 典型功耗 100W	采用乱序四发射超标量流水线，主要应用于高性能、高吞吐率服务器领域
	FT-1500A/16	16 个 FTC660 处理器核 主频 1.5GHz 典型功耗 35W	适用于构建较高计算能力和较高吞吐率的服务器产品，支持商业和工业分级
高效能桌面芯片	FT-2000/4	4 个 FTC663 处理器核 主频 2.2GHz、2.6GHz、3.0GHz 典型功耗 10W	首款可在 CPU 层面支撑可信计算 3.0 标准的国产 CPU，适用于桌面终端和轻量级服务器
	FT-1500A/4	4 个 FTC660 处理器核 主频 1.5~2.0GHz 典型功耗 15W	适用于构建桌面终端和轻量级服务器
高端嵌入式芯片	FT-2000A/2	2 个 FTC661 处理器核 主频 1.0 GHz 典型功耗双核为 8W，单核为 5W	面向各种行业终端产品、嵌入式装备和工业控制领域应用产品需求，支持商业和工业分级

在服务器领域，飞腾的主流产品是 2017 年量产的 FT-2000+/64，采用 16nm 工艺，峰值性能 588.8Gflops，可以胜任大规模科学计算、云数据中心应用，性能与 Intel Xeon E5-2695V3 系列芯片相当。而其上一代产品为 2014 年量产的 FT-1500A/16，其性能与 Intel Xeon E3 系列芯片相当。

而在桌面终端，飞腾的主打产品为 2019 年量产的 FT-2000/4，采用 16nm 工艺。因其功耗很低，所以可以将整机做得非常小巧，相关产品适合目前的主流办公环境。它的整体性能相当于 Intel Core I5 系列芯片。另一款桌面级芯片为 FT-1500A/4，采用的是 28nm 工艺，性能和应用体验与 Intel Core I3 系列新品相当。

在高端嵌入式领域，飞腾的主打产品为 FT-2000A/2，目前该产品广泛应用于嵌入式工业控制领域，以及瘦客户机等设备。

另外，为促进生态系统的发展以及提高自己的商业竞争力，飞腾提供了云和边缘全栈解决方案、终端全栈解决方案和嵌入式全栈解决方案。除了为自家产品提供相应的基础设施，比如对虚拟化、可信计算等的支持之外，飞腾还联合 400 多家企业，构建了从芯片、固件、存储到云计算、桌面应用等全自主生态系统，提供了行业信息系统、云计算、工业控制等多个领域的全面解决方案。

其中我们比较关心的是固件层。飞腾上可以使用的固件包括 Uboot 和 UEFI BIOS。目前，为飞腾平台提供 BIOS 固件的，主要是昆仑固件和百敖软件两家厂商。在目前的市场上，特别是服务器和桌面级整机产品，这两家厂商出货的 BIOS，都是以 UEFI 架构搭建的。

12.1.2　FT-2000/4 的 CPU 架构简介

FT-2000/4 是飞腾在桌面终端的主打产品，也是目前国产产品中最常见的 CPU 之一。我们以 FT-2000/4 为例，对飞腾平台 CPU 的架构进行介绍。它使用的是 ARMv8 指令集，本节只对 CPU 架构进行概括性介绍，使程序员能方便地阅读 EDK2 中与其相关的代码。更多的信息请参考飞腾官网提供的芯片手册，以及 ARMv8 的用户手册。

FT-2000/4 兼容 ARMv8 体系架构，支持 64 位和 32 位指令，并兼容 ARMv8 的虚拟化体系结构，支持 KVM、Xen 虚拟机。ARMv8 提供 32 位和 64 位两种执行状态，与之对应的，在 EDK2 中使用 “Arm” 和 “AArch64” 来区分两种支持代码。比如在 ArmVirtPkg 的 PrePi 中，分别建立了 Arm 和 AArch64 两个文件夹，各自包含了 32 位和 64 位的汇编文件 ModuleEntryPoint.S，以支持 32 位和 64 位的 ARM 架构。

作为面向桌面应用的高性能处理器，FT-2000/4 集成了 4 个处理器核，每 2 个核构成一个处理器簇（Cluster），并共享 L2 Cache。处理器核通过片内高速互联网络及相关控制器与存储系统、IO 系统相连，其结构如图 12-1 所示。

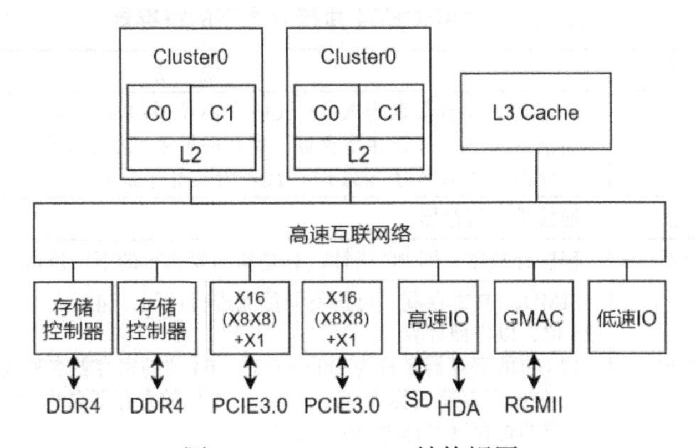

图 12-1　FT-2000/4 结构视图

从图 12-1 中可以看出，FT-2000/4 的存储系统包含 Cache 子系统和 DDR，IO 系统包含 PCIE、高速 IO 子系统、千兆位以太网 GMAC 和低速 IO 子系统。CPU 中提供了两个 DDR4 通道，可对 DDR 存储数据进行实时加密。外设接口方面，FT-2000/4 提供了 2 个 PCIE3.0 X16(每个 X16 可分拆为 2 个 X8）通道，以及 2 个 PCIE3.0 X1 通道。对于常见的外设接口，

FT-2000/4 也提供了支持，包括 2 个千兆以太网控制器（RGMII 接口）、1 个 HDAudio 接口、4 个 UART 接口、4 个 I2C 接口等。

官网给出的数据说明中，FT-2000/4 工业级版典型功耗为 10W（FT-2000/4 分为多个版本，表 12-1 中给出的是工业级版的参数），TDP（热设计功耗）为 25W，大约相当于 Intel I5-4210M 的 TDP（37W）。不过，Intel 这款 6 年前的 CPU 采用的是 22nm 工艺，内部集成了比较耗能的显卡芯片（Intel HD Graphics 4600）；而 FT-2000/4 是不带显卡的。虽然 CPU 架构不同，但从这些基本数据的比较中也能看出，国产 CPU 离一线厂商的产品的距离还是比较大的，我们必须清醒地认识到这一点。

另外，飞腾系列 CPU 比较突出的特点是，在 CPU 层面对安全可信计算进行了支持。飞腾为此制定了安全处理器架构规范 PSPA（Phytium Security Platform Architecture），定义了安全相关的软硬件规范。其在 CPU 内部集成了 SM2（非对称的国密算法）、SM3（散列算法）和 SM4（对称的国密算法），并可实现可信启动、安全存储、物理侵入式防护等功能，能极大地提高系统安全性。

虽然 FT-2000/4 支持在 32 位和 64 位执行状态间切换，但在实际的硬件环境中，UEFI BIOS 一般只支持目标格式为 AARCH64 的 UEFI 程序。因此，我们主要关心 AARCH64 的相关内容。下面对执行状态为 AARCH64 的 CPU 寄存器和指令集进行概览式的了解。

ARMv8 在 AARCH64 执行状态下，包含了 31 个 64 位通用寄存器，可以对所有异常级别进行访问。另外还包含 32 个 SIMD（Single Instruction Multiple Data，单指令多数据）与 FP（Float Point）寄存器，以及多个特殊寄存器。表 12-2 对这些寄存器进行了说明。

表 12-2　AARCH64 执行状态下的寄存器

寄存器名	最大位宽	说　明
X0 ～ X30	64 位	64 位通用寄存器名为 X0 ～ X30，32 位通用寄存器名为 W0 ～ W30。 通常 X30 为程序链接寄存器，保存跳转返回的地址信息。 寄存器地址编码为 0x31 时，代表为零寄存器 ZR
SP	64 位	堆栈指针寄存器
PC	64 位	程序计数器，即 PC 指针，总是指向要执行的下一条指令
V0 ～ V31	128 位	SIMD&FP 寄存器，可按不同位宽进行访问，包括 8 位、16 位、32 位、64 位和 128 位，以方便计算。 128 位的寄存器名称为 Q0 ～ Q31；64 位的寄存器名称为 D0 ～ D31； 32 位的寄存器名称为 S0 ～ S31；16 位的寄存器名称为 H0 ～ H31； 8 位的寄存器名称为 B0 ～ B31
FPCR，FPSR	64 位	SIMD&FP 的控制和状态寄存器

在实际使用中，执行模块遵循 ARM 体系架构的应用程序二进制接口（Application Binary Interface，ABI）协议。ABI 规定了 ARM 可执行文件的标准接口协议，包括过程调用标准、运行时标准、C 语言库标准等。比如通用寄存器 X0 ～ X7 用作临时寄存器，用来

传递函数参数。更多的信息请在 ARM 官网的开发者网站上查看[1]。

AARCH64 指令集一般称为 A64，它的每条指令都为 32 位宽。A64 的指令大致可以分为 3 类——数据传送指令、数据处理指令和跳转指令，其格式如下所示。

```
<Opcode>{<Cond>}<S>  <Rd>, <Rn> {,<Opcode2>}
```

各参数的含义如下。

- Opcode：操作码，即助记符，说明指令需要执行的操作类型。
- Cond：指令执行条件码，在编码中占 4 位。
- S：条件码设置项，决定本次指令执行是否影响 PSTATE 寄存器响应状态位值。
- Rd/Xt：目标寄存器，A64 指令可以选择 X0 ～ X30。
- Rn/Xn：第一个操作数的寄存器，和 Rd 一样，不同指令有不同的要求。
- Opcode2：第二个操作数，可以是立即数、寄存器 Rm 和寄存器移位方式（Rm，#shift）。

在阅读 EDK2 中与 ARM 64 相关的汇编代码时，需要深入学习汇编指令，比如示例 12-1 所示代码（摘自 EDK2 的源文件 ArmVirtPkg\PrePi\AArch64\ModuleEntryPoint.S）。

【示例 12-1】汇编代码示例。

```
ldr   x12, [x9, #-8]    //从地址[X9-8]处，将数据加载到寄存器X12
add   x12, x12, x8      //将寄存器X12与X8的值相加，并存入X12
str   x12, [x11, x8]    //将寄存器X12的值，存入地址[X11+X8]中
```

由于篇幅所限，对于 ARM 64 指令的使用方法这里就不一一解释了。读者可以参考 ARMv8 的编程手册，文档可在 ARM 开发者网站上下载[2]。了解 FT-2000/4 的 CPU 架构和指令集，有助于我们理解 EDK2 中 ARM 相关的源代码。

下面我们将进入实验环节，介绍如何搭建相应的开发环境，以及测试用的 UEFI 环境。

12.2　搭建飞腾平台 UEFI 开发环境

由于飞腾 CPU 兼容 ARMv8 指令集，所以可以直接使用 ARM 公司提供的各类编译器进行开发。当然，这也意味着，我们为飞腾平台所搭建的 UEFI 开发环境同样也适用于其他兼容 ARMv8 指令集的平台。

大部分情况下，我们是使用 X86 的开发机器进行编程的，编译目标为 ARM 架构的 UEFI 程序，需要使用跨平台编译器。常用的开发环境一般有 3 种，分别是在 Linux 系统上使用 gcc-arm、在 Linux 系统上使用 Linaro UEFI、在 WSL（Windows Subsystem for Linux，

---

[1] https://developer.arm.com/architectures/system-architectures/software-standards/abi。

[2] https://developer.arm.com/documentation/den0024/a?lang=en。

Windows 下的 Linux 子系统）上使用 gcc-arm 搭建的开发环境。

其中，WSL 是由微软与 Canonical 公司合作开发的兼容层，能够在 Windows 10 上原生态运行 Linux 二进制执行文件。它可以很方便地在 Windows 下进行轻量级的 Linux 程序开发，具体的安装方法可以参考微软网站提供的文档[1]。建议在 WSL 中安装 Ubuntu 18.04，这是官方推荐的主机系统。

在 WSL 中使用 gcc-arm 搭建开发环境，与在 Linux 系统上使用 gcc-arm 搭建开发环境的方法是完全一样的，这两种搭建方法将在 12.2.2 节进行介绍。

在搭建开发环境之前，需要先把 EDK2 的环境准备好，具体操作步骤如下。

提示 在 ARM 开发者网站上，实际上提供了 4 种开发环境[2]。第四种是在 Windows 10 上使用 VS2017 和 gcc-arm 编译工具搭建 UEFI 开发环境，本节不会介绍这种方式，有兴趣的读者可按照官方文档进行实验。

12.2.1 准备 EDK2 环境

在第 2 章中，我们详细介绍过在 Windows 系统和 Linux 系统上，搭建目标平台为 X86 的 UEFI 开发环境的过程。本节的搭建过程与之类似，不同之处在于编译器的差异。在 X86 的开发机器上，若编译目标平台为 ARM 或者 AARCH64 的 efi 执行程序，则需要使用跨平台的 ARM 编译工具。

要想使用 EDK2 环境，需要下载包括 EDK2 的源码、EDK2 平台相关工作环境、StdLib 库和 ACPI 组件框架工具。其中，EDK2 平台相关工作环境和 StdLib 库不是必备的，不过建议一起配齐，因为后续的开发过程中会经常用到。表 12-3 列出了这些组件的 Git 地址和内容描述。

表 12-3 EDK2 相关组件

项 目	仓 库	仓库地址	描 述
Tianocore	tianocore\edk2	https://github.com/tianocore/edk2.git	EDK2 仓库
Tianocore	tianocore\edk2-platforms	https://github.com/tianocore/edk2-platforms.git	各种平台的工作环境和相关模块
Tianocore	tianocore\edk2-libc	https://github.com/tianocore/edk2-libc.git	UEFI 的 StdLib 库
ACPICA	Acpica\acpica	https://github.com/acpica/acpica.git	ACPI 组件框架

[1] https://docs.microsoft.com/zh-cn/windows/wsl/。

[2] https://developer.arm.com/tools-and-software/open-source-software/firmware/edkii-uefi-firmware/building-edkii-uefi-firmware-for-arm-platforms。

可参考第 2 章中的介绍，在工作用的操作系统（Linux 系统或 Windows 系统）中安装好 GIT 工具，然后按照如下步骤搭建 EDK2 环境。

1. 建立工作环境

在工作主机上，使用命令行建立 source 的工作文件夹，并使环境变量 WORKSPACE 指向此文件夹。

在 Linux 系统下，可执行如下命令。

```
cd <工作目录，比如/home>
mkdir source
cd source
export WORKSPACE=$PWD
```

在 Windows 系统下，可执行如下命令。

```
cd <工作目录，比如C:\>
mkdir source
cd source
set WORKSPACE=%CD%
```

2. 下载源码

进入上一步建立的文件夹 source，使用 GIT 工具将需要的代码下载到本地，具体实现如下。

```
git clone --branch edk2-stable202011 https://github.com/tianocore/edk2.git
git clone https://github.com/tianocore/edk2-platforms.git
git clone https://github.com/tianocore/edk2-libc.git
git clone https://github.com/acpica/acpica.git
```

用来实验的 EDK2 源码，我们选择了最新的稳定版本 edk2-stable202011，读者也可以根据需要选择所需版本。

3. 更新子模块

执行如下命令即可更新子模块（由 EDK2 根目录下的 .gitmodules 文件给出更新源）。

```
cd edk2
git submodule update -init
```

完成这些步骤后，可根据自己的工作环境，选择 12.2.2 节或 12.2.3 节介绍的搭建方式，继续完成后续的开发环境搭建。

12.2.2　使用 Linux 系统与 gcc-arm

可以直接在 Linux 系统上使用 gcc-arm 编译器搭建开发环境，操作系统推荐使用 Ubuntu 18.04，这是最常见的工作环境。本节所介绍的环境搭建方式，同样适用于使用

WSL 与 gcc-arm 搭建开发环境。该方式中需要安装的工具如表 12-4 所示。

表 12-4 安装开发用的工具

工具	描述	安装命令
Python2.7 或 Python3	Python 解释器	sudo apt install python 或 sudo apt install python3 python3-distutils
uuid-dev	唯一识别码	sudo apt install uuid-dev
Build-essential	安装编译所需 make、gcc 和 g++	sudo apt install build-essential
bison	ACPICA 工具所需词法生成器	sudo apt install bison
flex	ACPICA 工具所需词法分析器	sudo apt install flex

安装完上述工具后，可以查看几个工具的版本，以下为实验用的工作机器上的信息。

```
~/source$ python -V
Python 2.7.17
~/source $ python3 -V
Python 3.6.9
~/source$ make -v
GNU Make 4.1
~/source$ gcc --version
gcc (Ubuntu 7.5.0-3ubuntu1~18.04) 7.5.0
~/source$ g++ --version
g++ (Ubuntu 7.5.0-3ubuntu1~18.04) 7.5.0
```

然后可以按照以下步骤继续搭建开发环境。

步骤 1 跨平台编译器 gcc-arm。在工作文件夹 source 下，建立文件夹 toolchain，进入新建的文件夹 toolchain，下载 aarch64-elf 的 GCC 跨平台编译器，比如 gcc-arm-9.2-2019.12-x86_64-aarch64-none-elf.tar.xz。将其下载后，可以解压到当前文件夹下。

```
~/source/toolchain$ wget https://armkeil.blob.core.windows.net/developer
    /Files/downloads/gnu-a/9.2-2019.12/binrel/gcc-arm-9.2-2019.12-x86_64-aarch64-
    none-elf.tar.xz
~/source/toolchain$ tar xf gcc-arm-9.2-2019.12-x86_64-aarch64-none-elf.tar.xz
```

步骤 2 编译 ACPICA 工具。直接使用 make 工具即可将 ACPICA 文件夹下的源代码编译成 ACPICA 工具，包括 iASL 工具等，具体命令如下。

```
~/source$ make -C acpica/
```

步骤 3 准备环境设置文件。在工作文件夹 source 下，新建 sh 文件 myexport.sh，其内容如下。

```
export WORKSPACE=$PWD
export GCC5_AARCH64_PREFIX=$PWD/toolchain/gcc-arm-9.2-2019.12-x86_64-aarch64-
    none-elf/bin/aarch64-none-elf-
export PACKAGES_PATH=$PWD/edk2:$PWD/edk2-platforms:$PWD/edk2-libc
export IASL_PREFIX=$PWD/acpica/generate/unix/bin/
export PYTHON_COMMAND=/usr/bin/python3
```

如果使用 Python2.7，则将 myexport.sh 的最后一行改为如下形式。

```
export PYTHON_COMMAND=/usr/bin/python
```

步骤 4　编译 BaseTools。执行如下命令，即可编译出 EDK2 所需的 BaseTools 中的所有工具。

```
~/source$ source myexport.sh
~/source$ source edk2/edksetup.sh
~/source$ make -C edk2/BaseTools
```

至此，就完成了目标平台为 AARCH64 的 UEFI 开发环境的搭建。为测试开发环境是否搭建成功，可试着编译 edk2-platform 中的 FVP（Fixed Virtual Platform，固定虚拟平台）固件，具体编译方式如下。

```
~/source$ build -a AARCH64 -t GCC5 -p edk2-platforms/Platform/ARM
/VExpressPkg/ArmVExpress-FVP-AArch64.dsc -b DEBUG
```

编译生成的固件 FVP_AARCH64_EFI.fd 位于文件夹 source/Build/ArmVExpress-FVP-AArch64/DEBUG_GCC5/FV 下。

而编译 UEFI 应用或者驱动，则可以使用如下命令（以 MdeModulePkg 的 HelloWorld 示例工程为例）：

```
~/source$ build -a AARCH64 -t GCC5 -p edk2/MdeModulePkg/MdeModulePkg.dsc
    -m edk2/MdeModulePkg/Application/HelloWorld/HelloWorld.inf -b DEBUG
```

编译生成的 UEFI 应用程序 HelloWorld.efi 位于文件夹 source/Build/MdeModule/DEBUG_GCC5/AARCH64 下。

12.2.3　使用 Linux 系统与 Linaro UEFI 工具

在 Linux 系统上，可以使用 Linaro 的 UEFI 工具编译各种平台固件。它主要的功能是对 edk2-platform 下的各种平台进行编译，比如 FVP、RPI3（树莓派 3）等。本节介绍的搭建过程相对简单，需要的工具如表 12-5 所示。

表 12-5　安装开发用的工具

工　具	描　述	安装命令
Python2.7 和 Python3	Python 解释器	sudo apt install python 和 sudo apt install python3 python3-distutils
Arm 跨平台编译工具链	uefi-tools 需要使用的 gcc-aarch64-linux-gnu 工具链	sudo apt install gcc-aarch64-linux-gnu
ACPICA 工具	uefi-tools 需要 iASL 编译器等工具	sudo apt install acpica-tools
bison	ACPICA 工具所需词法生成器	sudo apt install bison
uefi-tools	Linaro UEFI 工具	~/source$ git clone https://git.linaro.org/uefi/uefitools.git

需要注意的是，Python2.7 和 Python3 都需要安装。uefi-tools 需要使用 Python2.7，而 EDK2 默认使用的是 Python3。

另外，在使用 uefi-tools 的过程中，仍需要用到 BaseTools 中的工具。读者可按照 12.2.3 节中介绍的步骤编译 BaseTools。

工作环境搭建完成后，进入工作文件夹，尝试编译 FVP 固件，使用如下方式检查开发环境是否搭建成功。

```
~/source$ ./uefi-tools/edk2-build.sh -b DEBUG fvp -v
```

uefi-tools 的编译工具为 edk2-build.sh，可通过其参数指定需要编译的平台固件。我们可以使用“-h”查看其可用的参数。

```
~/source$ ./uefi-tools/edk2-build.sh -h
usage: uefi-build.sh [-b DEBUG | RELEASE] [all | juno | fvp | tc2 |
......  //其他参数
| helloworld | sgi575 | ovmfx64 | ovmfia32 | rpi3 ]
```

从上述代码中列出的支持参数可以看出，uefi-tools 可用的参数是比较固定的，不适合用来编译通常的 UEFI 应用和驱动（uefi-tools 中支持的应用除外）。本节介绍的方式比较适合编译平台固件，编译 UEFI 应用和驱动时，请使用 12.2.2 节介绍的方式。

edk2-build.sh 中，也提供了对某些特定 UEFI 应用的支持，比如 helloworld 和 capsuleapp。其中，参数 helloworld 用来编译 MdeModulePkg 的 HelloWorld 示例工程，其编译命令如下。

```
~/source$ ./uefi-tools/edk2-build.sh -b DEBUG helloworld
```

从编译输出的信息中可以看出，edk2-build.sh 实际上是对 12.2.2 节介绍的编译方式进行了封装，让程序员能更方便地编译平台固件。读者可以根据自己的实际需要，选择合适的方式进行编译。

12.3 飞腾平台的 UEFI 程序测试

在开发完飞腾平台的 UEFI 程序之后，必须要到相应的平台进行实验。在日常工作中，如果拥有飞腾的整机产品，当然可以直接在硬件上测试程序的运行情况。但是考虑到国产计算机的发展情况，以及相对较高的价格，除非是特殊的开发和使用需求，很少会有用户直接购买飞腾的机器。

鉴于此，为了方便大家学习，我们使用 QEMU 和 ARM 版 EDK2 的固件搭建了 UEFI 程序的虚拟机测试环境，并演示了如何在此测试环境下进行测试。如 12.1 节所介绍的，飞腾平台是兼容 ARMv8 体系架构的。因此，本节介绍的内容同样适用于其他使用 ARMv8 体系的平台，包括华为鲲鹏、树莓派 4 等。

本节要搭建的测试环境分为 Windows 版本和 Linux 版本，分别在 Windows 10 和

Ubuntu 18.04 两种操作系统下搭建。

12.3.1　Windows 系统下的 UEFI 测试环境

本书中多个章节都用 QEMU 进行 UEFI 的各种实验，特别是配合 WINDBG 或者 GDB 进行源码级调试，对了解 UEFI 的运行原理、调试程序 BUG 非常有帮助。作为一个功能强大且配置灵活的开源模拟器，UEFI 很早就支持对各类 ARM 平台和 CPU 的模拟。

我们需要模拟的是 AARCH64 的执行环境，可以使用 QEMU 中的 qemu-system-aarch64.exe 查看所支持的平台，如代码清单 12-1 所示。

代码清单 12-1　QEMU 所支持的 ARM 平台

```
C:\Program Files\qemu>qemu-system-aarch64.exe -M ?
Supported machines are:
akita                Sharp SL-C1000 (Akita) PDA (PXA270)
......               //其他ARM64平台，略
vexpress-a9          ARM Versatile Express for Cortex-A9
virt-2.10            QEMU 2.10 ARM Virtual Machine
......               //各种virt版本
virt                 QEMU 4.2 ARM Virtual Machine (alias of virt-4.2)
virt-4.2             QEMU 4.2 ARM Virtual Machine
......               //其他ARM64平台，略
```

我们选择 virt 平台作为实验基础，主要是因为 EDK2 中提供了对 Virtio 的支持（见 EDK2 的 ArmVirtPkg），其可以直接配合搭建测试环境。

作为通用的 IO 设备虚拟化平台，使用 QEMU 进行 ARM 64 的仿真时，一般都是使用 virt 平台。它所支持的 CPU 如代码清单 12-2 所示。

代码清单 12-2　virt 平台支持的 CPU

```
C:\Program Files\qemu>qemu-system-aarch64.exe -M virt -cpu ?
Available CPUs:
arm1026
    ......  //其他CPU，略
    cortex-a15
    cortex-a53
    cortex-a57
    cortex-a7
    cortex-a72
    cortex-a8
    ......  //其他CPU，略
```

从代码清单 12-2 中可以看出，virt 平台提供了非常丰富的 CPU 支持，包括 ARMv7 架构的 cortex-a7 和 cotex-a8、ARMv8-A 架构的 cortex-a53 和 cortex-a57 等。在实验中，我们

选择的CPU是cortex-a57。

在确定了机器平台和CPU后，下面可以着手进行测试环境的搭建了，具体的搭建步骤如下。

步骤1　安装QEMU。我们的实验平台是在Windows 10的64位系统上搭建的，在QEMU的官网下载64位的安装包，直接安装即可。可以使用最近发布的QEMU，也可以使用稍早的版本，笔者使用的是2020年2月发布的4.2.0版QEMU。

步骤2　准备virt平台的FD固件。可以使用12.2.2节或者12.2.3节搭建的UEFI开发环境对EDK2的ArmVirtPkg进行编译，生成目标架构为AARCH64的FD固件，以启动ARM 64的UEFI Shell环境。

使用Linux系统与gcc-arm搭建的开发环境，可使用如下命令编译virt的FD固件。

```
~/source$ source myexport.sh
~/source$ source edk2/edksetup.sh
~/source$ build -a AARCH64 -t GCC5 -p edk2/ArmVirtPkg/ArmVirtQEMU.dsc -b DEBUG
```

若使用Linux系统与Linaro UEFI工具搭建的开发环境，则可以使用如下命令编译virt的FD固件。

```
~/source$ ./uefi-tools/edk2-build.sh armvirtqemu64
```

上述两种方式所编译的固件名均为QEMU_EFI.fd，都位于source/Build/ArmVirtQEMU-AARCH64/DEBUG_GCC5/FV文件夹下。

步骤3　准备测试用文件夹。建立测试用的文件夹，取名为QEMU_Test，并建立子文件夹hda-contents，用来存放需要测试的UEFI应用和驱动程序。将步骤2中编译好的FD固件QEMU_EFI.fd复制到QEMU_Test文件夹下，准备进行接下来的实验。

步骤4　编写批处理工具。在文件夹QEMU_Test下创建批处理文件SetQEMUPath.bat，用来设置QEMU路径并启动命令行界面。批处理文件的内容如下。

```
@echo off
PATH=C:\Program Files\qemu
@echo set QEMU path ok!
pause
start cmd.exe /k
```

步骤1安装QEMU的默认位置为C:\Program Files\qemu，批处理中直接使用了此目录赋值给环境变量PATH。在批处理的最后直接启动了cmd.exe，并用参数“/k”保持当前运行窗口和环境变量。

另外创建批处理文件qemu_ARM64.bat，用来指定机器平台、CPU、FD固件、测试用的文件夹等，并启动AARCH64版的QEMU，其内容如下。

```
qemu-system-aarch64 -M virt -cpu cortex-a57 -bios QEMU_EFI.fd
    -device virtio-gpu-pci  -hda fat:rw:hda-contents/ -net none
```

批处理中使用了 qemu-system-aarch64.exe，这是专门用来处理 64 位 ARM 架构的 QEMU 模拟器。对批处理中用到的参数解释如下。

- -M：指定 QEMU 所用的平台，本实验中使用的是 virt 平台，版本为 virt-4.2。
- -cpu：指定 QEMU 所用平台中的 CPU，实验中使用的是 cortex-a57。
- -bios：指定 BIOS 固件，实验中使用的是 EDK2 的 ArmVirtPkg 所编译的 FD 固件。
- -device：添加模拟设备，实验中添加了设备 virtio-gpu-pci，即模拟器使用的显卡。
- -hda：使用文件作为硬盘，实验中使用了参数“ fat:rw:hda-contents/”，即使用主机上的文件夹 hda-contents 作为可读可写的 FAT 分区，可在模拟器下直接使用。
- -net：指定模拟器的网络后端，这里使用了参数 none，可以告知 UEFI 启动器略过 PXE 的搜寻，从而加快 UEFI Shell 的启动。

步骤 5　启动测试环境。完成上述步骤后，可以使用步骤 4 中的两个批处理文件启动测试环境。首先使用设置 QEMU 路径的 SetQEMUPath.bat，双击此批处理文件后，将启动 Windows 命令行。在命令行中运行批处理文件 qemu_ARM64.bat，启动 QEMU 模拟器。

QEMU 模拟器启动后，很快会进入 UEFI Shell 界面。此时会发现，UEFI Shell 下键盘无法工作。这是由于所显示的界面使用了显卡 virtio-gpu-pci，该显卡没有支持键盘交互功能。可以在 QEMU 的主界面的菜单 View 下将 Show Tabs 项勾选，此时界面会出现多个 Tab 菜单，包括 virtio-gpu-pci、compat_monitor0、serial0 和 parallel0，如图 12-2 所示。

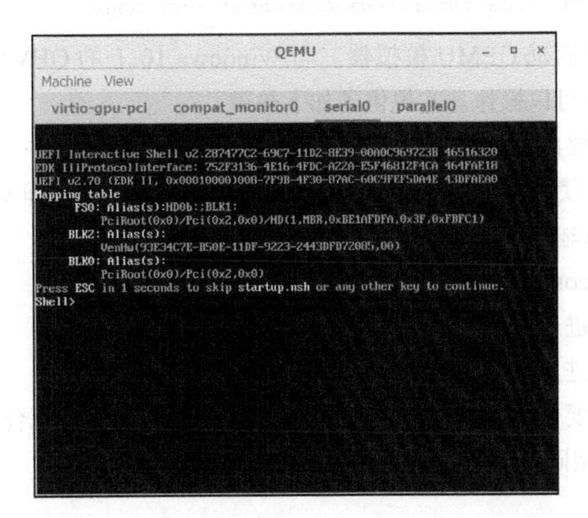

图 12-2　使用 QEMU 搭建的 ARM64 的 UEFI Shell

选择 Tab 菜单中的 serial0，它支持键盘输入，可在此处输入需要测试的 UEFI 程序。如果没有使用图形显示的 UEFI 程序，在 serial0 控制台上就可以进行测试了；使用了图像显示的 UEFI 程序（比如第 4 章介绍的示例工程 pixelCHS），其图形将在 virtio-gpu-pci 控制台上显示出来。

至此，我们在 Windows 10 上就搭建好了 AARCH64 架构的 UEFI 程序测试环境。所有针对飞腾平台编译的 UEFI 程序都可以在此进行验证。

12.3.2 Linux 系统下的 UEFI 测试环境

本节的实验是在 Ubuntu18.04 下进行的。在 Linux 系统下搭建 ARM 64 的 UEFI 测试环境与 12.3.1 节的搭建方法差不多。主要步骤如下。

步骤 1 安装 QEMU。安装方式在第 2 章中已经介绍过，命令如下。

```
$ sudo apt install qemu
```

安装之后，可以查看下 QEMU 的版本，这里使用的版本如下。

```
~$ qemu-system-aarch64 -h
QEMU emulator version 2.11.1(Debian 1:2.11+dfsg-1ubuntu7.34)
```

步骤 2 建立测试用文件夹并准备 FD 固件。按照 12.3.1 节中的步骤 3，建立测试用文件夹 QEMU_Test，以及子文件夹 hda-contents，并按照 12.3.1 节中的步骤 2 编译好 virt 平台的 FD 固件 QEMU_EFI.fd，然后将其复制到文件夹 QEMU_Test 根目录下。

步骤 3 启动测试环境。在 QEMU_Test 文件夹下启动命令行终端。运行如下命令。

```
~$ qemu-system-aarch64 -M virt  -cpu cortex-a57 -device virtio-gpu-pci
-bios QEMU_EFI.fd  -hda fat:rw:hda-contents/ -net none
```

命令执行后，将启动 QEMU 模拟器。与 Windows 10 上的 QEMU 不同，Ubuntu18.04 上的 QEMU 没有菜单可以操作。它提供了如下热键。

- Ctrl+Alt：释放鼠标。
- Ctrl+Alt+1：使用显卡 virtio-gpu-pci 进行图形界面显示，即 virtio-gpu-pci 控制台，无法接收键盘输入。
- Ctrl+Alt+2：compat_monitor0 控制台。
- Ctrl+Alt+3：进入 serial0 控制台，可以接收键盘输入。
- Ctrl+Alt+4：进入 parallel0 控制台。

测试的时候，主要使用 virtio-gpu-pci 控制台和 serial0 控制台配合操作。其测试方法与 12.3.1 节中的步骤 5 相同，只是控制台的切换需要通过热键来操作。

12.3.3 测试示例工程

在搭建完成 12.2 节介绍的飞腾平台的 UEFI 开发环境，以及 12.3 节介绍的 UEFI 测试环境后，我们就可以实际操作编译测试工程了。本节使用第 4 章的示例工程 pixelCHS，演示在 ARM 64 环境下编译和运行测试 UEFI 程序的完整过程。

1. 编译 UEFI 程序

编译程序时，使用的是 12.2.2 节搭建的 UEFI 开发环境。首先将随书代码的 RobinPkg 复制到 /source/edk2-libc 文件夹下，复制之后文件目录结构如图 12-3 所示。

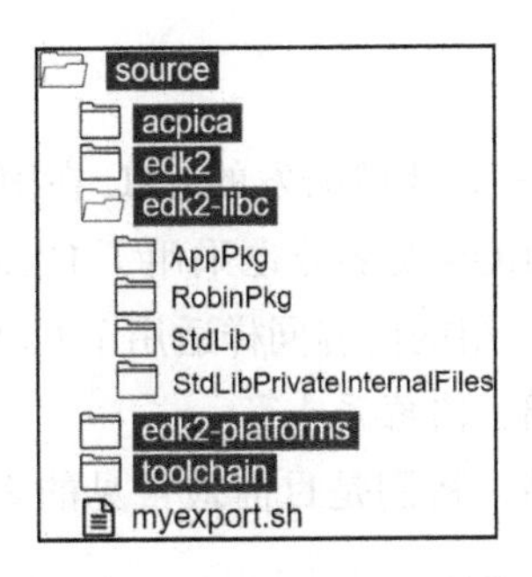

图 12-3 开发环境目录结构

然后修改 RobinPkg 的 DSC 文件 RobinPkg.dsc，在其 [Defines] 中添加 AARCH64 的架构支持，如下所示。

```
[Defines]
    ...... //其他声明
    SUPPORTED_ARCHITECTURES = IA32|X64|AARCH64     //包支持的CPU架构
```

RobinPkg 下的示例工程 pixelCHS 在第 11 章中已经针对 GCC 编译器修正过了，可以直接进行编译。编译的命令如下：

```
~/source$ source myexport.sh
~/source$ source edk2/edksetup.sh
~/source$ build -a AARCH64 -t GCC5 -p edk2-libc/RobinPkg/RobinPkg.dsc
-m edk2-libc/RobinPkg/Applications/pixelCHS/pixelCHS.inf
```

所生成的 UEFI 执行程序 pixelCHS.efi 位于 /source/Build/RobinPkg/DEBUG_GCC5/AARCH64 文件夹下。

2. 测试 UEFI 程序

编译好的 AARCH64 的 UEFI 程序可以直接在飞腾的硬件平台上测试。当然，也可以使用 12.3 节搭建好的 UEFI 测试环境下进行测试，我们使用 12.3.2 节搭建的测试环境进行实验。

将生成的 UEFI 程序 pixelCHS.efi 复制到文件夹 hda-contents 下，并参考 12.3.2 节的步骤 3 启动 QEMU 模拟器，进入 UEFI Shell。默认显示的是 virtio-gpu-pci 控制台，此时无法进行输入。使用热键 Ctrl+Alt+3 进入 serial0 控制台，执行如下命令：

```
Shell> fs0:
FS0:\> pixelCHS.efi
```

按回车键执行程序，按热键 Ctrl+Alt+1 回到 virtio-gpu-pci 控制台，此时就能看到程序进入了图形模式，并在屏幕上显示了汉字字符串。

12.4 本章小结

作为国产芯片的龙头企业之一，飞腾研发的 CPU 在国内占据了相当大的份额。飞腾架构的服务器和桌面级计算机的 BIOS 大部分也采用了 UEFI 架构。另外，由于飞腾架构兼容 ARMv8 体系架构，所以本章介绍的内容同样适用于 CPU 采用 ARMv8 架构、BIOS 采用 UEFI 架构的平台，包括华为鲲鹏、树莓派 4 等。

本章介绍了飞腾平台的产品，特别是目前最常见的桌面级产品 FT-2000/4，这里对其 CPU 架构及指令集进行了介绍。

为了编译包括飞腾在内的 ARM 64 架构的 UEFI 程序，本章介绍了使用 Linux 系统（包括 WSL）与 gcc-arm，以及使用 Linux 系统与 Linaro UEFI 工具搭建 UEFI 开发环境的方法。其中，前一种方式更为通用，可以编译 UEFI 程序和固件，后一种方式常用于编译固件。

另外，考虑到飞腾计算机普及性远不如 X86 计算机，大部分的用户无法在实际的飞腾平台上进行实验，我们使用 QEMU 模拟器搭建了飞腾平台的 UEFI 测试环境，包括 Windows 系统和 Linux 系统两种环境，并用实际的示例工程 pixelCHS 演示了完整的编译和测试过程。

附录 Appendix

UEFI Shell 内置命令

可在 UEFI Shell 下使用 help -b 命令，分屏显示所有的命令描述。针对每个 UEFI Shell 命令，可使用 help 命令获取其详细说明。

```
Shell> help alias -b  #分屏显示alias的语法和详细说明
Shell> help help -b   #分屏显示help的语法和详细说明
```

附表列出了 UEFI Shell 命令的简单功能描述。

附表 UEFI Shell 命令的功能描述

命 令	功 能
alias	显示、创建或删除别名
bcfg	管理启动或驱动选项
cls	清空显示，修改前景背景色
connect	绑定驱动到指定设备，并启动驱动
date	显示或设置日期
devices	列出所有设备
dh	显示设备的句柄
dmem	显示系统或设备内存中的内容
drivers	显示驱动列表
drvdiag	调用 UEFI 诊断 Protocol
edit	编辑文件
efidecompress	解压文件
endfor	for 循环的结束
exit	退出 Shell 或 Shell 脚本

（续）

命　令	功　能
getmtc	获取 MTC（单调计数值）并显示
help	获取帮助信息
if	if 语句的开始
load	加载 UEFI 驱动
ls	列出文件夹和文件内容
memap	显示内存映射
mm	列出或修改 PCIE 地址空间
mv	移动文件或文件夹
parse	分析以 sfo 命令输出的文件
pci	列出 PCI/PCIE 设备
reconnect	重新连接驱动与设备
rm	删除文件或文件夹
set	显示或修改环境变量
setvar	设置 UEFI 变量
smbiosview	显示 SMBIOS 信息
tftp	从 TFTP 服务器上下载文件
timezone	显示和设置时区
type	显示文件类型
ver	显示 UEFI Shell 版本
attrib	显示或修改文件、文件夹的属性
cd	显示或修改当前目录
comp	比较两个文件
cp	复制文件或文件夹到另一位置
dblk	显示块设备里的块
devtree	显示设备树
disconnect	从指定设备卸载驱动
dmpstore	管理所有 UEFI NVRAM 变量
drvcfg	调用驱动配置
echo	回显
eficompress	压缩文件
else	匹配 if 为 FALSE 的情况
endif	与 if 成对使用，if 语句的结束
for	for 循环的开始
goto	跳转到指定位置
hexedit	二进制编辑器
ifconfig	配置 IP 地址
loadpcirom	加载 PCI ROM

（续）

命　令	功　能
map	显示 Mapping
mkdir	创建文件夹
mode	列出或修改输出设备的模式
openinfo	显示与句柄相关的 Protocol
pause	暂停执行脚本，等待输入
ping	网络诊断工具 ping
reset	重新启动系统
sermode	设置串口属性
setsize	调整文件大小
shift	脚本参数位置变换
stall	在指定时间内暂停执行
time	显示和设置系统时间
touch	更新文件时间戳
unload	卸载驱动
vol	显示和设置卷标

推荐阅读

深度探索Linux系统虚拟化：原理与实现

ISBN：978-7-111-66606-6

百度2位资深技术专家历时5年两易其稿，系统总结多年操作系统和虚拟化经验

从CPU、内存、中断、外设、网络5个维度深入讲解Linux系统虚拟化的技术原理和实现

嵌入式实时操作系统：RT-Thread设计与实现

ISBN：978-7-111-61934-5

自研开源嵌入式实时操作系统RT-Thread核心作者撰写，专业性毋庸置疑

系统剖析嵌入式系统核心设计与实现，掌握物联网操作系统精髓